郑学晶　霍书浩　主编

天然高分子材料

TIANRAN GAOFENZI CAILIAO

化学工业出版社

·北京·

本书详细介绍了几种常见和重要的天然高分子材料，内容涉及纤维素、淀粉、甲壳素和壳聚糖、胶原和明胶、蚕丝和蜘蛛丝的结构、性能、改性及应用，涵盖了该领域的理论研究、开发应用的前沿与最新进展。

本书图文并茂，理论与应用并重，广度与深度相结合，可望为对天然高分子领域感兴趣的教师、学生、研究人员和科技工作者提供帮助和启示。

图书在版编目（CIP）数据

天然高分子材料/郑学晶，霍书浩主编. —北京：化学工业
出版社，2010.12（2022.9重印）
ISBN 978-7-122-09640-1

Ⅰ. 天… Ⅱ.①郑…②霍… Ⅲ. 高分子材料 Ⅳ.TB324

中国版本图书馆 CIP 数据核字（2010）第 232653 号

责任编辑：宋　薇　　　　　　　　　　　文字编辑：丁建华
责任校对：王素芹　　　　　　　　　　　装帧设计：张　辉

出版发行：化学工业出版社（北京市东城区青年湖南街 13 号　邮政编码 100011）
印　　装：北京科印技术咨询服务有限公司数码印刷分部
787mm×1092mm　1/16　印张 16¾　字数 412 千字　2022 年 9 月北京第 1 版第 3 次印刷

购书咨询：010-64518888　　　　　　　　售后服务：010-64518899
网　　址：http://www.cip.com.cn
凡购买本书，如有缺损质量问题，本社销售中心负责调换。

定　　价：88.00 元

前 言

从人类诞生时起，天然高分子材料就一直为我们的衣、食、住、行等各方面慷慨地提供各种保障。在人类文明高度发达的今天，天然高分子材料对人类的生存与发展起着更加重要的作用。这种不依赖于石油资源、绿色环保、来源广泛的材料，在能源危机和环境压力突显的今天，更加彰显出其无可比拟的优势和特色。作为中国这样地大物博但是经济发展相对滞后的发展中国家，如果能从自然界中汲取灵感，在天然材料的开发与应用中占据先机，就有可能超越其他国家，成为科技与经济实体的先行者。

在查阅了大量国内外相关资料的基础上，本书详细介绍了几种常见和重要的天然高分子材料，内容涉及纤维素、淀粉、甲壳素和壳聚糖、胶原和明胶、蚕丝和蜘蛛丝的结构、性能、改性及应用，涵盖了该领域的理论研究、开发应用的前沿与最新进展。本书图文并茂，理论与应用并重，广度与深度相结合，可望为对天然高分子领域感兴趣的教师、学生、研究人员和科技工作者提供帮助和启示。

本书由郑学晶（郑州大学）和霍书浩（河南省电力勘测设计院）主编，参加本书编写的有汤克勇（郑州大学）、刘捷（郑州大学）、曹艳霞（郑州大学）和郑国强（郑州大学）。一些研究生同学积极热情地参与了书稿的校对和完善工作，在此表示衷心感谢。感谢国家自然科学基金委的支持。另外，对所有支持和关心本书编写和出版的人员表示深深的谢意。

遗憾的是，时间有限，而科学技术飞速发展，文献资料浩如烟海，再者，受作者相关知识水平所限，书中内容与行文方面难免存在欠妥之处，敬请读者不吝赐教。

编者

2010.10

目 录

第1章 绪 论

1.1 高分子科学发展简史

高分子是由碳、氢、氧、硅、硫等元素组成的分子量足够高并由共价键连接的一类的有机化合物。常用高分子材料的分子量在几千到几百万之间。因为高分子化合物一般具有长链结构，每个分子都好像一条长长的线，大分子链缠结在一起，这使高分子化合物具有较高强度，可以作为结构材料使用的根本原因。另一方面，人们还可以通过各种手段，用物理的或化学的方法，或者利用高分子与其他物质相互作用后产生物理或化学变化，从而使高分子化合物成为能完成特殊功能的功能高分子材料。

从来源分类，可将高分子材料分为天然高分子材料和合成高分子材料。

当人类从四肢攀爬的猿进化为直立行走、善于用脑的高等动物的时期起，我们的祖先便本能地利用着各种各样的天然高分子材料。他们用树叶、兽皮做成遮羞和御寒的衣物，用木头、竹子搭建房屋，用鱼骨制作缝衣针，钻木取火以获取能源……天然高分子材料为人类的祖先提供了丰富的食物、衣物、工具、建筑材料、武器以及能源利用。直至文明高度发达的今天，纯棉依旧是贴身衣物的首选材料，真皮皮草依旧是高档和奢华的象征，木柴和秸秆依旧是广大农村地区烧火做饭的重要能源，天然高分子材料的应用涉及人类生活的各个方面。

合成高分子材料的出现书写了材料史上的重要篇章。合成聚合物性能优异、易于设计与改性，虽然其诞生仅有短短百余年历史，却已成为国民生产生活中不可或缺的重要材料。

1812 年，化学家在用酸水解木屑、树皮、淀粉等植物的实验中得到了葡萄糖，证明淀粉、纤维素都由葡萄糖单元组成。1826 年，M. Faraday 通过元素分析发现橡胶的单体分子是 C_5H_8，后来人们测出 C_5H_8 的结构是异戊二烯。就这样，人们逐步了解了构成某些天然高分子化合物的单体。这一发现的推广应用促进了天然橡胶工业的建立。

1839 年，美国人 Charles Goodyear 发现，将天然橡胶与硫磺共热，可明显地改变天然橡胶的性能，改善其硬度较低、遇热发黏软化、遇冷发脆断裂的不实用性，变为富有弹性、可塑性的材料。天然橡胶这一处理方法，在化学上叫做高分子的化学改性，在工业上叫做天然橡胶的硫化处理。

1869 年，美国人 John Wesley Hyatt 将硝化纤维、樟脑和乙醇的混合物在高压下共热，然后在常压下硬化成型，制造出了第一种人工合成塑料"赛璐珞"（cellulose），这种材料坚韧，具有很好的拉伸强度，而且耐水、耐油、耐酸。"赛璐珞"是人类历史上第一种合成塑料，并且"赛璐珞"是以改性纤维素为原料加工而成的，并不是完全人工合成的聚合物。

人类历史上第一种完全由人工合成的聚合物是在 1909 年由美国人 Leo Baekeland 用苯酚和甲醛制造的酚醛树脂，又称贝克兰塑料。酚醛树脂是通过缩合反应制备的，属于热固性塑料。其制备过程共分两步：第一步先做成线形聚合度较低的化合物；第二步用高温处理，转变为体型聚合度很高的高分子化合物。

1920 年，德国科学家施陶丁格（Hermann Staudinger）发表了"关于聚合反应"的论文提出：高分子物质是由具有相同化学结构的单体经过化学反应（聚合），通过化学键连接在一起的大分子化合物。高分子或聚合物一词即源于此。但是人们对高分子化合物的组成、结构及合成方法等基础理论问题知之甚少，这一理论发展的缓慢与高分子本身的复杂特性有关。高分子化合物不能用以往的手段提纯和分析，不能结晶和升华，也没有固定的熔点和沸点，分子量也捉摸不定，难于透过半透膜而有点像胶体，这些独特的性质以当时流行的化学观来看是很难理解的，因此很多科学家认为这种物质是胶体体系。

早在 1861 年，胶体化学的奠基人，英国化学家格雷阿姆曾将高分子与胶体进行比较，认为高分子是由一些小的结晶分子所形成。并从高分子溶液具有胶体性质着眼，提出了高分子的胶体理论。这理论在一定程度上解释了某些高分子的特性，得到许多化学家的支持。他们拿胶体化学的理论来套高分子物质，认为纤维素是葡萄糖的缔合体。所谓缔合即小分子的物理集合。他们还因当时无法测出高分子的末端基团，而提出它们是环状化合物。在当时只有德国有机化学家施陶丁格等少数人不同意胶体论者的上述看法。施陶丁格从研究甲醛和丙二烯的聚合反应出发，认为聚合不同于缔合，聚合物的分子是靠化学键结合起来。天然橡胶应该具有线性直链的价键结构式。

胶体论者坚持认为，天然橡胶是通过部分价键缔合起来的，这种缔合归结于异戊二烯的不饱和状态。他们自信地预言：橡胶加氢将会破坏这种缔合，得到的产物将是一种低沸点的低分子烷烃，针对这一点，施陶丁格研究了天然橡胶的加氢过程，结果得到的是加氢橡胶而不是低分子烷烃，而且加氢橡胶在性质上与天然橡胶几乎没有什么区别。结论增强了他关于天然橡胶是由长链大分子构成的信念。随后他又将研究成果推广到多聚甲醛和聚苯乙烯，指出它们的结构同样是由共价键结合形成的长链大分子。

在 1925 年召开的德国化学会的会议上，施陶丁格详细地介绍了自己的大分子理论，与胶体论者展开了面对面的辩论。辩论主要围绕着两个问题：一是施陶丁格认为测定高分子溶液的黏度可以换算出其分子量，分子量的多少就可以确定它是大分子还是小分子。胶体论者则认为黏度和分子量没有直接的联系，当时由于缺乏必要的实验证明，施陶丁格显得较被动，处于劣势。施陶丁格没有却步，而是通过反复的研究，终于在黏度和分子量之间建立了定量关系式，这就是著名的施陶丁格方程。辩论的另一个问题是高分子结构中晶胞与其分子的关系。双方都使用 X 射线衍射法来观测纤维素，都发现单体（小分子）与晶胞大小很接近。对此双方的看法截然不同。胶体论者认为一个晶胞就是一个分子，晶胞通过晶格力相互缔合，形成高分子。施陶丁格认为晶胞大小与高分子本身大小无关，一个高分子可以穿过许多晶胞。对同一实验事实有不同解释，可见正确的解释与正确的实验同样是重要的。科学的裁判是实验事实。正当双方观点争执不下时，1926 年瑞典化学家斯维德贝格等人设计出一种超离心机，用它测量出蛋白质的分子量：证明高分子的分子量的确是从几万到几百万。这一事实成为大分子理论的直接证据。施陶丁格的科研成就对当时的塑料、合成橡胶、合成纤维等工业的蓬勃发展起了积极作用。由于他对高分子科学的杰出贡献，1953 年，施陶丁格荣获诺贝尔奖。

1933 年，Fawcett 和 Gibson 合成了低密度聚乙烯（LDPE）。

1935 年，杜邦公司的卡罗瑟斯（Wallace H. Carothers，1896～1937）合成出聚酰胺66，即尼龙。尼龙在 1938 年实现工业化生产。

1937 年，合成聚苯乙烯（PS）诞生。

1938 年，Roy Plunkett 发现制备聚四氟乙烯的方法。

1940 年，英国人温费尔德（T. R. Whinfield）合成出聚酯纤维（PET）。

1940 年，Peter Debye 发明了通过光散射测定高分子物质分子量的方法。

1948 年，Paul Flory 建立了高分子长链结构的数学理论。

1950 年，Du Pont 公司首次将丙烯酸纤维商品化。

1950 年，德国人齐格勒（Karl Ziegler）与意大利人纳塔（Giulio Natta）分别用金属络合催化剂合成了聚乙烯与聚丙烯。

1955 年，美国人利用齐格勒-纳塔催化剂聚合异戊二烯，首次用人工方法合成了结构与天然橡胶基本一样的合成天然橡胶。

1962 年，合成出聚酰亚胺树脂。

1971 年，S. L. Wolek 发明 Kevlar。……

形形色色的合成高分子材料开辟了材料学的新窗口。由于高分子材料具有许多优良性能，适合现代化生产，经济效益显著，且不受地域、气候的限制，因而高分子材料工业取得了突飞猛进的发展。然而，合成高分子材料的出现也为人类的生活带来了烦恼。合成高分子材料大多为不可降解材料，且很多合成高分子材料难以回收和再次利用，其废弃后对环境造成了严重的负面影响。再者，合成高分子材料的原料来源于石油资源，而石油属于不可再生资源，在石油资源日渐匮乏的严峻形势下，高分子材料领域应当何去何从引发了人们的深刻思考。

在严峻的资源、能源与环境危机的挑战下，人们再一次将目光转向天然高分子材料，希望能从大自然获取环境友好、高性能、低成本的天然材料，为国民经济的可持续发展提供强有力的支持与保障。人们已经意识到，一个国家能否发展成为世界强国，不仅取决于目前是否具有较高的发展速度，更大程度上取决于能否持续、稳定发展。充分利用可再生资源、开发可降解的材料是实现可持续发展的重要途径之一。目前，世界各国都在大力开展可降解材料方面的研究工作，尤其是生物可降解材料受到了格外关注。生物降解聚合物是指在自然环境中通过微生物的生命活动能很快降解的高分子材料。按照其降解特性可分为完全生物降解聚合物和生物破坏性聚合物。按照其来源则可以分为生物质聚合物、微生物合成聚合物、生物工程技术合成和石化产品合成聚合物。其中，来源于自然、在自然环境中能自行降解的天然材料成为生物降解材料中的重要角色。

虽然人类的祖先从远古时期起就开始天天与天然高分子物质打交道，但对天然高分子材料的利用只是出于本能，对其本质却一无所知。在高分子科学技术的理论指导下，深入研究天然高分子材料的结构与性能、探索天然高分子材料的改性方法、拓宽天然高分子材料的应用领域，充分利用上天赐予的宝贵材料，符合可持续发展的需要和低碳循环经济发展的要求，是一项十分重要的、有意义的工作。并且，深入了解天然高分子材料的结构，尤其是深入认识天然高分子材料在生物体合成过程中发生的构象及结构变化，将有助于人类制备性能优异的仿生材料。

1.2　天然高分子材料来源、分类与应用

天然高分子是没有经过人工合成的，天然存在于动物、植物和微生物内的大分子有机化合物。

天然高分子及其衍生物性质多样、种类丰富，在众多的应用中日益重要。生命体能够合成多种多样的高分子，根据其化学结构的不同可以将天然高分子分为8大类：

① 核酸，如核糖核酸和脱氧核糖核酸；

② 聚酰胺，如蛋白质和聚氨基酸；

③ 多糖，如淀粉、纤维素、甲壳素、透明质酸和果胶等；

④ 有机聚氧酯，如聚羟基脂肪酸酯、聚苹果酸酯和角质；

⑤ 聚硫酯，这是最近才见报道的；

⑥ 无机聚酯，以聚磷酸酯为唯一代表；

⑦ 类聚异戊二烯，如天然橡胶或古塔波胶；

⑧ 聚酚，如木质素和腐殖酸。

天然高分子材料具有如下优异特性：

① 来源广泛。天然高分子材料来源于一切动物、植物和微生物。只要有空气、阳光和水，就有生命存在；只要有生命存在，就有天然高分子材料。

② 可再生。天然高分子材料可再生，取之不尽、用之不竭，符合可持续发展的需要，这是合成高分子材料无法比拟的优异特性。

③ 种类多样，性能优异。天然高分子材料种类丰富，为实现不同的功能，天然高分子材料具有多种多样的性质。很多天然高分子材料具有很高的强度，这些特性直接或间接地为天然高分子材料在多方面的应用提供了可能。迄今为止，蜘蛛丝依旧是最强韧的材料，其比强度远远高于钢材。

④ 优异的生物相容性。天然高分子材料比合成高分子材料具有更好的生物相容性，使其在生物医用方面具有独特的优势。

⑤ 环境友好。天然高分子材料可在自然环境中为降解为水、二氧化碳和无机小分子，不污染环境形成良性循环的生态体系，符合可持续发展的需要。

⑥ 易于改性，用途广泛。许多天然高分子含有多种功能基团，可通过化学、物理、生物等多种手段对其进行改性，从而获得种类繁多的衍生物及性能各异的新材料。天然高分子材料的应用涉及材料工业、医药工业、农业、水处理工业、能源工业、食品工业、电子工业、日化工业等领域。

作为高分子科学、农林学、生命科学和材料科学的交叉学科和前沿领域，天然高分子材料科学正在迅速发展，天然高分子领域的研究及应用开发引起了广泛关注，而且也必将带动纳米技术、生物催化剂、生物大分子自组装、绿色化学、生物可降解材料、医药材料的发展，提供无限科学研究和技术发展空间。

第2章 纤 维 素

2.1 纤维素简介

纤维素（cellulose）的分子组成为（$C_6H_{10}O_5$）$_n$，是由许多葡萄糖分子通过 β-1,4-糖苷键连接而成的多糖。含 1500～5000 个葡萄糖单元或更多，相对分子质量在 25000～1000000 或更高。

纤维素是地球上存在量最大的一类有机资源，从其来源可分为植物纤维素、海藻纤维素和细菌纤维素，纤维素还可由化学方法人工合成。工业中应用最多的是植物纤维素。植物纤维素广泛存在于树干、棉花、麻类植物、草秆、甘蔗渣等中，为植物细胞壁的主要成分，对植物体起着支持和保护的作用。纤维素是木材和植物纤维的主要成分。木材中含纤维素 40%～50%，亚麻约含纤维素 80%，棉花几乎是纯的纤维素，其含量高达 95%～99%。另外，在海洋生物的外膜中也含有动物纤维，如海洋中生长的若干绿藻和某些海洋低等动物体中含有纤维素。某些细菌也能合成纤维素。细菌纤维素具有很多优异的特性，被认为是 21 世纪理想的生物材料。纤维素还可由化学方法人工合成。人工化学合成纤维素有两种合成路线：酶催化和葡萄糖衍生物的开环聚合。

纤维素是自然界主要由植物通过光合作用合成的取之不尽、用之不竭的天然高分子材料，主要用于纺织、造纸、精细化工等生产领域。除了传统的工业应用外，如何交叉结合纳米科学、化学、物理学、材料学、生物学及仿生学等学科进一步有效地利用纤维素资源，开拓纤维素的新应用，成为国内外研究者开展的重要研究课题[1,2]。

2.2 纤维素的来源与分类

纤维素主要来源于植物界。一些细菌、被囊类动物（tunicate）也可以合成纤维素。近年来，利用纤维素酶催化聚合人工合成纤维素[3]以及完全化学的方法开环聚合人工合成纤维素[4]的研究工作也已经取得了较大的进展。

2.2.1 植物纤维素

地球上每年经光合作用生产的植物为 5000 亿吨，可利用的植物资源约为 2000 亿吨。它们具有生物降解性和可再生性，是理想的绿色环保材料。从能源观点看，太阳能是清洁而无限的，植物经过叶绿素与水和二氧化碳进行光合作用产生纤维素，也是清洁而无限的。在石油、天然气、煤等化石能源资源日渐枯竭的情况下，加快对纤维素的研究开发对人类生态及环境保护，实现可持续发展具有重要意义。

植物纤维素主要来源于以下天然植物：

① 棉纤维。棉纤维是棉籽表皮上生长发育而成的纤维，纤维素含量很高，为95%～99%。是植物纤维中最重要的纤维资源。

② 木材。木材是植物纤维素的重要原料。木材的元素组成为：碳49%～50%，氢6%，氧45%～50%，氮0.1%～1%。其灰分中主要含有钙、钾、镁、钠、锰、铁、磷、硫等，有些热带木材中还含有较多的硅。木材和树皮的各种组织，都由复杂的有机物质构成。通常分为细胞壁物质和非细胞壁物质。细胞壁物质是构成木材和树皮的基本物质，主要含纤维素、半纤维素和木质素。非细胞壁物质种类多、含量少，且因树种、存在部位不同而变化较大，基本上是低分子化合物，能溶于水或中性有机溶剂，统称为提取物。经过科学研究和分析，各种化学组分在木材和树皮各种组织中的分布是不均一的，彼此之间存在有机联系。因此，木材的化学性质，不仅取决于其组织中各种化学成分的相对含量，而且与各组分的分布和相互间的联系相关。木材的化学组成，因树种、生长环境、组织存在的部位不同而差异较大。温带针、阔叶材的化学组成见表2.1。

表 2.1 温带针、阔叶材的化学组成

名称	针叶材中含量/%	阔叶材中含量/%	名称	针叶材中含量/%	阔叶材中含量/%
纤维素	42±2	45±2	木质素	28±3	20±4
半纤维素	27±2	30±5	提取物	3±2	5±3

木材中的纤维素与半纤维素、木质素共存。研究表明，木材中的纤维素分子与半纤维素分子有氢键连接，半纤维素分子与木质素分子之间有共价键连接，而纤维素与木质素之间未见任何连接。由于木材高度木质化，从木材中分离纤维素时需先脱除木质素。实验室条件下，一般采用氯乙醇胺法、酸性亚硫酸盐法或过醋酸法。用这些方法处理所得的絮状物，其中含有纤维素和半纤维素。用碱液除去其中半纤维素后，保留下来的就是纤维素。工业上常用硫酸盐法或酸性亚硫酸盐法脱去木质素。木材纤维素除用作造纸原料外，还可以制成多种纤维素酯类和醚类衍生物，如纤维素与硝酸反应生成纤维素硝酸酯，是制造炸药、电影胶片、清漆、塑料等的重要原料；纤维素与冰醋酸和醋酐反应生成纤维素醋酸酯，是制造阻燃电影胶片、醋酸纤维、清漆、塑料等的原料；碱纤维素与二硫化碳反应生成纤维素黄原酸酯，是制造黏胶纤维和玻璃纸的原料；碱纤维素与氯乙酸反应生成的羧甲基纤维素醚，胶黏性能远远好于淀粉，是造纸、纺织等部门广泛应用的浆料。

③ 草类纤维。草类纤维的特征是纤维较短，非纤维细胞比率较高。草类纤维中半纤维素的比例较高，而木质素的比例较低，灰分较高。

④ 韧皮纤维。其中，常见的有亚麻、大麻、苎麻、剑麻、桑皮、棉秸皮、枸树皮及黄麻、红麻等。麻类纤维可以作为纺织工业原料，其他韧皮纤维是造纸工业原料。大麻、亚麻和苎麻等天然纤维和合成纤维的韧性及断裂伸长率可以同玻璃纤维相媲美。

2.2.2 细菌纤维素

许多微生物具有合成纤维素的能力。为了与植物纤维素相区别，人们将微生物合成的纤维素称为细菌纤维素（bacterial cellulose，BC）。对细菌纤维素的详细介绍见2.7。

2.2.3 人工合成纤维素

尽管纤维素的结构简单，然而人工合成却相当困难。人工合成纤维素主要有两种合成路线：酶催化和葡萄糖衍生物的开环聚合。由于技术的限制，人工合成的纤维素聚合度低，通常只有几十，分子量低，尚不能达到自然界中高结晶度、高聚合度的织态结构，无法满足现代工业的需要。

(1) 酶催化人工合成纤维素

1992 年，Kobayashi 等[5]在生物体外 30℃以纯化的纤维素酶在乙脲缓冲溶液中催化聚合氟化糖苷配糖体，得到产率为 54%、聚合度为 22 的人工合成纤维素。由此方法可以人工合成纤维素衍生物，如 6-O-甲基纤维素等[2]。把纤维素酶吸附到铜网上用透射电子显微镜进行观察，可以观察到直径为 30nm 的纤维素酶分子的集合体。一旦加入底物，聚合反应就开始进行。仅仅 30s 就可以观察到纤维素的合成。同时，观察到更大的直径为 100nm 的纤维酶集合体和合成的纤维素及络合物[6]。

(2) 开环聚合人工合成纤维素

通过葡萄糖衍生物等低聚糖的阳离子开环聚合，Nakatsubo 等[7]以 3,6-二-邻-苄基-R-D-葡萄糖和 1,2,4-邻叔戊酸盐为原料，三苯基碳正离子四氟硼酸酯为催化剂，用阳离子开环聚合的方法合成了 3,6-二-邻-苄基-2-叔戊酰-β-D-吡喃型葡萄糖，除去保护基后得到纤维素 Ⅱ 晶体，聚合度为 19 左右。

2.3　纤维素的结构

2.3.1　纤维素的分子结构

纤维素的分子式为 $(C_6H_{10}O_5)_n$。1842 年 Payen 首次发现并证明纤维素为长链状 β-(1,4)-D-脱水葡萄糖聚合物。纤维素的纯品无色、无味、无臭，不溶于水和一般有机溶剂。纤维素的自然水解产物是纤维二糖。对纤维二糖进行结构分析，表明纤维二糖是 β-(1,4)苷，这说明在纤维素中葡萄糖单元是通过 β-(1,4)-糖苷键连接的。另一方面，这说明纤维素的重复结构单元是纤维二糖。纤维二糖及纤维素的分子结构式可表示如图 2.1。纤维素分子中的每个葡萄糖残基上均有 3 个羟基，其中 1 个是伯羟基，位于 C6 上；2 个是仲羟基，分别位

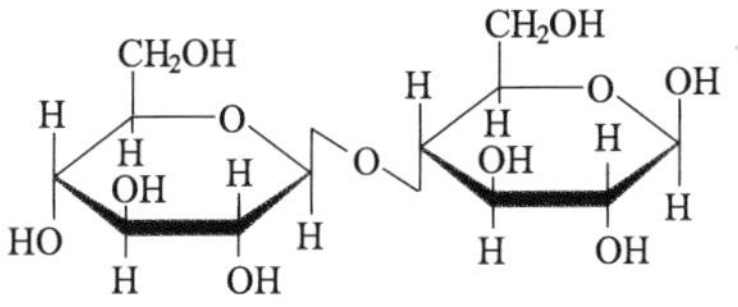

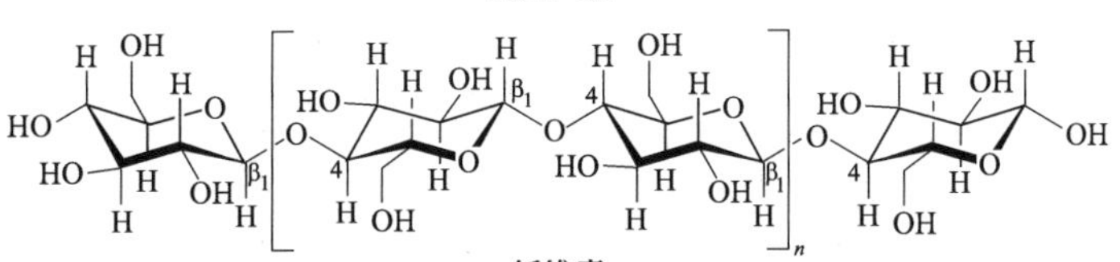

图 2.1　纤维二糖及纤维素的分子结构式

于 C2 和 C3 上。3 个羟基可发生一系列化学反应，如醚化、酯化、氧化等，因此很容易通过化学改性制备纤维素衍生物，赋予纤维素新的功能，扩大纤维素的应用范围。不同来源的纤维素的分子量差异较大，棉纤维素的聚合度为约 7000，大麻为约 8000，苎麻为约 6500。

由于内旋转作用，使分子中原子的几何排列不断发生变化，产生了各种内旋转异构体，称为分子链的构象。纤维素高分子中，6 位上的碳-氧键绕 5 和 6 位之间的碳-碳键旋转时，相对于 5 位上的碳-氧键和 5 位与 4 位之间的碳-氧键可以有 3 种不同的构象。如以 g 表示旁式，t 表示反式，则 3 种构象为 gt、tg 和 gg。一般认为，天然纤维素是 gt 构象，再生纤维素是 tg 构象。

纤维素大分子为无支链直线分子，分子链之间以及分子内存在着大量的氢键，使大分子牢固地结合着，在结构上具有高度的规整性（间同立构）。聚合物的敛集密度较高，因此不溶于水和有机溶剂，只能溶于铜铵等特殊溶液。比淀粉难水解，一般需在浓酸中或在稀酸中加热下进行。在水解过程中可以得到纤维四糖、纤维三糖、纤维二糖，最终水解产物也是葡萄糖。

在实验室中可用下述方法检验纤维素是否发生水解。取少量反应液，滴加几滴硫酸铜溶液，再加入过量 NaOH 溶液，中和作催化剂的硫酸，一直加到出现 $Cu(OH)_2$ 沉淀，最后加热煮沸，观察现象。如果出现红色沉淀，表明已经开始水解。

由 X 射线和电子显微镜观察得知：纤维素呈绳索状长链排列，每束由 100～200 条彼此平行的纤维素分子通过氢键聚集在一起。纤维素分子由排列规则的微小结晶区域（约占分子组成的 85%）和排列不规则的无定形区域（约占分子组成的 15%）组成。除去纤维素的无定形区域就得到白色微晶纤维。

2.3.2　纤维素的超分子结构

植物纤维素的来源和种类不同，其分子量相差很大。纤维素的分子量和分子量分布明显影响材料的力学性能（强度、模量、耐屈挠度等）、纤维素溶液性质（溶解度、黏度、流变性等）以及材料的降解、老化及各种化学反应。

纤维素大分子为无支链的线形分子。从 X 射线和电子显微镜观察可知，纤维素呈绳索状长链排列，每束由 100～200 条彼此平行的纤维素大分子链聚集在一起，形成直径约 10～30nm 的微纤维（microfibril）。若干根微纤维聚集成束，形成纤维束（fibril）。在植物细胞壁中，纤维素一般与木质素、半纤维素、淀粉类物质、蛋白质和油脂等物质相伴生，如图 2.2 所示。

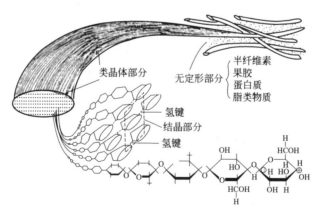

图 2.2　纤维素的结构示意图

纤维素链中每个残基相对于前一个残基翻转 $180°$，使链采取完全伸展的构象。相邻、平行的（极性一致的）伸展链在残基环面的水平向通过链内和链间的氢键网形成片层结构（图 2.3），片层之间即环面的垂直向靠其余氢键和环的疏水内核间的范德华力维系。

图 2.3　纤维素分子链的层间结构

天然植物纤维具有复杂的多级结构。一根纤维是由若干根纤维素微纤维组成的，一根纤维素微纤维又由若干根纤维素分子链组成。纤维素中分布着纳米级的晶体和无定形的部分，依靠分子内及分子间数量众多的氢键和范德华力维持着自组装的大分子结构和原纤的形态。用强酸、碱或酶处理天然纤维，或再加以机械力作用，可使纤维原纤化，即纤维被拆分为更细小的微纤维。调节酸或酶的浓度、处理时间以及机械力的大小和作用时间，可去除微纤维中的无定形部分，得到纤维素晶须或纳米微晶，如图 2.4 所示。

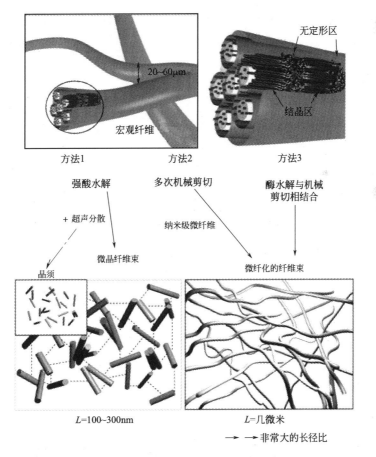

图 2.4　纤维素晶须和纳米微晶制备示意图

从不同来源的纤维素制得的纳米纤维素微晶的尺寸不同，如表 2.2 所示[8]。

表 2.2   不同来源的纤维素微晶的尺寸

纤维素种类	长度	直径/nm	纤维素种类	长度	直径/nm
被囊类纤维素	100nm～几微米	10～20	棉纤维素	200～350nm	5
细菌纤维素	100nm～几微米	5～10;30～50	木纤维素	100～300nm	3～5
海藻(valonia)	＞1000nm	10～20			

2.3.3   纤维素中的氢键

由于分子链上含有大量的羟基,纤维素的分子链之间以及分子内存在大量的氢键,几乎所有的羟基都能形成氢键,使纤维素大分子牢固地结合着,其分子链为刚性,并且在结构上具有高度的规整性(间同立构)。其分子内和分子间的氢键可如图 2.5 所示。氢键把链中的 O6(6 位上的氧)与 O2′以及 O3 与 O5′连接起来使整个高分子链成为带状,从而使它具有较高的刚性。在砌入晶格以后,一个高分子链的 O6 与相邻高分子的 O3 之间也能生成链间氢键。虽然氢键是一种次级键,其键能远不如共价键大,但是由于纤维素中的氢键数量众多,要使这些氢键完全破坏需要很大的能量。氢键在分子中起到物理交联点的作用,使纤维素分子形成三维网状结构,这使得纤维素分子链的结构相当稳定。除了分子内和分子间能形成氢键外,纤维素上众多的羟基使得纤维素也能与水分子形成氢键,如图 2.6 所示。水分子和纤维素形成的氢键,不仅涉及纤维素的羟基,还有纤维二糖的连接氧桥 O4 和葡萄糖残基吡喃环的氧 O5。

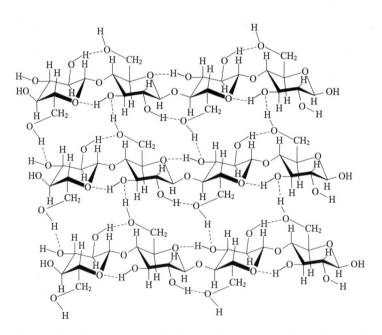

图 2.5   纤维素的分子内(实线圈)和分子间(双实线圈)氢键示意图

2.3.4   纤维素的结晶结构

由于链的高度规整,纤维素分子易于结晶。排列规则的微小结晶区域约占分子组成的 85%。排列不规则、结构较疏松的无定形区域约占 15%,其中有较多的空隙,密度较低。天然的纤维(Ⅰ型纤维素)晶体为单斜(monoclinic sphenodic structure),分子链沿纤维方

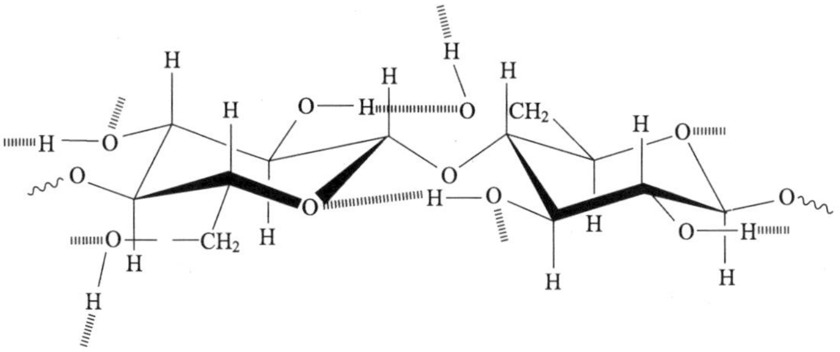

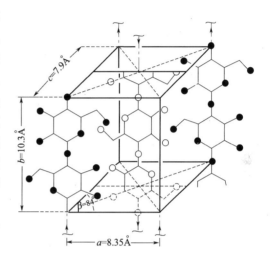

图 2.6 纤维素与水分子形成的氢键

向取向,其结构与参数如图 2.7 所示。来源不同的纤维素的晶胞参数不同,如表 2.3 所示。一些大分子表面的基团距离较大,结合力较弱,易于被化学试剂所进攻而发生化学反应。纤维素的一个大分子可能穿越几个晶区和非晶区,靠结晶体中分子间的结合力把大分子相互连接在一起,又靠穿越几个结晶区的大分子把各个晶区连接起来,并由组织结构较为疏松和混乱的非晶区把各个晶区间隔开,使纤维素形成疏密相间的有机整体。

晶体和无定形的纤维素依靠其分子内和分子间的氢键以及弱作用力的范德华力维持着自组装的大分子结构和原纤的形态。利用弱酸在一定的条件下可以水解或者利用纤维素酶选择性地酶解掉无定形的纤维素就可以得到纤维素晶体[10,11,12],将这些纤维素晶体通过超声波

图 2.7 天然纤维素 I 晶体的结构与晶胞参数
(1Å=0.1nm)

表 2.3 不同来源纤维素的晶胞参数[9]

类型	来源	尺寸/nm			β/℃
		a	b	c	
纤维素 I		0.821	1.030	0.790	83.3
纤维素 II	棉花	0.802	1.036	0.903	62.8
	棉花,丝光处理棉花,黏纤	0.801	1.036	0.904	62.9
纤维素 III		0.774	1.030	0.990	58.0
纤维素 IV		0.812	1.030	0.799	90.0

分散和其他物理的分散方法可以得到纳米级纤维素晶体[12,13]。由于具有巨大的比表面积,纳米纤维素微晶具有很多特殊的性能,广泛应用于医疗、食品、日用化学品、涂料、建筑等领域。如,纳米纤维素晶须的杨氏模量和抗张强度比纤维素有指数级的增长,因此可被用于复合材料、电极的高性能的纳米增强剂。纤维素晶体表面还可以通过化学和生物的方法活化。采用化学接枝的方法,在纳米级纤维素晶体表面上引入硅、醚、酯、氟等基团,可以促进纳米级纤维素晶体的稳定性,同时赋予纳米级纤维素晶体以新功能和新特性。纳米纤维素的研究已经成为纤维素科学中新的研究热点之一。如何高效率地制备和分离纳米纤维素晶体、拓展纳米纤维素在高分子复合材料中的应用、纳米纤维素表面选择性化学改性以及纳米纤维素化学衍生物的合成等都是纳米纤维素领域的有趣课题。

用 X 射线衍射等手段对纤维素结晶体进行分析可以发现，纤维素是一种同质多晶物质，具有 4 种结晶体形态，分别称为纤维素Ⅰ、Ⅱ、Ⅲ和Ⅳ[14]。图 2.8 及图 2.9 分别是纤维素Ⅰ的晶胞尺寸和高分子链在晶胞中的堆砌情况及纤维素晶胞的 X 射线衍射图。晶胞属单斜晶系，每个晶胞中含有两个重复单元。晶格中心的高分子相对于四角的高分子在 c 轴方向有 $c/4$ 轴长度的位移。纤维素高分子是有方向性的，通常认为在纤维素Ⅰ中，高分子的指向是平行的；在其他结晶变体中相邻高分子是逆平行的。

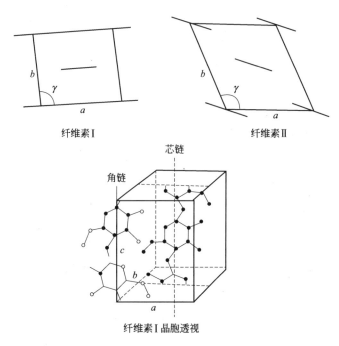

纤维素Ⅰ   纤维素Ⅱ

纤维素Ⅰ晶胞透视

图 2.8　纤维素Ⅰ和Ⅱ的晶胞截面和高分子在纤维素Ⅰ晶胞中的堆砌

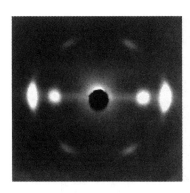

图 2.9　纤维素晶胞
的 X 射线衍射图

天然纤维素，不论是植物纤维素还是细菌纤维素，均属于纤维素Ⅰ型，其分子链在晶胞内是平行堆砌的。纤维素Ⅰ是三斜晶体 I_α 和单斜晶体 I_β 的混合组成[15]。纤维素 I_α 和 I_β 具有相同的重复距离。从二聚体内部到晶体的距离为 1.043nm，到表面的距离为 1.029nm。纤维素 I_α 和 I_β 在微纤维形成过程中可以相互转变，通过退火处理可将处于亚稳状态的 I_α 转变为 I_β。不同来源的天然纤维素的 I_α/I_β 比值是不相同的[16]。植物纤维素的晶体以 I_β 为主，例如，棉麻等植物的纤维素晶体 70% 为 I_β 型，仅 30% 为 I_α 型。而细菌纤维素的晶体约 60% 为 I_α 型，40% 为 I_β 型。海藻 Velinia 的纤维素晶体有 65% 为 I_α 型，35% 为 I_β 型。纤维素Ⅰ是一种亚稳态结构。

将纤维素Ⅰ溶解在适当的溶剂（如铜铵溶液、N-甲基吗啉-N-氧化物等）中，再经过凝固浴使其再生，得到的再生纤维素称为纤维素Ⅱ。纤维素Ⅱ的晶体结构是由堆积在单斜晶胞内的构象几乎相同的两条反平行链组成，具有最低能量，因而在热力学上是最稳定的。纤维素Ⅱ一旦形成就难以再转变为纤维素Ⅰ。纤维素Ⅱ是工业上使用最多的纤维素形式。

将纤维素Ⅰ或纤维素Ⅱ分别用液氨或甲胺、乙胺、丙胺或乙二胺等有机胺处理，然后使液胺挥发，得到的低温变体分别为纤维素ⅢⅠ和纤维素ⅢⅡ，二者在Ⅹ射线衍射图谱和红外光谱图上具有明显差别。用热水或稀酸处理纤维素ⅢⅠ和纤维素ⅢⅡ，可以得到原来的纤维素Ⅰ和纤维素Ⅱ。说明纤维素ⅢⅠ是类似于纤维素Ⅰ的平行链结构，而纤维素ⅢⅡ相似于纤维素Ⅱ的反平行链结构。

将纤维素ⅢⅠ和ⅢⅡ在250℃的甘油中加热，就得到纤维素ⅣⅠ和ⅣⅡ，其中纤维素ⅣⅠ为平行链结构，ⅣⅡ为反平行链结构。

通常可将纤维素的这几种结晶形式归为两大类，纤维素Ⅰ簇和纤维素Ⅱ簇。纤维素Ⅰ簇包括纤维素Ⅰ、纤维素ⅢⅠ和纤维素ⅣⅠ，而纤维素Ⅱ簇包括纤维素Ⅱ、纤维素ⅢⅡ和纤维素ⅣⅡ。纤维素Ⅰ簇可以转变为纤维素Ⅱ簇，而纤维素Ⅱ簇一旦形成就难以再转变为纤维素Ⅰ。凡是纤维素Ⅰ通过纤维素Ⅳ然后碱化和再生的纤维素晶型，都毫无例外地是纤维素Ⅱ型。

Fink等人将各研究中关于纤维素弹性模量的数据加以总结，比较了不同Ⅰ型和Ⅱ型纤维素的弹性模量，见表2.4[17]。可以看出，大多数研究表明Ⅰ型纤维素的弹性模量高于Ⅱ型纤维素。

表2.4 纤维素的弹性模量

方法	纤维素的弹性模量/GPa		材料
	Ⅰ型纤维素	Ⅱ型纤维素	
Ⅹ射线		70～90	经拉伸和皂化后的醋酯长丝
Ⅹ射线	74～03		亚麻、大麻
Ⅹ射线	110		亚麻
Ⅹ射线	130	90	苎麻
Ⅹ射线	120～135	106～112	苎麻
计算值	136	89	
计算值	168	162	

2.3.5 纤维素的液晶结构

由于纤维素的主链结构呈半刚性，理论上纤维素及其衍生物在适当的溶剂中可以形成液晶相。三氟乙酸和氯代烷烃的混合溶液是纤维素的良溶剂，纤维素分子在这些溶剂中为螺旋结构。可以观察到胆甾型液晶。纤维素甾液氨/NH_4SCN体系中表现出不同的液晶行为，可为胆甾型和向列型。Gray等人用硫酸对黑云杉和桉树纤维素进行水解，经超声分散后得到棒状的长约140nm、直径约5nm的纤维素晶体，这种棒状晶体的悬浮液体在浓度很低的情况下可以形成向列型液晶相，如图2.10所示。

纤维素葡萄糖单元上的3个羟基都可以通过化学反应引入取代基。取代基的数目、大小和特性都能改变氢键的模式和体积排斥效应，但不会改变刚性主链导致的直链构象。因此可以通过取代基的变化得到不同性质的纤维素液晶。羟

图2.10 质量分数为10%的桉树纤维素纳米微晶悬浮液的偏光显微向列型液晶的指纹织态结构（图中标尺为200μm，螺距$P=17μm$[8]）

丙基纤维素以及多种纤维素衍生物的本体和溶液都显示液晶行为。溶致纤维素衍生物液晶的临界浓度受多种因素的影响,如取代基和溶剂的类型、取代度的大小和分布。利用纤维素液晶溶液在挤出或流延时易发生高取向的特点,可制备超高强度、超高模量的纤维。用 *N*-甲基吗啉-*N*-氧化物(NMMO)制备再生纤维素纤维(Lyocell 纤维)就是因为纺丝原液呈现液晶态而具有很高的力学强度。然而,迄今为止,纤维素的液晶纺丝纤维虽然在其模量和强度性能上有明显提高,但比不上液晶纺的合成纤维的强度。其部分原因是纤维素在非溶剂中再生时,不能很好保持其有序排列结构。

2.4　纤维素的溶解与再生

由于氢键的大量存在以及结晶区和非晶区共存的复杂形态结构,天然纤维素具有不熔化和在大多数溶剂中不溶解的特点。这使得纤维素的加工性能很差,成为天然纤维素在应用中的最大局限。可以这样说,纤维素的利用很大程度上取决于它的溶剂,但是纤维素的溶剂十分有限,开发新型的溶解能力强的纤维素溶剂成为纤维素工业重要的一部分。

评价一种纤维素溶剂是否具有实用化前景,应当考虑以下几个方面的因素:

① 溶解能力,包括纤维素在溶剂中的溶解度、溶解速度、纤维素在溶解过程中的降解程度等;

② 再生纤维素材料的性能,如强度和模量;

③ 溶剂的毒性、溶解与加工过程中的稳定性、溶剂的可回收性等。

根据纤维素在溶剂中溶解时是否发生化学反应,可将纤维素的溶剂分为衍生化溶剂和非衍生化溶剂。前者是纤维素在溶剂过程中生成不甚稳定的共价键合衍生物。后者则是纤维素在溶解时只发生分子间相互作用,而没有共价键生成。显然,能直接溶剂纤维素的非衍生化溶剂是纤维素新溶剂的发展方向。近年来,许多国家在这方面进行了技术、工艺革新,开发了一系列新溶剂,取得了丰硕的成果。下面介绍几种可以溶解纤维素的溶剂,以及使纤维素再生的方法。

2.4.1　NaOH/CS$_2$ 溶剂体系

用 NaOH/CS$_2$ 体系作为纤维素的溶剂来生产黏胶人造丝是最传统的方法,是一种包含化学反应的复杂过程,其间发生的化学反应可由下式表示。

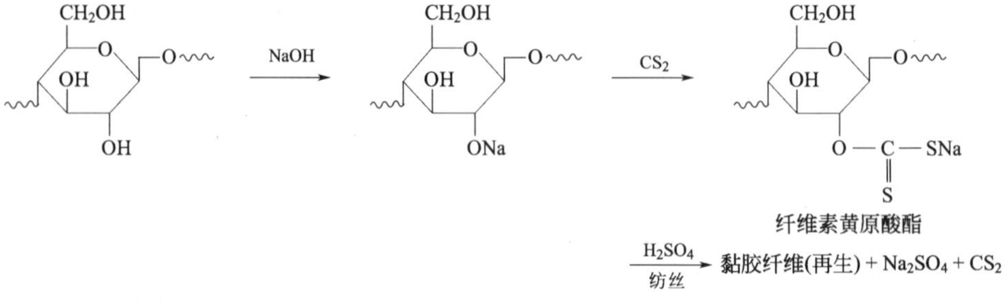

$$\xrightarrow[\text{纺丝}]{H_2SO_4} \text{黏胶纤维(再生)} + Na_2SO_4 + CS_2$$

生产黏胶的工艺流程为[18]:

生产过程中，首先用木材、棉短绒等纤维素为原料制成浆粕，将其浸于 $18\sim25℃$、18%左右的 NaOH 溶液中 $1\sim2h$，再压榨到浆粕质量的 $2.6\sim2.8$ 倍，生成碱纤维素。经过老化后使纤维素的聚合度大大降低。降解后的纤维素再与 CS_2 反应得到纤维素黄原酸酯，该衍生物可溶于强碱中制得黏胶（纺丝液）。黏胶经熟成、脱泡、过滤后，再经纺丝机从喷丝头的细孔中压入有硫酸、硫酸钠和少量硫酸锌的凝固浴中凝固、再生、拉伸成丝。凝固液中的 H_2SO_4 使纤维素黄原酸酯酸化，加入 Na_2SO_4 的目的是将高浓度的盐传递入盐浴中，这是黏胶快速凝固的必要条件，而 $ZnSO_4$ 可与纤维素黄原酸钠酯交换形成黄原酸锌酯使纤维素分子交联。一旦黏胶液经硫酸中和及酸化后，纤维素黄原酸酯发生水解还原又生成纤维素，伴随着牵引拉伸快速凝固为再生纤维素纤维，经过水洗、脱硫、漂白、上油和干燥等工序制得人造棉，再经过纺纱机纺成纱，即得黏胶纤维。黏胶纤维的截面呈锯齿形皮芯结构，纵向平直有沟横。黏胶纤维是最早投入工业生产的化学纤维之一，是一种应用较为广泛的化学纤维。由于吸湿性好，穿着舒适，可纺性优良，常与棉、毛或各种合成纤维混纺、交织，用于各类服装及装饰用纺织品。在原液中加入适量的 TiO_2 可生产出无光纤维。高强力黏纤还可用于轮胎帘子线、运输带等工业用品。

然而，传统方法生产黏胶工艺冗长，投资巨大，生产过程能源消耗大。而且生产过程中产生大量的有毒气体和废水，污染极其严重。黏胶纤维生产的每一工艺过程，几乎都有废气或废水产生。据估计[19]，每生产 1t 黏胶纤维，约释放 $150m^3$ 气体，主要是 H_2S、CS_2 和少量 SO_2、甲硫醇、康硫醇等，并需排放 $500\sim1200t$ 废水，其中直接工业废水 $300\sim500t$，废水中主要含有烧碱、硫化物、硫酸、硫酸盐等多种化学成分，尤其是含锌的废水对环境造成严重的负担。而且黏胶的生产工艺经过化学变化，纤维中含有有害物质。用这种方法生产再生纤维素在发达国家已经被停用。

2.4.2 铜铵溶剂

将氢氧化铜溶于氨水中，可以形成深蓝色的 $Cu(NH_3)_4(OH)_2$ 络合物，称为铜铵溶液或 Schweizer 溶液，对纤维素有很强的溶解能力。铜铵中的 Cu^{2+} 可以优先与纤维素吡喃环 C2、C3 位的羟基形成五元螯合环，破坏纤维素分子内与分子间的氢键，因而纤维素纤维可以溶解在高浓度的铜铵溶液中。将纤维素的铜铵溶液喷丝后在水凝固浴中成型，再在硫酸溶液的第二凝固浴中使铜铵纤维素分子化学分解再生出纤维素，再经过水洗、上油、干燥等工艺就可以制得铜铵人造丝。若在常温下用 15%左右的氢氧化钠处理棉纤维，则其长度缩短而直径增大，出现溶胀现象，经拉紧和水洗后，纤维光泽度会增加，且易于染色，这种处理方法称为丝光处理。铜铵再生纤维素具有真丝般的光泽与手感，是一种重要的服装材料。

$$\begin{array}{c}-OH\\-OH\end{array} + [Cu(NH_3)_4]^{+2} \longrightarrow \begin{array}{c}O\\O\end{array}Cu\begin{array}{c}NH_3\\NH_3\end{array} + NH_3$$

铜铵溶剂的缺点是不稳定，对氧和空气非常敏感。溶解过程中倘若有氧的存在，会使纤维素发生剧烈的氧化降解，损害产品的质量。

2.4.3 胺氧化合物系列

英国 Courtaulds 公司开发了一系列胺氧化合物，可以直接溶解纤维素，例如 N,N-二甲基乙酰胺/氯化锂（DMAc/LiCl）和 N-甲基吗啉-N-氧化物（NMMO）。

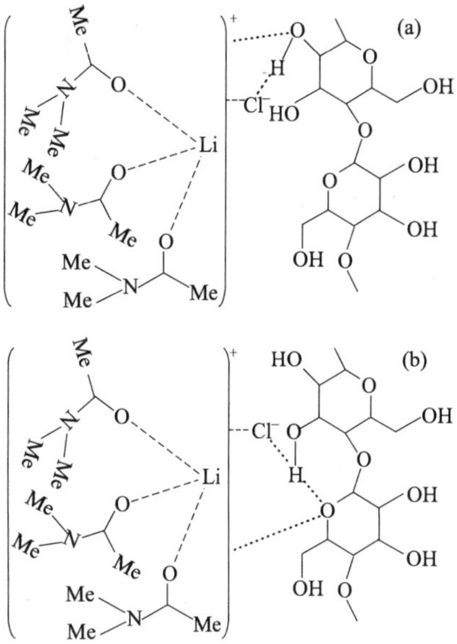

图 2.11　纤维素在 DMAc/LiCl
中的溶解机理

N,N-二甲基乙酰胺/氯化锂（DMAc/LiCl）多组分溶剂可以很好地溶解纤维素，而且在溶解过程中纤维素没有明显的降解现象。一般认为[20]，Li+ 与 DMAc 的羰基形成偶极-离子络合物，该络合物阳离子与纤维素羟基中的氧原子作用，而 Cl- 与纤维素的羟基中的氢原子形成氢键，从而破坏了纤维素分子内和分子间的氢键。Cl- 沿纤维素链堆积并与巨阳离子[Li-DMAc]+ 形成平衡，如图 2.11 所示。在该体系中，纤维素分子受到电荷-电荷间排斥和膨胀效应的影响而强行分开，纤维素分子间的缔合受到破坏，直至纤维素完全溶剂化。纤维素的 DMAc/LiCl 溶液可以采用水作为凝固剂得到再生纤维素，所得纤维质量较好，高于普通黏胶纤维。但是 DMAc/LiCl 溶剂体系溶解范围较窄，且价格昂贵。

N-甲基吗啉-N-氧化物（NMMO）是近年来开发出的纤维素的新溶剂，可以很好地溶解纤维素[21~23]。NMMO 是一种环状叔胺氧化物，具有强的偶极性，其分子中的强极性官能团 N→O 上氧原子的两对孤对电子与纤维素大分子中的羟基 Cel—OH 形成强的氢键 Cel—OH⋯O←N，生成纤维素—NMMO 络合物（图 2.12）。这种络合作用先是在纤维素的非晶区内进行，破坏纤维素的分子间的氢键。在加热条件和充分机械搅拌下，络合作用逐渐深入到结晶区内，破坏纤维素的聚集态结构，最终使纤维素溶解。纤维素在 NMMO 中的溶解过程是直接溶解，没有衍生物的生成，是不经过化学反应的过程。

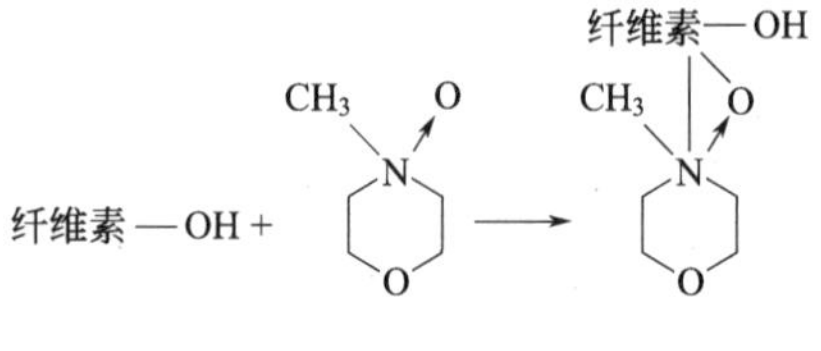

NMMO 法生产工艺如下：首先将浆粕与含结晶水的 NMMO 充分混合，于 90℃下充分溶胀，然后在120℃下减压除去大部分结晶水，使纤维素充分溶解在 NMMO 中，形成稳定、透明、黏稠的纺丝液，经过过滤和脱泡后采用干喷湿纺法纺入含溶剂的水凝固浴，即沉淀析出纤维素并形成纤维，再经过后处理即可形成可供纺织用的纤维素纤维。由于不需要碱化、老成、

图 2.12　纤维素在 NMMO
中的溶解机理

黄化、熟化等工序，用 NMMO 制备再生纤维素纤维比传统的 NaOH/CS₂ 黏胶纤维过程简单得多，不仅降低了生产成本，而且溶剂 NMMO 的生化毒性是良性的，生产过程产生的废水无毒且数量较少，大大减轻对环境的压力。

用 NMMO 法所得的纤维降解程度较低，具有很高的结晶度和取向度，相邻晶胞之间作用力强，所得纤维的强度高（尤其是湿强度高）、尺寸稳定性好，是一种性能优异的新型高性能纤维，被国际人造纤维和合成纤维局命名为 Lyocell。该再生纤维具有纤维素纤维手感柔软、悬垂性好、湿强度高、模量高、延伸性好、吸湿性好、穿着舒适等优点，具有丰富的色彩和柔和的真丝光泽，特别适合用作轻薄高档服装面料。而且还能与合成纤维、天然纤维混纺，改善它们的性能。

Navard 等人发现[23]，NMMO 吸湿性强，可形成多种水合物。结合水量的不同，其对纤维素的溶解能力也不同。纯 NMMO 对纤维素的溶解能力最强，随着含水量的增加，对纤维素溶解能力会逐渐降低。当 NMMO 水合物的含水量超过 17%（质量分数）时，对纤维素失去溶解能力。但是纯 NMMO 极易被氧化，甚至会发生爆炸，在储存和生产中存在一定的危险性，其工业品多以 50% 的水溶液存在。在溶解纤维素的初期，需将多余的水分通过加热、减压的方法除去，这无疑增加了能耗和工艺成本。另外，NMMO 价格昂贵，必须使其回收率高于 99.5% 以上方具有经济价值。苛刻的回收技术和投资巨大的回收设备使得 Lyocell 纤维的价格居高不下。

2.4.4 离子液体体系

国内外的很多科技工作者都投入了大量的精力开发新型纤维素溶剂体系。离子液体的出现有望成为纤维素的一种新型的绿色溶剂。离子液体是由有机阳离子和无机阴离子构成的离子化合物，在室温或室温附近温度下呈液体状态，又称低温熔融盐。与传统有机溶剂、水、超临界流体等相比，具有许多优良的性能，包括：对很多化学物质包括有机物和无机物具有良好的溶解性能；具有较高的离子传导性；热稳定性较高；液态温度范围较宽；极性较高，溶剂化性能较好；几乎不挥发、不氧化、不燃烧；黏度低、热容大；对水和空气均稳定；易回收，可循环使用；设备简单、易于制造[24]。现已发现，多种咪唑型的离子液体对纤维素均有良好的溶解性能，如 1-烯丙基-3-甲基咪唑氯盐（[amim]Cl）、1-乙基-3-甲基咪唑氯盐（[emim]Cl）等。表 2.5 列出几种离子液体对纤维素的溶解能力[25]。

表 2.5 几种离子液体对纤维素的溶解能力

离子液体	方法	溶解度(质量分数)/%	离子液体	方法	溶解度(质量分数)/%
[C₄mim]Cl	加热(100℃)	10%	[C₄mim]SCN	微波	5%~7%
[C₄mim]Cl	加热(70℃)	3%	[C₄mim][BF₄]	微波	不溶解
[C₄mim]Cl	加热(80℃)+超声	5%	[C₄mim][PF₆]	微波	不溶解
[C₄mim]Cl	微波加热 3~5s	25%,清澈黏稠溶液	[C₆mim]Cl	加热(100℃)	5%
[C₄mim]Br	微波	5%~7%	[C₈mim]Cl	加热(100℃)	轻微溶解

一般认为，通过溶剂对纤维素大分子间的相互作用，破坏纤维素分子内和分子间存在的大量氢键是使纤维素在溶剂中溶解的前提。以 [amim]Cl 为例：在加热条件下，离子液体中的离子对发生解离，形成游离的阳离子 [amin]⁺ 和阴离子 Cl⁻，阴离子 Cl⁻ 与纤维素大分子链中羟基上的氢原子形成氢键，而游离的阳离子 [amin]⁺ 与纤维素大分子链中羟基上的氧原子作用，从而破坏了纤维素中原有的氢键，导致纤维素在离子液体中的溶解。纤维素的离子液体溶液具有相当的稳定性。张军等人发现，纤维素在 [amim]Cl 中溶解完全后，得到透明的、琥珀色的溶液。当冷却到室温后，溶液能继续保持液体状态，即使在室温下保存三个月，纤维素也不会析出，纤维素/[amim]Cl 溶液也不会发生固化和结晶。

由于离子液体 [amim]Cl 和 [bmim]Cl 均是亲水性，可以以任意比例与水互溶，因此纤维素的离子液体溶液可以以水为凝固剂进行纤维素的再生，是相当环境友好的制备再生纤维素的方法。此外，当纤维素的含量超过 10%（质量分数）后，纤维素/离子液体溶液在偏光显微镜下具有光学各向异性的溶致液晶特征。纤维素的液晶溶液在挤出或流涎工艺过程中，纤维素的刚性分子链容易沿着剪切力的方向取向，从而可以制备超高强度和超高模量的再生纤维素纤维。图 2.13 是离子液体溶解前后纤维素的形貌[26]。

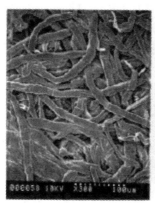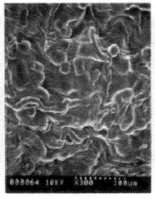

图 2.13　纤维素浆粕在溶解前的 SEM 照片（左图）与用 $[C_4mim]Cl$
溶解、水中再生的纤维素的 SEM 照片（右图）

2.4.5　NaOH/尿素体系

张俐娜等人[26,27]创建了新的快速溶解纤维素的 NaOH/尿素水溶液（7％NaOH/12％尿素，质量分数）体系，成功地纺出新型纤维素丝。有趣的是，纤维素在室温下不能完全溶解在 NaOH/尿素水溶液中，但是将 NaOH/尿素水溶液预冷至 $-12\sim-10℃$ 却可以快速溶解纤维素。张俐娜等人用变温红外光谱和广角 X 射线衍射等手段对 NaOH/尿素水溶液进行分析，发现 NaOH/尿素水溶液在低温下形成了高度稳定的氢键网络结构，创建了新的复合物。通常，在 NaOH 水溶液中，OH^- 和 Na^+ 离子分别以 $[OH(H_2O)_n]^-$ 和 $[Na(H_2O)_m]^+$ 形式存在。在室温时，水和缔合水之间的快速交换使 $[OH(H_2O)_n]^-$ 和 $[Na(H_2O)_m]^+$ 难以形成和保持新络合物结构。而在低温条件下，慢的交换使缔合离子则容易保持它们的结构。因此，在 $-12℃$ 时，$[OH(H_2O)_n]^-$ 更易于与纤维素链结合形成新的氢键缔合物，导致纤维素分子内和分子间氢键破坏，使纤维素溶解。用同步辐射源广角 X 射线衍射和透射电子显微镜对体系进一步进行分析，张俐娜等人认为，低温创建了纤维素分子与溶剂分子间稳定和较大的氢键网络结构，导致大、小分子自组装形成尿素管道包合物。在溶液中尿素水合物形成一层表面"夹套"，将 NaOH 水合物及纤维素分子链包裹在里面形成管道包合物。这种水溶性包合物不仅把纤维素分子带进水溶液中，而且阻止纤维素分子本身的自聚，从而使纤维素形成分子级分散。

2.4.6　NaOH 稀溶液法及其直接纺丝技术

20 世纪 90 年代初出现的稀碱溶液体系法是采用蒸汽闪爆技术处理水浆纤维素，从而使其可直接溶解于 NaOH 稀溶液中。研究发现，先将纤维素浆粕用蒸汽闪爆技术进行活化预处理，就可以直接溶解于 8％～10％的 NaOH 水溶液中[28]。该方法的关键技术是蒸汽闪爆，其过程如下：在高温、高压下，水蒸气分子能够渗透到纤维素刚性平面的间隙中，破坏分子内氢键，使分子运动被激活，从而打破了分子的刚性平面结构，改变了分子的构象，使分子间距扩大。闪爆在瞬间完成，纤维素被很快降至室温，使分子构象被固定下来。经闪爆处理后的纤维素溶于 8％～10％的 NaOH 溶液中，稀的 NaOH 溶液形成直径较大的溶剂分子集团，溶剂分子集团再进入到纤维素无定形区的片层之间被加宽了的缝隙中，使得分子链发生溶解，从而使剩余的纤维素分子内氢键遭到破坏，加速了脱水葡萄糖基元的微布朗运动，最终导致纤维素晶区的完全破坏和全部溶解。在此特定浓度的 NaOH 溶液中，纤维素的完全溶解是由于改性后的新型纤维素具有的特殊超分子结构和特殊溶剂结构巧妙结合的结果。

该体系所用的凝固浴种类很多，如 H_2SO_4、HCl、CH_3COOH、H_3PO_4 以及一定浓度的钠盐、胺盐等都可以作为凝固浴。NaOH 水溶液法生产纤维素再生纤维的工艺流程如下：

2.5　纤维素的改性

2.5.1　纤维素的功能化

2.5.1.1　纳米纤维素

在纳米尺度范围操纵纤维素分子及其超分子聚集体，设计并组装出稳定的多重花样，由此创制出具有优异功能的新纳米精细化工品、新纳米材料，成为纤维素科学的前沿领域。与粉体纤维素以及微晶纤维素相比，纳米纤维素具有许多优良性能，如高纯度、高聚合度、高结晶度、高亲水性、高杨氏模量、高强度、超精细结构以及高透明性等。开展纳米纤维素超分子的可控结构设计、立体和位向选择性控制与制备、分子识别与位点识别等自组装过程机理、多尺度结构效应的形成机理等基础理论性研究，在纳米尺度上操纵纤维素分子、晶体及其超分子，制备性能优异的纳米纤维素晶体，成为未来纳米纤维素化学的主要研究方向之一[29,30]。

纤维素是由 D-吡喃葡萄糖环彼此以 β-(1,4) 糖苷键连接而成的线形高分子。由于众多氢键的作用，天然植物纤维素分子聚集形成横截面约为 $3nm \times 3nm$、长度约为 30nm 的基元原纤。基元原纤聚集形成横截面约为 $12nm \times 12nm$、长度不固定的微原纤。微原纤聚集形成横截面约为 $200nm \times 200nm$、长度不固定的大原纤。微原纤周围分布着无定形的半纤维素，大原纤周围分布着无定形的半纤维素和木质素。天然植物纤维的强度主要由纤维素原纤提供，而半纤维素和木质素的作用主要是将木纤维素细胞胶黏在一起，起着支持纤维素骨架的作用，对纤维的力学性能贡献较小。如果能将纤维素原纤从植物纤维中分离出来，利用纤维素原纤制备复合材料将有望获得性能优异的新材料。由于具有巨大的比表面积，纳米纤维素微晶具有很多特殊的性能，广泛应用于医疗、食品、日用化学品、涂料和建筑等领域。如纳米纤维素晶须的杨氏模量和抗张强度比纤维素有指数级的增长，因此可被用于复合材料、电极的高性能纳米增强剂。纤维素晶体表面还可以通过化学和生物的方法活化。采用化学接枝的方法，在纳米级纤维素晶体表面上引入硅、醚、酯、氟等基团，可以促进纳米级纤维素晶体的稳定性，同时赋予纳米级纤维素晶体以新功能和新特性。纳米纤维素的研究已经成为纤维素科学中新的研究热点之一。如何高效率地制备和分离纳米纤维素晶体、拓展纳米纤维素在高分子复合材料中的应用、纳米纤维素表面选择性化学改性以及纳米纤维素化学衍生物的合成等都是纳米纤维素领域的有趣课题。然而，由于很强的分子内和分子间的氢键作用，从植物纤维素中分离出分散稳定的单一纳米级基元原纤一直是纤维素科学界的难题。一般，需在制备纳米纤维素的同时进行表面的化学改性，以获得稳定分散的溶液或者胶体。

（1）纳米微晶纤维素

结晶状和无定形的纤维素依靠其分子内和分子间的氢键以及弱作用力的范德华力维持着自组装的大分子结构和原纤的形态。利用强酸在一定的条件下可以水解或者利用纤维素酶选择性地酶解掉无定形的纤维素就可以得到纤维素晶体，将这些纤维素晶体通过超声波分散和其他物理的分散方法可以得到纳米级纤维素晶体或晶须[31,32]。这种晶体横截面约5～20nm，长度为10～1000nm，具有大的长径比。纤维素晶须的高度取向结构使其具有高强度、高模量和高伸长率，其强度远高于其他短切纤维。纤维素晶体或晶须既是天然高分子，又具有非常高的强度，因此既可以作为新型的纳米精细化工产品，又可用作复合材料的纳米增强体，用于制造高强度复合材料。但是，用强酸制备纳米纤维素对反应设备的要求较高，回收和处理反应后的残留物存在困难。

（2）静电纺丝纳米纤维素纤维

采用静电纺丝的方法可以制备纳米纤维素纤维。将纤维素溶解在溶剂中，调整溶剂系统、纤维素的分子量、纺纱条件以及纺纱后处理可以获得直径为80～750nm的稳定的纳米纤维素纤维（图2.14）。既可以用作纺织的原材料，也可以用在超滤膜等膜分离。

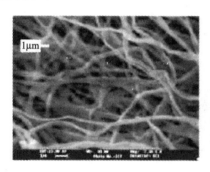

图2.14 由9%纤维素/NMMO/水溶液静电纺丝制备的纤维显微照片[33]

Frey等[34]用乙二胺/硫氰酸盐溶解纤维素纸浆、棉花纸和手术棉球形成8%的溶剂，然后在30kV下静电纺丝，得到了超细的纤维素纤维。赵胜利等[35,36]在四氢呋喃溶液中静电纺丝制备乙基氰乙基纤维素超细纤维，纤维直径为250～750nm左右，纤维的结晶度随着静电电压变化，当电压为50kV时结晶度最大。Ma等[37]以溶解于丙酮/二甲基甲酰胺/三氟乙烯（3:1:1）的0.16g/mL的醋酸纤维素静电纺丝制备超细、高亲和力膜，超细纤维直径为200nm～1mm之间，然后再生制备成再生纤维素超细膜，可以用于过滤水和生化制品。吴晓辉等[38]把四环素均匀分散在乙基纤维素溶液里，利用电场纺丝法制备了含有四环素的乙基纤维素超细纤维，纤维直径为400～750nm左右，可用于缓释控释给药系统。静电纺丝以人工的方法可制备目前最细的纳米级纤维。然而，应当注意的是，静电纺丝制备出的纳米纤维横截面较大，横截面分布较宽。

（3）物理法制备纳米纤维素

Turbak等[39]以4%左右的预先水解木浆经过10次用压差为55kPa、120kPa的高速搅拌机制备出了微纤化纳米纤维素。改进纤维素微纤化方法可以获得10～100nm微纤化纤维素，可以制备透明的高强度的纳米复合物。Takahashi等[40]以竹子为原料采用热压法制备微纤化纤维素，他们比较了未预处理的竹子纤维、氢氧化钠水溶液处理、蒸汽爆破法处理、蒸汽爆破法处理后又用氢氧化钠水溶液处理的高纤维素含量纤维。其目的是制备高张力强度的复合物，使用热压法无须合成高分子，而且无须分离出半纤维素和木质素。竹子纤维及其单纤维用石头圆盘高速研磨，然后用上述预处理方法可制备出纤维间有超强黏结强度的微纤化纤维素。然而，用物理法制备纳米纤维素需要采用特殊的设备和使用高压，能耗较高，而且制备出的纳米纤维素粒径分布较宽。

2.5.1.2 纤维素微球

将纤维素制成微珠或微球形状，可用作吸附剂，具有来源丰富、价格低廉、可降解、生物相容性好以及对环境不产生污染等优点，可广泛应用于蛋白质、重金属离子等的分离和纯化。球形的纤维素吸附剂不仅具有疏松和亲水性网络结构的基体，并具有表面积大、通透性能和力学性能好等优点，很适合于床式吸附处理的需要，成为研究重点之一。刘明华等[41]以 N-甲基吗啉-N-氧化物（NMMO）和马尾松漂白硫酸盐浆为原料，制备出纤维素/NMMO/H_2O 溶液，并以此为原料，采用程序降温反相悬浮技术制备球形纤维素珠体，可制得粒径分布在 0.45~0.20mm 占 70.0% 以上的球形纤维素珠体。

2.5.2 纤维素衍生物

纤维素可以通过改性获得具有特殊性能的纤维素衍生物。纤维素改性产品主要指纤维素分子链中的羟基基团被部分或全部酯化或醚化反应后的生成物，主要包括纤维素醚和纤维素酯类，也包括酯醚混合衍生物。经过改性后的纤维素，其功能的多样性和应用的广泛性都得到了很大提高，并且纤维素功能材料所具有的环境协调性，使其成为目前材料研究中最为活跃的领域之一。纤维素衍生物是指纤维素的羟基基团部分或全部被酯化或醚化而形成的一系列化合物，主要可分为纤维素酯和纤维素醚两类。

纤维素的衍生化反应原理和特性为：

① 纤维素的化学反应主要分为：纤维素链的降解反应和与纤维素羟基有关的衍生化反应。前者指纤维素的氧化、酸解、碱解、机械降解、光解和生物降解等。后者主要包括纤维素的酯化、醚化、亲核取代、接枝共聚及交联等化学反应。

② 衍生化反应可以在单相介质或多相介质中进行。

③ 在纤维素分子中，3 个羟基在葡萄糖基中所处位置不同，受邻近取代基影响和空间阻碍作用不同，其反应能力也不同。例如，在碱性介质中醚化时，羟基反应能力为 C2(OH)＞C3(OH)＞C6(OH)；在酸性介质中醚化时为 C2(OH)＜C3(OH)＜C6(OH)；当与体积较大的化学试剂反应时，空间阻碍作用较小的 C6 位羟基比 C2 和 C3 位更易反应。

2.5.2.1 纤维素衍生化反应的特点

纤维素分子链中由于含有大量的氢键，使纤维素分子结构紧密，结晶度较高。普遍认为，大多数反应试剂只能渗透到纤维素的无定形区，而不能进入紧密的晶区。由于结晶区和非结晶区（无定形区）共存的复杂形态结构，以及分子内和分子间氢键的影响，纤维素很难溶于普通的溶剂，这就决定了纤维素多数的化学反应都是在多相介质中进行的，难以进行均匀的化学改性。此外，纤维素链中葡萄糖基环上 3 个羟基的反应能力也不一样。为了克服多相反应的非均匀性和提高纤维素的反应性能，在进行反应之前，纤维素材料通常都经历溶胀或活化处理[42,43]。例如，将纤维素浸泡在一定浓度的酸、碱溶液中或用蒸汽爆破进行处理。研究发现[44~46]，蒸汽爆破处理对纤维素分子内和分子间氢键的断裂、纤维素化学反应性的提高非常有效。由于蒸汽处理具有处理时间短、化学用品用量少、能耗低等优点而引起人们的极大兴趣。

随着纤维素新型非衍生化溶剂的开发，纤维素的化学反应有可能在均相体系中均匀地进行，特别是 20 世纪 80 年代以来，各国学者对纤维素在各种溶剂体系中的溶解机理和新溶剂体系的应用方面有了新的认识和突破，加速了均相反应在纤维素衍生化作用中的应用研究，为开发高功能纤维素衍生物创造了良机。

在均相反应中，由于纤维素整个分子溶解于溶剂中，分子间与分子内氢键均已断裂，因此，纤维素大分子链上的伯、仲羟基对反应试剂来说，都为可及的。但多数情况下，伯羟基的反应比仲羟基快得多。另外，与多相反应相比，均相反应不存在试剂渗入纤维素的速度问题，因而有利于提高纤维素的反应性能，促进取代基的均匀分布。因此，只要适当选择反应条件和化学试剂，便可有效地控制反应的过程，制得预期的产物。

2.5.2.2 纤维素酯

纤维素酯类是指在酸催化作用下，纤维素分子链中的羟基与酸、酸酐、酰卤等发生酯化反应的生产物。纤维素酯类根据与其反应的酸的种类不同可分为无机酸酯和有机酸酯。

纤维素无机酸酯是指纤维素分子链中的羟基与无机酸，如硝酸、硫酸、磷酸等进行酯化反应的生成物。其中最重要并已形成工业化生产的是硝酸纤维素酯和磺酸纤维素酯。纤维素有机酸酯是指纤维素分子链中的羟基与有机酸、酸酐或酰卤反应的生成物。主要有纤维素甲酸酯、乙酸酯、丙酸酯、丁酸酯、乙酸丁酸酯、高级脂肪酸酯、芳香酸酯和二元酸酯等。纤维素有机酸酯受到酯化剂（有机酸及其酸酐）来源的限制，有实用价值且已形成规模性工业生产的有醋酸纤维素、醋酸丙酸纤维素以及醋酸丁酸纤维素。

（1）纤维素无机酸酯

① 纤维素硝酸酯　工业上通称为硝化纤维素，是一种重要的纤维素无机酯和工业产品。纤维素硝酸酯广泛地应用于涂料、胶黏剂、日用化工、皮革、印染、制药和磁带工业等部门。生成纤维素硝酸酯的原料可以是棉绒浆或木浆。其中棉绒浆较纯净，但价格较高；工业上常用木浆。纤维素的硝化作用是一个典型的平衡酯化作用，即由醇（纤维素羟基）和酸（HNO_3）作用生成酯和水的反应。反应式如下：

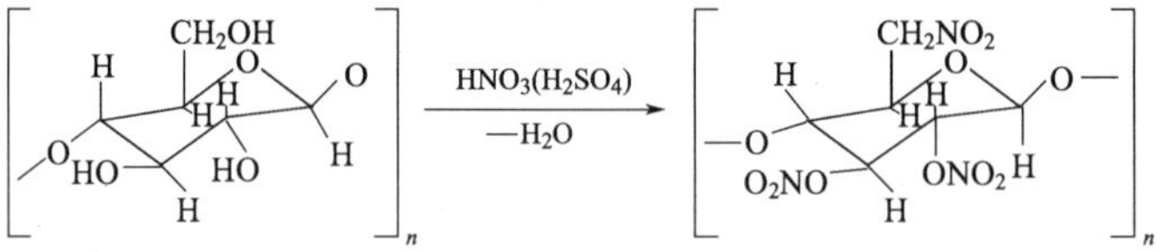

理论上，纤维素硝酸酯的酸代度可达 3.0。但实际生成的产物多数取代度<3.0。在进行纤维素的硝化时，若单用硝酸，且低于 75%，几乎不发生酯化作用。当硝酸达到 77.5% 时，约 50% 的羟基被酯化；用无水硝酸时，便可以制得二取代纤维素硝酸酯。若要制取较高取代度的产物，则必须使用酸类的混合物，如 HNO_3/H_2SO_4 混合酸体系，其纤维素硝酸酯形成机理如下[47]。此法制得的纤维素硝酸酯取代度达 2.9。

$$NO_2OH + 2H_2SO_4 \Longrightarrow NO_2^+ + 2HSO_4^- + H_3O^+$$

$$Cell\text{-}(OH)_3 + nHNO_3 \xrightleftharpoons{H_2SO_4, H_2O} Cell\begin{array}{c}(ONO_2)_n \\ \\ (OH)_{3-n}\end{array} + nH_2O$$

② 纤维素硫酸酯　广泛作为洗涤剂、照片的抗静电涂料、采油的黏度变性剂、食品与化妆品及药物的增稠剂，以及低热能的食品添加剂。

制法一：将纤维素直接与 70%～75% 的浓硫酸作用，并用温和的碱中和而得。这种方法制得的纤维素硫酸酯由于发生严重降解，产量低而且热稳定性差。

制法二：改用硫酸和 C_3～C_8 醇类的混合物，以制取均匀且降解少的纤维素硫酸酯。其中，若用硫酸-异丙醇的混合物与纤维素反应，可制得水溶性和热稳定性好的纤维素硫酸酯。

③ 纤维素磷酸酯　具有阻燃性和离子交换能力。低含磷量的纤维素磷酸酯是用木浆或棉绒浆与熔融的尿素中的磷酸作用而成。反应温度及尿素-磷酸-纤维素的组成，均对产物有着极大的影响。

制法一：制备高含磷量的纤维素硫酸酯，必须使用过量的尿素、高温（140℃）和较短的反应时间（约15min）。

制法二：将纤维素与磷酰氯反应，可生成低取代度的硫酸酯。若在熔融的尿素-磷酸中熔胀，可以制得水溶性纤维素磷酸酯。

（2）纤维素有机酸酯

纤维素有机酸酯是指纤维素分子链中的羟基与有机酸、酸酐或酰卤反应的生成物。由于纤维素高分子间存在氢键的数目众多、结晶结构及形态复杂，有机酯化剂的扩散受到不同程度的阻碍，酯化反应能力明显低于含羟基的低分子有机化合物。在生成纤维素有机酸酯的反应中，除甲酸酯之外，其他任何有机酸都不可能使纤维素完全酯化。只有在催化剂的存在下，用相应的酸酐、酰卤与纤维素反应才能得到预期的酯化效果。纤维素酯化反应速率随酯化剂分子量的增加而降低。酯化产品的强度、熔点、密度以及吸湿性等也随取代基分子量的增加而降低。纤维素有机酸酯主要有纤维素甲酸酯、乙酸酯、丙酸酯、丁酸酯、乙酸丁酸酯、高级脂肪酸酯、芳香酸酯和二元酸酯等。受酯化剂来源的限制，有实用价值且已形成规模性工业生产的纤维素有机酸酯主要有纤维素乙酸酯、纤维素乙酸丙酸酯以及纤维素乙酸丁酸酯。

① 纤维素甲酸酯　在室温下，以硫酸为催化剂，用浓甲酸处理纤维素即可制得纤维素甲酸酯。纤维素甲酸酯对热水很不稳定，甚至空气中的湿气也会使它逐渐分解。因此，纤维素甲酸酯没能获得实际应用。

② 纤维素乙酸酯　纤维素乙酸酯，通称为醋酸纤维素或乙酸纤维素，是最为重要的纤维素有机酸酯，也是最早进行商品生产、并且不断发展的纤维素有机酸酯。广泛应用于纺织、塑料、香烟滤嘴、包装材料、胶片、水处理反渗透膜、涂料、人工肾脏等领域。其制备示意图如下。

$$\underset{\text{纤维素}}{\text{Cell—OH}} + (CH_3CO)_2O \longrightarrow \underset{\text{纤维素乙酸酯}}{\text{Cell—O—COCH}_3} + CH_3COOH$$

最常用的制备方法是以硫酸为催化剂，用乙酸酐同纤维素进行反应：

$$\text{[}C_6H_7O_2(OH)_3\text{]}_n + 3n(CH_3CO)_2O \longrightarrow \text{[}C_6H_7O_2(OCOCH_3)_3\text{]}_n + 3nCH_3COOH$$

纤维素不能溶解在乙酸中，但是乙酸却是纤维素乙酸酯的良好溶剂。因此，在反应初期，纤维素为纤维状物质，反应为非均相反应；随着酯化反应的进行，纤维素被逐渐溶解，反应后期为均相反应。作为工业原料的纤维素不应用高温干燥，含水量不能低于2%～5%，否则会由于体系中生成较多的氢键而使反应能力下降。通常在加入乙酸酐之前，要先用乙酸或含有部分硫酸的乙酸对纤维素进行溶胀处理，以利于酯化剂在纤维素中扩散，同时有利于使催化剂硫酸分布均匀，并可使纤维素的分子量降到要求的水平。

由于乙酰化是放热反应，在加入乙酸酐以前，应先将纤维素和溶胀剂的混合物冷却，然后加入冷却过的乙酸酐，继续冷却，最后才加入剩余的催化剂。在规定条件下制得的取代值为 2.9 的纤维素三乙酸酯，通常称为初级纤维素乙酸酯。

初级纤维素乙酸酯的脆性大，在乙酰反应中也会生成部分的纤维素硫酸酯，影响产品的稳定性，而且初级纤维素乙酸酯只能溶于冰醋酸、二氯甲烷、吡啶和 DMF 等有限的溶剂，溶解能力十分有限。因此常常对初级纤维素乙酸酯进行一定程度的水解反应，降低酯化度，制得的取代度为 2.2～2.7 的产品，称为二级纤维素乙酸酯。水解反应的主要作用，是从纤维素三乙酸酯上除去若干乙酰基，同时或多或少地除去结合的纤维素硫酸酯，从而改进纤维素乙酸酯的热稳定性。当纤维素分子中含有一定数量的伯羟基（大约 5～8 个葡萄糖残基上有一个伯羟基），便可以溶解在工业上常用的溶剂丙酮中，使其溶解性能大大增加。但是，并不是取代度为 2.2～2.7 的纤维素乙酸酯都有很好的溶解性能，如果不先制成初级纤维素乙酸酯，而是直接酯化到取代度为 2.2～2.7 的纤维素乙酸酯就不能溶于丙酮中。这是由于纤维素分子中伯、仲羟基的化学反应能力不同造成的。在酯化反应和水解反应中，伯羟基的反应能力大于仲羟基。当纤维素三乙酸酯水解时，伯羟基容易被皂化，因而游离伯羟基的数目比游离仲羟基多，当纤维素乙酸酯中有足够多的游离伯羟基时，才能溶于丙酮和其他有机溶剂。直接酯化到取代值为 2.2～2.7 的纤维素乙酸酯的情况则与此相反，游离仲羟基的数目比游离伯羟基多，因此溶解性能不好。此外，当游离伯羟基过多时，由于分子内形成氢键的能力增强，纤维素乙酸酯的溶解性能也将变差。

若进一步将二级纤维素乙酸酯水解，制备取代度约 0.75 的纤维素乙酸酯，便可得到水溶性纤维素乙酸酯。

工业上制备纤维素乙酸酯的方法可分为多相体系的乙酰化和溶液过程的乙酰化作用。

a. 多相体系的乙酰化　多相体系的乙酰化实际上是纤维素的乙酰化过程。体系中使用惰性稀释剂，如苯、甲苯、吡啶等替代或部分替代酯化混合物中的醋酸，使纤维素自始至终保持为纤维状结构。由于高氯酸具有催化能力而且不与纤维素成酸酯，因而成为制备纤维素三乙酸酯的催化剂。反应时间约 2h，温度为 38℃。

b. 溶液过程的乙酰化　除上述纤维素制三乙酸酯之外，几乎所有的纤维素乙酸酯都采用溶液过程的乙酰化。此法以醋酸为溶剂，硫酸为催化剂，酯化剂为醋酐。

用硫酸为催化剂的纤维素乙酰化，实属多相和局部的化学过程。反应从纤维素无定形区开始，然后进入结晶区。起始为多相，经历纤维素纤维的逐层反应——溶解——裸露新的纤维表面——继续反应，直至最后成为单一均相。因此，溶液过程的乙酰化，实际上是从多相逐渐过渡到均相的反应。

实际上纤维素分子中的羟基不可能全部酯化，不同酯化程度的醋酸纤维有不同的性能和用途。酯化程度接近 100% 的，用于制电影胶片和绝缘材料；酯化程度达 80% 的，用于制人造丝和香烟的过滤嘴；酯化程度 70% 左右的，用于制造塑料和清漆。酯化程度大的在有机溶剂中溶解性小。醋酸纤维对光稳定，不燃烧，耐酸不耐碱。

③ 纤维素混合酯　在纤维素乙酸酯中加进一些丙酰基或丁酰基，可得到纤维素混合酯：纤维素乙酸丙酸酯或纤维素乙酸丁酸酯。混合酯具有优异的柔韧性和透明性，容易加工，且可扩大纤维素乙酸酯的溶剂范围，并增加对增塑剂和合成树脂的相容性。纤维素混合酯可以

采用从多相反应转为均相反应的方法（与纤维素乙酸酯的流程相似）制备。丙酰基或丁酰基与乙酰基含量的比值可由酯化混合溶液中酯化剂浓度的高低来调节。混合酯化剂可用不同比例的乙酸酐和丙酸或丁酸，也可以用丙酸酐或丁酸酐和乙酸的混合溶液，所得产品可具有两种组分。

2.5.2.3　纤维素醚

纤维素醚是以天然纤维素（浆）为基本原料，经过碱化、醚化反应的产物，其羟基的氢被烃基取代。以下是几个典型例子。

$$
\text{Cell—OH} + \underset{\text{CH}_3\text{O}}{\overset{\text{CH}_3\text{O}}{\diagup\diagdown}}\text{SO}_3 + \text{NaOH} \longrightarrow \underset{\text{甲基纤维素}}{\text{Cell—OCH}_3} + \underset{\text{CH}_3\text{O}}{\overset{\text{NaO}}{\diagup\diagdown}}\text{SO}_3 + \text{H}_2\text{O}
$$

$$
\text{Cell—OH} + \text{CH}_3\text{CH}_2\text{Cl} + \text{NaOH} \longrightarrow \underset{\text{乙基纤维素}}{\text{Cell—OCH}_2\text{CH}_3} + \text{NaCl} + \text{H}_2\text{O}
$$

$$
\text{Cell—OH} + \text{ClCH}_2\text{COOH} + \text{NaOH} \longrightarrow \underset{\text{羧甲基纤维素}}{\text{Cell—OCH}_2\text{COONa}} + \text{NaCl} + \text{H}_2\text{O}
$$

$$
\text{Cell—OH} + \text{CH}_3\text{CH}\!-\!\text{CH}_2 \longrightarrow \underset{\text{羟丙基纤维素}}{\text{Cell—OCH}_2\text{CH}\!-\!\text{CH}_3}
$$

（端羟基还能进一步被醚化）

合成纤维素醚的反应与酯化作用类似，经由一个水合氢离子中间体，再与过量的醇反应生成醚。根据取代基种类、醚化程度、溶解性能以及有关应用性能等的区别，可将纤维素醚进行分类。按分子链取代基类型可分为单醚和混合醚两类，前者取代基只有一种，后者则有两种以上不同的取代基，可视为单醚的改性衍生物。如甲基纤维素为单醚，羟丙基甲基纤维素为混合醚，它是甲基纤维素的重要改性衍生物之一。根据溶解性能，又可将纤维素醚分为水溶性纤维素醚和有机溶剂可溶纤维素醚。现在工业上所生产的纤维素醚基本上都属于水溶性，习惯上按取代基电离性质分为离子型和非离子型两类。前者有羧甲基纤维素和磺酸乙基纤维素；非离子型的品种较多，其中最重要的是甲基纤维素和羟乙基纤维素。

由于通常以碱纤维素作为醚类衍生物的原料，因此，纤维素醚化的基本原理主要是基于以下几个有机化学反应[48]。

① Williamson醚化反应。甲基纤维素、乙基纤维素和羧甲基纤维素按照此机理制备：

$$
\text{Cell—OH} + \text{NaOH} + \text{RX} \longrightarrow \text{Cell—OR} + \text{NaX} + \text{H}_2\text{O}
$$

② 碱催化烷氧基化作用。羟乙基纤维素、羟丙基纤维素和羟丁基纤维素按照此机理制备：

$$
\text{Cell—OH} + \text{CH}_2\!-\!\text{CHR} \xrightarrow{\text{NaOH}} \text{Cell—OCH}_2\!-\!\text{CH}\!-\!\text{R}
$$

③ 碱催化加成反应（Michael加成反应）。反应过程主要是一个活化的乙烯基化合物与纤维素羟基发生加成反应。

纤维素分子与上述试剂反应后，氰乙基化产物使纤维素纤维织物具有防腐性，氨基甲酰乙基化产物使纤维素纤维织物对活性染料的染色反应性提高，乙烯砜型加成产物本身就是乙烯砜型活性染料染色反应时与纤维素纤维进行共价键结合反应的一步。

表征纤维素醚的两个重要指标是取代基的性质和取代度（DS）。因为它们决定了产物在水中或有机溶剂中的溶解度和絮凝性能。对于羟烷基纤维素，多采用摩尔取代度（MS）来表征，它表示每个脱水葡萄糖单位所生成醚基的总数，其中包含侧链所生成的醚基。

将纤维素进行醚化后，纤维素醚与纤维素相比，很多性质发生了改变，如溶解性能、熔融性质、可降解性能等都会发生变化。由于分子链中引入了取代基团，纤维素分子内与分子间的部分氢键被破坏，分子间距离扩大，使纤维素醚能够溶解在水或溶剂中，这极大地扩大了纤维素的应用。

纤维素醚在水中或有机溶剂中的溶解特性取决于取代基的性质、取代度（DS）及取代基分布的影响。取代基团的特性是指取代基本身的溶解性及取代基团的体积或大小。取代基的溶解性是指取代基团的亲水、憎油特性。若取代基是强亲水性，则纤维素醚的溶解性能较好，在高取代度时仍能保持溶解性。倘若主要是憎水性醚基，在较高取代度（如 DS＞2）时，纤维素醚在水中的溶解性能就会消失。而且憎水性纤维素醚在水中的溶解性对于温度很敏感，在较高温度下，已溶解的物质会发生热凝胶化作用，但是冷却后可以再次溶解于水中。只含阴离子基团的纤维素醚，不管其取代度为多少，除了能溶解在强极性溶剂（如二甲基亚砜）中外，几乎不能溶于其他有机溶剂。取代基的体积越大，越容易使大分子链分开，分子间距离扩大，氢键减少，溶解所需要的取代度相应降低。相反，若取代基的体积越小，得到相同的溶解性则需要更大的取代度。

下面介绍几种重要的纤维素醚。

（1）羧甲基纤维素

羧甲基纤维素（carboxymethylcellulose，CMC）是最具代表性的离子型纤维素醚，是重要的水溶性纤维素阴离子醚。由于酸式的水溶性较差，通常使用的是它的钠盐，或铵盐、铝盐等。CMC 的钠盐为白色或微黄色纤维状粉末或颗粒。CMC 不溶于酸和甲醇、乙醇、乙醚、丙酮、氯仿、苯等有机溶剂。溶于水。CMC 能够吸水膨胀，在水中溶胀时，可以形成透明的黏稠胶液，在酸碱度方面表现为中性。固体 CMC 对光及室温均较稳定，在干燥的环境中，可以长期保存。

纤维束及羧甲基纤维素

$$\left[\begin{array}{c} \text{6CH}_2\text{OR} \\ \text{4} \quad \text{5} \quad \text{O} \\ \text{RO} \quad \text{3} \quad \text{2} \quad \text{1} \quad \text{O} \\ \text{OR} \end{array} \right.$$

R=H 或 CH$_2$COO$^-$Na$^+$

CMC 是以精制棉为原料，在氢氧化钠和氯乙酸的作用下生产的一种纤维素醚。其主要反应为：纤维素与氢氧化钠水溶液反应生产碱纤维素。碱纤维素与氯乙酸（或氯乙酸钠）进行醚化反应生成 CMC。综合的化学反应式可表示如下：

$$[C_6H_7O_2(OH)_3]_n + nClCH_2COOH + 2nNaOH \longrightarrow [C_6H_7O_2(OH)_2OCH_2COONa]_n + nNaCl + 2nH_2O$$

反应体系为碱性，水的存在使氯乙酸（钠）发生如下水解副反应：

$$ClCH_2COOH + 2NaOH \longrightarrow HOCH_2COONa + NaCl + H_2O$$

$$ClCH_2COONa + NaOH \longrightarrow HOCHOONa + NaCl$$

$$ClCH_2COONa + H_2O \longrightarrow HOCH_2COOH + NaCl$$

副反应一方面消耗了氢氧化钠和氯乙酸，降低了产品的醚化度；另一方面产物中的羟乙酸钠和其他杂质导致成品的纯度下降。生产过程中纤维素、氢氧化钠、氯乙酸以及整个体系中的水分子都要有一个适当的比例。副反应程度取决于碱纤维素组成中游离碱含量和水的比例。游离碱含量愈高副反应愈多；含水比例愈大，碱纤维素水解愈大；游离碱量增加，副反应增多。副反应还与反应温度、投料速度及设备类型等工程因素有关。

制造 CMC 的方法主要有水媒法与溶媒法。

水媒法（aqueous medium process）是将精制棉在液体烧碱（250～270g/L）中在 25～30℃下碱化 30～50min，再投入氯乙酸钠（氯乙酸∶碳酸氢钠＝1∶0.56）使纤维素醚化，温度控制在 65～75℃，醚化 90～120min 后即可得到黏度大于 300MPa·s 的 CMC 产品。水媒法生产 CMC 的优点是工艺操作简单、投资少、成本低。缺点是由于缺乏大量液体介质导出反应中产生的热量，温度升高，加快了正、副反应速度。而且副反应的趋向更大。副反应多导致了醚化效率低，产品质量差，主要表现为耐热性和耐盐性较差。

溶媒法也称有机溶剂法（solvent process），是利用惰性有机溶剂为反应介质，导出碱化和醚化反应时产生的热量，同时引导碱和氯乙酸快速进入到纤维内部进行一系列的化学反应，使产品的均匀性更好。由于介质在反应过程传热、传质快速均匀，主反应快，副反应减少，醚化剂利用率可比水媒法提高 10％～20％。选择有机溶剂时要求其既不能溶解 CMC，又要能与水、氯乙酸相混合。甲醇、乙醇、环氧乙烷等都可作为纤维素溶媒法醚化的有机溶剂。其中，乙醇既没有毒性，价格又相对较低，安全系数大，因此国内大多 CMC 厂家采用乙醇做反应介质。在用溶媒法制备 CMC 时应注意乙醇的用量。液比大有利于反应的均匀性和传热。但是过大的液比会增加乙醇的用量，从而增加回收处理费用，使生产成本增加。一般用量为：精制棉（绝干）∶乙醇（95％）＝1∶1.8。溶媒法生产 CMC 的主要工艺是：将粉碎的精制棉投入捏合机中，同步加入 95％乙醇、45％～48％的氢氧化钠，在 30℃下反应 40min，然后加入氯乙酸、乙醇溶液，在 45～75℃下反应 120min，再用乙醇（65％～75％）溶液洗涤 CMC 中的杂质，经过烘干、粉碎即得到纯度≥98％，DS≥0.90，黏度≥1000MPa·s 的 CMC 纯品。制造高质量的 CMC 产品对原材料也有一定的要求。精制棉的聚合度由 CMC 的黏度要求来决定。如果制备高黏度 CMC 时，精制棉的聚合度要达到 2000 以上，吸水度≥140g/15g，乙醇含量≥98％，氯乙酸含量≥98.5％，氢氧化钠含量≥45％。

CMC可以应用在多个领域：

① CMC具有增稠、分散、悬浮、黏合、成膜、保护胶体和保护水分等优良性能，广泛应用于食品、医药、牙膏等行业。

② 食用CMC具有增稠、乳化、赋形、保水、稳定等作用。在食品中添加CMC，能够降低食品的生产成本、提高食品档次、改善食品口感，还能够延长食品的保质期，是食品工业理想的添加剂。

③ 由于取代羧甲基纤维素在纤维素分子链上均匀分布程度的提高，取代羟基数量的增多，特种用途的羧甲基纤维素钠在pH≥3的酸性溶液或饱和氯化钠溶液中能长久保持其性能和功效，是一种理想的食品添加剂和工业添加剂。

④ 羧甲基纤维素在牙膏上可作牙膏黏合剂与稳定剂使用，并具有良好的触变性性能，使牙膏成形性好，久置不变形，膏体均匀细腻，可应用于洗涤与日用化学工业。

⑤ CMC水溶液与锡、银、铝、铅、铁、铜及某些重金属相遇时，会发生沉淀反应，因此可应用于水处理中作为絮凝剂。

⑥ 用做离子交换剂：用做离子交换的纤维素目前种类很多，其中以DEAE-纤维素（二乙基氨基纤维素）和CM-纤维素（羧甲基纤维素）最常用，它们在生物大分子物质（蛋白质、酶、核酸等）的分离方面显示很大的优越性。一是它具有开放性长链和松散的网状结构，有较大的表面积，大分子可自由通过，使它的实际交换容量要比离子交换树脂大得多；二是它具有亲水性，对蛋白质等生物大分子物质吸附得不太牢，用较温和的洗脱条件就可达到分离的目的，因此不致引起生物大分子物质的变性和失活；三是它的回收率高。所以离子交换纤维素已成为非常重要的一类离子交换剂。

⑦ 钻井水化抑制剂：改性羧甲基纤维素是一种较好的钻井泥浆处理剂和配制完井液的材料，造浆率高、抗盐抗钙性能好。无论是淡水泥浆、海水泥浆和饱和盐水泥浆都是一种很好的降滤失量处理剂，而且有很好的提黏能力，有抗温（140℃）能力。与羟乙基纤维素比较，在配制完井液时提黏能力和降滤失量能力都比羟乙基纤维素好，是一种良好的增产石油的助剂。

⑧ CMC应用于建筑建材：作为缓凝剂、保水剂、增稠剂和黏结剂。改善水泥、石膏建材过快干燥和水合不够引起硬化不良、开裂等现象。其增稠性能防止施工时砂浆及被黏结物滑移现象的出现。

⑨ 应用于造纸行业：用于高档纸张的表面施胶，作为纸质的改良制，使纸张具有高致密性，良好的抗墨水渗透性，提高纸张强度和柔韧性。

⑩ 应用于洗涤行业：是洗衣粉最好的活性助剂，具有防止污垢再沉积作用，还能使液体洗涤剂有效增稠和组成物稳定。

⑪ 应用于纺织行业：CMC作为织物的整理剂，用于取代传统的淀粉浆料，增强织物的塑性。作为染整行业的印花浆料，可增强染料的亲水能力。

⑫ 应用于化妆品：具增稠、分散、悬浮、稳定等作用，加入CMC后有利于化妆品的各项性能的充分发挥，皮肤易吸收。

(2) 纤维素混合醚

尽管纤维素单醚类有很好的溶液性能和广阔的应用前景，然而，每种醚都有一些缺点。例如，甲基纤维素醚受热时会沉淀析出；羧甲基纤维素醚对多价金属离子和重金属离子的作用极不稳定。这大大限制了它们的应用。因此，研究纤维素主链上同时存在两种不同性质的取代基团，如亲水基团与憎水基团、离子基团与非离子基团的纤维素混合醚十分必要，能更全面、更完善地综合纤维素醚的宝贵性质。

常见的纤维素混合醚有：羟乙基甲基纤维素、羟丙基甲基纤维素、羟乙基羧甲基纤维素、羟丙基羧甲基纤维素、乙基羟乙基纤维素等。

可通过对反应条件的控制获得具有不同特性的纤维素混合醚。例如，在羟丙基甲基纤维素中，若甲氧基值高，羟丙基值低，则所得混合醚的水溶性和表面活性较好，并且凝胶温度降低；反之，则可提高凝胶温度，并保持水溶性和表面活性的稳定。

2.5.3 天然纤维复合材料

天然植物纤维以及从天然植物纤维中提取出的具有不同形态的纤维素（如纤维素晶须、纳米纤维素微晶等）可用作增强体，与合成聚合物或其他天然高分子材料相复合，制备纤维素复合材料。与玻璃纤维、碳纤维等增强体相比，天然纤维具有明显的优势，其价格低廉、比强度高以及环境友好等特性使其被广泛用做高分子材料填充物。剑麻、黄麻、亚麻、香蕉及椰子等天然纤维都曾用以填充高分子材料，收到良好的效果[49]。天然纤维不仅能提高复合材料的力学性能，而且很多木质纤维呈中空结构（图2.15），这使材料具有良好的隔音效果和隔热效果，可应用做汽车门板、顶板等材料。

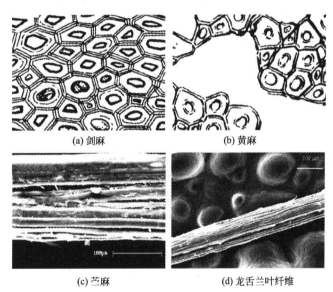

(a) 剑麻　　　　　　　　　(b) 黄麻

(c) 苎麻　　　　　　　　　(d) 龙舌兰叶纤维

图 2.15　一些植物纤维的管状结构

常用的用作增强体的纤维素可以是天然植物纤维、浆粕、纤维素晶须、纤维素微晶以及纳米纤维素微晶等，用不同形态的纤维素对聚合物进行复合，可制备功能各异的新型复合材料。图2.16所示为几种不同形态的纤维素增强体。

2.5.3.1　天然纤维复合材料的特点

复合材料中包含三个彼此分离而又相互作用的相：基体（matrix），增强体（reinforcement）和界面相（interphase）。天然纤维复合材料是由天然存在的纤维材料为增强体，以树脂、水泥材料等为基体的复合材料，是复合材料大家族中的重要组成部分。

天然纤维复合材料具有很多优点：

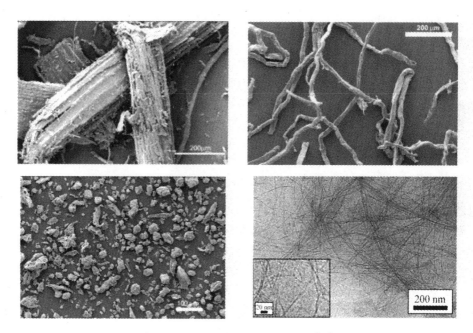

图 2.16 不同形态的纤维素增强体[50]

① 密度小。天然纤维的相对密度为 1.5 左右，而玻璃纤维为 2.6。

② 与纯木材相比，天然纤维复合材料抗水性、抗虫蛀性、抗腐蚀性和抗污染性均优于木材。

③ 天然纤维复合材料具有吸潮、隔音、减震、降噪、耐冲击性高、手感好等特点，在室内装饰等领域具有无可比拟的优点。

④ 纤维素来源于自然、可再生、可生物降解，因此在选择适当的基材后可获得新型的优良环保型材料。

表 2.6 中列出几种麻纤维与玻璃纤维在密度、力学性能方面的比较[51]。

表 2.6　几种麻纤维与玻璃纤维的比较[17]

项　　目	棉	剑麻	亚麻	黄麻	苎麻	大麻	E-玻纤
密度/g·cm^{-1}	1.5～1.6	1.5	1.5	1.3	1.54	1.40	2.60
纤维素/%	>95	50～65	67	60	75	60	
半纤维素/%	—	12～20	11	12	12	18	
木质素/%	—	8～10	2	18	2	8	
果胶等/%	—	5	20	10	11	14	
抗张强度/MPa	287～597	511～635	345～1035	393～773	400～938	690	2000～3500
抗张模量/GPa	5.5～12.6	9.4～22.0	27.5	5.5～12.6	61.4～128	2.5	70.0
断裂伸长率/%	7.0～8.0	2.0～2.5	2.7～3.2	1.3	1.8	2.2	2.5

天然纤维的力学性能与天然纤维的处理工艺有很大关系。未经处理的天然纤维，如原麻、木材等，其中含有木质素、果胶、半纤维素等物质，弹性模量为约 10GPa。经过脱胶处理后得到的单根浆粕纤维，其弹性模量为约 40GPa。将天然纤维用一定浓度的强酸水解后，施以机械力作用，可将纤维分散为微纤维，其弹性模量为约 70GPa。而单根纤维素分子链的晶体，其理论上弹性模量为 250GPa，但是目前技术上尚无法实现单根纤维素分子链的分离[17]。如图 2.17 所示。

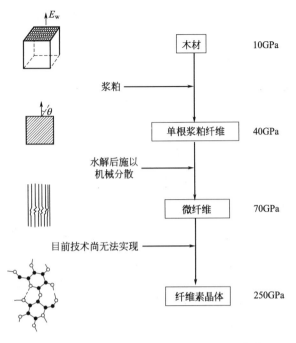

图 2.17　纤维素各级存在形态的弹性模量[17]

2 5.3.2　天然纤维的表面处理

由于纤维素分子链中含有大量的羟基，纤维素表现出强的亲水性，而大多数聚合物基体为憎水性，这使复合材料的界面粘接较弱。在外加负荷作用下，应力不能有效地从基团相传递到纤维增强相，使纤维的增强效果大大削弱。为改善天然纤维与树脂基体间的界面粘接，在复合前对纤维进行一定的表面处理是十分必要的。此外，在天然植物纤维中，纤维素总是与半纤维素、木质素、果胶及蜡质相伴生。天然纤维的强度主要由纤维素原纤提供，而半纤维素和木质素的作用主要是将木纤维细胞胶粘在一起，起着支持纤维素骨架的作用，对纤维的力学性能贡献较小。因此在用植物纤维对聚合物进行复合之前，首先需要对纤维进行表面改性，以除去非纤维素类杂质。

对纤维进行表面改性的手段很多，可分为物理法和化学法[52]。物理方法主要包括热处理、低温等离子体处理、蒸汽爆破处理、高能射线辐射处理等；化学方法主要包括化学包覆、偶联剂处理、接枝改性等。对纤维进行表面处理后，纤维的形貌、热降解行为、力学性能以及与聚合物基体树脂的界面会发生很大变化。

(1) 物理法表面改性

采用物理法对天然纤维改性，是不改变天然纤维的化学组成，只改变天然纤维的结构和表面性能，从而改善天然纤维与基体树脂间的物理黏合。常用的方法有热处理、蒸汽爆破处理及高能射线辐射处理等。

① 热处理　纤维素分子链中的大量羟基使纤维素易于吸水，水分在纤维素中有游离水和结合水两种存在形态。游离水可通过干燥除去，结合水则很难除去。纤维素中的水分含量对复合材料的性能影响极大。未经很好干燥的植物纤维在复合过程会因温度上升而失水，不可避免地在复合材料中产生空隙和内部应力缺陷，降低复合材料的力学性能。另一方面，绝干状态下的植物纤维较脆，加工过程中的剪切力会强化处于绝干状态的纤维的碎断作用，

使纤维素的加工性能受损。因此纤维的含水量和体系性能之间存在着平衡关系。在复合前一般要对纤维进行热处理，使纤维的含水量在一个较佳的范围。天然纤维的热处理一般在低于240℃、氮气保护下进行。

② 蒸汽爆破处理　蒸汽爆破（steam-explosion，SE）是在密闭容器内使处于高压状态的水蒸气先进入纤维素的非晶区，引发纤维素的润胀，然后在规定的极短时间内使容器内压力急剧降低到大气压，从而破坏纤维素分子内的氢键，改变纤维素的超分子结构。经高压蒸汽爆破处理后，纤维素的形态结构发生明显的变化，纤维长度变短，部分原纤化，聚合度下降，可以获得能溶解在 NaOH 溶液中的碱性纤维素。蒸汽爆破处理效果与天然纤维的孔隙度有关。孔隙度越高，处理效果越明显。若在蒸汽爆破处理前用酸浸渍，对纤维进行预处理，则可增加天然纤维的孔隙体积与表面积，从而提高蒸汽爆破处理效果。使用蒸汽爆破法对纤维素进行表面处理，不需要添加任何化学物质，也不需要使用催化剂，生产过程洁净、环保，被认为是生物再生利用过程中取得的一项重大进展。

③ 碱处理法　用碱对天然纤维进行改性是一个古老的方法，广泛用于天然纤维的表面处理。碱处理法可以使天然纤维中的部分果胶、木质素和半纤维素等低分子杂质溶解，使纤维素微纤旋转角减小，分子取向度提高。纤维表面的杂质被除去，纤维表面变得粗糙，纤维和树脂之间的黏合能力增强。另外，碱处理导致纤维原纤化，即复合材料中的纤维分裂成更小的纤维，纤维的直径降低，长径比增加，纤维的强度和模量升高，同时与基体的有效接触表面增加未经碱溶液处理前，剑麻成束状纤维，在束状纤维中微纤维之间由胶质黏合，微纤维排列紧密。经过 NaOH 溶液处理后，纤维表面大部分杂质被除去，纤维表面变得粗糙，出现很多密布的沟槽，这可使纤维和基体高分子材料之间的有效接触表面增加、界面黏合能力增强。另外，碱处理后纤维表面暴露出数量更多、直径更小的细小纤维。这是因为碱处理导致纤维部分原纤化，即纤维分裂成直径更小的纤维。这可使剑麻纤维的直径降低，长径比增加，增加纤维对复合材料的增强效果。

④ 激光及 γ 射线等高能射线辐射处理　可增加纤维素的活性，使纤维素产生游离基，引发乙烯类单体在纤维素游离基位置上的接枝共聚等。电子束辐射对如 PE、PP、PS 等聚合物有很好的效果，成功地用于降低纤维素纤维/PE 混合物的熔体黏度，提高化学性能。

⑤ 低温等离子体处理　被广泛应用于对聚烯烃、聚酯及其他高聚物和增强纤维进行表面改性，以提高浸润性和可粘结性。低温等离子体中粒子的能量略高于天然纤维中的化学键键能，足以引起化学键断裂或重新组合。低温等离子体能量较低，具有强度高、穿透力小、反应温度低、操作简单、经济实用、不污染环境等特点。

（2）化学法表面改性

① 表面包覆　其目的是改善天然纤维与 PP、PE 等非极性热塑性聚合物的相容性，改善复合效果。纤维的表面能与纤维的亲水性有密切的关系。用硬脂酸对木纤维进行表面包覆改性，可使纤维疏水化，提高它们在 PP 中的分散性；在剑麻纤维表面进行轻度乙酰化，降低纤维的表面张力，乙酰基的引入限制了纤维素的结构规整性；用聚乙烯醇缩醛类处理黄麻纤维，可增强其化学性能和憎水性。以 PVC 包覆苎麻纤维为具体例子：苎麻纤维表面存在大量的极性基团羟基，而 PVC 分子链上有亲核性较强的—Cl。将PVC 用二氯乙烷溶解后，浸润苎麻纤维后加热，使溶剂挥发，将 PVC 均匀地包覆在苎麻纤维表面。在 PVC 和苎麻纤维的结合面上，PVC 上亲核性强的—Cl 很容易与纤维表面的

—OH靠静电力作用结合。包覆处理后的纤维与非极性聚合物基体如PP、PE复合后，这层PVC膜就相当于一个复合界面，膜的一边以氢键与苎麻结合，另一边与PP、PE等基体材料融为一体。使得复合材料的相容性很好，结合力较强，改善界面结合能力。

② 界面偶联改性 纤维素是一种强极性的亲水性天然高分子材料，与憎水性的合成聚合物难以相容。利用偶联剂对天然纤维进行改性，一方面，纤维和偶联剂发生反应后，纤维表面的羟基数目减少，使纤维的吸水率减小，有利于天然纤维与基体聚合物的键合稳定性；另一方面，偶联剂处理可使纤维和聚合物之间形成交联网络，减少纤维的溶胀。常用的偶联剂有：硅烷偶联剂、肽酸酯偶联剂及铝酸酯偶联剂等。

③ 接枝改性 使纤维和基体聚合物与偶联剂之间形成共价键和配位络合键，从而改变界面黏结性。纤维素接枝共聚方法主要有自由基聚合、离子型接枝共聚、缩聚与开环聚合三种。

2.5.3.3 天然纤维复合材料的应用

能与天然纤维进行复合的树脂很多。热固性树脂包括酚醛树脂、脲醛树脂、不饱和聚酯、环氧树脂等。热塑性树脂包括聚乙烯、聚丙烯、聚氯乙烯、聚苯乙烯等、聚乙酸乙烯酯（PVAC）、聚碳酸酯等。

天然纤维复合材料可广泛应用于汽车工业［车门内装饰板、仪表板、座椅扶手、遮阳板、行李仓装饰板、吸噪声板等，能大幅度提高NVH指标（表征轿车降噪、减震、提高乘坐舒适度的综合指标）］、建筑领域（保温吸声材料、屋顶防水材料、道路施工材料、水利工程材料、环保工程材料、围栏和护栏、门窗型材、百叶窗、壁板和墙板等）以及包装运输领域等。

2.6 纤维素的生物质利用

生物质能一直是人类赖以生存的重要能源。随着化石能源短缺和化石燃料所带来严重的环境污染，开发以生物质为重要组成部分的可再生资源已刻不容缓。据有关专家估计，到21世纪中叶，采用新技术生产的各种生物质替代燃料将占全世界总能耗的40%以上。充分利用天然纤维素资源，特别是采取生物多级循环利用方式，将丰富的木质纤维素资源高效和洁净地转变为人类所需要的能源，这是解决化石能源短缺的重要途径。太阳能是人类取之不尽、用之不竭的可利用能源，植物利用太阳能合成的天然纤维素，是巨大的可再生资源。而通过生物与化工技术的结合，利用天然纤维素获得人类所需要的能源，则是当今面临的重大战略课题之一。以木质纤维素为原料，利用生物酶工程技术、微生物发酵技术，可以成功地制备乙醇燃料、氢及生物柴油，这方面的研究与发展已引起世界各国的广泛关注[53,54]。

然而，也有人质疑利用生物质生产绿色能源对环境的影响。最新研究成果指出，在某些情况下，用粮食作物等制造生物燃料不仅达不到减缓气候变化的目的，反而有可能增加温室气体排放。这使本来就是非不断的生物燃料再起新争议。研究人员称[55]，利用粮食作物等大规模制造生物燃料需要更多的农田，将大片森林、草地等转变为农田这一过程本身会造成碳排放，而且还会破坏森林等吸收和储存温室气体的能力。此外，利用目前的制造工艺，生物燃料在生产过程中会产生碳排放，使用这些生物燃料也会产生碳排放。根据他们的研究结果，从生产和使用过程整体来看，利用现有某些办法制造生物燃料的"净效应"是增加温室气体排放。另一项研究显示[56]，即使在某个地区用现有的农田来生产生物燃料，整体上也可能导致温室气体排放增加，因为这会要求其他地区增加粮食产量，结果同样会导致人们破坏森林和草地以开辟更多的农田。研究人员称，任何利用农田生产生物燃料的做法，整体上都可能会增加而不是减少温室气体排放。在这两项新研究结果公布后，10 位美国著名的生态学家和环境生物学家致信美国总统布什和国会，要求制定新的政策，以禁止利用农田、森林和草地来生产生物燃料。

可以看出，利用生物质生产新能源的前景是光明的，但是道路是曲折的。正如美国可再生燃料协会称，"仅仅使用生物燃料并非解决我们星球面临的能源或环境挑战的万灵药，但这确实提供了一条前进的道路"。

2.6.1 从纤维素制备生物乙醇

当前燃料乙醇的工业生产主要是由玉米或糖类的生物发酵制得。然而，能用于生产燃料乙醇的粮食是有限的。而植物的秸秆、枝叶等纤维物质是地球上最大的可再生资源，随着人们环境意识的不断增强以及各国政府对环境问题的日益关注，以廉价且来源广泛的天然纤维素类物质生产燃料乙醇具有很大的发展前途[57]。目前，日本等国就是采用农、林产废物等未利用资源直接发酵生产乙醇。

一般，天然纤维素制备乙醇的过程主要包括 3 个阶段，可由图 2.18 表示。首先对原料进行预处理。预处理是指溶解和分离生物质主要成分中的一种和几种：纤维素、半纤维素、木质素和其他可溶性物质。预处理可以降低纤维素的分子量，打开其密集的晶状结构，以利于进一步的分解和转化。预处理过程中，半纤维素通常直接被水解成单糖（木糖、阿拉伯糖等），剩下的不溶物质主要是纤维素和木质素。其中，利用纤维素制备乙醇是一个研究重点。

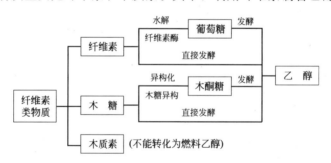

图 2.18　纤维素类物质生产乙醇的工艺路线[58]

通常需经过三个步骤才可以从纤维素制得乙醇。由于天然纤维素原料的结构非常复杂，必须经过处理使其降解成为小分子糖才能被微生物所利用，所以第一阶段需通过物理的、化学的或酶技术将纤维素聚合物降解为单糖；第二阶段是微生物（一般采用酵母）将糖转化为乙醇；第三阶段是通过蒸馏回收乙醇。

早期的研究主要是采用酸法水解糖化纤维素成葡萄糖，然后通过酵母发酵成乙醇。工业中应用较多的酸法水解是在高温和高压下进行稀酸水解，反应时间很短，只需要几秒或几分钟。酸水解的优点是反应速率较快，但存在的问题是酸水解需消耗大量的酸、对反应设备存在腐蚀性且能耗高。

利用微生物对纤维素进行发酵或降解，是大自然处理纤维素的有效方法。例如，在中性和微碱性土壤的表层中，中温好氧性细菌在纤维素的迅速降解过程中起着很大作用。在沤肥和垃圾处理中，高温厌氧纤维素细菌对纤维素的降解起到主要作用，其代谢产物以有机酸和醇类为主。自然界的很多微生物（酵母菌、细菌、霉菌等）都能在无氧的条件下通过发酵分解糖，并从中获取能量[59]。自然界中能发酵产生酒精的微生物很多，作为工业应用的应满足繁殖快、活性高、耐高乙醇浓度及抗杂菌等要求。通过筛选和培育，近年来通过生物工程技术的应用，人们已获得了多种适用的菌种。在美国，酶解纤维素制备乙醇成为当前主要研究方向。酶解法制备乙醇有三种方法：一是直接微生物转化（direct microbial conversion, DMC），这是当前着力研究的一项技术，此项技术利用产纤维素酶的分解菌直接发酵纤维素生产乙醇，将纤维素酶的生产、纤维素酶解糖化、葡萄糖发酵和木糖发酵结合在一个反应器中进行，且只用一种微生物，在此工艺中，原料不需要进行酸解或酶解预处理，设备简单，成本低廉，发酵周期短，不足之处是酒精的产出率不够高；二是间接发酵法，先利用纤维素酶将纤维素分解，然后利用酵母发酵酶解液产生乙醇，此种方法在工艺上要分两步进行，糖化液需要分离收集；三是同步糖化发酵法，就是纤维素酶解过程和酵母的酒精发酵过程同时进行，这种方法酶水解产物葡萄糖能够不断被发酵成乙醇。筛选优良产纤维素酶菌株、探索发酵工艺条件、利用基因工程方法建立降解纤维素高的菌株，是目前纤维素酶解法生产乙醇需要着重研究的内容。

2.6.2　从纤维素制备汽油

美国科学家 Huber 等在生物质能转化为燃料能源上迈出了重要的一步，他们找到了一种有效的方法，成功地让柳枝稷、白杨树等植物的木质纤维素转化为"绿色汽油"。该研究成果以封面文章的方式发表在 2008 年《化学与可持续性、能源与材料》上[60]，这是科学家首次实现植物纤维素到汽油组分的直接转变，如图 2.19 所示。这种新方法的关键在于：在一种名为 ZSM5 的固体催化剂存在条件下，快速加热纤维素使其分解。催化剂的作用在于加速反应过程，减少原材料的不必要消耗。而后又快速冷却生成的产物，从而制造出一种液体，其中包含多种汽油成分。整个反应过程可在 2min 内完成，而所需要的热能也相对比较适度。绿色汽油可以用在现有的发动机上，而且不会招致相应的经济损失，因此相比生物乙醇而言，这是另一种有吸引力的替代能源。从理论上而言，绿色汽油比生物乙醇的生产需要的能量要少很多，相应的碳足迹（carbon footprint，指产品生命周期中总的温室气体排放量）和生产成本也更低。以柳树稷和白杨树作为能源作物和纤维素来源，也解决了最近一些科学家提出的作物乙醇和大豆柴油的全周期温室气体问题。

2.6.3　从纤维素制备氢气

氢是一种理想的清洁能源燃料，具有清洁、高效、环保等特点，在未来的氢能发电、氢燃料电池、氢能电动汽车以及航空航天等领域具有重要用途。与通过热化学分解、电解水和石油裂解等方法获得氢气相比，发酵生物产氢能耗低、产氢反应条件温和，是清洁能源生成、资源再生与可持续发展的良好结合，近年来已经成为能源、环境、化学、生物等多学科交叉和聚焦的热点研究领域。目前，以谷物为原料，用微生物发酵制备乙醇是理想的氢源燃料。这一途径在人少地多的发达国家或许可行，然而从我国的国情出发，则应以木质纤维素类生物质，如农副产品下脚料、农作物秸秆等为主要的制氢原料。由于微生物可降解大分子有机物产氢，使其在生物转化可再生能源物质（纤维素及其降解产物和淀粉等）产氢中显示出其优越性，并且可以与有机废水的处理过程耦联在一起，因此成为未来制氢工业发展的重

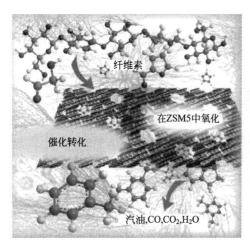

要方向[61,62]。

产氢生物主要包括光合生物,如厌氧光合细菌、蓝细菌和绿藻,以及非光合生物,如严格的厌氧菌、兼性厌氧菌和好氧细菌[63]。迄今为止,生物制取处理的对象主要为含糖和淀粉类碳水化合物的有机废水,对于含纤维素类生物质的生物制氢,例如农副产品下脚料、农作物秸秆等的生物制取研究则甚少报道。我国是传统的农业大国,生物质资源极为丰富,除少量被用在饲料外,大多被废弃或焚烧,不仅造成资源的浪费,也造成严重的环境污染问题。如能将这些可再生的生物质资源转化为氢能,不仅可以减少由于生物质废弃物的堆积、焚烧所造成的环境污染问题,还可降低人们对于化石矿物燃料等一次性资源的依赖程度。

图 2.19 Huber 等将纤维素
直接转变为汽油的示意图

陈洪章等开展采用蒸汽爆破秸秆为底物进行微生物发酵制氢的研究。蒸汽爆破处理使秸秆中的纤维素大量分解,产生了大量的可溶性戊糖和己糖,它们都可以作为微生物的代谢底物来进行发酵。另外,蒸汽爆破处理改善了秸秆的部分结构特性,使其变得疏松柔软,纤维素酶易于发挥降解作用,从而使微生物易于利用。以纤维素物质为底物进行生物制氢的一般步骤如下:

在发酵方式的选择上,基于秸秆这种物料自身的密度小、体积大等特性,采用了固态或半固态发酵的方式。如果采用液态发酵方式,当固液比较大的时候,有利于微生物的传质和传热过程的进行,但是,由于物料密度小,物料悬浮在液体之上,这样在微生物发酵产氢的过程中,就会阻碍气体的放出,从而容易造成产物抑制,反而使产率下降。若增加搅拌以加速气体放出,则会增加动力消耗、增加成本。

在菌种的选择方面,由于纤维素酶作用的最适 pH 值为 4.8 左右,因而需选择能够在弱酸性条件下正常代谢生长的微生物与纤维素酶协同作用,从而实现同步糖化发酵产氢。另外,半纤维素的分解产物为木糖、阿拉伯糖和葡萄糖等,纤维素的分解产物为纤维二糖和葡萄糖,所选择发酵菌种也应该能够利用这几种为底物。通过比较,选择了丁酸梭菌 A86 为发酵产氢菌。在已得到优化的发酵条件下,产量可达 85mL/g(以蒸汽爆破麦草质量计)。

2.6.4　从纤维素制备生物柴油

柴油分子是由 15 个左右的碳链组成的,而植物油分子则由 14～18 个碳链组成,与柴油分子中的碳数相近。生物柴油燃料又称为"阳光燃料",是以动植物油脂为原料经过化学酯化反应制得的改性脂肪酸单酯,包括脂肪酸甲酯、脂肪酸乙酯和脂肪酸丙酯等。它具有与从石油中炼制的柴油相似的燃烧特性,故被称为生物柴油。与石油柴油相比,生物柴油具有很多优点,如较好的低温发动机启动性能、较好的润滑性能;燃烧残留物呈微酸性,使发动机机油的使用寿命延长;硫含量低,使得二氧化硫和硫化物的排放低;燃烧后废气中微小颗粒物含量低,不含对环境会造成污染的芳香族烷烃;含氧量高,使其燃烧时排烟量减少;生物分解性高,有利于环境保护。可见,生物柴油是清洁的可再生能源,是一种典型的"绿色能源"，大力发展生物柴油对经济可持续发展，推进能源替代，减轻环境压力，控制城市大气污染具有重要的战略意义。生物柴油产业已经成为新兴的高技术产业。目前在北美、南美、欧洲、亚洲的一些国家和地区已经开始建立商品化生物柴油生产基地，并把生物柴油作为代用燃料广泛使用。

可用于生产生物柴油的动植物油脂来源很广，如蓖麻油、桐油、亚麻油、玉米油、猪油、鱼油、牛油等都可作为原料，但目前生产生物柴油的主要原料是大豆油和菜籽油，采用强碱催化剂由酯交换法制得。据统计，生物柴油制备成本的 75% 是原料成本。显然，用食用油脂为原料生产生物柴油不符合中国国情，因此采用廉价原料及提高转化率从而降低成本是生物柴油在我国能否实用化的关键。研究发现，某些微生物能在一定条件下将碳水化合物转化为油脂并储存在菌体内。这种油脂主要是由不饱和脂肪酸组成的甘油三酯，是生产生物柴油的潜在原料。微生物油脂的原料可以是工业废弃物，如造纸工业排放的黑废液中含有戊糖和己糖的亚硫酸纸浆、农作物秸秆等。从这些原料中制得的五碳糖和六碳糖糖液可用于微生物发酵的原料，从而获得可以制取生物柴油的微生物油脂。目前，国内外利用天然纤维素原料生物转化生物柴油的研究都处在起步阶段，产油微生物合成油脂的调控机制还有待进一步阐明。虽然离工业化生产尚有一段距离，但应相信，在不久的将来，天然纤维素原料可以成为生物柴油领域里的新的主要原料来源[64~66]。

2.7 细菌纤维素

2.7.1 细菌纤维素的特点

目前工业中应用的纤维素多为植物纤维素。植物纤维素总是与木质素、半纤维素和果胶等杂质相伴生，在使用前需将杂质除去，在去除杂质过程中会产生很多废水，不仅污染环境，而且使得生产成本增加。相比之下，细菌合成的纤维素纯度更高，而且具有更高的分子量和结晶度。细菌合成的纤维素更细，长径比更高。通常由 3~4nm 的微纤组成 40~60nm 的纤维束，这在制备一些微小纤维产品时非常有利。X 射线衍射分析结果显示细菌纤维素分子具有高度规则的晶体结构，其结晶度可高达 95%，这使得细菌纤维素的弹性模量和拉伸强度都高于植物纤维素。对其力学性能研究的结果表明，细菌纤维素的杨氏模量高达 $15 \times 10^9 Pa$[67]。

传统食醋酿造工程中，常在醪液中生成类似凝胶的膜状物，常称为菌膜。1886 年，英国人 Brown 等利用化学分析方法确定此类物质为纤维素，事实上这是一种由木醋杆菌合成的纤维素。研究发现，很多微生物都有能力合成纤维素，如醋酸菌属、土壤杆菌属、根瘤菌属、八叠球菌属、假单胞菌属、无色杆菌属、产碱菌属、气杆菌属、固氮菌属这 9 个属中的某些种[67]。这些微生物合成的纤维素在化学组成和结构上与植物纤维素非常相似，但是纯度高很多，而且拥有一些优越的特性，被认为是 21 世纪的新型生物材料。为了区别于植物来源的纤维素，将这些微生物合成的纤维素称为细菌纤维素（bacterial cellulose，BC）。各种细菌属中，有望大批量地工业化生产细菌纤维素的只有醋酸菌属中的几个种，其中合成纤维素能力最强、研究最多的是木醋杆菌[68]。木醋杆菌为革兰氏阴性，为好氧型，常出现于腐败的水果、醋及发酵饮料中（细菌纤维素）。

木醋杆菌可由葡萄糖经过生成 6-磷酸葡萄糖、1-磷酸葡萄糖和尿苷-5′-二磷酸葡萄糖等一系列生化反应合成纤维素[69]。木醋杆菌在通风搅拌或静置培养时，细菌细胞壁的孔道中会分泌出与细胞纵向轴相平行的纤维素微纤丝，这些宽度为 1.78nm 的亚小纤维相互间以氢键连接形成直径为 3～4nm 的微纤丝束[70]。微纤丝束进一步伸长并且相互缠结，组成宽度为 40～100nm、厚度为 3～8nm 的纤维丝带，纤维丝带相互交织形成发达的超精细三维网络结构，束间仍由氢键相互连接。纤维丝带的宽度比植物纤维要细，其直径和宽度仅为棉纤维直径的 1/100～1/1000。

2.7.2　细菌纤维素的制备方法

细菌纤维素的结构随菌株种类和培养条件的不同而有所不同[71,72]。细菌纤维素的培养方式主要有两种：平面静态培养和连续动态培养（或称摇瓶培养）。静态培养是以扁形盆钵装培养液，接菌后在适宜条件下静置数日，收取液面上长成的菌胶膜。在静态培养时，木醋杆菌在气液表面生长。随着细胞的生长，微纤维不断地聚合、积累，最终形成的纤维素膜漂浮在培养液的表面，由大量的连续重叠的微纤维组成，以支持木醋杆菌在气液表面生长。动态培养是在机械搅拌罐或气升式生化反应器中通风培养乙酸菌，此时纤维素完全分散在发酵液中。两种培养方式所得的纤维素在化学性质上相同，但是在微观结构上有所不同。研究发现[73]，摇瓶培养时形成的纤维素呈团块状，表面光滑，用刀将团状物剖开后，发现内部有许多小颗粒状的纤维素。这是因为摇瓶培养过程中产生的剪切力造成的。培养过程中木醋杆菌分泌出的微纤维聚合成了颗粒，将杆菌细胞包埋在其中，以减少剪切力对杆菌细胞的影响。无数颗粒聚合成团，最终形成了团块状。将静态培养和摇瓶培养产品相比较，由静态培养的细菌纤维素通常为薄而大的白色膜状物，层状重叠，微纤维直径为 10～50nm。摇瓶培养的细菌纤维素为厚而小的白色片状物，呈网格状，微纤维直径为 50～100nm。静态培养的细菌纤维素的聚合度较高、结晶较完善、杨氏模量较高，动态培养的细菌纤维素的结晶度、聚合度和 I_{α} 型纤维素含量均比静态培养的低。但是，静态培养方式生产周期长、占地面积大、劳动强度高；动态培养方式由于供氧充足，可以缩短发酵周期，提高生产效率。

在人口增长与耕地有限的矛盾日益突出、资源日益短缺的情况下，细菌纤维素作为一种性能优异、用途广泛的生物材料，具有诱人的发展前景。细菌纤维素的出现有望改写人类几千年来仅能依赖棉、麻等植物获得天然纤维素的历史。目前，我国对细菌纤维素的研究仅仅停留在实验室水平，与日本、美国等发达国家的差距还较大。应从分子生物学的角度对其加以深入研究，进一步明确细菌纤维素的生成和作用机理。采用基因工程和高密度培养等手段来提高细菌纤维素的合成效率，同时应加强细菌纤维素合成的动力学研究，设计合理的生物反应器，早日实现细菌纤维素在我国的商品化，使其在食品、医药、纺织、造纸、化工、采油等领域发挥巨大的潜能。

2.8　纤维素及其改性材料的应用

2.8.1　在水处理中的应用

纤维素基水处理剂是一种天然改性高分子聚合材料，结合纤维素基水处理剂的结构特点可将其划分为三个部分：载体、接枝链和功能吸附/脱附基团[74]。

2.8.1.1 载体

水处理剂的载体的种类很多[75]，如硅胶、膨润土、壳聚糖、淀粉等，但都不是理想的无毒、易得、价廉、含量丰富的材料。而纤维素作为世界上最丰富的天然有机物，占植物界碳含量的50%以上。纤维素具有可再生性、可生物降解性、生物相容性好、无毒等优点。纤维素含有大量的伯羟基和仲羟基，其中伯羟基活泼性较强，故可经过化学改性或吸附等手段获得纤维素衍生型高分子材料或水处理材料，纤维素基水处理剂便是其中重要的一种材料[76]。在纤维素基水处理剂的结构中，纤维素作为载体可实现非金属离子、重金属离子或有机分子从液相转移至吸附剂的固相表面，达到分离的目的。

出于对微生物生长繁殖特点、载体用后处理和污染物回收方便的考虑，往往希望载体的降解时间是可以人为控制的。例如，某些细菌在实际使用一段时间后会出现退化现象，需要更换新的菌种。如果载体填料的降解时间和细菌的使用时间一致，成本低廉的载体部分变为少量污泥，只需对污泥进行处理即可，简化了后续处理工作量。此外，部分纤维素载体在使用过程中降解为可溶性低碳糖，为细菌代谢提供碳源，因此，特别适用于处理低COD、BOD的废水，如酸性矿山废水等[77]。赵薇等[78]对纤维素载体降解及生物膜附着的影响因素进行了考察，以期实现对纤维素载体降解速度的控制。

2.8.1.2 接枝链

接枝链是连接载体与功能吸附/脱附基团的纽带。通过适度延长接枝链的长度可以避免分离目标污染物由液相转移至固相时产生的不利影响，从而增强对目标物的吸附和脱附的灵活性和亲水性，进而制备出更高重复利用次数的纤维素基水处理剂。根据纤维素基水处理剂的接枝链的有无及接枝方式将其划分为3代：第1代为无接枝链即纤维素与功能吸附/脱附基团直接相连；第2代以环氧氯丙烷等作为接枝链为标志；第3代则是以烯烃类单体作为接枝链[74]。

(1) 第1代纤维素基水处理剂

基于纤维素的具活泼性的伯羟基与功能吸附/脱附基团直接接枝而达到功能化的目的。常见的有巯基型和黄原酸酯型纤维素基水处理剂。俞穆清等[79]将由纤维素和巯基乙酸经酯化反应制备出的巯基型纤维素基水处理剂应用于多种元素的富集分离，对其吸附效果进行了系统的探讨。Tiravanti G等[80]以纤维素为载体，在碱性条件下与CS_2反应制备得到黄原酸酯型纤维素基水处理剂，用于重金属离子的去除研究。

(2) 第2代纤维素基水处理剂

以环氧氯丙烷为接枝链研究最多。环氧氯丙烷可与纤维素的伯羟基发生醚化反应，其另一端的环氧基团被功能化后可制备出第二代纤维素基水处理剂。Chaitanya R A等[81]以废报纸为纤维载体，环氧氯丙烷为接枝链，亚氨基乙二酸为功能吸附/脱附基团制备出亚氨基乙二酸型纤维素基水处理剂，用于废水中Cu(Ⅱ)、Pb(Ⅱ)、Fe(Ⅲ)、Ni(Ⅱ)、Cd(Ⅱ)、Co(Ⅱ)重金属离子的吸附/脱附研究。夏友谊等[82]以黏胶纤维为载体、环氧氯丙烷为接枝链、环糊精为功能吸附/脱附基团制备出环糊精型纤维素基水处理剂，用于废水中CrO_4^{2-}的吸附/脱附研究。万军民等[83]系统考察了该种纤维素基水处理剂对模拟水样中无机重金属离子（Cu^{2+}、Pb^{2+}、Cd^{2+}）、苯胺、苯酚及对苯二酚的富集性能。John B M等[84]先用NaOH对棉纤维预处理，再与环氧氯丙烷进行醚化反应，制备出三乙醇胺阴离子型纤维素基水处理剂。Orlando U S[85]等用吡啶和DMF溶剂体系对稻壳、锯屑等纤维载体进行预处理，再与环氧氯丙烷进行醚化反应，制备出二甲胺盐酸盐阳离子型纤维素基水处理剂。

(3) 第 3 代纤维素基水处理剂

是基于自由基引发纤维素的伯羟基后与烯烃类单体发生共聚反应而制备的。以烯烃类单体为接枝链，不仅增加了功能吸附/脱附基团的接枝率，而且提高了吸附/脱附基团构象的灵活性，有利于提高纤维素基水处理剂的吸附性能和重复使用次数。Yoshinari I 等[86]以纤维素为载体、甲基丙烯酸缩水甘油酯为烯烃单体、N-甲基葡糖胺为功能吸附/脱附基团制备出 N-甲基葡糖胺型纤维素基水处理剂，用于水中 Ge(Ⅳ)、Te(Ⅵ)、B(Ⅲ) 的吸附研究，实验结果表明该吸附剂至少可重复使用 3 次。后来，Zhou 等[87]又应用于 As(Ⅲ)、As(Ⅴ) 的吸附/脱附研究，重复使用 13 次后吸附性能未有明显改变。

黄军等[88]以硝酸铈铵为引发剂、阔叶浆为纤维载体、甲基丙烯酸缩水甘油酯为烯烃单体接枝链制备出含有环氧基的第三代纤维素基水处理剂中间体，并对该接枝共聚反应影响因素进行了详细论述。Ó Connell D W 等[76]在制备该中间体时，通过改进实验反应装置，实现了分离和洗涤已产生自由基的纤维素。通过这种改进后，一方面除去了残余的 Ce(Ⅳ)，以减少烯烃单体的自聚等副反应，另一方面使反应体系的 pH 值控制在中性，以减少烯烃单体的水解反应。Alberti A 等[89]采用高能电子束引发纤维表面产生出了大量的自由基，以达到接枝甲基丙烯酸缩水甘油酯的目的。Ghanshyam S C 等[90]以过氧化苯甲酰为引发剂，引发纤维素与丙烯酰胺和丙烯酸接枝共聚制备出聚丙烯酰胺/丙烯酸型纤维素基水处理剂。Kadokawa 等[91]以偶氮二异丁腈为引发剂，引发微晶纤维素与连有咪唑嗡的烯烃单体接枝共聚。

2.8.1.3 功能吸附/脱附基团

功能吸附/脱附基团是基于其静电吸附作用、离子交换、配位作用和络合作用、氧化还原作用等原理对非金属离子、重金属离子和有机分子具有吸附特性的一类基团，并具备在一定条件下脱附被吸附物或被氧化还原后再生的性能。Ngah W S W 等[92]采用螯合剂乙二胺四乙酸钠（简称 EDTA）溶液和硝酸作为脱附剂进行对比实验，实验结果表明选用 EDTA 比硝酸的脱附效果要好。Asem A A 等人[93]在对吸水性较强的季铵盐型吸附剂进行脱附实验时，采用 0.05mol/L NaOH 和 2mol/L NaCl 混合脱附溶液，达到了脱附再生的目的。

2.8.2 在纺织工业中的应用

在纺织工业中用作上浆剂、印染浆的增稠剂、纺织品印花及硬挺整理。用于上浆剂能提高溶解性及黏变，并容易退浆；作为硬挺整理剂，其用量在 95％以上；用于上浆剂，浆膜的强度、可弯曲性能明显提高。CMC 对大多数纤维均有黏着性，能改善纤维间的结合，其黏度的稳定性能确保上浆的均匀性，从而提高织造的效率。还可用于纺织品的整理剂，特别是永久性的抗皱整理，给织物带来耐久性的变化。

羟乙基纤维素很早用于纱线上浆和织物材料的上浆和染整，经它处理过的棉、合成纤维或混纺织物提高了它们的耐磨性、染色性、耐火性和抗污性等性能，以及改善它们的体稳性（收缩性）和提高耐穿性，特别对合成纤维可使它具有透气性降低产生静电，它在印染浆中有增稠作用并可作为染料的载体使染料良好地分散，提供了优越的渗透性和图案正确性，以及使织物有良好的受染性、颜色均匀性和坚牢性等特性。

羟乙基纤维素控制水的释放和允许连续流动，在印染辊上不增加胶黏剂，控制水的释放量，允许更多的敞开时间，有利于填料的容纳和形成层比较好的胶黏膜，没有显著地增加干燥时间。

Cohose 曾将 3.5%～5% 的羟乙基纤维素的碱性水液处理棉花，进行永久性上浆，使它具有如亚麻的手感，如用 6%～8% 的溶液处理，赋予较更硬挺，他所列出的十种性能，用纤维素醚在纺织前将纱线浸渍处理后的都胜过未处理的，特别是耐洗和收缩率小[94]。

羟乙基纤维素作为一种极好的增稠剂，适合于丙烯酸为基底的黏合剂和非织造物填料黏合剂的这种性质，被用来增稠织物的背面涂料和层压组分，它与许多填料不反应，在低浓度时有效。棉或黏胶纤维与其他纤维：如醋酸纤维素、尼龙、聚酯、聚丙烯酸类，聚烯烃，玻璃纤维素等混纺纱线和织物，黏附氧化铝凝胶和羟乙基纤维素水不溶性涂层后，可使印染均匀。

在地毯染色中，比如库斯特思连续染色系统很少的增稠剂能够达到 XT-50S 的增稠效果。没有一种能够比得过添加羟乙基纤维素的整体配伍性，其增稠效果好，减少了溶解无团块溶液，低的杂质含量不干扰染色的吸收和颜色的扩展，免除了不溶性凝胶（这种不溶性凝胶可导致成品斑点）以及严密的技术规范所要求的均匀性。

羟乙基纤维素加入阳离子染料的醇溶液中，可印染丙烯酸类织物。羟乙基纤维素作为合成纤维分散染料和酸性颜料组分中的增稠剂，具有良好的遮盖力。羟乙基纤维素和磺化月桂酸于水中搅和的印染浆可局部印染于聚烯烃织物（如聚丙烯）。经干燥后，可进行定域印染。如分别以若丹明碱性红、碱性瑰黄等染色，在印有浆的部分成深色，而未处理部分则无色。

2.8.3 在造纸工业中的应用

2.8.3.1 纤维素醚在造纸工业中的应用

（1）纸张增强剂

如 CMC 可作为纤维分散剂和纸张增强剂，可加入纸浆中，由于羧甲基纤维素钠与纸浆和填料颗粒具有相同的电荷，可增加纤维的匀度，作为纸张内部添加型增强剂，增加了纤维间的键合作用，可提高纸张的抗张强度、耐破度、纸张匀度等物理指标[95]。如龙柱等[96]采用 100% 的漂白亚硫酸盐木浆、滑石粉 20%、分散松香胶 1%，用硫酸铝调节 pH 值至 4.5，采用较高黏度的 CMC（黏度 800～1200 mPa·s），取代度为 0.6。从表 2.7 中可看出 CMC 可以提高纸张的干强度，同时还可提高其施胶度。

表 2.7 CMC 加入量对纸张强度和施胶度的影响（纸页定量 100g·m^{-2}）

CMC 用量/%	裂断伸长/m	耐折度/次	施胶度/s	CMC 用量/%	裂断伸长/m	耐折度/次	施胶度/s
0	2733	48	32	2.0	3260	79	90
0.5	3000	55	75	3.0	3350	86	79
1.0	3200	85	90	4.0	3350	142	80

（2）表面施胶剂

羧甲基纤维素钠可作为纸张表面施胶剂，提高纸张表面强度，其应用效果比目前使用聚乙烯醇、变性淀粉施胶表面强度可提高 10% 左右，而用量降低 30% 左右，是一种非常有前途的造纸表面施胶剂，应积极开发该系列新品种。阳离子纤维素醚具有比阳离子淀粉更为优越的表面施胶性能，不但可以提高纸张的表面强度，还可以提高纸张的吸墨性能，增加染色效果，也是一种具有发展前途的表面施胶剂。莫立焕等[97]用羧甲基纤维素钠与氧化淀粉进行纸和纸板的表面施胶试验发现 CMC 具有理想的表面施胶效果。

甲基羧甲基纤维素钠具有一定的施胶性能，羧甲基纤维素钠又可作为浆内施胶剂，除自身具有一定的施胶度，阳离子纤维素醚还可以作为造纸助留助滤剂，提高细小纤维和填料的留着率，也可作为纸张增强剂。

（3）乳化稳定剂

纤维素醚由于其水溶液具有很好的增稠作用，可以增加乳液分散介质的黏度，防止乳液沉淀分层，因此在乳液制备中得到了广泛应用。如羧甲基纤维素钠、羟乙基纤维素醚、羟丙基纤维素醚等均可作为阴离子分散松香胶的稳定剂和保护剂，阳离子纤维素醚、羟乙基纤维素醚、羟丙基纤维素醚、甲基纤维素醚等也可作为阳离子分散松香胶、AKD、ASA 等施胶剂的保护剂。龙柱等[96,98]采用 100％的漂白亚硫酸盐木浆、滑石粉 20％、分散松香胶 1％，用硫酸铝调节 pH 值至 4.5，采用较高黏度的 CMC（黏度 800～1200mPa·s），取代度为 0.6，进行浆内施胶，含有 CMC 的松香胶施胶度明显提高，同时松香乳液的稳定性好，胶料保留率也高。

（4）涂布涂料保水剂

用于涂布加工纸涂料黏合剂，氰乙基纤维素、羟乙基纤维素等可代替乳酪素和部分胶乳，使印刷油墨容易渗入，边缘清晰。羧甲基纤维素、羟乙基羧甲基纤维素醚可用作颜料分散剂、增黏剂、保水剂、稳定剂。如羧甲基纤维素在涂布加工纸涂料制备中用于保水剂的用量为 1％～2％。

2.8.3.2　细菌纤维素在造纸工业中的应用

制造音响中的关键部分声音振动膜的材料需具备两个特性，声音传播速度快和高内耗。一般，材料的杨氏模量越大，声音传播速度越快；内耗越高，产生的声音越清晰，杂音越小。醋酸菌纤维素的高纯度、高结晶度、高聚合度及分子高度取向的特性，使其具有优良的力学性能。经热压处理后，杨氏模量可达 30GPa，比有机合成纤维的强度高 4 倍，可满足当今顶级音响设备声音振动膜材料所需的对声音振动传递快、内耗高的特性要求。目前的普通高级音响铝制振动膜的传递速度为 5000m/s，内耗为 0.002。松木纸振动膜传递速度为 500m/s，内耗为 0.04。日本 Sony 公司与 Ajinomoto 公司携手开发了用醋酸菌纤维素制造的超级音响、麦克风和耳机的振动膜，在极宽的频率范围内传递速度高达 5000m/s，内耗为 0.04，复制出的音色清晰、洪亮。几乎没有一种材料达到像醋酸菌纤维素膜那样既高传递速度又高内耗的双优性能。醋酸菌纤维素振动膜的这个优异特性主要来自其极细的高纯度纤维素组成的超密结构，经热压处理制成了具有层状结构的膜，因而形成了更多氢键，使其杨氏模量和机械强度大幅度提高，复制的声音洪亮而清晰，是迄今为止最适于制造声音振动膜纸的材料[99]。

另外，根据细菌纤维素在纯度、吸水性、物理性能等方面具有独特的优良性能，将其用于造纸工业，必将能够生产出具有特殊性能的纸张。细菌纤维素的结晶度高、分子取向好，并且机械强度高，把细菌纤维素添加到纸浆中，利用纤维素大分子上的羟基产生氢键结合，能够显著增强纸张的干/湿强度、耐用性及吸水性等性能，可广泛用于各种特种纸。例如美元纸币质量较好，具有很好的强度、耐用性等，其原因就是其中添加了微生物纤维素。在制造吸收有毒气体的碳纤维纸板时，加入微生物纤维素可提高碳纤维板的吸附容量，减少纸中填料的泄漏[100]。

Hioki Shinya 等使用一种超声粉碎器分散细菌纤维素，所得的浆液加入到纸浆中增加纸张强度。在化学浆中添加细菌纤维素能增强纸张的力学性能和改变光学性质。Tguchi Masatushi 将细菌纤维素膜打散后与木浆混合，并添加适量经风干的苯酚树脂，抄造成纸张。这种纸张有很好的抗膨胀性能和良好的弹性。Katsura Toru 将染色的细菌纤维素，通过氢键吸附到植物纤维上，制造一种新的含有少量细菌纤维素的防伪纸。这种防伪纸具有良好的鉴别性和很高的表层强度。Sato Tatsuya 等在植物纤维原料中添加细菌纤维素，制造一种薄层印刷纸。植物纤维和细菌纤维的加入比例为（99.5/0.5）～（85/15）。即使在定量很小时，这种纸张针孔也很少，而且纸张强度及印刷性能也得到提高，印刷时油墨产生的冲击力很难使纸张破裂。这种纸张可应用于大字典和词汇手册。

贾士儒等利用细菌纤维素湿膜打浆分散后加入非木材纤维中（如苇浆），能够显著增强纸张的抗张强度和耐破度，降低透气度，对撕裂度也有一定的提高。Weyerhaeuser 公司用涂层用量 0.5％的细菌纤维素生产一种新等级的印刷纸——其性能介于涂布纸及未涂布纸之间，具有更平滑、更好印刷性能的表面，而同时又保留其原纸的亮度及光泽度。此外，利用细菌纤维素的黏合作用和高比表面积，在制造吸收有毒气体的碳纤维纸板时，加入细菌纤维素可提高碳纤维的吸附容量，减少其中填料的泄漏。

美国的 J. Miskiel 等使用细菌纤维素作为黏合剂进行热磨机械新闻纸浆（TNP）与半漂硫酸盐针叶木浆（SBK）抄纸试验，随着细菌纤维素的加入，纸张抗张强度明显增加而不会造成纸张撕裂度损失。当用细菌纤维素作为胶黏剂用于人造丝及凯夫拉尔中进行无纺布抄造时，随着细菌纤维素的增加，纸张的干湿强度都迅速地提高，而对人造丝的效果比凯夫拉尔更明显[99]。

2.8.4 在生物医药领域的应用

2.8.4.1 纤维素衍生物及其在生物医药方面的应用

天然纤维素可发生氧化、酯化、醚化等反应而得到各种纤维素醚、酯衍生物，医药上广泛用于增稠赋形、缓释、控释、成膜等目的。本节重点介绍几种最常用的纤维素衍生物在生物医药领域中的应用。

（1）甲基纤维素和乙基纤维素

甲基纤维素（MC）是纤维素的甲基醚[101]，是应用广泛的药剂辅料，口服安全、无毒，在肠道内不被吸收，可作为片剂的黏合剂，并具有改善崩解及溶出的作用，用于液体药剂的助悬、增稠、乳剂稳定及低黏度水溶液的薄膜包衣材料。唐义林在软壳技术（软壳技术是指两种不同性质的黏弹剂联合使用，以提高手术安全性、保护角膜内皮、使患者在术后快速恢复视力的技术）治疗白内障中采用国产透明质酸钠和甲基纤维素联合使用的方法，研究了对76 例白内障患者的治疗情况，认为甲基纤维素和透明质酸钠制作软壳技术能达到进口材料（如爱尔康公司的 Duo Visc）同等的保护角膜内皮效果和安全性[102]。

乙基纤维素（EC）是纤维素的乙基醚，在药剂中有多种用途，可用作片剂黏合剂、薄膜包衣材料，亦可用作骨架材料制备多种类型的骨架缓释片，用作混合材料膜制备包衣缓释制剂、缓释微丸，用作包囊辅料制备缓释微囊，还可作为载体材料广泛用于制备固体分散体。国外通用 30％的 EC 水分散体进行薄膜包衣[103]。以羟丙基甲基纤维素（HPMC）和EC 为骨架材料，采用湿法制粒压片制备石杉碱甲亲水凝胶骨架片，该制剂体外释放较好地符合一级动力学方程和 Higuchi 方程，主要影响其释放的因素为 HPMC 及 EC 用量、EC 黏度[104]。

EC 可以作为高分子纳米药物载体携带药物，能有效提高药物生物利用度、疗效。冯小花等[105]以环丙沙星为主药，EC 为主要辅料，制备环丙沙星纳米粒，并采用透析法进行体外释放度考察。结果，纳米粒平均粒径 690nm，载药量（33.90±0.54）％，包封率（90.40±0.48）％，在 105h 后药物体外释放达 86.38％。表明采用 EC 制备的环丙沙星纳米粒具有明显的缓释效果。此外，EC 可作为药物载体通过乳化-溶剂挥发法、溶剂法或喷雾干燥法制备微球或固体分散体。李晓芳等[106]以 EC 为载体材料，采用乳化-溶剂扩散技术制备阿司匹林微球，通过正交试验优选制备工艺。其制备工艺较简单，重现性好，体外呈现较好的漂浮性能与缓释特性。所制微球形态圆整，大小较均匀，粒径范围 45～200μm，载药量 32％，包封率 20.5％，体外 12h 漂浮率 37.6％。

EC 适合作为微囊的囊材控制水溶性药物的释放。制备方法可采用相分离-凝聚法、油中干燥法等将 EC 和药物溶解在甲苯溶液中，在搅拌条件下逐渐滴加石油醚作为 EC 的非溶剂和凝聚相，即形成微囊，经过滤、洗涤、干燥即得。龚平等[107]以 EC 为囊材，采用物理化学法制备蜂胶微囊。对蜂胶微囊的形态、粒径分布、释放性能等进行了研究。该法所制蜂胶-EC 微囊圆整度好，并具有较好的缓释性能。

时滞-速释制剂又称定时爆破系统，这类制剂中控释膜可以选用 EC 这样不溶于水、非 pH 依赖性，但水能缓慢渗透的材料。依据时滞后所需释药速率的不同，在内层包崩解层。崩解层可选用 HPMC 等。若片芯加以强效崩解剂如羧甲基淀粉钠等，"爆破"效果更佳。黄桂华等[108]以一定比例的低取代-羟丙基纤维素（L-HPC）和 HPMC 为内包衣溶胀层，EC 为外层控释包衣材料，通过控制溶胀层和包衣层增重，来控制药物释放度，得到较好的脉冲释放效果。有实验研制了基于含药的硬明胶胶囊包衣的破裂式脉冲释放系统，模拟释放实验显示，膜破裂前的时滞主要取决于包衣膜的性质如水的透过性和机械强度，EC 作为包衣膜，时滞随着包衣厚度的增加而延长，但是在 EC 膜中加入亲水性的致孔剂 HPMC 时可降低时滞[109]。将泡腾技术用于脉冲制剂的研究是一个新思路，在片芯中加入泡腾剂，泡腾剂遇水产生气体，利用气体的压力使衣膜破裂，确保药物在预定时间的迅速释放。选择水渗性小或脆性大的薄膜衣料 EC，以获得合适的压力增速，从而控制释药时滞。Krögel 等[110]以含果胶酶的可腐蚀性果胶塞为基础研制出一种脉冲释药系统。该系统为一非水溶性聚丙烯胶囊，内容物为模型药物马来酸氯苯那敏和填充剂甘露醇，上加一个酶可降解塞，再盖一个 EC 胶帽，用 10％EC 醇溶液封口，迟滞时间由塞的酶降解速率决定。酯化程度低的果胶对酶敏感，分子量大，水性介质中溶解慢，具有很好的屏障功能，从而获得时滞。果胶-果胶酶系统随介质 pH 升高降解加快，二者的比例与塞重量是影响降解时间的主要因素，从而控制药物释放时滞。

Carmen R L 等[111]制备了一种新的口腔双分子层释药系统，主要是含有药物的黏膜黏着剂层和药物可以自由释放的背衬层构成。黏膜黏着剂主要是由药物和壳聚糖组成，背衬层主要由 EC 组成。研究选择了硝苯地平和普萘洛尔作为两种不同类型的模型药物，考察药物的释放。结果该系统既可以作为水溶性药物又可以作为脂溶性药物的理想释药装置。

（2）羟丙基纤维素和羟丙甲基纤维素

羟丙基纤维素（HPC）是一种以碱纤维素为原料与环氧丙烷醚化而成的不同取代基的非离子型纤维素醚，其性能与羟丙基的含量及聚合度有关，高取代者主要用作包衣材料、成膜材料、缓释材料、增稠剂、助悬剂、凝胶剂等；低取代者（L-HPC）主要用作片剂崩解剂和黏合剂。羟丙基纤维素水溶液包衣效果比 MC 好，但包衣时易发黏不易控制，可加入少量滑石粉改善[112]。

L-HPC 是一种高效崩解剂，具有崩解和黏合双重性能。使用 L-HPC 制得的片剂长期保存崩解度不受影响，而用淀粉、糖粉等一般辅料制得的片剂贮存期后崩解的时限普遍增长。因此，将 L-HPC 应用于片剂生产，可以提高片剂的内在质量。有人做过实验，L-HPC 能缩短去咳片、呋喃唑酮片的崩解时限，提高甲硝唑片崩解度，改善西咪替丁片的崩解性能，提高环丙沙星片、卡马西平片的溶出度，以及加速对乙酰氨基酚（扑热息痛）片、阿司匹林片和马来酸氯苯那敏（扑尔敏）片的崩解，提高这三种片剂的溶出度[113,114]。

L-HPC 用于片剂时，使片剂易于崩解，同时，它的粗糙结构与药物和颗粒之间有较大的镶嵌作用，使黏结强度增加，从而提高片剂的硬度和光泽度。L-HPC 以其优良的黏结性和膨胀性，不仅能作片剂的崩解剂，而且能利于压制成型，改善了片剂外观，提高了片剂质量。L-HPC 适应性强，特别是不易成型的片剂，如塑性、脆性、疏散性能较强的片剂，加入本品后，则有改善作用。压制的片剂具有较好的硬度，特别是松片、撬盖的片剂，加入本品后，不仅易于成型，而且外观也较好，片面光滑，有光泽度。在安乃近片中使用 L-HPC，即使适当放松了颗粒水分的控制范围，仍能得到良好的片型和理想的崩解度，且大大缩短了高温干燥的时间。L-HPC 具有强的吸湿性，遇水溶胀而不溶解，另外，L-HPC 具有粗糙的表面结构，可增强药粉和颗粒间的镶嵌作用，提高片剂黏度和光洁度。所以选用 L-HPC 为辅料，能起崩解和黏结双重作用。目前，国产 L-HPC 的质量已达到进口高效崩解剂的质量要求。Watanabe 等采用直接压片法[115]，将微晶纤维素（MCC）和 L-HPC 应用于口腔速崩片的研究，结合 MCC 的良好可压性和 L-HPC 明显的溶胀性，以一定配比应用于口腔速崩片，取得良好的效果。

羟丙基甲基纤维素（HPMC）是一种非离子型纤维混合醚，具有乳化、增稠、助悬、增黏、黏合、胶凝和成膜等特性，可分别作为：黏合剂、崩解剂、缓（控）释剂、包衣成膜剂等[116]。在药剂中具有广泛的用途，特别适用于作为缓、控释制剂的辅料。HPMC 已被列入 GRAS（被普遍接受为安全的材料），欧洲接受其为食品添加剂，并列入 FDA（美国食品药品监督管理局）非活性成分指南中（用于眼用制剂[117]、口服胶囊剂、混悬剂、糖浆剂、片剂、外用和阴道用药制剂）。HPMC 作为一种成膜材料，与其他成膜材料（丙烯酸树脂、PVP）相比，最大的优点是其水溶性，不需有机溶剂，操作安全、方便。HPMC 自 20 世纪 90 年代以来是我国应用最广的薄膜包衣材料，可溶于冷水、胃肠液、70% 的乙醇溶液中，常用含量 2%～4%，具有良好的成膜性，形成的衣层透明，可保持片剂原有的形状字迹、沟槽等。衣膜清晰，无架桥、皱褶、开裂等现象。根据黏度不同可有高、中、低等不同规格，利用高、低不同浓度适当配比，以控制其水化作用的快慢与凝胶保持时间的长短。低黏度的 HPMC 可与渗透性包衣材料合用，控制衣层内药物的扩散速率。

Hovoine 公司的干粉吸入器就是使用 HPMC 胶囊作为吸入用胶囊[118]。美国密执安大学和道化学公司为有关 HPMC 的临床研究提供资金，并为 HPMC 降低胆固醇用途申请了专利。在临床试验中，研究者们发现 HPMC 降低胆固醇的百分率在低胆固醇水平的患者中要比高胆固醇水平的患者中更高。

HPMC 在眼部给药系统中也有应用[119]，如用于眼用膜剂的成膜材料。α_2 干扰素眼用膜的制备方法如下：取 α_2 干扰素 $50\mu g$ 溶解于 10mL 0.1mol/L 盐酸，与 90mL 乙醇、0.5g

HPMC混合，过滤，涂于旋转的玻棒上，用60℃灭菌，空气干燥即得膜材料。也可用于人工泪液的制备：HPMC-4000、HPMC-4500 或 HPMC-5000，0.3g，NaCl 0.45g，KCl 0.37g，硼砂 0.19g，10％氯苄烷铵溶液 0.02mL，水加至1000mL。其制法是将 HPMC 置 15mL 水中，在 80～90℃充分水合后，加 35mL 水，再与含有上述其余成分的 40mL 水混合均匀，加水至全量，再均匀混合，静置过夜，过滤，灭菌，pH 值8.4～8.6。本品用于泪液缺乏，是泪液良好的代用品。

（3）羟乙基纤维素

羟乙基纤维素（HEC）属非离子水溶性高分子聚合物，是白色或类白色、无味，易流动的粒状粉末。在化学上是纤维素与氢氧化钠处理后，再经与环氧乙烷反应为羟乙基醚化过程而制得一系列羟乙基纤维素醚。

G.Giandalia 采用溶剂蒸发方法，以海藻糖与羟乙基纤维素组合物作为基质材料来制备含万古霉素药物配方的微球，这种新制备的给药系统能较好地保持万古霉素药物在长期储存和加热（2h 90℃）条件下的稳定性，特别适用于皮肤严重烧伤或含浓的局部治疗方面的应用[120]。选择羟乙基纤维素这种生物相容、亲水性、可膨胀的、具有非晶态特征的聚合物，当其与水性介质接触时，导致基质膨胀会形成亲水性，如凝胶状的黏稠分散体，并逐渐变得可渗透，从而使药物定量扩散。该药物系统经溶出分析得出含单剂量的万古霉素可维持释药达48h 的治疗需求。海藻糖材料的基本特征是因其属亲水性生物相容糖类材料，能够较好地阻止生物材料的降解发生[121]，故两者的结合应用有利于充分发挥它们的协同效应。

（4）羧甲基纤维素

羧甲基纤维素（CMC）是一种水溶性纤维素醚，通常具有实用价值是它的钠盐，所以通常 CMC 就指羧甲基纤维素钠。在医药工业中可作针剂的乳化稳定剂、片剂的黏结剂和成膜剂[122]。有人经基础及动物实验证明 CMC 是安全可靠的抗癌药载体[123]。用 CMC 作膜材料，研制的中药养阴生肌散的改造剂型——养阴生肌膜，能用于皮肤磨削手术创面和外伤性创面。动物模型研究表明，该膜防止创面感染，与纱布敷料无明显差异，在控制创面组织液渗出与创面快速愈合上，此膜明显优于纱布敷料，并有减轻术后水肿和创面刺激作用[124]。用聚乙烯醇与羧甲基纤维素钠及聚羧乙烯以 3∶6∶1 的比例制成的膜剂为最佳处方，黏附性及释放速率均增加，对增加黏膜黏附缓释膜剂的黏附力、延长制剂在口腔内的滞留时间及制剂中药物的药效都有明显提高[125]。

丁哌卡因是一种强效局部麻醉药，但它中毒时有时可产生较为严重的心血管副反应，故临床上在广泛应用丁哌卡因的同时，对其毒性反应的防治研究一直较为重视。药剂研究显示，CMC 作为缓释物质与丁哌卡因溶液进行配制可显著降低药物的副作用[126]。在 PRK 手术中，采用低浓度丁卡因与非甾体类抗炎药联合 CMC 可明显缓解术后疼痛。预防腹部手术后腹膜粘连、减少肠梗阻的发生是临床外科最关注的问题之一[127]。有研究表明，CMC 减轻术后腹膜粘连程度的作用明显优于透明质酸钠，可作为一种有效的方法来防止腹膜粘连的发生[128]。CMC 用于治疗肝癌的导管肝动脉灌注抗癌药（THAI）中，可以明显延长抗癌药在肿瘤的滞留时间，增强抗肿瘤的能力，提高治疗效果。

（5）醋酸纤维素

醋酸纤维素（CA）是部分乙酰化的纤维素，CA 分子中多了乙酰基，只保留了少量羟基，降低了分子结构规整性，吸湿性变小，耐热性提高[129]。在医药上薄膜包衣多用一醋酸纤维素或二醋酸纤维素，为白色粉粒，密度 1.33～1.36g/L，易溶于丙酮和乙醇。对于醋酸纤维素来说，可作为对乙酰氨基酚、茶碱等的包衣材料。将醋酸纤维素溶于丙酮/乙醇混合液中，喷雾包衣，调节包衣材料的组成，可取得不同的释药速度。

在活性药物持续释放中，常把药物穿插在憎水性母体中，药物母体材料作用是限制活性药物裸露在胃液或者是肠液中，以达到抑制活性药物在母体中的扩散。要求母体材料须是低毒性的，或在胃液、肠液中是反应惰性的，取代度大约为 2.5 的 CA 是良好的母体材料。可将 CA、活性药物和其他赋型剂均匀混合后压制成药剂，该过程将亲水和憎水的聚合物都压制于母体。Masih 等[130]成功地用 CA 通过混压法制备了穿插有高活性药物的持续释放母体。Guyonnet 等[131]发现，茶碱这样的活性片剂能穿插在 CA 和磷酸盐的混合母体中，达到持续释放的配药目的。Feng 等发现[129]，即使在活性药物与纤维素醋酸酯 12：1 的混合体系，茶碱的释放都能受到母体的抑制；随着茶碱在混合体系中的含量的下降，释放速度也会明显下降；药物释放速度并非完全依赖于 CA 的分子量，而与增塑剂的类型和量也有极大的关系。

(6) 芳香族混合纤维素酯

醋酸纤维素酞酸酯（CAP）是部分乙酰化的纤维素的酞酸酯[129]。其中含乙酰基 19.1%～23.5%、酞酰基 30.0%～36.0%，含游离酞酸不超过 0.6%，是由醋酸纤维素与邻苯二甲酸酐通过酯化而成。CAP 为白色纤维状粉末，不溶于水、乙醇、烃类及氯化烃，可溶于丙酮或丙酮/乙醇的混合液中，吸湿性不大，但在保存时应避免过多地吸收水分。长期处于高温、高湿条件下将发生缓释分解，从而增加游离酸含量并改变黏度，影响使用，其溶解的 pH 值在 5.5 左右。

标准包衣液配制要求 CAP 粉末质量分数为 8%～10%，溶解在丙酮中的增塑剂的含量为 20%～30%。这样的溶液能够在标准平底喷涂器中把液体均匀地喷涂到药物的表面。一般喷涂前后相比，药物增重大约 7%～10%。这种配药方式在喷涂 CAP 前，须在药物上喷涂一层底物，既能避免药物和丙酮直接接触，又能保证最后膜层不与活性药物直接接触。底层占药物总质量 1%～3% 惰性纤维素酯（如 HPMC）。作为药物的外观要求，膜层的外层最好是光滑而有光泽的。另外，包衣层物质在医药方面使用之前必须用标准脆性片剂对其进行崩解和溶解试验。包衣层最基本的要求是膜层应具有均一的物化性能。

包衣时一般使用 8%～12% 的丙酮-乙醇混合溶液，成膜性好，操作方便。包衣后的片剂不溶于酸性溶液而能溶解于 pH 5.8～6.0 的缓冲溶液中，胰酶能促进其消化。CAP 作为肠溶包衣材料，一般在其中加入酞酸二乙酯作增塑剂，由于使用时需加入有机溶剂溶解，溶剂挥发污染环境，造成易燃易爆的不安全因素。EL-Said 等研究发现[132]，茶碱及其衍生物片剂通过直接混压后，其崩解时间会因为体系中 CAP 的存在而得到延缓，这种延缓时间与 CAP 的含量有直接的关系。他们利用 0.1mol/L 的 HCl 和 pH 为 7.4 的磷酸盐的缓冲溶液做溶解实验，发现在两种溶液中药物的释放都得到了显著的抑制。

醋酸纤维素偏苯三甲酸酯（CAT）是部分乙酰化的纤维素的偏苯三甲酸酯，与 CAP、CAS 相比，电离羧基间距离最小，pK_a 小，酸性最强，在较低的 pH 值下就溶解。测试结果表明，不同基团含量的 CAP 在 pH 值 5.5～6.5 下溶解，CAT 在 pH 值 5.0～5.5 下就溶解。而 CAS 酸性最弱，在 pH 值 6.5 下也仅溶胀。纤维素酯由于其良好的安全性能，能够被功能化，在肠溶性包衣、憎水性母体和半透膜这些控制送药体中起到了关键的作用。

(7) 羟丙基甲基纤维素酞酸酯（HPMCP）

HPMCP 是 HPMC 的酞酸半酯，其中甲氧基、羟丙氧基和羧苯甲酰基百分比不同，可有不同规格的产品。HPMCP 由 HPMC 与邻苯二甲酸酐酯化而得，相对分子质量为 2 万～12 万。白色、无臭无味的颗粒；不溶于水、酸性溶液，在 pH5.0～6.8 缓冲溶液中能溶解；不溶于己烷，但溶于丙酮/甲醇、丙酮/乙醇或甲烷/氯甲烷混合液；25℃/80% RH 时，平衡吸湿量为 11%。

HPMCP 是性能优良的新型肠溶性薄膜包衣材料。因 HPMCP 无味，不溶于唾液，故可用作薄膜包衣以掩盖片剂或颗粒的异味或异臭，口服应用本品安全无毒。包衣时需用甲醇/二氯甲烷（1:1）或丙酮/乙醇（1:1）溶液，HPMCP 用量大约是片重的 5%～10%，它不溶于胃液，但能在小肠上端快速膨化溶解，故是肠溶衣的良好材料，常用含量为 7%～10%。其特点为成膜性好，溶解的 pH 较低（pH 5.0～5.5），溶解速度快，理化性质稳定等。除广泛应用于各种肠溶制剂如颗粒剂、片剂、胶囊剂外，还可作为高分子载体，制备药物的微囊、微球及药物的缓释或控释制剂等。大部分非甾体镇痛消炎药以及其他对胃有刺激性的药物和在胃液中不稳定的药物均可使用[129]。

HPMCP 的优越性主要体现在它作为肠溶包衣材料上。肠溶包衣材料在国内外发展很快，应用广泛，常见的有虫胶、邻苯二甲酸醋酸纤维素、海藻胶、丙烯酸树脂。虫胶是最早应用的肠溶包衣材料，它是热带、亚热带一种昆虫的分泌物。它的缺点较为明显，如在生产中着衣较难控制，膜稍薄，在人工胃液中易出现起泡，胃液检查不合格；膜稍厚，在人工肠液中崩解缓慢。褐藻胶是海带制碘工业的联产品，作为肠溶包衣材料的有效成分是褐藻酸钠，但国内未见用于工业化生产的报道。与 CAP、丙烯酸树脂相比，HPMCP 能在 pH<5.5 的条件下较快溶解，故制剂以它作辅料具有较高的生物利用度。

HPMCP 分子不含乙酰基，具有良好的贮存稳定性，在仓储条件下 3～4 年不变质，对药物的释放、吸收的影响比丙烯酸树脂小；且因化学结构中不含醋酸基，贮藏期间不会像 CAP 那样游离出醋酸而引起药物变质。HPMCP 本身具有可塑性、成膜性好，包衣时可少用或不用增塑剂，即可改善片剂外观，提高片剂强度，从而减少增塑剂的加入对人体的不良影响，而 CAP 或丙烯酸树脂则需要增塑剂来改善膜的性能。包衣可塑性强，不会因包衣膜厚薄而影响药物的溶出度。与 CAP 相比，使用 HPMCP 用的增塑剂量相对较少，原因是 HPMCP 中的内增塑性能优于 CAP。通过调节憎水性增塑剂和无机添加剂比例可调节膜溶解速率。

2.8.4.2　细菌纤维素在医用材料中的应用

细菌纤维素由于具有独特的生物亲和性、生物相容性、生物可降解性、生物适应性和无过敏反应，以及高的持水性和结晶度、良好的纳米纤维网络、高的张力和强度，尤其是良好的机械韧性，因此在组织工程支架、人工血管、人工皮肤以及治疗皮肤损伤等方面具有广泛的用途，是国际生物医用材料研究的热点之一[133]。

(1) 组织工程支架

生物相容性对于组织工程支架的构建是必不可少的。在研究组织工程 BC 支架构建中，体内生物相容性的评价非常重要。Helenius 等[134]系统地研究了 BC 的体内生物相容性。实验中他们把 BC 植入老鼠体内 1～12 周，利用组织免疫化学和电子显微镜技术，从慢性炎症反应、异物排斥反应以及细胞向内生长和血管生成等方面的特征来评价植入物的体内相容性。结果发现植入物周围无肉眼和显微镜可见的炎症反应，没有纤维化被膜和巨细胞生成。BC 被成纤维细胞侵入，与宿主组织融为一体，未引起任何慢性炎症反应。因此可以断定 BC

的生物相容性非常好，在组织工程支架构建方面具有潜在价值。

Svensson 等[135]利用牛软骨细胞来评价天然和经化学修饰的 BC 材料，并以胶原蛋白Ⅱ基质上牛软骨细胞的生长情况为对照。结果显示未修饰的 BC 不仅提供了足够的力学性能，而且能支持牛软骨细胞以在胶原蛋白Ⅱ基质上生长时 50% 的成活率来生长和增殖。与通常组织培养用的塑料和海藻酸钙相比，未修饰 BC 能更好地支持软骨细胞生长增殖并提高成活率。而天然软骨中的葡萄糖氨基聚糖的模拟物——经硫酸化和磷酸化修饰后的 BC，则未进一步促进软骨细胞的生长。该研究在扫描体外巨噬细胞中发现 BC 没有引起剧烈的炎症反应。接下来，未修饰的 BC 被进一步用于人软骨细胞研究，通过透射电镜（TEM）和人软骨细胞的胶原蛋白Ⅱ的 RNA 表达分析，发现未修饰的 BC 支持人软骨的增殖，同时 TEM 也进一步证实软骨细胞向 BC 支架内生长的事实，这些均证明细菌纤维素在软骨组织工程中是一种非常有潜力的生物支架材料。

目前作为骨支架工程的材料有很多，比如：陶瓷、金属和高聚物可作为骨修复和骨替代的材料。而纤维素是一种具有吸引力的天然生物高聚物材料，它的纤维结构和组成骨头的胶原纤维在形态学方面是一致的。Bodin 等[136]用臭氧诱导 A. xylinum 合成 BC 时在其表面形成了聚丙烯酸，然后进一步形成 Ca^{2+} 阳离子交换材料，从而在模拟体液的环境下形成一个磷酸钙成核位点。这种微纤维表面修饰能以类似于骨组织增长过程的方式诱导晶体形成。Wan 等[137]曾对羟基磷灰石（HAp）和细菌纤维素复合物进行研究，通过采用 SEM，EDS，XRD 和 FTIR 等技术测定 HAp-BC 纳米级复合物的特征性能，结果发现经磷酸盐和氯化钙处理后的细菌纤维素纤维浸泡在人造体液时，HAp 形成了结晶。XRD 显示 HAp 晶体的晶型是纳米级的，并且结晶度较低。FTIR 结果显示 HAp 晶体部分被碳酸盐代替，类似天然骨架。纳米级的 HAp-BC 纤维复合物的结构特征类似于骨骼中的生物磷灰石，这在组织工程中人造骨骼和支架的应用方面将具有较好的发展前景。Hutchens 等的研究发现 HAp-BC 复合物比天然 BC 优先支持成骨细胞的生长[133]。

Hutchens 等研究认为 BC 可作为一种合适的基质用于生物陶瓷沉积和晶核的形成。它的高亲水性使微粒能够渗入它的内部网络结构，而羟基和醛基的存在能够促进微粒的形成。在生理 pH 值和温度下，通过先在氯化钙溶液中连续培养，然后再在磷酸钠中孵育，最终在细菌纤维素上形成了磷酸钙微粒。X 射线衍射证实这种微粒是低钙羟基磷灰石，是骨头的主要组成成分。该复合物有望成为整形外科的一种优良生物材料。研究还发现该材料可以作为骨头再生的治疗性植入物和用于治愈骨头损伤。

（2）人工血管

众所周知，当血管由于动脉硬化、血管老化或破损等原因不能正常工作时，需进行血管移植重建。全世界每年要施行的许多血管重建手术由于自体血管来源有限，而异体血管强烈的排异作用，以及来源少和价格昂贵等原因，常不得不使用人工合成血管作为替代品。目前，国际临床上使用最广泛的、用于替代大于 6mm 的人工血管是编织型的涤纶聚酯血管和膨体聚四氟乙烯血管，这是因为它们结构稳定性好，在体内可长期工作而不发生降解，但是它们仍存在着不少缺点和不足，譬如血栓的形成和新生内膜增厚导致血管堵塞，至今尚无十分理想的血管替代物。基于同样原因，用于置换小于 6mm 的动、静脉血管的人工血管还没有开发成功。临床上是采用自体血管进行修复，例如冠状动脉搭桥手术。近 30 年来，人们一直在致力于这方面的研究。

血管组织工程则通过提供小口径血管的移植为微脉管手术等方法治疗血管疾病提供了极

为有效的途径。"Bacterial Synthesized Cellulose（BASYC）"[138]就是为了应用于显微外科手术中的人工血管插入等医学临床而开发的一种"Matrix Reservoir Process"生物技术。应用该技术，在D-葡萄糖培养基中，A. xylinum可以直接形成一种内径小于3mm的管状结构的细菌纤维素。

Klemm[138]等研究了在显微外科中以BASYC作为人造血管的可行性。他们利用大鼠微脉管插补术试验发现只有1mm内径的BASYC在湿的状态下具有高的机械强度、大的持水能力、低粗糙度的内径以及完善的生物活性等优良特性，证明了它在显微外科中作为人工血管的巨大应用前景。Klemm等进一步证实BASYC具有生物活性和相容性。由于具有与天然血管内腔表面类似的平滑度，因此血管内不会形成血栓，BASYC完全符合显微外科中人工血管的物理和生物要求。该课题组将BASYC长期植入老鼠体内长达1年，然后借助组织免疫和电子显微镜等手段研究老鼠的内皮细胞、肌肉细胞、弹性结构和结缔组织等不同结构的变化，重点研究植入的BASYC和周围组织接触的区域。

Henrik等[139]研究了细菌纤维素作为潜在的组织工程血管支架的力学性能。通过利用SEM研究静态培养的细菌纤维素薄膜生长的形态学，并比较了细菌纤维素、猪动脉血管以及膨体聚四氟乙烯（ePTFE）支架在力学性能上的差异，结果表明细菌纤维的应变能力与动脉血管相似，这很可能是由于纳米纤维结构的相似性造成的。通过体外实验研究了人平滑肌细胞在细菌纤维素上的吸附、增殖、向内生长的情况，结果发现在细菌纤维素上吸附和增殖的平滑肌细胞在培养两个星期后可向内生长$40\mu m$。

（3）人工皮肤

自1987年以来有近10个皮肤伤病医疗单位已报道400多例应用BC膜治疗烧伤、烫伤、褥疮、皮肤移植、创伤和慢性皮肤溃疡等取得成功的实例，现已有用其制成的人工皮肤、纱布、绷带和"创可贴"等伤科敷料商品。与其他人工皮肤和伤科敷料相比，该膜的主要特点是在潮湿情况下机械强度高，对液、气及电解物有良好的通透性，与皮肤相容性好，无刺激性，可有效缓解疼痛，防止细菌的感染和吸收伤口渗出的液体，促进伤口的快速愈合，有利于皮肤组织生长。此膜还可作为缓释药物的载体携带各种药物，利于皮肤表面给药促使创面的愈合和康复[133]。

Biofill和Gengiflex是两个应用比较广泛的商品。Biofill作为人类临时皮肤替代品已被成功应用于治疗二级和三级皮肤烧伤、皮肤移植以及慢性皮肤溃疡等疾病[140]，Gengiflex则用来修复牙龈组织。据报道，Biofill已被成功用于治疗了300多个病人，它具有快速减轻疼痛、支持伤口愈合、消除术后不适感、减少感染概率、易于检查伤口、快速愈合，可随表皮再生而自然脱落，减少治疗时间和成本等特性。唯一的缺点就是在大范围移动过程中缺少弹性。此外，Schmauder等将BC应用于治疗马匹的大面积损伤等兽医治疗方面，也取得了很好效果。

为了应用于皮肤创伤，Sanchavanakit等[141]利用人类角化细胞和成纤维细胞来评价BC膜的潜在生物作用机理。他们研究了从Nata椰子汁培养基提取的细菌纤维素膜的特性以及人类角化细胞和纤维原细胞在BC上的生长情况。用平衡发射极晶体管技术（BET）测定发现BC干膜的平均孔径和总表面积为224ANG和$12.62m^2/g$。一张厚度为0.12mm的BC膜，干膜的平均抗张强度和断裂强度分别为5.21MPa和3.75%，而相应的湿膜为1.56MPa和8.00%。风干BC膜的吸水量为每克干膜吸水5.09g。研究结果直接证明了BC膜支持人类角化细胞的生长、增生和移动，但是对成纤维细胞没有作用。

Czaja 等[133]研究了 BC 在治疗二级和三级烧伤方面的应用前景，他们对 20 个病人做了一项医学研究：将 BC 创伤敷料直接覆盖在新鲜烧伤达 9％～18％创面上，接下来观察创伤以及伤口周围环境的变化、观测表皮生长、检测微生物和研究组织病理学。结果显示，BC 是一种很好的促进烧伤愈合的材料，效果好的原因可能是多方面的，譬如：①BC 的湿润环境易于组织再生、还可以有效地减轻疼痛；②特殊的纳米结构促进细胞相互作用、促进组织再生、减轻疼痛以及减少疤痕组织生成；③治疗过程中 BC 有利于在伤口处安全、方便地释放药物。

目前对细菌纤维素的研究主要集中在附加值较高的医学生物材料上，例如组织工程支架、骨支架、软骨支架、人工血管、人工皮肤以及药物载体等方面。但是真正能应用到临床上的产品还不多，除了巴西的商品"Biofill"外，大部分的研究还停留在细胞水平和动物实验等初级阶段，离临床应用仍有一定距离。在我国，人们对细菌纤维素的了解和认识还不足，对其研究尚处于初级阶段，大部分集中在食品、食品添加剂和造纸应用等方面，在生物医用材料上的开发应用上相关报道较少。由于细菌纤维素具有优秀的生物亲和性、生物相容性、生物适应性和良好的生物可降解性，因此该纤维素必将成为性能优异的新型生物纳米高技术材料。

2.8.5　在食品工业中的应用

2.8.5.1　作为膳食纤维使用

膳食纤维在主食方面的应用，主要表现为在米饭、面条和馒头中的添加。在米饭中添加膳食纤维，可增加米饭蓬松清香的口感；在面条中添加，则可改变面条的韧性。膳食纤维在焙烤食品中的应用最为广泛，主要产品有高膳食纤维面包、蛋糕、饼干、桃酥等[142]。膳食纤维的加入可以改善持水力，吸附大量水分，利于产品凝固和保鲜，同时降低了成本，如de Delahaye 等[143]用高膳食纤维来稳定米糠粉。膳食纤维添加到饮料和乳制品中使其营养成分更为丰富。我国已经有生产液态膳食纤维牛奶及其相关液态产品的专利，并指出膳食纤维在液态牛奶中的添加量为 7.2～22.4kg/t。Dello Staffolo M 等[144]将膳食纤维添加到酸奶酪中，大大改变了酸奶酪的口感及流变特性。膳食纤维还可以添加到肉制品、膨化产品、糖果、冰淇淋及调味品等产品中。将不同种膳食纤维添加到香肠制品中，结果表明，膳食纤维香肠在气味和色泽上无明显变化，但香肠的质地和弹性优于不添加膳食纤维的产品[145]。王大为等将玉米膳食纤维添加到冰淇淋中，发现冰淇淋口感滑润细腻，膨胀率为 98％，抗融性最好[146]。

2.8.5.2　食品抗氧化剂

刘宁等[147]以微晶纤维素为原料，将抗氧化基团没食子酸连接在纤维素分子骨架上，制备不被人体吸收，保持或者增强其抗氧化性能的没食子酰微晶纤维素酯。结果表明：没食子酰微晶纤维素酯对这几种自由基均有不同程度的清除作用，其对 DPPH 自由基清除能力略低于 VC、没食子酸；对超氧阴离子自由基清除能力明显高于没食子酸，在较低质量浓度略高于 VC，在较高质量浓度略低于 VC；对羟基自由基清除能力接近 VC，但低于没食子酸；对烷基自由基清除能力明显高于没食子酸，但低于 VC。质量浓度在 5mg/mL 以下，没食子酰微晶纤维素酯浓度对 DPPH 自由基、羟基自由基、超氧阴离子自由基、烷基自由基的清除率最高分别达到了 82.9％、23.2％、35.7％、48.9％。

参 考 文 献

[1] 张俐娜主编．天然高分子改性材料及应用，北京：化学工业出版社，2006.

[2] 叶代勇．纳米纤维素的制备．化学进展，2007，19（10）：1569-1578.

[3] Kobayashi S, Ohmae M. Ad Polym Sci, 2006, 194：159-210.

[4] Ifuku S, Kamitakahara H, Takano T, Tanaka F, Nakatsubo F. Preparation of 6-O-(4-alkoxytrityl) celluloses and their properties. Org Biomol Chem, 2004, 2：402-407.

[5] Kobayashi S. Journal of Polymer Science Part A：Polymer Chemistry, 2005, 43（4）：6693-710.

[6] 宋桂经．纤维素科学与技术，1998，6（2）：1-4.

[7] Nakatsubo F, Kamitakahara H, Hori M. J Am Chem Soc, 1996, 118（7）：1677-1681.

[8] Beck-Candanedo S, Roman M, Gray D G. Effect of reaction conditions on the properties and behaviour of wood cellulose nanocrystal suspensions. Biomacromolecules, 2005, 6：1048-1054.

[9] Warwicker J. J Appl Polym Sci, 1969, 1：41.

[10] Javis M. Cellulose stacks up. Nature, 2003, 426：611-612.

[11] Samir M, Alloin F. Review of recent research into cellulosic whiskers, their properties and their application in nanocomposite field. Biomacromlecules, 2005, 6（2）：612-626.

[12] de Souza Lima M M, Borsali R. Rodlike cellulose microcrystals：structure, properties, and applications. Macromol Rapid Commun, 2004, 25：771-787.

[13] 熊犍，叶君，梁文芷，彭纪南．大自然探索，1998，17（64）：14-17.

[14] Brown R M. Cellulose structure and biosynthesis. Pure Appl Chem, 1999, 71（5）：767-775.

[15] http：//www. chemistry. oregonstate. edu/courses/ch130/latestnews/ch130ln. htm.

[16] Atalla R H, Van der Hart D L. Science, 1984, 223：283-285.

[17] Bledzki A K, Gassan J. Composites reinforced with cellulose based fibres. Progress in Polymer Science, 1999, 24：221-274.

[18] 解芳，绍自强．天然纤维素纤维的溶解机理及纺丝技术发展．华北工学院学报，2002，23（2）：119-122.

[19] 汪乐江，潘淑娟．具有战略意义的可持续发展项目——新溶剂法及天然纤维素纤维的溶解机理及纺丝技术发展．广东化纤，2000（3）：20-24.

[20] Striegel A M. Advances in the understanding of the dissolution mechanism of cellulose in DMAc/LiCl. Journal of the Chilean Chemical Society, 2003, 48：73-77.

[21] Biganska O, Navard P, Bedue O. Crystallisation of cellulose/N-methylmorpholine-N-oxide hydrate solutions. Polymer, 2002, 43：6139-6145.

[22] Biganska O, Navard, P. Phase diagram of a cellulose solvent：N-methylmorpholine-N-oxide-water mixtures. Polymer, 2003, 44（4）：1035-1039.

[23] Biganska O, Navard P. Kinetics of precipitation of cellulose from cellulose0NMMO-water solution. Biomacromolecules, 2005, 6（4）：1948-1953.

[24] 张锁江，吕兴梅等编著．离子液体——从基础研究到工业应用．北京：科学出版社，2006.

[25] Swatloski R P, Spear S K, Holbrey J D, Rogers R D. Dissolution of cellulose with ionic liquids. J Am Chem Soc, 2002, 124：4974-4975.

[26] Zhang L, Ruan D, Gao S. Dissolution and regeneration of cellulose in NaOH/thiourea aqueous solution. J Polym Sci Part B：Polgm Phys, 2002, 40（14）：1521-1529.

[27] Cai J, Zhang L N, Zhou J, et al. Adv Mater, 2007, 19：821-825.

[28] Yamashiki T. New class of cellulose fiber spun from the novel solution of cellulose by wet spinning method. J Appl Polym Sci, 1992, 44：691.

[29] 叶代勇．纳米纤维素的制备．化学进展，2007，19（10）：1568-1576.

[30] Hubbe M A, Rojas O J, Lucia L A, Sian M. Cellulosic nanocomposites：a review. BioResources, 2008, 3（3）：929-980.

[31] de Souza Lima M, Borsali R. Rodlike cellulose microcrystals：structure, properties, and applications ［J］. Macromol

Rapid Commun, 2004, 25 (2): 771-787.

[32] 叶代勇, 黄洪, 傅和青, 陈焕钦. 纤维素化学研究进展 [J]. 化工学报, 2006, 57 (8): 1782-1791.

[33] Kim C W, Kim D S, Kang S Y, et al. Polymer, 2006, 47 (14): 5097-5107.

[34] Frey M, Joo Y. Kim C W. Polym Prepr, 2003, 44 (2): 168-169.

[35] Zhao S L, Wu X H, Wang L G, et al. Cellulose, 2003, 10 (4): 405-409.

[36] 赵胜利, 宣英男, 黄勇. 高分子材料科学与工程, 2004, 20 (2): 151-154.

[37] Ma ZW, Kotaki M, Ramakrishna S. J Membr Sci, 2005, 265 (1P2): 115-123.

[38] 吴晓辉, 王林格, 黄勇. 高分子学报, 2006, 2: 264-268.

[39] Turbak A F, Snyder F W, Sandberg K R. EP 51 230, 1982.

[40] Takahashi N, Okubo K, Fujii T. Bamboo J, 2005, 22: 81-92.

[41] 黄建辉, 刘明华, 林春香, 詹怀宇. NNNO 法球形纤维素珠体的制备及粒径分布的研究. 纤维素科学与技术, 2006, 14 (3): 13-18.

[42] 唐爱民, 梁文芷. 纤维素的功能化. 高分子通报, 2000, (4): 1-9.

[43] Buschle-Diller G, Zeronian S H. J Polym Sci, 1992, 45: 969-979.

[44] Focher B, Marzetti A, Marsano E, et al. J Appl Polym Sci, 1998, 67 (6): 961-974.

[45] Yamada H, Kowsaka K, Matsui T, et al. Cellulose Chem Technol, 1992, 26: 141-150.

[46] Yamashiki T, Matsui T, Saitoh M, Okajima K, Kamide K. British Polymer J, 1990, 22: 73-83.

[47] 胡玉洁. 天然高分子材料. 北京: 化学工业出版社, 2006, P52.

[48] 肖锦, 周勤. 天然高分子絮凝剂. 北京: 化学工业出版社, 2005.

[49] Nabi Saheb D, Jog J P. Natural Fiber Polymer Composites: A review. Advances in Polymer Technology, 1999, 18 (4): 351-363.

[50] Mathew A P, Oksman K, Sain M. Mechanical properties of biodegradable composites from poly lactic acid (PLA) and microcrystalline cellulose (MCC). J Appl Polym Sci, 2005, 97: 2014-2025.

[51] 梁小波, 杨桂民, 曾汉民. 剑麻纤维增强复合材料的研究进展. 材料导报, 2005, 19 (2): 63-66, 75.

[52] 鲁博, 张林文, 曾竟成. 天然纤维复合材料. 北京: 化学工业出版社, 2005.

[53] Koonie S E. Getting serious about biofuels. Science, 2006, 27 (311): 435.

[54] Ragauskas A J, Williams C K, Davison B H, et al. The path forward for biofuels and biomaterials. Science, 2006, 27 (311): 484-489.

[55] Fargione J, Hill J, Tilman D, Polasky S, Hawthorne P. Land clearing and the biofule carbon debt. Science, 2008, 319: 1235-1238.

[56] Searchinger T, Heimlich R, Houghton R A, Dong F X, et al. Use of US croplands for biofuels increases greenhouse gases through emissions from land-use change. Science, 2008, 319: 1238-1240.

[57] LEE J. Biological conversion of lignocellulosic biomass to ethanol. J Biotechnol, 1997, 56 (1): 1-24.

[58] 马晓建, 赵银峰, 祝春进等. 以纤维素类物质为原料发酵生产燃料乙醇的研究进展. 食品与发酵工业, 2004, 30 (11): 77-81.

[59] 陈洪章, 李佐虎. 纤维素原料微生物与生物量全利用. 生物技术通报, 2002 (2): 25-34.

[60] Carlson T R, Vispute T P, Huber G W. Green gasoline by catalytic fast pyrolysis of solid biomass derived compounds. ChemSusChem, 2008, 1 (5): 397-400.

[61] Kawai T, Sakata T. Conversion of carbohydrate into hydrogen fuel by a photocatalystic process. Nature, 1980, 286: 474-476.

[62] Lay J J. Biohydrogen generation by mesophilic anaerobic fermentation of microcrystalline cellulose. Biotechnology and Bioengineering, 2001, 74 (4): 280-287.

[63] Nandi R, Sengupta S. Microbial production of hydrogen: An overview. Critical Reviews in Microbiology, 1998, 24 (1): 61-84.

[64] 孟祥梅, 张晓东, 陈雷, 张杰. 制取生物柴油的新型原料油源的探讨. 现代化工, 2006, 26 (2): 1-4.

[65] 赵贵兴, 陈霞, 孙子重. 生物柴油的现状与发展前景. 化工科技市场, 2006 (12): 6-10.

[66] 韩明汉, 陈和, 王金福, 金勇. 生物柴油制备技术的研究进展. 石油化工, 2006, 35 (12): 1119-1124.

[67] 贾士儒，欧宏宇，傅强．新型生物材料——细菌纤维素．食品与发酵工业，2000，27（1）：54-59.

[68] 王先秀．新型的微生物合成材料——醋酸菌纤维素．中国酿造，1999（1）：1-2.

[69] 修慧娟，李金宝，王志杰．新型生物造纸材料——细菌纤维素．纸和造纸，2002，（5）：71-72.

[70] 马承铸．生物有机纳米材料——细菌纤维素．精细与专用化学品，2001（18）：14-16.

[71] 齐香君，黄丹．不同培养方式生产细菌纤维素的研究．食品与发酵工业，2006（8）：41-43.

[72] 黄丹，蔡勇，王云飞．不同培养方式生产细菌纤维素的结构与性质分析．中国酿造，2008（1）：51-53.

[73] 卞玉荣，余晓斌，全文海．细菌纤维素的性质与结构研究．纤维素科学与技术，2001，9（1）：17-20.

[74] 朱天伟，周艳梅，金强等．纤维素基水处理剂研究进展．化学研究，2010，21（3）：101-105.

[75] Abdel Aal S E，Gad Y，Dessouki A M. The use of wood pulp and radiation modified starch in wastewater treatment. J Appl Polym Sci，2006，99（5）：2460-2469.

[76] Ó Connell D W，Birkinshaw C，Ó Dwyer T F. Heavy metal adsorbent s prepared from the modification of cellulose：A review. Bioresour Technol，2008，99（15）：6709-6724.

[77] 范福洲，康勇．水处理用纤维素基载体的降解性能研究．高分子材料科学与工程，2006，22（6）：126-129.

[78] 赵薇，康勇，赵春景．水处理用纤维素载体的降解及生物膜附着性能．环境科学学报，2009，29（2）：259-266.

[79] Yu M Q，Sun D W，Huang R，et al. Determination of ultra trace gold in natural water by graphite furnace atomic absorption spectrophotometry after in situ enrichment with thiol cotton fiber. Anal Chim Acta，2003，479（2）：225-231.

[80] Mandre N R，Panigrahi D. Studies on selective flocculation of complex sulphides using cellulose xanthate. Int J Miner Process，1997，50（3）：177-186.

[81] Adhikari C R，Parajuli，Inoue K，et al. Pre-concentration and separation of heavy metal ions by chemically modified waste paper gel. Chemosphere，2008，72（2）：182-188.

[82] 夏友谊，万军民．β_2 环糊精接枝纤维素纤维的研究．广州化学，2005，30（4）：21-25.

[83] 万军民，胡智文，陈文兴等．负载 β_2 环糊精纤维素纤维在污水处理中的应用研究．环境污染与防治，2004，26（1）：57-59.

[84] Mckelvey J B，Benerito R R. Epichlorohydrin-triethanolamine reaction in the preparation of quaternary cellulose anion exchangers. J Appl Polym Sci，1967，11（9）：1693-1701.

[85] Orlando U S，Baes A U，Nishijima W，et al. Preparation of agricultural residue anion exchangers and its nitrate maximum adsorption capacity. Chemosphere，2002，48（10）：1041-1046.

[86] Inukai Y，Tanaka Y，Matsuda T，et al. Removal of boron（Ⅲ）by N-methylglucamine-type cellulose derivatives with higher adsorption rate. Anal Chim Acta，2004，511（2）：261-265.

[87] Zhou Y M，Tong A J，Akama Y. Solid phase extraction of arsenic（Ⅴ）by an methylglucamine modified cellulose fibrous sorbent. Cellulose Chem Technol，2006，40（7）：513-518.

[88] 黄军，翟华敏．铈盐引发阔叶浆与 GMA 接枝共聚的研究．林产业化学与工业，2008，28（1）：39-43.

[89] Alberti A，Bertini S，Gastaldi G，et al. Electron beam irradiated textile cellulose fibres. ESR studies and derivatization with glycidyl methacrylate（GMA）. Eur Polym J，2005，41（8）：1787-1797.

[90] Chuahan G S，Lal H. Novel grafted ellulose based hydrogels for water technologies. Desal ination，2003，159（2）：131-138.

[91] Kadokawa J，Murakami M，Kaneko Y. A facile method for preparation of composites composed of cellulose and a polystyrene type polymeric ionic liquid using a polymerizable ionic liquid. Compos Sci Technol，2008，68（2）：493-498.

[92] Ngah W S W，Kamari A，Koay YJ. Equilibrium and kinetics studies of adsorption of copper（Ⅱ）on chitosan and chitosan/PVA beads. Int J B iol Macromol，2004，34（3）：155-161.

[93] Atia A A. Synthesis of a quaternary amine anion exchange resin and study it s adsorption behaviour for chromate oxyanions. J Haz ard Mater，2006，137（2）：1049-1055.

[94] 时育武．羟乙基纤维素在纺织工业上的应用．化学工程师，1995，5：55-56.

[95] 尹继明．CMC 在表面施胶工艺中的应用技术．造纸化学品，2002，14（2）：35-381.

[96] 龙柱，杨红新．羧甲基纤维素改善纸张强度的研究．中华纸业，2003，24（10）：42-441.

[97] Liu，R C W，Morishima，et al. Composition-dependent rheology of aqueous systems of amphiphilic sodium. poly（2-acrylam-

ido-2-methylpropanesulfonates) in the presence of a hydrophobically modified cationic cellulose ether. Macromolecules，2003，36 (13)：4967-4975.

[98] 黄勇. 纤维素及其衍生物液晶研究新进展. 化学进展，1997，9 (2)：119-2161.

[99] 张继颖，胡惠仁. 新型生物造纸添加剂-细菌纤维素. 华东纸业，2009，40 (3)：70-73.

[100] 马霞，王瑞明，关风梅等. 细菌纤维素及其在造纸工业中的应用. 黑龙江造纸，2003 (3)：3-4.

[101] 于立军. 乙基纤维素在缓控释制剂中的应用进展. 中国药房，2010，21 (29)：2776-2777.

[102] 唐义林. 甲基纤维素和透明质酸钠制作软壳技术. 国际眼科杂志，2010，10 (4)：782-783.

[103] 李杰，任麒，孙冠男等. 乙基纤维素在缓控释制剂中的应用概况. 中国药房，2008，19 (16)：1257-1259.

[104] 吕占国. 石杉碱甲凝胶骨架缓释片药物释放因素的研究. 丹东医药，2005，1 (2)：511.

[105] 冯小花，肖兵南，周望平等. 乙基纤维素载药纳米粒的制备与体外性能研究. 医药导报，2007，26 (7)：7891.

[106] 李晓芳，洪慧，何琳. 阿司匹林胃漂浮微球的制备. 广东药学院学报，2006，22 (1)：131.

[107] 龚平，吴锦霞. 乙基纤维素-蜂胶缓释微囊的研究. 食品科技，2006，1 (1)：161.

[108] 黄桂华，杨晓，王德凤等. 琥珀酸美托洛尔脉冲控释微丸的制备. 中国药学杂志，2005，40 (23)：78-81.

[109] Bussermer T，Dashevsky A，Bodmeier R. A pulsatile drug delivery system based on rupt urable coated hard gelatin-capsules. Journal of Controlled Release，2003，93 (3)：3311.

[110] Krögel I，Bodmeier R. Floating or pulsatile drug delivery systems based on coated effervescent cores. International Journal of Pharmaceutics，1999，187 (2)：1751.

[111] Carmen RL，Ana P，Jose Luis VJ，et al. Design and evaluation of chitosan/ethylcellulose mucoadhesive bilayered devices for buccal drug delivery. Journal of Controlled Release，1998，55 (2-3)：143.

[112] 危华玲. 羟丙基纤维素在片剂方面的应用. 中国药业，2002，11 (5)：59-60.

[113] 戴远鹏，尤孝庆，卢丹. 盐酸环丙沙星片的工艺研究. 广东药学院学报，1999，15 (1)：15-17.

[114] 祝清运，魏斌. 低取代羟丙基纤维素 (L-HPC) 在提高片剂质量上的应用. 现代应用药学，1992，9 (3)：121.

[115] 高春生. 速释固体制剂的研究发展. 国外医学•药学分册，1998，25 (5)：293-298.

[116] 张巍. 药用辅料羟丙甲纤维素 (HPMC) 的应用. 中国药学杂志，2002，37 (2)：93.

[117] 娜人，佟艳秋，孟令霞. HPMC-在网脱手术中的应用. 内蒙古医学杂志，1999 (5)：308.

[118] 汤玥，朱家壁，甘莉. HPMC胶囊壳对干粉吸入剂性能的影响. 中国药科大学学报，2004，35 (1)：32-35.

[119] 秦冬梅，王恒，李海瑛. 羟丙甲基纤维素在药剂学中的应用. 安徽医药，2004，8 (3)：173-174.

[120] G Giandalia，V D Caro. Trehalose-hydroxyethyleellulose microspheres containing vaneomycin for topical drug delivery. Eur J Pharm Biopharm，2001，52：83-89.

[121] A D Panek. Trehalose metabolism-new horizons in technological applications. Brazil J Med Biol Res，1995，28：169-181.

[122] 林乐明，张军，蔡莲婷. 粘结剂羧甲基纤维素钠含量对自涂薄层板色谱性能的影响. 色谱，1995 (13)：383-385.

[123] 黄进，丁训娴，钱厚海. 不同浓度羧甲基纤维素钠对兔口服甘草锌药动学与生物利用度的影响. 中国医院药学杂志，1995 (6)：62-64.

[124] 蒋学祥，杨德文，吕永兴等. 羧甲基纤维素钠应用于肝癌导管化疗的临床研究. 中国肿瘤临床，1995 (9)：620-623.

[125] 郭智，孟根，郑永义. 养阴生肌膜的研究. 中草药，1995 (2)：68-69.

[126] 高洁，汤烈贵. 纤维素科学. 北京：科学出版社，1996.

[127] 刘国辉，李有柱，赵军. 羧甲基纤维素钠在预防术后腹膜粘连中的作用. 吉林大学学报：医学版，2002 (2)：163-165.

[128] Hunter R J，Neagoe C N，Jarvelainen H A，et al. Alcohol affects the skeletal muscle proteins，titin and nebulin in male and female rats. The Journal of Nutrition，2003，133：1154-1157.

[129] 邵自强，李志强，付时雨. 天然纤维素基医药辅料的研究及应用. 纤维素科学与技术，2006，14 (3)：52-58.

[130] Masih S Z. US Patent，4983399，1991.

[131] Guyonnet T，Brossard C，Lefort des Ylouses D. Extended-release dosage. J Pharm Bel，1990 (45)：111.

[132] El-Said Y，Hashem F. Treatise on controlled drug delivery. Drug Dev Ind Pharm，1991，17 (2)：281.

[133] 谭玉静，洪枫，邵志宇. 细菌纤维素在生物医学材料中的应用. 中国生物工程杂志，2007，27 (4)：126-131.

[134] Helenius G, Baeckdahl H, Bodin A, et al. In vivo biocompatibility of bacterial cellulose. Journal of Biomedical Materials Research, 2006, 76 (2): 431-438.

[135] Svensson A, Nicklasson E, Harraha T, et al. Bacterial cellulose as a potential scaffold for tissue engineering of cartilage. Biomaterials, 2005, 26: 419-431.

[136] Bodin A, Gustafsson L, Gatenholm P. Surface-engineered bacterial cellulose as template for bone tissue growth. In Abstracts of Papers, 27th ACS National Meeting, Anaheim, CA, United States, 2004. Washington, D C: American Chemical Society, 2004: CELL-197.

[137] Wan Y Z, Hong L, Jia S R, et al. Synthesis and characterization of hydroxyapatite-bacterial cellulose nanocomposites. Composites Science and Technology, 2006, 66: 1825-1832.

[138] Klemm D, Schumann D, Udhardt U, et al. Bacterial synthesized cellulose-artificial blood vessels for microsurgery. Polymer Science, 2001, 26 (9): 1561-1603.

[139] Henrik B, Gisela H, Aase B, et al. Mechanical properties of bacterial cellulose and interactions with smooth muscle cells. Biomaterials, 2006, 27 (9): 2141-2149.

[140] Fontana J D, Desouza A M, Fontana C K, et al. Acetobacter cellulose pellicle as a temporary skin substitute. Appl Biochem Biotechnol, 1990, 24-25: 253-264.

[141] Sanchavanakit N, Sangrungraungroj W, Kaomongkolgit R, et al. Growth of human keratinocytes and fibroblasts on bacterial cellulose film. Biotechnol Prog, 2006, 22 (4): 1194-1199.

[142] 金英姿. 膳食纤维的功能及其在食品中的应用研究. 新疆石油教育学院学报, 2004, 7 (6): 16-17.

[143] de Delahaye E P, Jimenz P, Perez E. Effects of enrichment with high content dietary fiber stabilized rice bran flour on chemical and functional properties of storage frozen pizzas. Journal of Food Engineering, 2005, 68 (1): 1-7.

[144] Dello Staffolo M, Bertol A N, Martino M, et al. Influence of dietary fiber addition on sensory and rheological properties of yogurt. International Dairy Journal, 2004, 14 (3): 263-268.

[145] 周亚军, 王淑杰, 刘微等. 膳食纤维营养保健香肠的研制. 食品工业科技, 2004, 25 (2): 83-85.

[146] 王大为, 张艳荣, 张雁凌. 玉米膳食纤维在冰淇淋中应用的研究. 食品科学, 2003, 24 (4): 104-107.

[147] 刘宁, 方桂珍. 没食子酰微晶纤维素酯的抗氧化性能研究. 哈尔滨商业大学学报: 自然科学版, 2009 (1): 39-42.

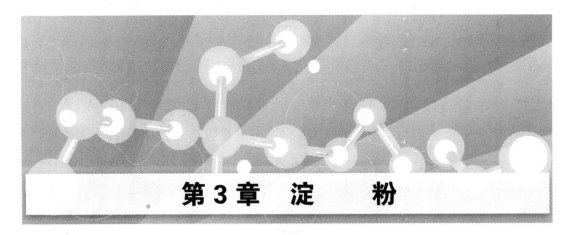

第3章　淀　粉

淀粉（starch）是绿色植物进行光合作用的产物，是碳水化合物的主要储存形式。与石油化工原料相比，淀粉来源广泛、价格低廉、可生物降解、易于改性，是环境友好和符合可持续发展要求的材料。

3.1　淀粉简介

淀粉（starch）是由许多葡萄糖分子脱水聚合而成的一种高分子碳水化合物，分子式可写为 $(C_6H_{10}O_5)_n$。各种淀粉的 n 值相差较大，其从大到小的顺序为马铃薯＞甘薯＞木薯＞玉米＞小麦＞绿豆。不同来源淀粉的物理和化学性能存在较大的差异。广泛存在于高等植物的根、块茎、籽粒、髓、果实、叶子等。大米中含 $70\%\sim85\%$，小麦中含 $60\%\sim65\%$，玉米中约含 65%，马铃薯中约含 20%。在美国，淀粉主要来源于玉米。在欧洲，马铃薯淀粉产量较高。在我国目前所利用的淀粉中，80% 为玉米淀粉，14% 为木薯淀粉，另外 6% 为其他薯类（如马铃薯、甘薯等）、谷类淀粉（如小麦、大米、高粱淀粉等）及某些野生植物淀粉。

淀粉在酸作用下加热逐步水解生成糊精、麦芽糖或异麦芽糖，最终水解为葡萄糖（图3.1）。

$$(C_6H_{10}O_5)_n \longrightarrow (C_6H_{10}O_5)_m \longrightarrow C_{12}H_{22}O_{11} \longrightarrow C_6H_{10}O_6$$

淀粉　　　糊精　　　麦芽糖　　　葡萄糖
或异麦芽糖

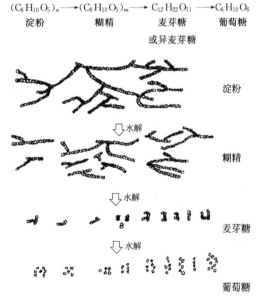

图 3.1　淀粉水解过程示意图

虽然淀粉是由葡萄糖分子间缩水而生成的大分子，但是和其他多糖一样，淀粉没有甜味；即使在分子链顶端含有苷羟基，由于分子量很大，一般也显示不出还原的性质。

3.2　淀粉的结构

在植物细胞中，天然淀粉总是与含氮物质、纤维素、油脂、矿物质、灰分等共存。脂类

57

化合物与淀粉分子链结合成络合结构，对淀粉的糊化、膨胀和溶解有强的抑制作用。玉米和小麦淀粉中脂类化合物的含量较高，可占干基质量的 $0.8\%\sim0.9\%$；马铃薯和木薯淀粉只含有少量的脂类化合物，约 0.1%。含氮物质主要包括蛋白质、缩胺酸、氨基酸、核酸和酶等，其中蛋白质的含量最高。高含量的蛋白质会使淀粉在使用过程中产生臭味或其他气味；水解时易变色或蒸煮时易产生泡沫。玉米、小麦淀粉中的蛋白质含量比马铃薯、木薯淀粉高。灰分是指淀粉颗粒在特定温度下完全燃烧后的残余物。天然马铃薯淀粉的灰分含量相对较高，主要成分是磷酸钾、铜、钙和镁盐。淀粉颗粒不溶于水，可以利用这一性质，采用水磨法工艺将非淀粉杂质除去，得到高纯度的淀粉产品。

植物的来源不同，其淀粉的组成和大分子结构亦不相同。表 3.1 列出不同淀粉的组成和特征。

表 3.1　不同淀粉的组成和特征[1,2]

淀粉	直链淀粉含量/%[1]	支链淀粉含量/%[1]	脂类含量/%[1]	蛋白质含量/%[1]	磷含量/%[1]	水分含量/%[2]	颗粒直径/μm	结晶度/%
小麦	26～27	72～73	0.63	0.30	0.06	13	25	36
玉米	26～28	71～73	0.63	0.30	0.02	12～13	15	39
蜡质玉米	<1	99	0.23	0.10	0.01	—	15	39
高直链淀粉玉米	50～80	20～50	1.11	0.50	0.03	—	10	19
马铃薯	20～25	74～79	0.03	0.05	0.08	18～19	40～100	25

① 用水解法测得。

② 在相对湿度（RH）65%，20℃下调湿至平衡后测得。

3.2.1　淀粉的化学结构和超分子结构

淀粉是由两种高分子组成的，分别由直链结构和支链结构的淀粉大分子构成，称为直链淀粉（amylose）和支链淀粉（amylopectin）。在天然淀粉中，直链淀粉约占 $20\%\sim30\%$，支链淀粉约占 $70\%\sim80\%$。有的淀粉不含直链淀粉，完全由支链淀粉组成，如黏玉米、黏高粱和糯米淀粉等。

实验室分离提纯直链淀粉和支链淀粉的方法一般用正丁醇法，即用热水溶解直链淀粉，然后用正丁醇结晶沉淀分离得到纯直链淀粉。淀粉颗粒中的直链淀粉和支链淀粉可以用几种不同的方法分离开，如醇络合结晶法、硫酸镁溶液分步沉淀法等。络合结晶法是利用直链淀粉与丁醇、戊醇等生成络合结构晶体，易于分离；支链淀粉存在于母液中，这是实验室中小量制备的常用方法。硫酸镁分步沉淀法，是利用直链和支链淀粉在不同硫酸镁溶液中的沉淀差异，分步沉淀分离的[3]。

直链淀粉存在于淀粉内层，组成淀粉颗粒质。它水解时得到唯一的二糖为麦芽糖及唯一的单体为葡萄糖，这表明它是由 α-1,4-糖苷键连接成的大分子。每个直链淀粉分子含有 1000～4000 个葡萄糖单元，即相对分子质量在 160000～600000 之间。直链淀粉也存在微量的支化现象，分支点是 α-(1,6)-D-糖苷键连接，平均每 180～320 个葡萄糖单元有一个支链，分支点 α-(1,6)-D-糖苷键占总糖苷键的 $0.3\%\sim0.5\%$。但是由于支链的数量很少，而且支链较长，对直链淀粉的性质影响较小[4]。

直链淀粉结构可表示如下：

直链淀粉是一种线形聚合物，其结构呈卷绕着的螺旋形，直链淀粉中每6个葡萄糖单元组成螺旋的一个螺距，在螺旋内部只有氢原子，羟基位于螺旋外侧。分子链中葡萄糖残基之间有大量氢键存在，如图3.2所示。同时，淀粉中的水分子也参与形成氢键结合，与不同的淀粉分子形成氢键，形同架桥。氢键的键能虽然不大，但是由于数量众多，使得直链淀粉分子链保持螺旋结构。这种紧密堆集的线圈式结构，使直链淀粉从其水溶液中逐渐形成不溶性沉淀。在加热条件下，氢键受到破坏，此时直链淀粉可以溶解于热水中。直链淀粉水溶液的黏度较小，溶液不稳定，静置后可析出沉淀。因此直链淀粉凝沉性较强。

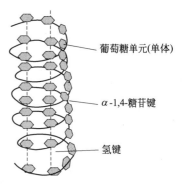

图3.2　直链淀粉分子链的螺旋结构

用碘液（lugol solution）可以鉴别直链淀粉。碘在水溶液中形成多碘化合物离子，如三碘化合物、五碘化合物：

$$I_2 + I^- \longrightarrow I_3^- \qquad I_2 + I_3^- \longrightarrow I_5^-$$

直链淀粉的螺旋管状内径恰可允许碘分子插入其中（图3.3）。直链淀粉遇碘时，I_3^- 和 I_5^- 便钻入淀粉螺旋管内呈链状排列形成淀粉-碘的络合物，络合物不断地吸引自由电子形成 I_9^- 和 I_{15}^-。螺旋管内部呈憎水性的直链淀粉持有少量水分子，水分子与缺电子的多碘化合物相互作用，呈现深蓝色。加热时，直链淀粉-碘络合物结构被破坏，蓝色便消失；当溶液再次冷却时，直链淀粉/碘化合物的蓝色再次出现。在分析化学中应用这种反应以可溶性淀粉溶液作为碘是否存在的指示剂。直链淀粉能够结合约等于它质量20%的碘。

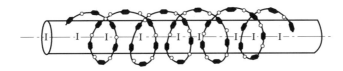

图3.3　碘与直链淀粉分子的相互作用

用原子力显微镜观测碘嵌入后淀粉的结构[5]，发现加碘液前，淀粉分子形成单层螺旋状的超大分子层，表面较为光滑，淀粉链间分支不明显，表观平均高度为0.031nm。与碘分子发生反应后，光滑的螺旋结构变成了网状拓扑结构，网格的最大高度增加到5nm，在网格的边沿有小突起，高度约为0.5nm。碘嵌入超大淀粉分子之中，形成淀粉-碘的复合物，螺旋结构的螺距发生了非常明显的变化，由300nm左右变成700nm左右。这种结构上螺距的增加，体积的膨胀，使复合物能够比较均匀地吸收波长范围为400～750nm的可见光，而反射蓝光，表现出碘遇淀粉显蓝色的特性。

利用直链淀粉与碘之间存在的这种特殊的、非常灵敏的相互作用，可以确定淀粉中直链淀粉的含量，这种方法被称为碘亲和力法[6]。Schoch使用下面描述的方法测定碘亲和力：首先配制一定浓度的淀粉-碘化钾酸性溶液（由于酸性环境中，淀粉-碘复合物的稳定性较高），然后用碘酸钾标准溶液进行滴定，得到电位（电流）-碘酸钾溶液体积曲线，再借助外推法得到滴定终点及其对应的碘酸钾溶液体积。由式(3-1)～式(3-2)分别计算出样品的结合碘量、碘亲和力以及直链淀粉的纯度。

$$结合碘量/mg = c(KIO_3) \times V(KIO_3) \times 3 \times 253.8 \qquad (3-1)$$

式中，$c(KIO_3)$ 为标准 KIO_3 溶液的浓度，mol/L；$V(KIO_3)$ 为滴定终点对应的 KIO_3 溶液体积，mL；3为消耗1mol KIO_3 生成3mol I_2；253.8为 I_2 的相对分子质量。

$$碘亲和力/\% = (m_1/m_2) \times 100 \tag{3-2}$$

式中，m_1 为结合碘质量，mg；m_2 为样品干质量，mg。

$$纯度 = 碘亲和力/20\% \tag{3-3}$$

式中，20% 为每克纯直链淀粉能结合 200mg 碘。

Schoch 法测出的各直链淀粉碘亲和力分别为玉米 19.0%、小麦 19.9%、马铃薯 19.9%、木薯 18.6%、银杏 19.19%、葛根 19.8%、稻米 19.99%～20.31%、橡实 18.94%～19.19%；支链淀粉的碘亲和力在 0.005%～0.01% 以下。可见直链淀粉的碘亲和力一般在 19%～20% 之间，当碘亲和力大于 19.5% 时，即可认为该样品为直链淀粉纯品。

目前，自然界中尚未发现完全由直链淀粉构成的植物品种。普通品种的淀粉多由直链淀粉和支链淀粉共同组成，其中少数品种均由支链淀粉组成，见表 3.2。

表 3.2　不同品种淀粉中直链淀粉与支链淀粉的质量分数

淀　粉	直链淀粉含量/%	支链淀粉含量/%	淀　粉	直链淀粉含量/%	支链淀粉含量/%
玉米	27	73	糯米	0	100
黏玉米	0	100	小麦	27	73
高直链淀粉玉米	70	30	马铃薯	20	80
高粱	27	73	木薯	17	83
黏高粱	0	100	甘薯	18	82
稻米	19	81			

支链淀粉存在于淀粉的外层，组成淀粉皮质。支链淀粉是有数千个 D-葡萄糖残基中一部分通过 α-1,4 糖苷键连接成的一条长链为主链，再通过 α-1,6 糖苷键与由 20～30 个 D-葡萄糖残基构成的短链相连形成支链，支链上每隔 6～7 个 D-葡萄糖残基再形成分支，第二条链又连接到第三条链上，如此反复，形成了树枝状的复杂高分子，如图 3.4 所示。支链淀粉中其主链和支链均呈螺旋状，各自均为长短不一的小直链。支链淀粉与酸作用，最后生成 D-葡萄糖，但水解过程中生成的二糖中，除麦芽糖外，还有以 α-1,6 糖苷键连接的异麦芽糖。这是支链淀粉中有 α-1,6 糖苷键存在的一个证明。

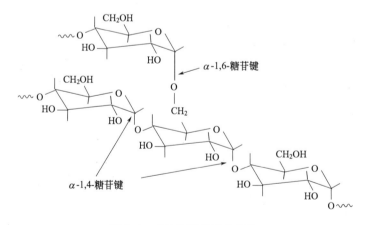

图 3.4　支链淀粉分子链结构

支链淀粉的平均聚合度高达 100 万以上，相对分子质量在 2 亿以上，是天然高分子化合物中相对分子质量最大的。支链淀粉不溶于水，但它不像直链淀粉分子那样紧密排列，比较松散，易与水分子接近，水合的程度增加，生成的胶体黏性很大，形成黏滞糊精。

支链淀粉遇碘也会有显色反应。其中，直链在 40 个 D-葡萄糖残基以上者与碘变蓝，以下者则变红棕或黄色。碘钻入长短不一的螺旋卷曲管内会显示出不同的颜色，蓝色和红色相混合使得支链淀粉遇碘显示红紫色。

3.2.2 淀粉的颗粒结构

淀粉颗粒的大小与形状随植物的品种不同而有所差异。一般，淀粉颗粒的形状为球形、卵形和多面形。图 3.5 所示为不同淀粉颗粒的 SEM 表面形貌。

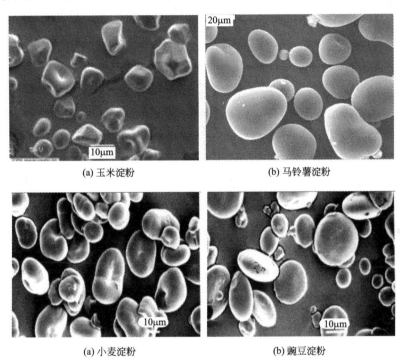

(a) 玉米淀粉　　　　　　　　　　(b) 马铃薯淀粉

(a) 小麦淀粉　　　　　　　　　　(b) 豌豆淀粉

图 3.5　淀粉颗粒 SEM 表面形貌

淀粉由不同形状的小颗粒组成。一般以颗粒长轴的长度表示淀粉颗粒的大小，介于 3~120m 之间。表 3.3 列出不同品种淀粉的粒形和粒径。在商品淀粉中，马铃薯淀粉的颗粒最大，平均粒径达 $50\mu m$。

表 3.3　淀粉的颗粒性质

项目	玉米	马铃薯	木薯	甘薯	小麦	大米
粒形	多面形单粒	卵形单粒	有的呈凹形	多面形有复粒	凸镜形单粒	多面形复粒
粒径/μm	6~21	15~100	5~35	2~40	5~40	2~8
平均粒径/μm	16	50	20	18	20	4

淀粉颗粒具有类似洋葱的环层结构（图 3.6）。在显微镜下仔细观察淀粉颗粒横截面，可看到淀粉颗粒内部有明显的轮纹结构（图 3.7），各轮纹围绕的一点称为脐或粒心。

用酸对淀粉进行水解可得到结晶程度不同的淀粉。将淀粉在酸中的溶解程度对时间作图，可以看出，该曲线分成两个阶段，如图 3.8 所示。第一阶段的溶解速度很快，这是淀粉中的无定形区被酸溶液溶解，第二阶段渐渐呈现一个平台[7]。

淀粉水解过程中，其颗粒结构会逐渐遭到破坏。Buleon 等[8]研究了不同水解程度下玉米淀粉的颗粒形貌，结果如图 3.9 所示。

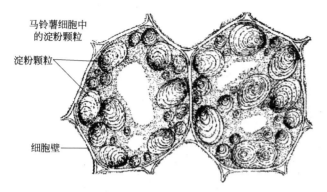

马铃薯细胞中的淀粉颗粒

淀粉颗粒

细胞壁

图 3.6　马铃薯细胞中淀粉颗粒示意图

图 3.7　马铃薯淀粉颗粒的轮纹结构

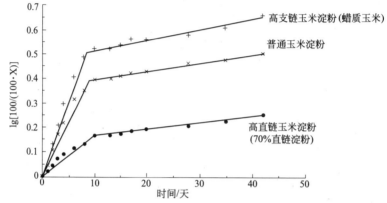

图 3.8　高支链玉米淀粉、普通玉米淀粉和高直链玉米淀粉在
35℃下 2.2mol/L HCl 溶液中水解百分比与水解时间关系图

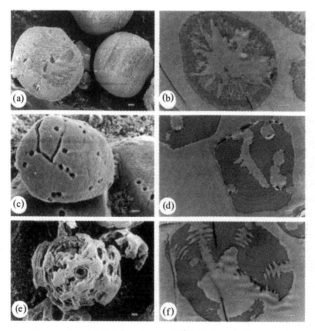

图 3.9　不同水解程度的玉米淀粉的电子显微镜照片

(a)、(c)、(e) 为 SEM 照片，(b)、(d)、(f) 为 TEM 照片。(a) 与 (b) 的水解程度为 50%；
(c) 与 (d) 的水解程度为 15%；(e) 与 (f) 的水解程度为 22%。图中标尺为 1μm

3.2.3 淀粉的结晶结构

由于分子链呈规整的螺旋结构，且分子内存在大量的氢键，淀粉分子有较好的结晶能力[9]。用 X 射线衍射和偏光显微镜对淀粉颗粒进行观察，结果表明，淀粉颗粒内部具有结晶结构，其结晶结构占颗粒体积的 25%～50%。在结晶区，淀粉分子链为有序排列；在无定形区，淀粉分子链为无规排列。采用偏光显微镜观察淀粉颗粒时，可以观察到双折射现象，表现出十字偏光，如图 3.10 所示。

借助于现代技术，如 X 射线衍射、原子力显微镜（AFM）和透射电子显微镜（TEM）等可对淀粉颗粒的结构进行更深入的研究。研究发现，淀粉颗粒具有半结晶结构，其结晶度为 25%～50%。在结晶区，淀粉分子链有序排列；在无定形区，淀粉分子链的排列较为杂乱。在淀粉的初始形态中，直链淀粉和支链淀粉分子以半结晶形态和

图 3.10　淀粉颗粒的
偏光显微镜照片

无定形形态交替出现形成生长环，如图 3.11 所示。其中，支链淀粉的短支链形成双螺旋链，规整排列后形成半结晶层。多个半结晶层进一步规整排列形成片晶结构。半结晶层的无定形部分和淀粉的无定形层由直链淀粉和不规整的支链淀粉分支构成。结晶区和无定形区并没有明确的界线，支链淀粉分子庞大，可以穿过多个晶区和无定形区，为淀粉颗粒结构起到骨架作用。无定形区分子链结构较为松散，允许化学试剂快速进入，具有高渗透性能。淀粉的化

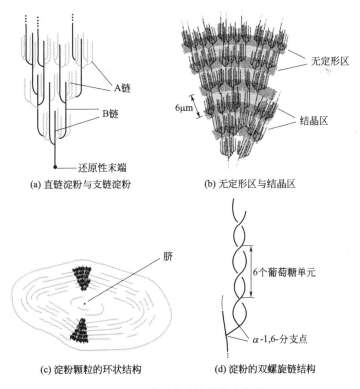

(a) 直链淀粉与支链淀粉

(b) 无定形区与结晶区

(c) 淀粉颗粒的环状结构

(d) 淀粉的双螺旋链结构

图 3.11　淀粉分子链结构示意图

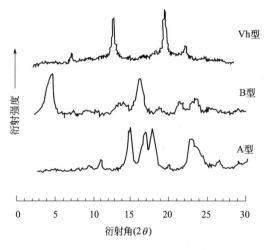

图 3.12 A 型、B 型和 Vh 型淀粉
的 X 射线衍射图谱

学反应主要发生在无定形区。支链淀粉中没有分支的葡萄糖链称为 A 链，B 链指支链淀粉中具有一个或多个分支的葡聚糖链。A 链以其还原端通过 α-1,6-糖苷键连接在 B 链上。因此，支链淀粉分子中只有一个还原性末端分子，含该末端的链称为 C 链，而侧链上的末端均属非还原性末端。

X 射线衍射表明，淀粉颗粒中的水分参与结晶结构。将淀粉进行干燥处理，随着水分含量的降低，X 射线衍射强度会明显降低；再将淀粉置于空气中吸收水分，衍射强度明显恢复。天然淀粉颗粒的 X 射线衍射图呈现两种主要的形式[10]（图 3.12）。A 型为燕麦淀粉的 X 射线衍射曲线；B 型为块茎及直链

淀粉富集区的 X 射线衍射曲线。另有一种为 C 型，是 A 型与 B 型衍射曲线的混合曲线，为大多数豆类淀粉的典型衍射曲线形状，此外燕麦淀粉在特定温度和水合条件下也能观察到这种形状。Vh 型为直链淀粉与脂肪酸和甘油一酸酯相混合的曲线，在淀粉开始出现凝胶化现象时能观察到此类曲线，在天然淀粉中非常少见[11]。

测试淀粉结晶度的方法较多，如 NMR、FTIR 及 X 射线衍射等。但是由于天然淀粉来源广泛，各种方法又各具特色，所得的数据分散性很大[12,13]，表 3.4 列出不同方法测定的淀粉结晶度。

表 3.4 不同淀粉的结晶度（数据来源于文献 [14～16]）

淀粉类型	结晶度/%		
	酸水解法	X 射线衍射法	^{13}C-NMR 法
A 型			
普通玉米	18.1～27.0	38～43	42～43
蜡质玉米	19.7～28	38～48	48～53
高直链玉米	18.1	25	38
小麦	20.0～27.4	36～39	39
水稻		38～39	49
B 型			
土豆	18.1～24.0	25～40	40～50
木薯	24.0	24	44

3.3 淀粉的制备

天然淀粉原料中含有蛋白质、纤维素、油脂和无机盐多种成分。淀粉的制备过程就是利用工艺手段除去这类非淀粉物质而取得较为纯净制品的过程。因此，淀粉的制备实质上是一种物理分离过程。

淀粉具有不溶解于冷水和相对密度大于水的两个基本特性，这是淀粉得以提取的基本原理。由于制取淀粉的全过程需要大量用水，故有"水磨法"之称。

淀粉制造的工艺过程包括以下步骤：原料处理，原料浸泡，破碎，分离胚芽、纤维和蛋

白质，淀粉的清理、干燥和成品的整理，淀粉白度的提高。

(1) 原料处理

淀粉原料中常常夹有泥沙、石块和杂草等杂质，须在加工前予以清除。

(2) 原料浸泡

浸泡的目的除软化颗粒、降低组织结构强度外，同时还有破坏蛋白质网络结构、洗涤和除去部分水溶性物质的作用。

一般采用单桶浸泡法，即将原料倒入浸泡桶中，加入浸泡水和浸泡剂，经一定时间后放水排料。较大型的工厂常采用逆流式浸泡，即用几十只或十几只浸泡桶串联使用，在第一只桶内加入原料，而最后一只桶内放出浸泡完成的原料。浸泡水循环浸泡，重复使用。

(3) 破碎

破碎的目的是破坏淀粉原料的细胞组织，使淀粉颗粒从细胞中游离出来，以利提取。破碎设备的种类很多，如刨丝机（用于鲜薯破碎）、锤片式粉碎机（粉碎粒状原料）、爪式粉碎机（用于颗粒细、潮湿、黏性大的物料）、砂盘粉碎机（可磨多种原料）等。

(4) 分离胚芽、纤维和蛋白质

谷物原料中的玉米带有胚芽，胚芽中含有大量脂肪和蛋白质，而淀粉含量很少，所以在生产中，经过粗碎后，必须先分离胚芽，然后再经磨碎，分离纤维和蛋白质等。胚芽的吸水力强，吸水量可达本身重量的60%，膨胀程度高，含脂肪多，所以密度较轻，例如玉米胚芽相对密度约为1.03，而胚体相对密度为1.6，因此，可以利用两者相对密度不同进行分离。常用的分离胚芽设备有旋液分离器和胚芽分离槽（图3.13）。

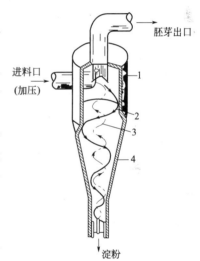

图3.13　胚芽分离工作原理

1—圆柱体；2—重的颗粒；

3—轻的颗粒；4—圆锥体

分离纤维大都采用过筛的方法，又称为筛分工序。筛分工序包括分离胚芽、粗纤维和细纤维，回收淀粉等环节。常用的筛分设备有平摇筛和六角筛等。分离蛋白质的方法主要有静置沉淀法、流动沉淀法和离心分离法等。

(5) 淀粉的清理、干燥和成品的整理

清洗淀粉最简单的方法是将淀粉乳放入沉淀桶或池中，加清水搅拌后，静置沉淀。大型淀粉厂多用真空吸滤机清洗淀粉。淀粉清洗后需干燥处理。大都采用干燥机连续干燥，常用的干燥机有转筒式干燥机、气流式干燥机等，以后者为主。干燥后的成品整理的方法与干燥方法有关，通常采用筛分和粉碎等工序。

(6) 淀粉白度的提高

淀粉白度可由以下方法提高：

① 高锰酸钾法　将高锰酸钾配成5%的溶液，按淀粉乳容积添加，一般为0.1%～1%（体积分数），反应温度40～45℃，时间10～30min。

② 次氯酸钠法　先将淀粉乳调节至pH＝4～7，温度28～52℃，加入次氯酸钠漂白，最后调节pH＝7，次氯酸钠的添加量为0.5%～2.0%。

③ 漂白粉漂白法　漂白粉一般有效氯含量28%，用量为1%～10%，可将淀粉预先用

酸调节至 pH＝4，再直接漂。

④ 直接用亚硫酸漂白法　亚硫酸用量为 0.3％～1.0％，要注意最终成品 SO_2 含量不能超标。

3.4　淀粉的糊化

淀粉中含有大量的羟基，具有很强的亲水性，但是淀粉颗粒却不溶于冷水，这是因为淀粉中的羟基通过氢键连接在一起，体系中大量氢键的存在使淀粉结构稳定，难以溶解在冷水中。只有当温度升高，其中的氢键得以破坏，淀粉颗粒才能溶解在水中成为糊状，这是淀粉的基本特性之一，称为糊化或 α 化。发生糊化后的淀粉称为淀粉糊或 α 淀粉。

3.4.1　淀粉颗粒的糊化过程

糊化的过程如下：将淀粉分散在冷水中，搅拌后得到乳白色、不透明的悬浮液。此时若停止搅拌，淀粉颗粒就会慢慢沉淀。对体系进行缓慢加热，淀粉颗粒因吸水而膨胀，颗粒表面变软或发黏。此时的吸水发生在淀粉颗粒的无定形区域，而结晶区域不受影响，淀粉仍保持颗粒结构。当温度进一步升高时，淀粉颗粒急剧膨胀，此时溶液的黏度开始上升，淀粉开始糊化。当温度上升到 80℃ 以上时，体系黏度升高，体系最后变成透明或半透明的黏稠的淀粉胶液，淀粉颗粒消失，此时淀粉完全糊化。在偏光显微镜下观察，糊化后的淀粉偏光十字消失，表明晶体结构已被破坏。淀粉糊化是淀粉分子间的氢键断裂、晶体结构解体的过程。淀粉糊化的过程可如下表示。

$$\text{淀粉颗粒}\xrightarrow[\text{膨胀}]{\text{有限度的可逆}}\text{颗粒膨胀}\xrightarrow[\text{胶凝作用}]{\text{不可逆}}\text{颗粒胶化}\xrightarrow[\text{搅拌}]{\text{继续加热}}\xrightarrow[\text{颗粒溶解}]{\text{冷却}}\text{淀粉胶体}$$

用图 3.14 所示的装置可清晰地观察到淀粉颗粒的糊化过程。在烧杯中加入淀粉和蒸馏水，施以磁力搅拌并缓慢升温。在烧杯的一侧施以光照，并在另一侧放上光传感器，将传感器连接到计算机。烧杯溶液中垂直放入温度传感器，温度传感器的底部距离磁力搅拌子至少 1cm。溶液透明度的变化可以反映淀粉的糊化程度。

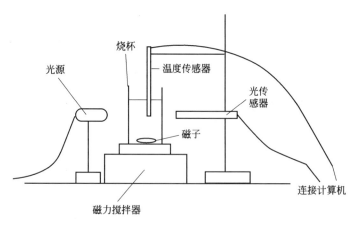

图 3.14　测试淀粉糊化的装置示意图

3.4.2　淀粉的糊化性质

淀粉的糊化性质主要包括：糊化温度、溶解度、临界浓度等。

① 糊化温度　虽然单颗淀粉颗粒的发生糊化的温度范围很窄，但是由于淀粉体系本身的结构比较复杂，颗粒结构的差异、直链淀粉与支链淀粉的含量不同、分子量分布、晶型多样、稀释剂（如水）含量不同等都会导致大量淀粉颗粒的糊化温度相对较宽。糊化温度容易通过实验测得。通常可以用热台偏光显微镜或旋转式黏度计测得淀粉的糊化温度。热台偏光显微法是利用糊化过程中淀粉晶体结构被破坏来测定糊化温度。将淀粉颗粒稀释于水中，滴于载玻片上，置于偏光显微镜的加热台。缓慢升温，观察淀粉颗粒偏光十字的变化情况。当有的颗粒亮区开始减少，便表明淀粉糊化开始发生；当约98%的颗粒中偏光十字现象消失，表明淀粉糊化完成。旋转式黏度法是利用淀粉开始糊化时，体系的黏度也随之上升来测得糊化温度。用外筒旋转式黏度仪按一定速度（1.5℃/min）对淀粉悬浮液进行加热，通过扭矩的变化可以测定淀粉糊黏度的变化。随着温度升高，淀粉颗粒开始膨胀，黏度随着上升，黏度快速上升时的温度即为糊化温度。不同淀粉的糊化温度略有不同（表3.5）。

表 3.5　淀粉的糊化温度/℃

淀粉种类	膨胀开始温度	糊化开始温度	糊化终了温度	淀粉种类	膨胀开始温度	糊化开始温度	糊化终了温度
甘薯种类	52	60	65	大米淀粉	54	59	61
马铃薯淀粉	50	59	63	玉米淀粉	50	55	63
小麦淀粉	50	61	65				

② 溶解度　淀粉产品的溶解度是指在一定温度下（如95℃），在水中加热30min后，淀粉分子的溶解质量百分比。

③ 临界浓度　临界浓度指淀粉在95℃、100mL水中形成均一而不含有游离水的糊所需要的淀粉干基质量。表3.6列出几种常用淀粉的糊化温度和发生糊化的临界浓度。

表 3.6　天然淀粉的糊化特性

淀粉种类	糊化特性			
	糊化温度范围/℃	膨胀度(干淀粉)/(mL/g)	溶解度/%	临界浓度值/g
马铃薯淀粉	56～66	>1000	82	<0.1
木薯淀粉	58.5～70	71	48	1.4
番薯淀粉	—	46	18	2.2
玉米淀粉	62～72	24	25	4.4
高粱淀粉	68.5～75	22	22	4.8
小麦淀粉	52～63	21	41	5.0
稻米淀粉	61～77.5	19	18	5.6
糯玉米淀粉	63～72	64	23	1.6
糯高粱淀粉	67.5～74	49	19	2.1
糯米淀粉	—	6	19	20.0
豌豆淀粉	66～92	6	12	20.0
		56	13	1.8

3.4.3　淀粉糊的基本性质

淀粉糊的基本性质包括：淀粉糊的黏度、黏韧性、透明度、抗剪切稳定性、热稳定性及凝沉性。这些性质可以衡量淀粉的实际应用性能的优劣。

① 淀粉糊的黏度　可采用外筒旋转式黏度仪测定淀粉糊的黏度。马铃薯淀粉糊的黏度非常高，玉米淀粉和小麦淀粉的黏度低得多。

② 淀粉糊的热稳定性　利用 Brabender 黏度测定仪可以方便地测定淀粉糊化时的黏度变化曲线。一般，马铃薯淀粉在较低温度下就开始糊化，胶体黏度急速上升，很快就达到黏度最大值，然后又快速降低，表现出热力学的不稳定性。通常用在 95℃下继续保留 1h 的黏度降低来表征淀粉胶体的热稳定性。

③ 淀粉糊的抗剪切稳定性　马铃薯淀粉糊化膨胀能力最大，糊的黏度上升快、糊的黏度高，但继续搅拌受热后，其黏度迅速降低。这是因为膨胀颗粒强度低，搅拌剪切作用下颗粒易于碎裂。淀粉糊的抗剪切稳定性取决于淀粉颗粒的强度。马铃薯淀粉颗粒较大，吸水受热后膨胀能力较强，其颗粒结构内容结合不牢固，强度低，抗剪切稳定性较差。玉米淀粉颗粒较小，膨胀较小，强度高，抗剪切力大，糊热黏稳定性较高。且玉米淀粉中较高含量的脂类化合物易于直链淀粉形成络合结构，对颗粒膨胀起到抑制作用。若除去脂类化合物，可以使玉米淀粉膨胀自由。

④ 淀粉糊的黏韧性　可用糊丝的长短来判断。糊丝较长、挺拔、不易断开，表明黏韧性较好。若糊丝较短、疲软、易断，则黏韧性较低。一般，马铃薯淀粉糊黏稠而有黏结力；玉米和小麦淀粉糊的糊丝短而软，黏韧性较低。

⑤ 淀粉糊的透明度　与淀粉种类有关。不同种类淀粉糊化后其透明度一般为：马铃薯淀粉糊＞黏玉米和木薯淀粉糊＞普通玉米和小麦淀粉糊。

⑥ 淀粉糊的凝沉性　淀粉糊在低温下放置一段时间后，溶解的淀粉分子链间趋于平行排列，经氢键结合成结晶结构。由于淀粉晶体不溶于水，因此体系会逐渐变浑浊，有白色沉淀析出，胶体结构遭到破坏，这种现象称为淀粉糊的凝沉，也称退减（retrogradation）、老化或 β 化。此时，溶解、分散、无定形的淀粉糊已经转变成不溶、聚合物结晶的淀粉。若要令其重新溶解，需加热到 100～160℃。低温和高浓度都会促使凝沉现象发生。通常用在50℃下保温 1h 时体系黏度升高的程度来表征淀粉胶体的凝沉性。体系黏度升高越多，淀粉的凝沉性越强。

凝沉性主要取决于淀粉分子结构、脂类化合物含量、淀粉糊浓度以及温度。支链淀粉分子链中含有大量枝杈结构，不易发生凝沉，只有在高浓度和低温条件下，支链淀粉分子侧链间发生结合才会发生凝沉。直链淀粉则很容易发生凝沉现象，且与相对分子质量有很大关系。聚合度在 100～200 间的淀粉分子容易发生凝沉，凝沉速度最快。淀粉颗粒中脂类化合物含量较高时会促进凝沉现象的发生。淀粉糊浓度较高和温度较低时容易发生凝沉。对天然淀粉进行化学改性，在淀粉分子链中引入离子基团，通过离子间同类电荷的排斥效应来抑制分子间氢键的形成，从而使变性淀粉的凝沉现象大大低于天然淀粉。

3.5　淀粉的改性

淀粉大分子结构中的苷键和羟基决定其化学物质，也是淀粉各种变性可能性的内在因素。苷键断裂使淀粉聚合度降低，大分子降解，而位于葡萄糖残基的伯、仲碳原子上的羟基具通常的伯、仲醇基的氧化、酯化、醚化反应能力，故可制得相应衍生物。

植物淀粉粒子一般都是由直链淀粉和支链淀粉组成。直链淀粉和支链淀粉的主链相互叠缠为束，分支交接成网，形成许多空隙，产生了许多固有特性，如糊化性、不溶性、黏变性等。若将交联网状组织稍为破坏、松解或接上一些其他官能团化合物，其性质就可能产生不同程度的改变，从而得到变性淀粉。

采用物理方法（如热、机械、放射线或高频率辐射）、化学方法（如酸、碱、氧化剂、各种反应性化合物）以及生物化学方法，可使原淀粉的结构（包括淀粉分子的化学结构和超分子结构）发生改变，使其物理性质和化学性质改变，使淀粉变性或改性。所获得的出现特定性能和用途的淀粉产品叫变性淀粉或改性淀粉。

用物理法改性淀粉主要是改变淀粉颗粒的形貌，使之成为微粉、薄膜或珠状，并不改变淀粉的化学结构。淀粉分子链上含有大量活泼的羟基，可以通过氧化反应、交联反应、醚化反应、酯化反应等化学反应途径来制备一系列性能各异的淀粉衍生物，如酯化类变性淀粉、醚化类变性淀粉、交联类变性淀粉、接枝共聚类变性淀粉。化学改性法是淀粉改性的主要方法，淀粉衍生化成为改性淀粉材料的重要途径之一。变性淀粉的几个重要参数包括取代度（衡量变性类型和变性程度）、淀粉黏度特性以及淀粉的稳定性（耐高温稳定性、耐低温稳定性、耐酸稳定性、耐剪切稳定性、抗老化稳定性等）。此外，淀粉还可与其他聚合物、填料、添加剂等进行共混和复合，以获得性能各异的材料。

3.5.1 淀粉的物理改性方法

3.5.1.1 预糊化淀粉

天然淀粉颗粒中分子间存在许多氢键；当其在水中加热升温时，首先水分子进入颗粒的非结晶区，水分子的水合作用使淀粉分子间的氢键断裂，随着温度上升，当非结晶区的水合作用达到某一极限时，水合作用即发生于结晶区，淀粉即开始糊化，完成水合作用的颗粒已失去了原形。若将完全糊化的淀粉在高温下迅速干燥，将得到氢键仍然断开的、多孔状的、无明显结晶现象的淀粉颗粒，这就是预糊化淀粉。它能在冷水中分散，为区别起见，又称预糊化淀粉为 α 淀粉，原天然淀粉为 β 淀粉。

预糊化淀粉的制备方法有：

① 滚筒法（滚筒法有双滚筒和单滚筒两种，如图 3.15 所示），使淀粉乳在加热的滚筒上受热糊化并干燥，刮下呈碎片状淀粉经粉碎、过筛即得产品；

② 喷雾法，淀粉乳加热糊化，在加热的干燥室中喷雾干燥成粉；

③ 挤压法，使带少量水分的淀粉在高剪力下压过过热的圆筒，突然在大气中曝气膨大干燥，经粉碎、过筛即得产品；

④ 脉冲喷气法等。

预糊化淀粉是预混食品粉料常用的配料，可作为浆液状食品的增稠剂。工业上可用作石油钻井泥浆的增溶剂、金属铸形泥芯的黏合剂等。

3.5.1.2 淀粉的机械活化[17]

淀粉具有半结晶的颗粒结构，颗粒内部主要是非晶区域，外层主要为结晶区域。结晶区占颗粒体积的 25%～50%，分子链排列规整，结构紧密，难以被化学试剂进攻，化学活性较低，不利于淀粉衍生物的制备。对淀粉进行活化处理，是提高淀粉反应活性，制备高取代度淀粉衍生物的关键。

机械活化（mechanical activation）是指固体颗粒物质在摩擦、碰撞、冲击、剪切等机械力的作用下，物质晶体结构及物化性能发生变化，部分机械能转变成物质的内能，从而引

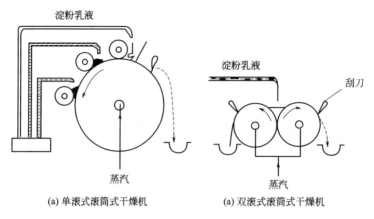

淀粉乳液   淀粉乳液

刮刀

蒸汽   蒸汽

(a) 单滚式滚筒式干燥机   (a) 双滚式滚筒式干燥机

图 3.15 预糊化淀粉的滚筒干燥方法

入固体的化学活性增加。淀粉在机械活化过程中，机械力的作用能使其紧密的颗粒表面及结晶结构破坏，结晶度降低，使淀粉理化性质发生显著的变化，使淀粉的化学反应活性显著提高。机械活化后，淀粉的结晶度降低，冷水溶解度和透明度大幅提高，糊黏度下降，并能有效降低淀粉糊的触变性及剪切变稀现象。

3.5.1.3 淀粉的细微粉化

降低淀粉的粒度可使淀粉的比表面积增加，淀粉颗粒表面的羟基基团也随之增多。将淀粉细微粉化，可增加淀粉的反应活性，有利于酯化、醚化等进一步改性。采用现代粉体设备可制备出不同粒度梯度的微细化淀粉。如应用超音速气流粉碎机，筛选适宜的气流速度以及分级机转速，可制备出不同粒度的微细化淀粉[18]。

3.5.2 淀粉的化学方法改性

3.5.2.1 几个基本概念

取代度（degree of substitution，DS）：取代度指每个 D-吡喃葡萄糖基中被取代的平均羟基数。淀粉中葡萄糖残基中有 3 个可被取代的羟基，所以淀粉取代度的最大值为 3。

$$DS = \frac{162\omega}{100M_r - (M_r - 1)\omega}$$

式中，ω 为取代物质量分数，％；M_r 为取代物相对分子质量，无论是单体还是聚合体都按整体计算。

单体转化率：单体转化为合成高分子（包括未接到淀粉分子上的高分子）的量占投入单体总量的百分比，反映了单体的利用率。

接枝百分率：接枝到淀粉分子上的单体总量占整个淀粉接着共聚物总量的百分比。反映了接枝共聚物分子的大小和合成高分子占接枝共聚物分子的比例。

接枝频率：淀粉分子上形成的接枝链之间的平均葡萄糖单位数量。反映了接枝点的密度和接枝链的相对长度。

3.5.2.2 酸变性淀粉

酸变性淀粉是天然淀粉在低于其糊化温度下经无机酸处理得到的变性产物。制造酸变性淀粉时将淀粉乳在 40～60℃ 温度下加硫酸或盐酸，搅动数小时，达到所要求的转化度后将酸中和，过滤或离心分离，水洗后干燥而得。酸变性淀粉的主要特性是分子缩小，糊黏度降低，碱值（还原值）增加，在热水中的溶解量增加，热糊流度增加，因此可以在高浓度下煮糊，冷却后形成坚硬的凝胶，适合于制造胶基软糖。酸变性黏玉米淀粉糊冷却后能保持透明而不胶凝，适合于制造再湿性胶纸带。由于其成膜性能和胶黏性好，适用于纱支上浆、包装袋的黏合剂。酸变性淀粉往往作为生产其他淀粉衍生物的预处理，随后可进行醚化等其他方法使淀粉的性质能满足下一步变性处理的要求。

酸变性淀粉的生产工艺及反应条件如图 3.16 所示。

酸变性淀粉的工艺操作如下：

① 调制淀粉乳：称取 10kg 玉米淀粉，在搅拌下倒入已加适量水的罐内，搅拌均匀。

② 酸解：接通加热和控温设备，使淀粉乳升温至 37～38℃，加入约 3L 10mol/L HCl，恒温酸解 3.5h。

③ 回收酸液：把酸变性淀粉乳倒入不锈钢甩干机中，开机甩约 20min，添加 4L 水，再甩约 5min，回收酸液供下批生产用。

④ 中和：用 5mol/L Na$_2$CO$_3$ 溶液中和含酸酸变性淀粉乳至 pH6.0 左右，甩干。

⑤ 清水冲洗：用水冲洗至流出液无咸味止，甩干得酸变性淀粉湿粉。

⑥ 烘干：80℃下烘干，使含水量在 12％以下，即得成品。

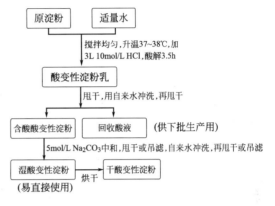

图 3.16 酸变性淀粉的生产工艺流程

在酸变性淀粉的生产中，淀粉乳含量为 36％～40％。酸作为催化剂，不参与反应。不同的酸的催化作用不同，盐酸最强，其次为硫酸和硝酸。酸的催化作用与酸的用量有关，酸用量大，则反应激烈。当反应温度在 40～55℃时，体系黏度变化趋于稳定，因此酸变性淀粉的生产中反应温度一般选在 40～55℃范围。

淀粉经酸变性处理后，其非结晶部分结构被破坏，颗粒结构变得脆弱。酸变性淀粉具有较低的热糊黏度，即其热糊流度较高。酸变性淀粉的冷热糊黏度比值大于原淀粉，因此易发生凝沉。酸变性淀粉组分的相对分子质量随流度升高而降低。随着酸处理程度的增高，淀粉分子减小，碱值逐渐升高。酸解淀粉的特性黏度随流度增加而降低。酸解反应在颗粒的表面和无定形区，颗粒仍处于晶体结构，具有偏光十字。酸变性淀粉一般主要以碎片分散形式而不是膨胀形式被溶解，其糊液对温度的稳定性减弱，受热易溶解，冷却则凝胶化。酸变性淀粉的用途很广。在纺织工业可用作经纱浆料，建筑工业用于制造无灰浆墙壁结构用的石膏板，食品工业用于制造胶姆糖，造纸工业利用酸变性淀粉黏度低的特点，可以在不破坏强度的情况下高浓度作业，用作纸浆的表面施胶剂。

3.5.2.3 淀粉的酯化

淀粉酯是一类由淀粉分子上的羟基与无机酸或有机酸反应而生成的淀粉衍生物，也称为酯化淀粉。很多酸都能与淀粉发生酯化反应。常用的无机酸有硝酸、硫酸、磷酸等。常用的有机酸有甲酸、乙酸、丙酸和硬脂酸等。

酯化是利用羧基和淀粉六元环上的羟基所含反应达到的。淀粉羟基被长链取代后，淀粉分子间氢键大大减弱，使得淀粉分子可在较低温度下运动，从而达到降低熔融温度的目的。酯化后的淀粉双螺旋链结构被破坏，更容易被酶进攻，降解性能得到进一步提高。

（1）醋酸酯化淀粉[19]

醋酸酯化淀粉又称为乙酰化淀粉或淀粉醋酸酯，是指淀粉结构中的羟基被有机酸或无机酸酯化而得到的变性淀粉，也是酯化淀粉中最普遍、最重要的一个品种。由于在淀粉分子中引入了乙酰化基团，削弱了分子间的氢键作用，醋酸酯化淀粉具有一定的热塑性，热加工性能好于天然淀粉。

醋酸酯化淀粉的膨胀率和溶解度均大于原淀粉（表 3.7），且随着乙酰基含量的增加，膨胀率和溶解度呈上升趋势。乙酰胺基团空间位阻较大，使一部分水溶性大分子降解成可溶性小分子，故极性增强、亲水能力增大，溶解度、膨胀率较原淀粉高。原淀粉由于分子之间存在较强的结合力，支链淀粉不易溶出而导致其较低的溶解度和膨胀率，而醋酸酯化淀粉则不同，由于引入淀粉分子的乙酰基基团之间的排斥力作用以及降低了分子之间的结合力而使其溶解度和膨胀率提高。

表 3.7　原淀粉及醋酸酯化淀粉的膨胀率和溶解度[20]

淀粉乙酰基 含量/%	淀粉样品 干重/g	水溶性淀粉 干重/g	膨胀淀粉 干重/g	溶解率 /%	膨胀率 /%
0.000	0.60	0.1167	10.67	19.45	22.08
0.412	0.60	0.1173	11.95	19.55	24.76
1.142	0.60	0.1196	13.60	19.93	28.31
1.532	0.60	0.1289	13.84	21.48	29.38
2.241	0.60	0.1426	14.08	23.77	30.78
2.413	0.60	0.1468	14.16	24.47	31.25
2.812	0.60	0.1553	14.38	25.88	32.84
3.172	0.60	0.1621	14.58	27.02	33.36

醋酸酯化淀粉的取代度分为高（2～3）、中（0.3～1）、低（0.01～0.2）三个种类。其共同特征是：糊化温度降低，凝沉性减弱，对酸、热的稳定性提高，糊的稳定性、透明度增加，冻融稳定性好，黏度增大，贮存更加稳定，并具有良好的成膜性。醋酸酯化淀粉的制备主要分为两个步骤：预氧化和乙酰化。

预氧化主要发生在淀粉颗粒的无定形区或低结晶区，起到切断苷键、降低聚合度的作用，从而有利于后续变性反应的进行。淀粉经预氧化，可降低浆液黏度，提高黏度热稳定性。常用的氧化剂有：次氯酸钠、氯酸钠、双氧水、溴水等。次氯酸钠的氧化降解作用比较有效，能大幅度降低浆液黏度，提高黏度热稳定性。次氯酸钠分解产生的氧原子具有很强的氧化能力，新生氧原子把羟基氧化成醛基，最后氧化成羧基。预氧化具体过程如下：将淀粉和水以 30∶70 的比例搅拌，用 1mol/L 的 NaOH 溶液调至微碱性，慢慢地滴加有效氯含量约 5% 的 NaClO 溶液，在 35℃下反应几小时，使氧化反应充分进行，然后用 5% 的 Na_2SO_3 溶液破坏剩余的氯。在反应过程中，须维持反应液 pH 值大致不变。如果 pH 值低于 5，淀粉会水解；如果 pH 值大于 11，NaClO 的氧化能力会减弱。为了得到粉末状的氧化淀粉，反应温度要低于糊化温度，由于该反应是放热反应，反应过程中须使用冷却装置。反应后加入 Na_2SO_3 破坏剩余的氯，是为了避免剩余的氯在煮浆时继续氧化分解淀粉大分子而使浆液黏度不稳定。

低取代度醋酸酯淀粉一般以醋酸酐或醋酸乙烯酯作乙酰化试剂，在弱碱性条件下处理悬浊液而得。反应中常用的催化剂是 NaOH 或 Na_2CO_3，在 35℃下反应 2～3h，反应效率可达 70%。反应过程中温度过高会使醋酸酯淀粉水解速度加快，反应物的挥发也快，不利于提高取代度。温度过低则反应慢，也不利于提高取代度，反应温度在35℃左右为宜，反应时间不必太长，因为反应达到平衡后延长反应时间无助于提高产品取代度，生产效率也降低。反应产物经过多次过滤、漂洗，然后烘干或离心脱水，即得高纯度颗粒状醋酸酯淀粉。

王旭等[21]以山药淀粉为原料，浓硫酸作催化剂，冰醋酸和醋酸酐为改性剂，合成了不同取代度的山药醋酸淀粉。用傅立叶红外光谱（FTIR）、扫描电子显微镜（SEM）、差示扫描量热（DSC）、热重法（TG）和X射线衍射（XRD）测试对山药醋酸淀粉的结构、形貌、热性质和结晶性进行了表征。发现随着山药醋酸淀粉取代度的提高，其结晶度从36.10%降到10.96%，分解温度从325℃提高到372℃，熔融温度从273℃降至226℃。酯化后淀粉的表面形貌发生了改变。原淀粉颗粒呈光滑且规整的圆形或椭圆形。随着取代度的提高，淀粉醋酸酯颗粒表面孔隙增多，呈蜂窝状。可见，淀粉的酯化反应不仅可发生在淀粉表面，而且可发生在淀粉内部，而一旦酯化反应发生，会由于颗粒变得疏松多孔而进一步加速酯化的进行。因而在外观上，酯化反应体系会随着反应的深化而逐渐从非均相反应向均相反应转化。从SEM照片（图3.17）上看，山药淀粉经酯化反应后，颗粒已经完全被破坏，完整、光滑的淀粉颗粒已经完全消失，呈现各种各样的碎片和片段。

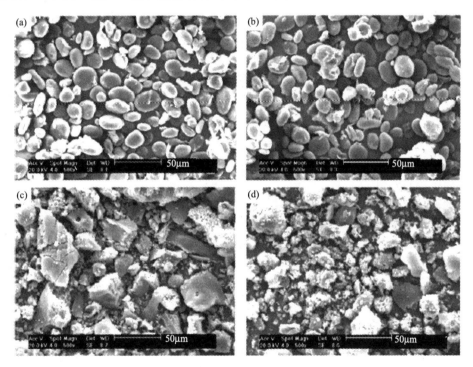

图3.17　原淀粉和醋酸酯化淀粉的SEM照片

取代度：(a) 0；(b) 0.06；(c) 1.61；(d) 2.95

高取代度醋酸酯化淀粉的制备方法包括非均相法和均相法。非均相法通常是以氢氧化钠溶液、吡啶或无机酸等作催化剂，将活化后的淀粉和醋酸酐混合进行酯化。非均相法的缺点是反应通常会消耗大量酯化试剂，产生大量的副产物，并且产物取代度难以控制，产物性能的均一性也不好。均相反应中使用的溶剂可使用二甲基亚砜（DMSO）和 N,N-二甲基乙酰胺（DMAc）LiCl体系，淀粉在这些溶剂中溶解后，与加入的酯化剂如醋酸酐反应。然而，上述溶剂存在的毒性、挥发性和难以回收的缺点，限制了这些均相酯化反应的进一步发展。

研究新型环境友好的淀粉均相酯化反应介质是人们努力的目标。离子液体可能是一个值得关注的选择。

当前工业化湿法生产酯化淀粉的温度一般<40℃，否则容易出现糊化。离子液体的分解温度一般在400℃左右，呈液态时的稳定温度区间在300℃左右。在离子液体中，淀粉在高温下不会糊化，因此可提高反应温度。离子液体具有很强的破坏氢键的能力，可直接溶解淀粉（图3.18），且对淀粉的溶解度远远大于目前普遍使用的溶剂水。在完全溶解的淀粉离子液体中，淀粉可以更迅速地和醋酸酐发生反应，减少反应时间，提高反应速率，节省反应能耗，制备的醋酸酯化淀粉的取代度高[22]。

图3.18　7％玉米淀粉离子液体溶液
（从左至右分别为：氯化-1-烯丙基-
3-甲基咪唑盐，氯化-1-羟乙基-3-
甲基咪唑盐，氯化-1-丁基-3-甲基咪唑盐）

Atanu Biswas[23]在10mL试管中将淀粉加入到氯化-1-丁基-3-甲基咪唑盐中，含量控制在10％。同时加入醋酸酐和吡啶加热15～120min。反应混合物用无水乙醇洗涤并用离心机在3400r/min离心25min。可以制得取代度为0.38～2.66的醋酸酯淀粉。张军等[24]将1g高直链淀粉和20g氯化-1-烯丙基-3-甲基咪唑盐分别加到圆底烧瓶中，在室温下磁力搅拌5min，然后加热到85℃，继续搅拌1h，至淀粉完全溶解，得到透明的淀粉-离子液体溶液。取适量醋酸酐加到淀粉-离子液体溶液中，在85℃下反应规定的时间。将反应混合物倒入到过量的乙醇中沉淀、过滤。沉淀物再用乙醇充分洗涤、过滤。所得样品在50℃真空烘箱中干燥24h至恒重，可得到DS大于2的高取代度淀粉。

（2）硫酸酯化淀粉

硫酸或溶于二硫化碳中的三氧化硫都可作为淀粉的硫酸酯化剂，但这类酯化剂均会使淀粉发生较为严重的降解。可采用如下制备方法：

方法一是在含水介质中进行反应。将亚硝酸钠与亚硫酸盐、叔胺（如三甲胺、三乙胺及吡啶）与三氧化硫络合物，与颗粒淀粉在含水介质中反应制得淀粉硫酸酯。这类反应会使淀粉产生一定程度的降解，只能制取低取代度的淀粉硫酸酯。

方法二是在有机溶剂中进行酯化。作为酯化剂的有机溶剂有：N,N-二甲基苯胺、甲酰胺、二甲基甲酰胺（DMF）、二甲基亚砜，在有机溶剂中SO_3与淀粉反应制成淀粉硫酸酯。

方法三是在有机溶剂中用氯磺酸作酯化剂。有机溶剂包括吡啶、甲基吡啶、苯、氯仿、甲酰胺等，以此为媒介，氯磺酸与淀粉反应制成淀粉硫酸酯。

（3）磷酸酯化淀粉

利用磷酸做酯化剂可制备磷酸酯化淀粉，或称淀粉磷酸酯。其制备方法包括以下步骤：①在35％～42％的淀粉乳中加入淀粉质量的8％～50％磷酸盐混配物和淀粉质量的1.5％～16％促进剂硬脂酸聚氧化乙烯醚，并使反应物混合均匀，在温度30～60℃下，pH值为5.0～6.5的条件下，反应3～10h；②将步骤①所得的反应产物离心分离，然后干燥即可。这种制备方法中，磷酸酯化反应在低温下完成，无须经过通常的高温固相反应过程，因此能显著降低能耗，并且更容易对工艺进行控制。而且制备过程中酯化反应效率高，与传统的湿法磷酸酯化反应工艺相比，纯化后的磷酸酯化淀粉的结合磷含量提高了2.5倍以上。

（4）烷基脂肪酸酯化淀粉

在淀粉分子中引入疏水基团可明显改变淀粉与水的水合作用，使淀粉的性质得到明显改善，拓宽淀粉的应用领域。此类变性方法已成为国内外的研究热点。淀粉的疏水改性主要是通过酯化反应在淀粉分子链中引入长链烷基脂肪酸或烯基琥珀酸等基团[25]。烷基脂肪酸淀粉酯的性质取决于脂肪酸酯基团的性质、取代度以及原淀粉中直链淀粉和支链淀粉的含量。一般，随着碳链长度和取代度的提高，淀粉酯的疏水性增强，热稳定性提高，玻璃化转变温度降低，熔融温度降低甚至消失，生物降解性能也下降。原淀粉中直链淀粉含量越高，淀粉酯的综合性能越好，越接近于相应的纤维素酯。改性后的淀粉具有较好的防水性和生物降解性，在包装材料、塑料薄膜、一次性餐具等领域具有潜在的应用。

用水媒法、溶剂法、熔融法等工艺都可合成烷基脂肪酸淀粉酯[25]。

水媒法是先在脂肪酸甲酯和水解淀粉中加入水，搅拌使之混合均匀，通氮气保护以防止产品氧化，在反应过程中将水蒸出，以利于脂肪酸淀粉酯的生成。水媒法工艺相对简单易于控制，不需使用大量有机溶剂，生产成本较低，但是产物取代度较低，使用范围有限。

溶剂法是二甲基甲酰胺等有机溶剂在碱性催化剂存在下进行反应。常用的溶剂包括吡啶、甲苯、二甲基甲酰胺、三己胺等。其中吡啶由于具有溶剂和催化剂的双重作用，且使淀粉降解程度较小，因此应用较多。所采用的酸主要形式为酸酐或酰氯，其中酰氯对于制备烷基链的淀粉酯更有效。溶剂法适合于制备不同取代度的淀粉酯，但是此法需要使用较大量的有机溶剂，回收成本较高。

熔融法是使反应在高温、高压下进行，不需要使用有机溶剂，但是反应不易控制。

以淀粉辛酸酯为例，其制备过程为：取干燥后的淀粉（直链淀粉19％，支链淀粉81％，湿含量＜2％）2.5g置于双颈烧瓶中，加入15mL吡啶和适量的辛酰氯，充分搅拌，于115℃下反应3h。将产物冷却后用无水乙醇洗涤，干燥后得到白色或淡黄色粉末即为淀粉辛酸酯。

鉴于有机溶剂容易造成环境污染，且成本较高，Aburto J等[26]在无机溶剂存在的条件下制备了淀粉辛酸酯。其方法是：首先将淀粉糊化，然后与甲酸在室温下进行短时间的反应生成淀粉甲酸酯，以减少淀粉中羟基的数量，促使淀粉链在介质中的均匀分散，使剩余的羟基更易接近脂肪酰氯。然后在105℃下与辛酰氯反应，通入 N_2 以带走所产生的HCl，防止淀粉发生酸降解，反应产生淀粉的甲酸、辛酸混合酯。随着反应的进行，由于甲酸酯基团的不稳定性，反应后期甲酸酯被辛酸酯取代，这样可以制备纯度很高的淀粉辛酸酯。

（5）烯基琥珀酸淀粉酯[25,46]

烯基琥珀酸淀粉酯是原淀粉或淀粉衍生物与不同长度碳链的烯基琥珀酸酐（alkenyl succinic anhydride）经酯化反应得到的产物，一般在水介质中进行，反应过程如图3.19示意。烯基脂肪酸淀粉酯具有优良的性质，它能在油水界面处形成一层强度很高的薄膜，稳定水包油型的乳浊液。不仅具有乳化性，烯基脂肪酸淀粉酯还有稳定和增稠以及增加乳液光泽度的功能；它有优良的自由流动性和斥水性，能够防止淀粉粒附聚；具有润湿、分散、渗透、悬浮等作用；在酸、碱溶液中具有良好的稳定性。由于其良好的使用性能，这类变性淀粉的相关研究十分活跃。Jeon等[27]研究了淀粉与十二烯基琥珀酸在水浆体系中的酯化反应，发现当酸酐含量为10％时，改变淀粉的浓度对反应效率几乎不产生任何影响，这可能是由于在该反应中存在酯化与水解两种反应的竞争，浓度的增加也同样会导致水解反应的加速。随着链长度及憎水性的增加，油相黏度很高，烯基琥珀酸分散到水相及淀粉颗粒中的能力减弱，导致酯化反应的效率呈现明显的下降。Parka 等[28]研究了辛基琥珀酸酐用量对淀粉酯流变性质的影响。发现此类淀粉酯糊化后具有高度的剪切变稀现象。

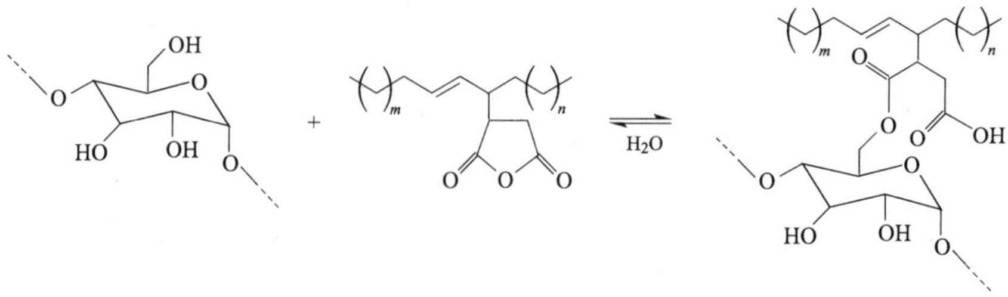

图 3.19　淀粉与烯基琥珀酸接枝反应示意图

目前，烯基琥珀酸淀粉酯的研究主要集中在较低取代度的制备方法，而高取代度的产物研究很少。根据淀粉颗粒的聚集态结构和化学改性机理，可以通过改变淀粉颗粒的聚集态结构或在反应过程中增加物理辅助手段（超声波或微波）来改善，或者在淀粉与酯基之间插入一个间隔基（如环氧丙烷、环氧乙烷等），既可提高淀粉的反应活性，又有利于其生物降解[25]。

3.5.2.4　淀粉的醚化

（1）羧甲基淀粉

羧甲基淀粉（carboxyl methyl starch，CMS），又称羧甲基淀粉醚或淀粉乙醇酸，是一种用羧甲基醚化的变性淀粉，常用的是其钠盐（sodium carboxymethyl starch）。以天然淀粉为原料，经醚化反应，再经中和、洗涤、离心分离、干燥等工序便可生产出 CMS。CMS 外观为白色或微黄色、自由流动、不结块的粉末。无臭、无味、无毒，常温下溶于水，形成透明黏性液体，呈中性或微碱性，具有良好的分散力和结合力。不溶于醇及醚。胶体溶液遇碘成蓝色，溶液在 pH 值为 2～3 时失去黏性，逐渐析出白色沉淀。CMS 的吸水及吸水膨胀性较强，黏度高，黏着力强，化学性能稳定，乳化性好，不易变质。羧甲基淀粉是阴离子型高分子电解质，是淀粉衍生物中的一个重要分支，其化学结构、性质及功用均与羧甲基纤维素相似。广泛应用于石油、采矿、纺织、日化、食品、医药等行业。

在工业上，CMS 通常是由淀粉与氯乙酸或其钠盐在碱性条件下进行醚化反应制得。这是由于淀粉颗粒由结晶区和非结晶区组成。非结晶区中，淀粉分子链呈无规排列，结构松散，易为化学试剂所进攻，成为容易发生化学反应的薄弱区。使用 NaOH 溶液对淀粉进行活化，促使淀粉溶胀，使 NaOH 小分子向淀粉颗粒内部渗透，与其结构单元上的羟基发生反应，生成淀粉钠盐。淀粉钠盐是醚化反应的活性中心，此过程同时进行淀粉的碱性降解反应，淀粉钠和氯乙酸钠在碱性条件下发生醚化反应生成 CMS。按所用溶剂的不同可分为水溶媒法、有机溶媒法、半固相法和干法等四种。其中干法反应条件温和、操作简单、烘干速度快、能耗低、无三废污染、生产成本低，为其最主要的生产方法。

① 水溶媒法　水溶媒法是指以水作为反应介质，淀粉以悬浮颗粒的状态与氯乙酸反应，氯乙酸和碱以水溶液的形式引入。反应中有水参加，水是极性溶剂，可携带反应剂渗入淀粉内反应。水溶媒法可以克服淀粉分子中取代基分布不均匀的缺点，但只能生产低取代度（DS 小于 0.2）的 CMS，得到的是不溶于水的颗粒状产品。

生产 CMS 的工艺是在反应器中加入水作分散剂，在搅拌下加入淀粉，在 15℃ 下搅拌 15min 后加入 NaOH 进行活化，再在 20℃ 下搅拌 30min，加入氯乙酸进行醚化反应。投料比为水：淀粉：NaOH：ClCH$_2$COOH 为 100.0：（25.0～40.0）：（0.6～0.8）：（1.3～1.6）。反应 5～6h，反应温度为 65～75℃。反应完成后，液固分离，其固体用 5% 的盐酸洗涤至 pH 值为 7，最后在 50～80℃ 下烘干即得产品。

当制备 DS 为 0.2 的 CMS 时，产物不溶于水，可直接成颗粒。如制取 DS 大于 0.2 的 CMS 时，因 CMS 溶于水，选用 NaCl 或 Na$_2$SO$_4$ 使盐析，再用乙醇洗涤。由于高取代度的 CMS 溶于水，因此需要制备高取代度的 CMS 时一般采用溶剂法合成，产品收率高于 90%。

② 有机溶媒法 也称为溶剂法，是指以甲醇、乙醇和异丙醇等低碳醇作为反应介质，淀粉始终保持颗粒状态与片碱及氯乙酸反应，反应结束后经中和、过滤洗涤、干燥得到具有原淀粉形状的产品。该法克服了水溶媒法不能生产高取代度 CMS 的缺点，通过调整配比及反应时间，可生产取代度高低不同的产品。但是有机溶媒法需要使用较大量的有机溶剂，需回收套用方可满足经济及环保的要求。用溶剂法制备的 CMS 纯度高，取代度大，产品白度及黏度高，用途广泛，产品质量优于干法。

典型的工艺条件如下：取一定量的淀粉和乙醇，在常温下搅拌分散后获得乳浆状淀粉悬浮液。加入一定量的 NaOH，对淀粉进行碱处理，强搅拌 45min 后再缓慢加入氯乙酸，持续搅拌 30min，于 50～60℃ 下醚化，再加入剩余的 NaOH 进行羟甲基化反应。反应完毕，用酸中和至中性，过滤，用乙醇洗涤去盐，离心过滤，将滤饼干燥、粉碎、筛选，即得产品 CMS，收率为约 80%。滤液回收溶剂循环使用。

制备高取代度的 CMS，可将 100 份的玉米淀粉分散在 100 份的水中，再加入 NaOH 催化剂 13 份，异丙醇 900 份，于 30℃ 下搅拌反应 1h，再与 240 份氯乙酸钠于 35℃ 下反应 3h，生成 CMS，取代度为 2.3。

除用天然淀粉为原料外，还可用交联淀粉为原料制备 CMS。例如，将交联淀粉分散于 100mL 95% 的乙醇中，搅拌均匀后加入 3.6g NaOH，40℃ 下碱化 1h，再加入 4.0g 氯乙酸，在 50℃ 下反应 6～8h，然后中和、过滤，每次用 75% 乙醇 100mL 洗涤 3 次，80℃ 下烘干、粉碎，过筛即得白色粉末状产品。

③ 半固相法 用少量乙醇作反应介质，其工艺是在反应器中加入淀粉 1000 份，乙醇 100 份，搅拌均匀后，缓慢加入氯乙酸 170～200 份，催化剂 1 份，搅拌 30min 后缓慢加入固态碱 70 份，再搅拌 30min，升温到 60℃ 进行醚化。反应结束后，将体系冷却，用酸调节 pH 值为 7，用乙醇洗涤，于 80℃ 下干燥，粉碎、过筛后即得产品。此法优点是乙醇用量仅为淀粉质量的 10%，除用于食品及药物外，一般不需要醇洗这一步骤，可省去回收工序，近乎固化工艺，水分少，干燥快。

提高羧甲基淀粉钠水溶液黏度的传统方法是提高羧甲基淀粉钠的取代度，这不但生产成本较高，而且实现工业化的难度也随之加大。因此，研究开发低成本、易于工业化的高黏度羧甲基淀粉钠的生产新工艺具有重要的现实意义。

④ 干法 干法是指在生产过程中不用或少用水，反应过程中淀粉始终呈粉末状。首先用 12%～15% 的碱处理淀粉 60～90min，然后将颗粒淀粉粉碎，过筛，得碱化淀粉。然后将淀粉与氯乙酸按一定比例投入混拌机中，混合均匀，用滚轧机滚轧成薄片。在混合和滚轧过程中发生醚化反应。最后将产物于 60～80℃ 下保持 4h，使醚化反应充分。升温至 100～120℃ 烘干，粉碎后即得成品。在淀粉：碱：氯乙酸为 1：（1.8～2.3）：（0.9～1.0）（摩尔

比）时，所得 CMS 的取代度为 0.8～2.0。其中，反应温度为 45～58℃、反应 1.5h 所得 CMS 的 DS 为 0.5±0.05；反应 4h 所得 CMS 的取代度为 0.8～2.1。

用干法生产 CMS 投资少，工艺简单，生产成本低，经济效益和社会效益都十分显著，是值得推广应用的工艺。但由于混合器对干态的松散状固体搅拌不均匀，且在固相体系中片碱与氯乙酸分子较难进入到淀粉颗粒内部进行反应，从而使产物的取代度不高，取代基分布不均匀。

（2）羟乙基淀粉

羟乙基淀粉（hydroxyethyl starch）是淀粉分子中葡萄糖单元的一部分羟基与羟乙基通过醚键结合的衍生物，是一种非离子型淀粉衍生物。羟乙基淀粉是白色或类白色粉末，无臭，无味，有较强的吸湿性。在热水中易溶解，在冷水中缓慢溶解，不溶于甲醇和乙醚。低取代度（DS 为 0.3～0.6）的羟乙基淀粉由烯化氧和淀粉在强碱性下反应制得；高取代度（DS>0.6）的产品在异丙醇介质下反应。低取代度的产品糊化温度比原淀粉低，黏附力增加，在造纸中广泛用作添加剂，在纸张干燥前已形成糊态，能提高机速，增进纸张光泽和印刷性。由于其非离子态，比阳离子淀粉更耐盐和硬水。高取代产品用作血浆增溶剂并作为血细胞冰冻保护介质。羟乙基淀粉是目前最常用的血浆代用品之一。它可改善低血容量和休克患者的血流动力学和氧输送；能够降低红细胞压积，降低血液和血浆黏滞度，尤其是红细胞聚集，可改善低血容量和休克患者微循环障碍区的血流量和组织氧释放，从而改善循环和微循环功能。

可采用如下方法准备羟乙基淀粉：用玉米淀粉（或土豆淀粉）在氢氧化钠催化下，加入水 10%～20%，乙醇 10%～20%，在反应釜中搅拌均匀，在 50～140℃温度范围内与 5%～10%环氧乙烷反应制得羟乙基淀粉[29]。

（3）羟丙基淀粉

羟丙基淀粉（hydroxypropyl starch）是淀粉分子中葡萄糖单元中的一部分羟基与羟丙基通过醚键结合的衍生物。常用的制法是在碱性的淀粉乳中，加硫酸钠防止溶胀，加入环氧丙烷反应而得。羟丙基淀粉是白色和无色粉末，流动性好，具有良好的水溶性，其水溶液透明无色，稳定性好。对酸、碱稳定。糊化温度低于原淀粉，冷热黏度变化较原淀粉稳定。

羟丙基淀粉的用途十分广泛。在食品工业，可用作增稠剂、悬浮剂及黏合剂。在造纸工业，可用作纸张内部施胶，表面施胶，使印刷油墨鲜明，使胶膜光滑，减少油墨消耗，并有一定搞拉毛能力。在纺织工业，可用作经纱浆料，提高织造时的耐磨性及织造效率，高取代度的羟丙基淀粉可作印花糊料。在医药工业，可作片剂的崩解剂和血浆增量剂。在日用化工方面，在化妆品或涂料中可用作黏合剂、悬浮剂和增稠剂。在食品工业，可用作黏合剂、增稠剂、悬浮剂，增加稳定性。在建筑材料中，可作各类（水泥、石膏、灰钙基）内外墙腻子、各类饰面砂浆和抹灰砂浆、各类石膏、陶瓷和瓷器制品中作为成型黏合剂等。此外，还可作建筑材料的黏合剂、涂料或有机液体的凝胶剂。

3.5.2.5 淀粉的氧化

氧化淀粉是指淀粉在一定 pH 和温度下与氧化剂反应所得到的产品，是最普通的变性淀粉之一。淀粉中还原端的醛基和葡萄糖残基中的伯羟基和仲羟基都可以被有限地氧化为醛基、酮基、羧基或羰基，分子中的糖苷键部分发生断裂，使淀粉分子的官能团发生变化，聚合度降低。

（1）淀粉的氧化机理

氧化反应的作用机制是氧化剂进入淀粉颗粒结构的内部，在颗粒的低结晶区发生作用，在一些分子上发生强烈的局部化学反应，生成高度降解的酸性片段。这些片段在碱性反应介质中变成可溶性的，在水洗氧化淀粉时溶出。

采用不同的氧化剂和氧化工艺可以制备性能各异的氧化淀粉[4]。常见的氧化剂可以分为三类。酸性介质氧化剂主要有硝酸、过氧化氢、高锰酸钾、卤氧酸等。碱性介质氧化剂主要有碱性次卤酸盐、碱性高锰酸钾、碱性过氧化物、碱性过硫酸盐等。中性介质氧化剂主要有溴、碘等。影响淀粉氧化的因素主要有氧化剂类型、体系的pH、温度、氧化剂浓度、淀粉的来源和结构。不同的氧化剂与淀粉分子作用时，发生氧化的基团的位置有所不同[30]。以高锰酸钾为氧化剂时，氧化反应主要发生在淀粉无定形区的C6原子上，把伯羟基氧化为醛基，而仲羟基不受影响，碳链不断开。以高碘酸为氧化剂时，氧化一般发生在C2和C3上，促使C2—C3键断裂，产生—CHO，得到双醛淀粉。以次氯酸钠为氧化剂时，氧化主要发生在C2和C3原子上，不但发生在无定形区，而且渗透到分子内部，并有少量的断链。以 H_2O_2 为氧化剂时，在碱性条件下可以使C6上的伯羟基氧化成羧基。通常情况下，酸性条件下醛基因为生成缩醛、半缩醛，含量比碱性条件下高。碱性条件下羧基含量比酸性条件下高。

（2）氧化淀粉的性质

a. 由于氧化剂对淀粉有漂白作用，氧化淀粉的色泽较原淀粉颗粒为白，而且氧化处理的程度越高，淀粉越白。

b. 氧化淀粉仍具有颗粒特性，其颗粒在偏光显微镜下保持有十字偏光现象。氧化淀粉的颗粒结构虽无大的变化，但用显微镜可观察到颗粒表面粗糙，出现断裂和缝隙（图3.20）。颗粒中径向裂纹随氧化程度增加而增加。当在水中加热时，颗粒会随着这些裂纹裂成碎片，这与原淀粉的膨胀现象不同。

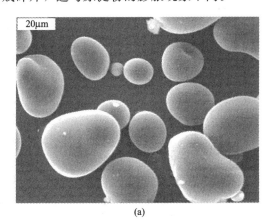
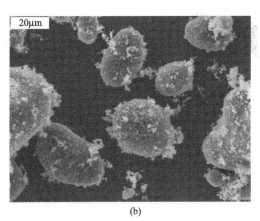

(a)　　　　　　　　　　　　　(b)

图3.20　原马铃薯淀粉（a）与氧化淀粉（b）颗粒表面形貌[31]

c. 氧化淀粉分子链在水中产生离子基团，离子基团之间的相同电荷产生排斥作用，破坏淀粉分子间的氢键，使淀粉的凝沉性大大降低。

d. 氧化后的淀粉颗粒对甲基蓝及其他阳离子染料的敏感性增强，这主要是经氧化的淀粉已带了弱阴离子性，容易吸附带阳电荷的染料。

e. 随着氧化程度增加，氧化淀粉分子量与黏度降低，羧基或羰基含量增加。

f. 由于淀粉分子经氧化切成碎片，氧化淀粉的糊化温度降低，糊液黏度降低，热黏度稳定性提高，凝沉性减弱，冷黏度降低。糊液经干燥能形成强韧、清晰、连续的薄膜。比酸解淀粉或原淀粉的薄膜更均匀，收缩及爆裂的可能性更少，薄膜也更易溶于水。

(3) 次氯酸盐氧化淀粉

工业上制备氧化淀粉最常用的氧化剂是次氯酸盐，如次氯酸钠。淀粉的醇羟基变为醛基，然后分子链部分断裂生成羟基，一些糖苷键发生断裂，淀粉的平均相对分子质量有所降低。氧化后由于亲水性更强的羧基官能团的导入，改变天然淀粉原有的性质，形成具有水溶性、浸润性、黏结性好的氧化淀粉。氧化程度对氧化淀粉的理化性能影响很大，可以通过氧化剂、氧化时间和黏度来控制氧化程度。

用次氯酸钠制备氧化淀粉的反应式可简单表示如下：

$$淀粉\text{-}CH_2OH \xrightarrow{NaClO} 淀粉\text{-}CHO \xrightarrow{NaClO} 淀粉\text{-}COOH$$

工业上制备次氯酸盐氧化淀粉可采用如下工艺流程：

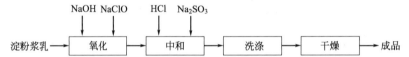

次氯酸盐对淀粉的氧化反应较复杂。C1原子的半缩醛最易被氧化成羧基。其次是C6的伯羟基，被氧化成醛基，然后生成羧基。C2和C3的2个仲羟基是乙二醇结构，易被氧化成羰基和羧基。有少量葡萄糖单元在C2和C3处开环形成羧酸。

在次氯酸盐氧化淀粉的生产工艺中应注意如下问题：

① 反应温度　此反应是一个放热反应，要防止温度升高。温度过高不但会造成淀粉颗粒受热膨胀，使后处理困难，转化率下降，而且会导致氧化剂的无效热分解。温度太低时，氧化不能完全，体系很快会出现分层。温度对体系的黏度及稳定性也有一定影响。反应温度通常控制在30～50℃。次氯酸钠是在温度低于30℃时，将氯气通入NaOH溶液中而制得，因而有未反应的NaOH。加入次氯酸钠时，应控制加入速度，防止由于加入速度过快导致淀粉局部糊化。

② pH值　一般控制在8～10。随着氧化反应的进行，体系的pH会不断下降，应随时调节pH保持恒定。在加入氧化剂NaClO之前，必须将反应体系的pH调节到8～10的范围内以保证NaClO能够以ClO⁻形式存在并参与氧化反应。在反应过程中不时地滴加碱使pH值保持一定值。在高pH时，淀粉分子链中引入的是羧基。羧基能够有效地减轻直链淀粉的老化作用，使凝沉现象大大减少。

③ 中和　反应结束后用盐酸中和至pH=6～6.5，再加入脱氧剂亚硫酸钠除去残余的有效氯成分。

④ 在反应结束时，为防止剩余的次氯酸钠继续氧化淀粉，可用焦亚硫酸钠来中和次氯酸钠，阻止淀粉继续反应。

⑤ 次氯酸钠用量直接影响氧化淀粉的羧基和羰基含量。氧化剂量过少，氧化不完全或大部分未被氧化，其性质与原淀粉差别不大，很快与水分层。氧化剂量过大，体系黏度剧增，形成凝胶。因此氧化剂的用量应严格控制，一般在30%左右为宜。

次氯酸盐氧化淀粉的用途较广：

在造纸工业可用作表面施胶剂。由于氧化淀粉糊化温度低、黏度低、黏结力强，是理想印刷纸表面施胶剂，可改善纸张印刷和书写的表面性能；可做涂布胶黏剂；可作湿部添加剂，改善纸张的湿强度；可作瓦楞纸板黏合剂：氧化淀粉黏合剂具有强度高，初黏力强，流动性好，无腐蚀，不污染，消耗低等优点，是瓦楞纸板黏合剂的上佳选择。

在纺织工业可用作经纱上浆剂。适合棉、人造棉、合成纤维和混纺纤维的上浆剂。

在食品工业可作冷菜乳剂、淀粉果子冻。由于氧化淀粉成膜性好，在制备胶姆糖和软果糕时，可代替阿拉伯胶；由于黏度低可用于柠檬酪、色拉油和蛋黄酱的增稠剂等。

在精细化工工业可广泛应用于皮肤清洗剂、抑汗剂、唇膏、胭脂、脱毛剂、婴儿爽身粉、皮肤除臭剂、地毯清洁剂、液体手套、发光涂料等。

（4）高碘酸或其钠盐氧化淀粉

所氧化的淀粉被称为双醛淀粉或二醛淀粉。指淀粉分子中葡萄糖单元上 C2—C3 的碳碳键断裂开环后 C2 和 C3 碳原子上的羟基被氧化成醛基。

反应式如下：

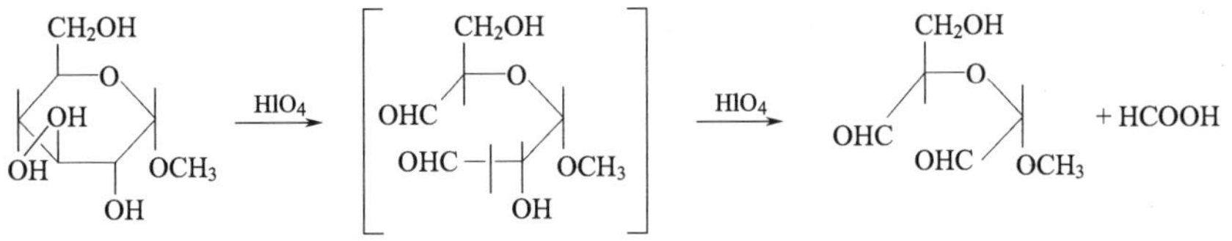

双醛淀粉中的醛基易于游离出来，因此会发生加成、羟醛缩合等醛基化合物特有的反应。

双醛淀粉的用途可包括：

造纸工业，用于高级纸种的表面施胶以及高湿强度功能纸等。纸张湿强效果的产生是双醛淀粉中的醛基与纤维上的羟基反应形成半缩醛直到缩醛所致。

医药工业，双醛淀粉用于治疗尿毒症。由于使用时又经过表面覆醛处理，用于这种场合时常称为包醛氧化淀粉。

皮革、食品、建筑材料、日用品领域。

3.5.2.6 接枝共聚淀粉

淀粉经物理或化学方法引发，与某些化学单体（如丙烯腈、丙烯酰胺、乙酸乙烯等）进行接枝共聚反应，形成接枝共聚反应（图 3.21）。接枝共聚的方法，可分为三类：自由基引发接枝共聚法、离子相互作用法和缩合加成法。接枝共聚淀粉的性质主要取决于所用的单体和接枝百分率，接枝效率、接枝链的平均分子量。

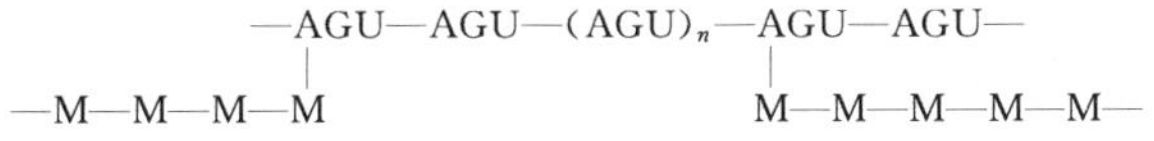

$$—AGU—AGU—(AGU)_n—AGU—AGU—$$
$$—M—M—M—M \qquad\qquad M—M—M—M—M—$$

图 3.21 淀粉接枝示意图

AGU—失水葡萄糖单元；M—接枝单体

淀粉-丙烯腈接枝共聚物的水解产物是世界上开发出的第一个高吸水性树脂。经皂化水解能吸自重几百甚至上千倍的无离子水的高吸水树脂。合成所用的硝酸铈铵是至今淀粉接枝不饱和单体最有效的引发剂。淀粉-丙烯腈接枝共聚物的生产工艺过程为：淀粉糊化→冷却→接枝共聚→加压水解→冷却→酸化→离心分离→中和→干燥→成品包装。如果采用三价锰盐-硫酸亚铁铵双氧水组成的复合引发体系，则接枝效率可达 95%。合成时需要控制引发剂用量、加入方式、温度、淀粉种类和丙烯腈用量等。但关键是控制共聚物的皂化方法和皂化程度。

淀粉与丙烯腈接枝共聚后，通过皂化将憎水性的—CN 转化为亲水性的—COOH 和—CONH$_2$，使产物具有高吸水性。淀粉-丙烯腈接枝物的吸水倍率很高，但是接枝物具有耐霉解性较差、工艺复杂等缺点，不少研究者对原工艺提出了改良方案，如表 3.8 所示。

表 3.8　淀粉接枝丙烯腈高吸水性树脂的改良方法[32]

存在缺点	改良方案
耐霉解性差	在反应液中加入山梨糖单硬脂酸作防腐剂
吸水后凝胶强度低,水溶部分多	加入交联剂,形成交联型吸水剂
残留的丙烯腈单体有毒,不安全	使用低毒性的丙烯酸单体代替丙烯腈与淀粉接枝共聚
铈盐引发剂价格昂贵	在铈盐中加入过硫酸根离子实现铈盐的循环使用
耐盐性差	将淀粉用 DMF-SO$_3$ 络合物磺化后与丙烯腈接枝

除接枝上单一单体丙烯腈外，淀粉还可与混合单体接枝生成共聚物，即在淀粉上除了接枝丙烯腈外，还可以接枝丙烯、甲基丙烯酸、丙烯酸、丙烯酰胺等单体。其优点是进一步提高产物的吸水倍数，此外，如采用颗粒淀粉，可省去糊化工序，缩短皂化时间，产品容易过滤、分离、清洗、贮存。

衣康酸是以淀粉等生物质原料经过发酵得到的不饱和多元酸，具有来源广泛、环境友好、价格低廉等特点。以衣康酸替代或部分替代丙烯酸，接枝到淀粉上，也可制备高吸水材料。淀粉/衣康酸/丙烯酸接枝共聚物吸水速率较快，保水性能优良。共聚物表面存在空洞和皱褶，呈蜂窝结构。淀粉颗粒不再保持原有形貌，以类纤维状镶嵌在高分子基体中[33]。

聚乳酸和淀粉的接枝共聚是一个有趣的课题。合成聚乳酸和淀粉接枝共聚物的目的在于将共聚物作为增容剂应用于淀粉-聚乳酸共混体系，改善两相的界面粘接，提高共混材料的性能。一般，先将淀粉进行改性（如乙酰化、硅烷化等），然后将丙交酯在改性淀粉上进行开环聚合，聚合后去掉保护基，得到聚乳酸接枝淀粉共聚物[34]。此类方法较为繁琐。邵俊等[35]以叔丁醇钾为引发剂，采用阴离子开环聚合的方法，在淀粉上一步原位接枝聚合得到聚乳酸和淀粉的接枝共聚物，接枝率可达 83％。淀粉和聚乳酸的接枝共聚反应可如图 3.22 所示。将接枝物应用于淀粉和聚乳酸的共混体系，极大地改善了体系的相容性。未添加接枝物时，淀粉在聚乳酸基体中呈现明显的聚集颗粒，缺陷也较多。添加接枝共聚物后，淀粉在共混物中呈现分散均匀的细小条纹状，裂纹和缺陷也有所减少。

沈忻等[36]以醛酸乙烯酯和乙酸酐为酯化剂，以碳酸氢钠为催化剂，合成了具有一定酯化度的酯化淀粉，并将丙交酯分别用阴离子开环聚合、配位插入开环聚合法与酯化淀粉或纯玉米淀粉反应，合成了淀粉/丙交酯或酯化淀粉/丙交酯接枝共聚物。接枝共聚物的结晶性较纯淀粉有较大幅度的下降，体系呈现单一的玻璃化转变温度，说明体系中两组分相容性良好。接枝共聚物的土壤降解和缓冲溶液降解研究表明，接枝共聚物具有良好的生物降解速率，160 天失重达到 70％。

3.5.2.7　交联淀粉

淀粉的交联反应是淀粉的醇羟基与具有二元或多元官能团的化学试剂形成二醚键或二酯键，使两个或两个以上的淀粉分子之间架桥在一起。由于在淀粉原有氢键作用基础上又新增了交联化学键，使交联淀粉在加热等外界条件作用下，氢键被削弱或破坏时，仍可使颗粒保持着程度不同的完整性，从而使交联淀粉的糊黏度对热、酸和剪切力的影响具有较高稳定性；糊液具有较高的冷冻稳定性和冻融稳定性等特点。

凡有两个或多个官能团，能与淀粉分子中的两个或多个以上羟基起反应的化学试剂都能

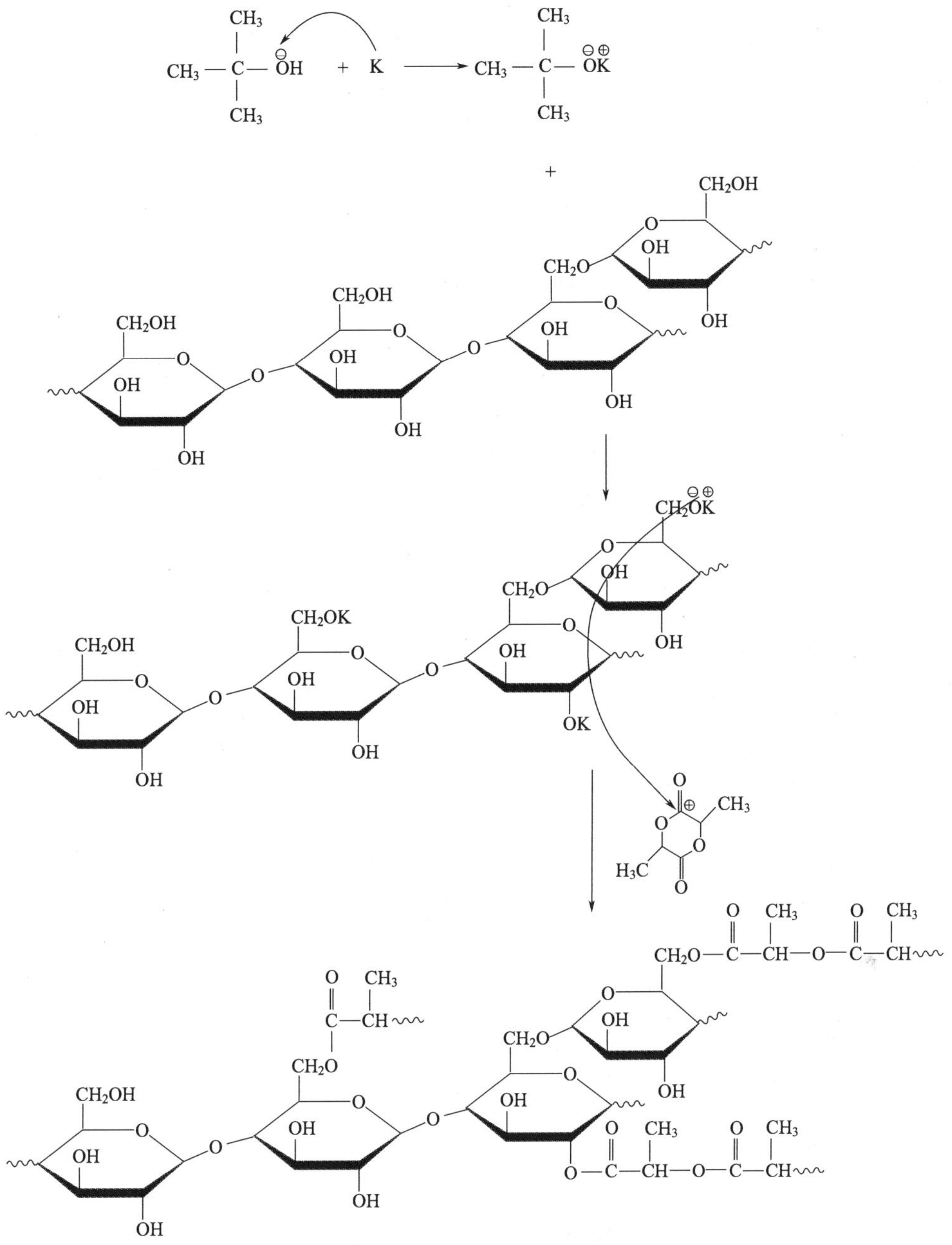

图 3.22 淀粉接枝聚乳酸的反应过程示意

用作淀粉的交联剂。在工业生产中最普遍的主要为环氧氯丙烷、三偏磷酸钠和三氯氧磷等。制备交联淀粉的方法一般是加交联剂于碱性淀粉乳中，在 20～50℃起反应，达到要求的反应程度后，中和、过滤、水洗和干燥[37]。

交联淀粉的颗粒形状与原淀粉相同，但受热膨胀糊化和糊的性质发生很大变化，淀粉颗粒中淀粉分子间经由氢键结合成颗粒结构，在热水中受热，氢键强度减弱，颗粒吸水膨胀，黏度上升，达到最高值；继续膨胀受热氢键破裂，颗粒破裂，黏度下降。交联化学键的强度远高过氢键，增强颗粒结构的强度，抑制颗粒膨胀、破裂、黏度下降。随交联程度增高，淀粉分子间交联化学键数量增加，糊化温度不断提高，这种交联键增强到一定程度能抑制颗粒在沸水中的膨胀，不能糊化。

交联淀粉的糊黏度对于热、酸和剪切力的影响具有较高的稳定性，在食品工业中用为增稠剂、稳定剂有很大优点。应用热交换器连续加热糊化，罐头食品的高温加热杀菌都要求淀粉具有抗热影响的稳定性。高温快速杀菌，有的温度高达140℃。有的食品为酸性，需要淀粉具有抗酸稳定性。

交联淀粉具有较高的冷冻稳定性和冻融稳定性，特别适于冷冻食品中应用，在低温下较长时间冷冻或冷冻、融化重复多次，食品仍保持原来的组织结构，不发生变化。原淀粉糊经低温冷冻由于凝沉作用，淀粉分子间又经氢键结合成不溶的结晶结构，胶体被破坏，严重的还会有游离水析出，影响食品不能保持原来的组织结构。工业上采用不同的交联剂和工艺条件，生产各种交联变性淀粉，适合不同食品和不同加工需要的要求，效果很好。

交联淀粉的抗酸、抗剪切影响的稳定性随交联化学键的不同存在差别。环氧氯丙烷交联为醚键，化学稳定性高，所得交联淀粉抗酸、碱、剪切和酶作用的稳定性高。三偏磷酸钠和三氯氧磷交联为无机酯键，对酸作用的稳定性高，对碱作用的稳定性较低，中等碱度能被水解，己二酸交联为有机酯键，对酸作用的稳定性高，对碱作用的稳定性低，很低碱度便被水解。根据不同交联键的性质差别，能进行双重交联，控制淀粉黏度的性质，更适用于应用的要求。高程度交联淀粉受热不糊化，颗粒组织紧密，流动性高，适于橡胶制品的防黏剂和润滑剂，能用为外科手术橡胶手套的润滑剂，无刺激性，对身体无害，在高温消毒过程中不糊化，手套不会黏在一起。交联程度应相当于1.7%～4.5%的羟基起到交联反应，如落于伤口中易被人体组织吸收，加热消毒也不会变黏。

交联淀粉对酸、碱和氧化锌作用的稳定性高，适于干电池应用为电解液的增稠剂，能防止黏度降低、变稀、损坏锌皮外壳，而发生漏液，并能提高保存性和放电能。

交联淀粉在常压下受热，颗粒膨胀但不破裂，用于造纸打浆机施胶效果很好。交联淀粉抗机械剪力稳定性高，为波纹纸板和纸箱类产品的良好胶黏剂。用交联淀粉浆纱，易于附着在纤维面上增加摩擦抵抗性，也适用于碱性印花糊中，具有较高的黏度，悬浮颜料的效果好。铸造沙芯、煤砖、陶瓷用为胶黏剂，石油钻井也用交联淀粉。

3.5.3　淀粉的功能化

3.5.3.1　淀粉微球[38]

淀粉微球是一种新型的淀粉产品。淀粉微球具有良好的生物相容性、无毒、无免疫原性，可生物降解，并具有特殊的吸附性能和载药靶性等功能。储存稳定，还具有穿过组织间隙并被细胞吸收、靶向、缓释、高效、多种给药途径等优点。淀粉微球在水中膨胀，在血液循环中能根据血管微环境来改变形状。在酶的作用下，在骨架崩解前形态能保持相当长的时间，有利于其在人体内分布运转和靶区浓集，这无论是对靶向还是控释性都是有利的。淀粉微球是一类极具开发潜力的新型药物载体，越来越受到医药学界的重视。而且，淀粉微球的合成工艺过程中没有"三废"排放，微球的生产只需要通用的化工设备，一般的变性淀粉厂家不必用很大的投资即可转产，淀粉微球工业化生产可以较小的投资获得丰厚的经济效益。

淀粉微球的制备主要采用反相乳液法，即在反相乳液体系中，淀粉分子与交联剂发生交联反应成球。相应地，淀粉微球的制备机理就包括反相乳液聚合机理和交联机理。其中，对于反相乳液聚合机理的研究比较成熟，而对于交联机理的研究则少有报道。另外，淀粉微球制备过程中，淀粉的预处理是影响微球质量的重要步骤，一般所用的预处理方法有预糊化法、碱液处理法、机械活化法、高压处理法、超声波处理法等。目前研究的淀粉微球制备主要有中性淀粉微球、阴离子型淀粉微球、阳离子型淀粉微球、磁性淀粉微球。

（1）中性淀粉微球

中性淀粉微球一般采用一步交联法制得。

Elfstrand 等[39]用酸解法和机械法制备了不同的淀粉微球，其粒径和表面形貌均有所差别（图 3.23）。研究发现，淀粉微球的质量与淀粉材料的分子性质及缓冲液的类型有关，所得淀粉微球的结晶动力学、结晶结构不同，微球表面的微孔结构和形貌亦不同。

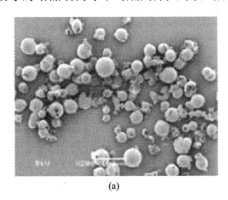 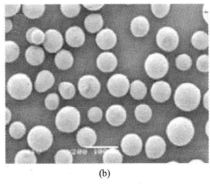

| (a) | (b) |

图 3.23　（a）酸解法制备的淀粉微球与（b）机械法制备的淀粉微球[39]

A. K. Bajpai 等[40]用预糊化法对淀粉进行预处理，以硅油为油相，表氯醇为交联剂，在振动下合成淀粉微球。微球粒径分布范围较宽，为 $3 \sim 460 \mu m$，但粒径主要集中在 $160 \mu m$ 左右。微球具有良好的释药性能和缓释效果。B. Patricia 等[41]将淀粉水解液与交联剂三偏磷酸盐混合，水相与油相混合后加入乳化剂斯盘 80（山梨糖醇酐单油酸酯），然后用 NaOH 调 pH 至 $12 \sim 13$，交联成球。依据是否加入表面活性剂及搅拌速度的快慢，微球质量不同。在最优条件下，微球大小均匀，成球性良好，粒径分布集中，平均直径为 $3 \mu m$。

一次交联合成的淀粉微球存在机械强度较差，载药、释药稳定性不够等缺点，可采用两步交联法进行改善。C. Fournier 等[42]以 MBAA 为预交联剂，CEH 为交联剂，采用两步交联法制备的淀粉微球具有立体网状结构，较高的骨架强度，球形圆整，表面粗糙多孔等特点。

（2）离子型淀粉微球

普通的中性淀粉微球以物理吸附为主，吸附或选择性吸附能力较弱。对淀粉微球进行离子化改性可以提高吸附或选择性吸附能力。离子型淀粉微球包括阴离子淀粉微球和阳离子淀粉微球。阴离子淀粉微球的制备有两种方法：一是在中性淀粉微球的基础上引入羧基、磺酸基或磷酸基进行二次交联和阴离子化而制得的；另一种方法是在 NaOH 溶液中，交联成球和阴离子化一步完成。阳离子淀粉微球是在中性淀粉微球的基础上，用其羟基与醚化剂进行醚化反应制得的。阳离子微球对某些带负电荷的药物以及工业废水中的某些离子具有良好的吸附作用。

（3）磁性淀粉微球

磁性淀粉微球的制备是将淀粉氧化成双醛淀粉，双醛淀粉上的醛基和胺反应形成希夫（Schiff）碱类物质，然后再与含双醛物质进行亲和加成反应，将淀粉交联成球。在交联过程中加入一定比例的氯化铁、氧化亚铁和氨水，它们被包埋在微球内部，形成 Fe_3O_4，使微球具有磁性，在外磁场作用下，将载药微球控制在指定的组织位置。

3.5.3.2　微孔淀粉

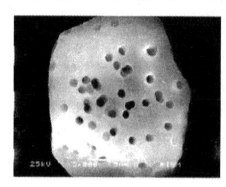

微孔淀粉，又称多孔淀粉，是用物理、机械或生物酶处理方法使淀粉颗粒由表面至内部形成孔洞的一种新型变性淀粉，其颗粒结构如图3.24所示。微孔淀粉中，小孔直径为 $1\mu m$ 左右，小孔布满整个淀粉颗粒表面，小孔由表面向中心深入，孔隙率占颗粒体积的 50% 左右。微孔淀粉的比表面积较大，具有良好的吸附性能，能吸附多种形式的物质，可广泛应用于医药、食品、化妆品和农药等行业。

微孔淀粉可通过超声波作用、机械撞击、酸水解和酶水解等方法生产。由于超声波照射、机械撞击方法的生产成本较高，不易实现产业化。酸水解法在糊化温度下反应速率较慢，降解不一，随机性强，不易

图 3.24　微孔淀粉的颗粒
结构 SEM 照片[43]

形成孔状。

目前，微孔淀粉主要采用酶水解法生产。其制备工艺流程及方法为：

淀粉→酶解→灭酶→抽滤→洗涤→干燥→粉碎→微孔淀粉

具体地，杜敏华等人用酶法制备大米微孔淀粉的方法如下[44]：称取 15g 淀粉（干基）置于 500mL 反应瓶中，加入一定 pH 值的磷酸氢二钠-柠檬酸缓冲液 100mL 调浆，置于 42℃ 的恒温水浴锅中预热 10min。精确称取淀粉质量 2.0% 的复合淀粉酶（α淀粉酶和糖化酶复合，配比为 3∶1），用缓冲液配成酶液，将酶液全部转移至淀粉悬浮液中，在 42℃ 下搅拌反应 20h，加入 4% 的氢氧化钠 5mL 中止反应，经 G2 砂芯漏斗抽滤，再用蒸馏水洗涤，抽滤 3 次，置 40℃ 真空干燥箱中干燥至恒重，粉碎，过筛，即得微孔淀粉制品。

淀粉经过微孔化后，颗粒结构的稳定性受到一定影响，通常需要通过交联改性处理增强颗粒结构稳定性。

3.5.3.3　纳米淀粉微晶

淀粉是半结晶聚合物，淀粉颗粒中分布着无定形的非晶部分和分子链规则排列的纳米级结晶部分，经过酸水解后便可得纳米尺度的淀粉微晶。与纤维素的棒状纳米结晶形态不同，淀粉的纳米结晶区呈盘状结构，厚度约 $6\sim8nm$，长度为 $20\sim40nm$，宽度为 $15\sim30nm$[45,46]。图3.25所示为纳米淀粉微晶的 TEM（透射电镜）照片。

3.5.3.4　淀粉泡沫材料

泡沫塑料作为缓冲包装材料被大量使用，最常用的泡沫塑料是聚乙烯泡沫。由于回收利用的可操作性差，绝大部分使用过的泡沫包装材料被作为废弃物。这些泡沫材料质量轻、体积大而且难于腐烂降解，给环境带来了严重的冲击。采用生物降解材料是解决这一问题的有效途径之一。淀粉作为一种天然高分子，可再生，可完全降解。其低廉的价格和广泛的来源，使得淀粉成为制备生物降解塑料的主要原料之一。以淀粉为原料研制开发的生物降解泡沫材料，在某些领域已经开始取代聚苯乙烯泡沫材料，它既可以抑制废弃的塑料泡沫包装材料造成的环境污染，又能节约有限的石油资源，对于解决目前全球面临的环境危机和资源危

机无疑具有重要的意义。

淀粉材料的发泡方法可分为 2 类[47]：①升温发泡，即在常压下迅速加热材料使得其中的水分汽化蒸发，从而在淀粉材料中形成多孔结构；②降压发泡，即在一定的压力下加热材料，使材料中的水成为过热液体，然后快速释放外部压力造成其中过热的水汽化蒸发，从而使淀粉材料发泡。淀粉发泡的工艺可分为挤出[48]、在加热模具中焙烤[49]、压模成型[50]以及冷冻干燥[51]。

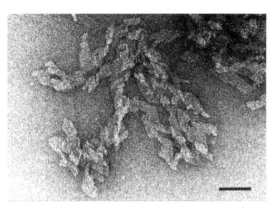

图 3.25　蜡质玉米淀粉的纳米微晶 TEM 照片（标尺为 50nm)[45]

研究发现，淀粉中直链淀粉和支链淀粉的组成对发泡的微观结构影响极大[52]（图 3.26）。支链淀粉具有更好的发泡能力，这可能是因为支链淀粉在水中易于溶胀，持水能力更强。溶胀对泡沫的形成至关重要，因为溶胀能使淀粉颗粒具有黏性，使之保持蒸汽的能力更强，并能在发泡过程中产生孔洞。

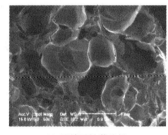
(a) 天然马铃薯淀粉

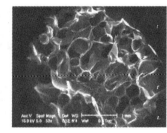
(b) 马铃薯支链淀粉

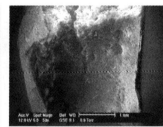
(c) 马铃薯高直链淀粉

图 3.26　不同淀粉的发泡结构[52]

将淀粉与聚乙烯醇共混，在多种助剂作用下，可制备改进的淀粉基泡沫塑料。曾建兵等[53]将一定量的淀粉、硬脂酸锌、碳酸钙、碳酸铵、废纸浆加入到密闭的高速搅拌机中搅拌 5min，然后加入一定量的甘油、蒸馏水和聚乙烯醇溶液，搅拌 20min，取出即得膏状的淀粉/PVA 共混物。取一定量的膏状共混物于密闭模具中，放入平板硫化机中，在一定温度

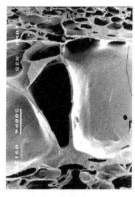
(a) 纯淀粉

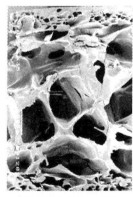
(b) 添加10%黄麻纤维

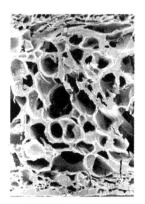
(c) 添加10%亚麻纤维

图 3.27　泡沫材料横截面 SEM 照片

和压力下压制一定时间，便可制得淀粉基泡沫塑料，其最小密度为 $0.17g/cm^3$，淀粉与 PVA 的相容性很好，醇解度不同的 PVA 与淀粉共混制得的产品的耐水性不同。

Soykeabkaew 等[54]将黄麻和亚麻纤维引入木薯淀粉体系，加入瓜尔豆胶和硬脂酸镁，制备了黄麻和亚麻纤维增强的淀粉泡沫材料。加入植物纤维后，淀粉仍然可以发泡（图 3.27），纤维与淀粉两相间产生强的相互作用，且取向的纤维极大地提高了淀粉泡沫材料的弯曲强度。

3.6 全淀粉塑料

全淀粉塑料是指以淀粉为主体加入适量可降解添加剂生产的生物全降解塑料。从环保角度看，这是一种最有发展前途的产品，其面临的难题是如何提高制品的耐水性、强度及柔韧性问题。

天然淀粉的分解温度 T_d 往往低于 T_m。而且天然淀粉是多羟基化合物，其邻近分子间往往以氢键相互作用形成微晶结构的完整的颗粒，使得天然淀粉颗粒的刚性很强，不易粉碎。因此要想使淀粉获得热塑性必须改变淀粉的结构，使其分子结构无序化，即通过一定的方式使天然淀粉微晶熔融，使其分子结构从结晶的双螺旋构象转变为无规构象。通常采用的方式是先将淀粉在强烈的机械作用下细化，破坏部分微晶，再将天然原淀粉按不同配方与适量水、增塑剂、羟基间氢键的破坏剂及抗氧剂等助剂在高速混合机中高速混合，然后在双螺杆挤出机塑化挤出，利用双螺杆挤出压缩段的高剪切力和高温破坏淀粉的微晶，使其大分子呈无序状线形排列，从而使天然原淀粉具有热塑性。双螺杆挤出机的温度应控制在 160～170℃ 之间。若挤出机的温度不易控制，可采用在挤出机上分段加料，以防止温度过高而使淀粉焦化。螺杆转速在 50～80r/min，螺杆背压应在 3MPa 以上。挤出后的料冷却、粉碎、造粒。经 DSC 测试，此种热塑性淀粉在 140～160℃ 之间出现了明显的熔融吸热峰，说明淀粉分子间的氢键作用被弱化、被破坏，分子链的扩散能力提高，材料的玻璃化转变温度降低，所以在到达分解温度前实现了淀粉微晶的熔融，使天然淀粉的双螺旋结构转变为无规线团结构的构象，从而使得淀粉具有了热塑性加工的可能性[55]。淀粉的挤出生产中发生的变化可由图 3.28 所示[56]。

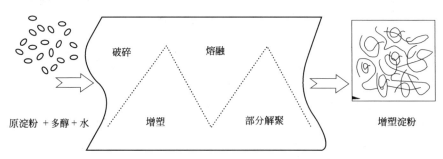

图 3.28　淀粉挤出生产示意图

生产全淀粉塑料常用的增塑剂有水和多元醇等。增塑剂的使用可以明显地降低分子间的相互作用力，破坏淀粉的结晶度，使其具有可塑性。不同的增塑剂增塑效果不同，王佩璋等[57]分别以甘油、乙二醇、山梨醇和聚乙烯醇为增塑剂，研究了它们对淀粉的增塑效果，发现经增塑后的淀粉次价键断裂，晶区被破坏，具备了热塑性，且有较好的高温流动性。此外，淀粉中支链量不同，增塑效果也不同，直链淀粉更易于塑化以及与树脂混合；合适的增塑剂相对分子质量也很重要，适当采用含羟基的高相对分子质量增塑剂和低相对分子质量增塑剂混合增塑淀粉有利于提高制品的力学性能。经增塑处理后的淀粉可以适应传统的加工技术，与其他聚合物共混所得材料的性能更好。在热塑性加工淀粉时，增塑剂的用量对淀粉产品的性能影响很大，可根据需要调整配方以获取性质不同的淀粉产品。表 3.9 所示为增塑剂含量对淀粉物理性质的影响[56]。

表 3.9　不同增塑淀粉的物理性质

淀粉/甘油/水的比例	甘油/干淀粉比例[①]/（质量比）	水（质量分数）/%	密度[①]	T_g（DSC 法）/℃	α 转变（DMTA 法）/℃	模量[①]/MPa	最大拉伸强度[①]/MPa	断裂伸长率[①]/%
74/10/10	0.14	9	1.39	43	63	1144±42	21.4±5.2	3±0
75/18/12	0.25	9	1.37	8	31	116±11	4.0±1.7	104±5
67/24/9	0.35	12	1.35	−7	17	45±5	3.3±0.1	98±5
65/35/0	0.50	13	1.34	−20	1	11±1	1.4±0.1	60±5

① 在 23℃、RH50％下调湿 6 周后测得的数据。

美国 Werber-Lambert 公司开发出热塑性淀粉的全降解塑料，商品名为"Novon"。这是以糊化淀粉为主要原料，其中支链淀粉占 70％，直链淀粉占 30％，以水为增塑剂，添加其他全降解添加剂组成的材料，用通用的塑料成型加工技术即可成型。其生物降解性能好，但是耐水性较差。后来他们开发了玉米淀粉与可生物降解的聚乙烯醇的共混物，提高了共混物的韧性、尺寸稳定性及耐高温性能等。该材料具有较好的力学性能，其强度可达聚苯乙烯同类水平。材料中淀粉的含量可达 90％以上，在有氧和无氧条件下均可生物降解，强度与普通速率相近，降解率达到 100％。

意大利 Novamont 公司生产的商品名为 Mater-Bi 的产品分为 A、V 和 Z 类[58]。A 类树脂由淀粉、vinyl alcohol copolymer 和其他添加剂组成，主要用于注射成型硬制品。V 类树脂的淀粉含量大于 85％，主要用于替代聚乙烯发泡材料。Z 类树脂除淀粉和其他添加剂外，含约 50％的聚己内酯（PCL）。这种材料耐水性好，通过水解方式降解。由于 PCL 的玻璃化转变温度低（−60℃），Z 类树脂非常适合薄膜的吹塑成型。

3.7　淀粉共混与复合材料

淀粉作为开发具有生物降解性塑料的潜在优势在于：淀粉在各种环境中都具备完全的生物降解能力；塑料中的淀粉分子降解或灰化后，形成 CO_2 气体，不对土壤或空气产生毒害；采取适当的工艺使淀粉热塑性化后可达到用于制造塑料材料的力学性能；淀粉是可再生资源，取之不绝，开拓淀粉的利用有利于农村经济发展。

常用的与淀粉共混的合成树脂有高密度聚乙烯（HDPE）、低密度聚乙烯（LDPE）、线性低密度聚乙烯（LLDPE）、聚丙烯（PP）、聚乙烯醇（PVA）、聚氯乙烯（PVC）、聚苯乙烯（PS）、聚酯（Polyester）等。其中低密度聚乙烯、线性低密度聚乙烯、聚乙烯醇添加淀粉的降解塑料为主要的研究对象。

3.7.1　淀粉/聚乙烯共混材料

长期以来，大量的聚乙烯应用于农业地膜、垃圾袋和包装袋等。这些物品一般是一次性使用，而聚乙烯被废弃后在自然环境中的降解速度非常缓慢，通常需要 300～500 年。这无疑对环境造成极大压力，因此人们一直希望能开发出可降解的、尤其是生物可降解的农膜、垃圾袋和包装袋。最初的努力便集中在淀粉/聚乙烯共混材料方面。人们希望在淀粉/聚烯烃材料被废弃后，淀粉颗粒被土壤中的微生物所利用，致使整个共混材料崩裂，促使大量聚烯烃端基暴露，导致氧化降解。但是事实上，这种"崩溃"后的剩余聚烯烃片段达到完全降解还需要很长时间，这种共混物从严格意义上讲并非完全生物降解型高分子。而且对于农膜这样的物件，淀粉被降解后，农膜中剩余的聚烯烃片段更加难以收集和处理，更容易造成对土壤的污染。

人们还尝试将淀粉与马来酸酐接枝聚乙烯共混，希望能增进淀粉与聚乙烯的相容性，获得性能更好的复合材料。将马来酸酐（MA）接枝到线形低密度聚乙烯（LLDPE）上后[59]，极性的马来酸酐能与淀粉分子链中的自由羟基发生化学反应（图 3.29），使 MA-g-LLDPE 与淀粉的界面黏结得到改善，体系拉伸强度略有上升，杨氏模量大幅度提高，然而共混物的降解性能仍不够理想（图 3.30）。

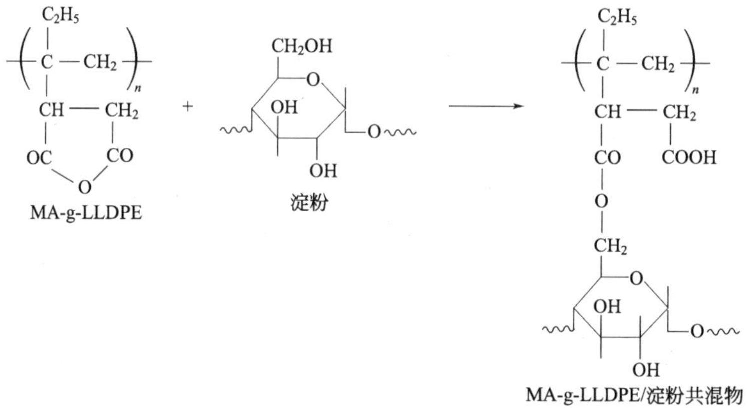

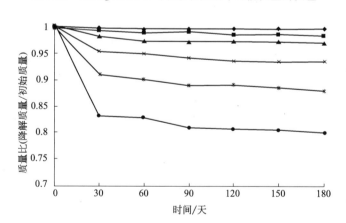

图 3.29 MA-g-LLDPE 与淀粉在共混中可能发生的反应

图 3.30 MA-g-LLDPE/淀粉共混物在土壤中的降解情况
→ 90/10；■ 80/20；▲ 70/30；× 60/40；* 50/50；● 40/60

虽然用淀粉与聚乙烯共混制备可降解膜的结果没有达到预期目的，但是将淀粉与聚乙烯共混，可制备具有农药缓释性能的基材[60]。以淀粉/PE 为载体的缓释基材包裹农药可达到控制释放的目的。在酸性土壤中，可使农药的药性维持更长的持效期。控制缓释剂中淀粉的含量、农药的含量及使用温度，可控制缓释时间。

3.7.2 淀粉/可降解聚合物共混

使用可生物降解的聚合物作为基体与淀粉共混是制备可降解塑料的有效途径。近年来，将淀粉与聚己内酯（PCL）、聚乳酸（PLA）、聚乙烯醇（PVA）等聚合物共混改性成为研究的热点之一。这种材料在被废弃后可以被生物降解。其可能的降解机理有两个：①淀粉塑料中的淀粉易吸水溶胀，先被细菌、真菌、放线菌等微生物侵袭被完全除去，使淀粉塑料的强度大大削弱，并使其表面积增加。然后在酶的作用下，聚合物基体可被土壤中的细菌完全分解；②当淀粉塑料与土壤中或水分中存在的盐类接触时，发生催化氧化作用使薄膜形成过氧化物，从而导致聚合物大分子链断裂。

3.7.2.1 与聚乙烯醇（PVA）共混

用淀粉和聚乙烯醇为原料可制备农用地膜。使用甲醛作交联剂，甘油为增塑剂，用浇铸法经聚氯乙烯疏水处理后可制备PVA-淀粉膜材料。农膜中淀粉含量增加可提高农膜的生物可降解能力，但却会降低农膜的力学性能。经疏水处理后的淀粉-聚乙烯醇农膜的机械强度高于聚乙烯农膜，且透光性、透气性、保温性及抗病虫害能力均高于聚乙烯农膜。土埋4个月后，淀粉-聚乙烯醇农膜脆裂成片，这是聚乙烯农膜所不及的生物可降解性能。

淀粉的抗水性较差，将淀粉先经过酯化改性，再与聚乙烯醇共混，并使之交联，可同时提高复合材料的力学强度和抗水性。用玉米淀粉醋酸酯与聚乙烯醇共混制备复合膜，用甲醛、戊二醛、乙二醛和环氧氯丙烷使复合膜交联。经过交联改性后，复合膜的力学性能和耐水性能显著提高，热稳定性能有所改善，结晶度降低，复合膜形成网状结构，致密性提高[61]。

3.7.2.2 与聚乳酸（PLA）共混

聚乳酸（PLA）是一种以淀粉、纤维素等碳水化合物为原料，经水解、发酵、纯化、聚合而成的一种合成聚酯，可再生，可完全生物降解。聚乳酸的性能优异，但是生产成本较高；淀粉成本低廉，但性能较差。因此，二者的共混复合体系成为极具发展潜力的材料，利用聚乳酸与淀粉的生物可降解性，可制备性能优异的、环境友好的新型可降解材料。

Ke等[62,63]研究了淀粉/聚乳酸体系的物理性能。共混物的拉伸强度和断裂伸长率均随淀粉含量的增加而降低。当淀粉含量超过60％时，聚乳酸难以成为连续相，此时体系的吸水率急剧增高。淀粉的水分含量和加工条件对淀粉/聚乳酸体系物理性能的影响很大。淀粉水分含量和淀粉的凝胶化程度对聚乳酸的热力学和结晶性能、淀粉/聚乳酸间的相互作用影响较小，而对体系的微观形态影响很大。水分含量低的淀粉在共混体系中没有发生凝胶化反应，只是起到填料的作用嵌入聚乳酸的基体中。水分含量高的淀粉在共混体系中发生凝胶糊化，使共混体系更加趋于均一。加工条件对淀粉/聚乳酸体系的力学性能也有很大影响。注塑样品与压模样品相比，具有较高的拉伸强度和伸长率、低的杨氏模量和吸水性。随后，该研究组[64]考察了多种增塑剂对聚乳酸/淀粉共混体系性能的影响，所用的增塑剂包括乙酰柠檬酸三乙酯、柠檬酸三乙酯、聚乙二醇、甘油、山梨醇等。随着乙酰柠檬酸三乙酯、柠檬酸三乙酯、聚乙二醇含量的提高，共混物的断裂伸长率可显著增加，然而拉伸强度和杨氏模量均明显降低。山梨醇能够提高体系的拉伸强度和杨氏模量，断裂伸长率有所下降。

如果将聚乳酸和淀粉经过简单直接共混，由于两者的相容性较差，难以得到具有良好物理性能的材料。因此，通常采用引入增容剂，如聚乳酸共聚物、淀粉接枝共聚物等来改善聚乳酸和淀粉的相容性。有很多关于聚乳酸与原淀粉或改性淀粉接枝共聚的报道。但是由于淀粉分子间的强相互作用，无法实施有效的本体熔融接枝反应，因此迄今为止，两者的接枝反应大多在溶液中实施[4,5]，鲜有关于淀粉接枝聚乳酸的本体熔融聚合反应的报道。王利群等[65]利用聚乙二醇（PEG）对淀粉的增塑作用，开展了淀粉与丙交酯在本体熔融的条件下原位开环接枝聚合反应的研究。当有 PEG 存在时，丙交酯可有效地接枝到淀粉分子链上，得到淀粉-聚乳酸接枝共聚物。PEG 对淀粉的增塑效果是影响淀粉与丙交酯熔融接枝反应至关重要的因素。PEG 的分子量对淀粉-丙交酯的原位接枝的影响很大。虽然 PEG200 的增塑效果最好，但 PEG400 对提高接枝率的影响最大，这可能是因为 PEG 的增塑能力和反应体系中 PEG 端羟基的相对含量是影响淀粉-丙交酯原位接枝反应的两个相互竞争的因素。降低 PEG 的分子量有利于提高 PEG 对淀粉的增塑效果，但是降低分子量的同时意味着增加体系中 PEG 端羟基的相对含量，该羟基与淀粉分子链上的羟基相互竞争引发丙交酯开环聚合，一个反应形成淀粉-PLA 接枝共聚物，另一个反应形成 PEG-PLA 嵌段共聚物。对相同的加入量，PEG200 的端羟基含量将是 PEG400 的两倍，导致 PEG200 存在时，淀粉与丙交酯的总反应率低于 PEG400 存在时的反应率。

3.7.2.3　与聚己内酯（PCL）共混[58]

Bloembergen 等[66]分别用玉米、马铃薯、小麦、大米等淀粉原料制备淀粉醋酸酯，甘油三酯（或亚麻酸酯、乳酸酯及柠檬酸酯）作增塑剂，与 PLA［或 PCL、PHA（聚羟基脂肪酸酯）等］挤出成膜，产品抗水性好，透明性好，柔韧性强。淀粉与 PCL 的力学性能都较差，但 Takagi 等人将淀粉和醋酸酐共聚胶化后再与 PCL 混合的共混物有较好的力学性能和降解性能。利用交联淀粉和阳离子淀粉与纤维素、聚乙烯醇、轻质碳酸钙等在双辊筒炼塑机中共混炼塑，可制得发泡淀粉塑料，代替聚苯乙烯用作快餐盒和其他包装材料。

3.7.2.4　与壳聚糖共混

壳聚糖是甲壳素的脱乙酰化产物，是一种带正电荷的天然高分子，本身具有很好的成膜性、通透性、抗菌性、生物相容性及降解性能。将壳聚糖与淀粉共混，可获得性能优异的环境友好材料。由于壳聚糖和淀粉均可食，利用壳聚糖优异的成膜性和抗菌性，可将壳聚糖/淀粉共混膜应用于可食抗菌保鲜膜或果蔬保鲜的涂膜[67,68]。

肖玲等[69]以甲醛、环氧氯丙烷为交联剂，用反相悬浮法制备了壳聚糖/淀粉共混微球。当壳聚糖与淀粉共混比例在 5∶1 至 5∶5 间可制成形状规则、表面光滑的壳聚糖/淀粉共混微球，壳聚糖与淀粉的共混比例对微球表面结构没有显著影响（图 3.31）。用微球分别吸附 Cu^{2+}，Pb^{2+}，均在 6h 内达到平衡。由于壳聚糖中的氨基在金属离子的吸附过程占主要作用，因此，当共混微球中淀粉含量增加时，微球表面氨基所占的比例减少，导致共混微球对金属离子的饱和吸附容量逐渐减少。当壳聚糖与淀粉的共混比例为 5∶1 时，共混微球的产率最高。此时，壳聚糖/淀粉共混微球对 Cu^{2+}，Pb^{2+} 的饱和吸附容量与未加淀粉的壳聚糖微球相近，但是微球的产率却有较大提高，达到相同的吸附效果而所需原料的用量最少，成本最低。用这种方法制备的壳聚糖/淀粉共混微球在含 Cu^{2+} 和 Pb^{2+} 金属离子的废水处理中将有较好的应用前景。

3.7.3　淀粉与填料进行共混复合

赵晓鹏等[70]用水解法和溶胶-凝胶法相结合，制备了丙三醇/羟甲基淀粉/改性纳米氧化

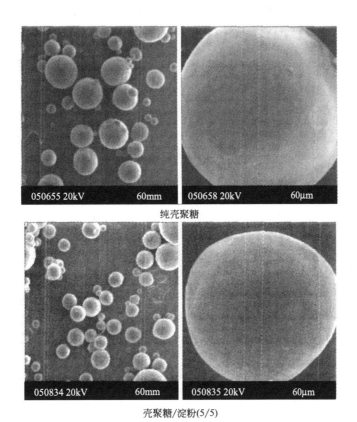

050655 20kV   60mm   050658 20kV   60μm

纯壳聚糖

050834 20kV   60mm   050835 20kV   60μm

壳聚糖/淀粉(5/5)

图 3.31 　壳聚糖及壳聚糖/淀粉共混微球 SEM 图像

钛复合颗粒。体系中存在大量的羟基，其间形成的氢键能够促使有机、无机两相之间发生强烈的相互作用。羟甲基淀粉和氧化钛之间的相互作用和高极性物质的加入使颗粒的介电极化特性得到很大改善，增强了其电流变效应。其剪切应力与静态屈服应力均较同浓度下的改性氧化钛和羧甲基淀粉电流变液有所提高。此外，这种电流变液的抗沉降性能也有很大改善。分析认为，有机、无机组分之间的相互作用和高极性有机物的加入是复合颗粒电流变液力学性能增强的主要原因。

蒙脱土具有纳米层状结构，通过插层复合可制备淀粉/蒙脱土纳米复合材料，剥离后的层状蒙脱土可均匀分散在淀粉基体中，如图 3.32 所示[71]。用蒙脱土制备纳米淀粉复合材料的研究引起了广泛关注[72~75]。例如，用柠檬酸活化蒙脱石，用尿素和甲酰胺（淀粉：尿素：甲酰胺＝10：2：1）塑化热塑性淀粉，采用熔体插层技术可制备热塑性淀粉/蒙脱石复合材料[75]。广角 X 射线衍射、透射电子显微镜表征结果表明，在热塑性淀粉和蒙脱石形成的复合材料中，熔融的淀粉分子链已插入到蒙脱石层间。蒙脱石片层结构被撑开，形成单个片层均匀分散在淀粉基体中。当蒙脱石质量分数 2％～10％时，将复合材料在相对湿度 50％的环境下保存 10 天后测其力学性能，复合材料

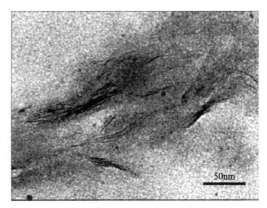

图 3.32 　淀粉/蒙脱土 TEM 照片（标尺为 50nm）

的最大拉伸应力达到 24.86MPa，应变为 134.50％，杨氏模量和断裂活化能分别由纯热塑性淀粉的 87.25MPa 和 1.87N·m 上升到 625.25MPa 和 2.45N·m。和纯热塑性淀粉相比，复合材料强度明显提高。流变行为研究得出，通过改变加工温度和螺杆挤出机速度可以调整复合材料的流变行为。与传统的甘油体系相比，复合材料很好地抑制了材料长时间放置的结晶行为。该复合材料比纯热塑性淀粉具有很好的耐水性能和热稳定性。

3.8　淀粉材料的应用

3.8.1　在水处理中的应用

淀粉是由许多葡萄糖分子脱水聚合而成的高分子碳水化合物，相对分子质量很大，有较强的凝沉性能。通过物理、化学或生物等方法的改性处理，可以改变淀粉分子中某些 D-吡喃葡萄糖单元的化学结构得到高效的改性淀粉絮凝剂，用作水处理剂时选择性大、无毒，可完全被生物降解，在自然界中形成良性循环。

在制备淀粉衍生物絮凝剂时，通常采用接枝共聚、醚化和交联 3 种方法对淀粉进行改性，使淀粉接枝上具有絮凝功能的聚合物侧链，侧链基团可以与许多物质亲和、吸附作用形成氢键，或者与被絮凝的物质形成物理交联状态，使之沉淀下来。可以用于处理染料废水、造纸厂废水中的短纤维及其他悬浮物等，还可用于含汞废水、电镀废水等含重金属离子的废水及石油废水的处理。根据淀粉衍生物所带电荷的情况，可分为非离子型、阴离子型、阳离子型和两性型等 4 类絮凝剂。

在淀粉上接枝具有絮凝功能的聚合物侧链丙烯酰胺（AM）形成丙烯酰胺接枝淀粉，是典型的非离子型淀粉絮凝剂。AM 侧链可与许多物质亲和、吸附或形成氢键，或与被絮凝的物质形成物理交联状态一起沉淀。此类絮凝剂可用于净化工业废水、澄清工业用水及家庭用水。例如，以硝酸铈铵为引发剂，让一定配比的淀粉和 AM 在 30～40℃下反应 3h 可得到接枝率达 90％以上的淀粉-AM 接枝共聚物，对造纸、纺织、电镀废水具有良好的絮凝效果；另外淀粉还可以和丙烯腈、丙烯酸酯等不同的接枝单体在不同的制备条件下制得许多性能优良的多功能絮凝剂。

高取代季铵型阳离子淀粉絮凝剂是以玉米淀粉、小麦淀粉、木薯淀粉、马铃薯淀粉中任何一种或其中任何相混合物为原料、3-氯-2-羟丙基三甲基氯化铵或 N-(2，3-环氧氯丙基) 三甲基氯化铵作阳离子醚化剂，在氢氧化钠/助催化剂复合催化体系催化作用下，采用干法合成的。这种絮凝剂与常规药剂相比具有用量少、絮凝沉降速度快、上层水透明度高，可广泛用于造纸、印染、制革、石油化工等行业的废水处理及污泥脱水[76]。

废水中大部分细微颗粒和胶体都带负电荷，因此淀粉的阳离子改性是淀粉衍生物絮凝剂研究的一个重要方向。阳离子基团的引入可以通过接枝共聚及交联反应或直接与醚化剂的亲核取代反应完成，还可以接枝具有絮凝功能的侧链来提高其絮凝效果。由于阳离子淀粉絮凝剂在工业废水处理中是优良的高分子絮凝剂和阴离子交换剂，可吸附带负电的有机或无机悬浮物，能有效地去除铬酸盐、重铬酸盐、钼酸盐、高锰酸盐、氰化物等有毒物质及阴离子表面活性剂；也可以有效地减少废水中的有机污染程度，对 COD 有较高的去除率。

我国具有极其丰富的天然高分子资源，近几年来，国内在应用天然高分子进行化学改性研制新型絮凝剂的进展很快，但大多数都处于实验阶段，与国外还有非常大的差距。随着工

天然高分子材料

业的发展、工业用水量的增长，废水处理量也随之增加，在今后的几年中，水处理剂的市场需求也将大大增加，开发和应用安全、环保、经济的新型天然高分子水处理絮凝剂将是水处理发展的重要方向之一。

3.8.2 在造纸工业中的应用[77]

淀粉在造纸中的主要作用是赋予纸张某些功能以及作为加工助剂使用。造纸厂所用的淀粉来源丰富，主要有普通玉米、糯玉米、木薯、马铃薯和小麦。造纸中淀粉的使用主要取决于成纸类型、造纸中所使用的其他原料、造纸技术、成纸特性及纸机生产能力。薄型纸仅需少量淀粉或不用淀粉，而高级打印纸则需多达10％（相对纸张质量）的淀粉，高矿物填料含量的纸张需要使用更多的淀粉以提高其强度和印刷性能。全球的造纸工业每年大约需要500万吨淀粉，约占纸和纸板总产量的1.5％。在美国，改性淀粉不仅用来提高产量，还用来提高成纸质量，因而得到了更广泛应用。据美国玉米加工协会统计，2004年美国造纸工业所使用的玉米淀粉中，76％为改性淀粉。美国造纸工业所使用的淀粉中，玉米淀粉占95％以上。与2003年相比，2004年改性玉米淀粉的用量增加了14％，而天然淀粉的用量降低了10.5％。加上其他原料生产的淀粉，美国造纸工业使用的改性淀粉比例甚至高于76％。在美国玉米加工协会所运输的改性玉米淀粉中，66％用于造纸。

淀粉添加在纸机湿部的纸浆中以提高层间结合强度和挺度等成纸干强度，以及提高细小纤维和化学品的留着、滤水、内施胶效果、纸页成形和印刷性。淀粉还可以用来降低打浆能耗、生化需氧量和纸张生产的成本。表面施胶淀粉可以提高纸张表面和内部结合强度以及适印性。如果使用得当，湿部淀粉不仅能提高纸张强度，还可使用更多的低成本矿物填料替代高成本的纤维并降低打浆能耗，而打浆程度的降低又会提高网部纸浆的滤水性能，从而降低压榨部和干燥部的能耗。碱性抄纸中，湿部淀粉还可以作为反应性施胶剂的保护剂。湿部淀粉可以将反应性施胶剂固定并分布在纸浆纤维中，从而提高造纸系统的清洁程度和生产能力。淀粉在造纸过程中的作用如图3.33所示。

图3.33　淀粉在造纸中的作用图解

为达到预期效果，需要在造纸的不同阶段采用不同的方法使用淀粉。例如，研究发现，在湿部多层纸的层间使用未经蒸煮的喷淋淀粉可以提高层间黏合强度；将改性湿部淀粉蒸煮后和纸浆混合，可以提高强度、施胶效果、留着、滤水性、纸页成形、生产能力，并降低废水污染程度。若想达到上述效果需要合理地选择和使用改性淀粉，另外，淀粉的添加比例、添加点以及与其他湿部化学品的兼容性对于所用湿部淀粉的最佳效果也是非常关键的。

3.8.3 在生物医用领域中的应用

淀粉除了作为原料生产的药外，还可用在片剂辅料、外科手套的润滑剂及医用撒粉辅料、代血浆、药物载体等方面，另外还可以用在湿布医药基材的增黏剂、治疗尿毒症、降低血液中胆固醇及防止动脉硬化等产品中。一些淀粉基复合材料也是一种具有很大潜力的组织工程支架材料[78]。

在制药工业中，片剂是主要使用的一类药物剂型。从总体上看，片剂是由两大类物质构成的，一类是发挥治疗作用的药物（即主药），另一类是没有生理活性的一些物质，在药剂学中，将这些物质统称为辅料。辅料所起的作用主要包括：填充作用、黏合作用、崩解作用和润滑作用，有时还起到着色作用、矫味作用以及美观作用等。根据它们所起作用的不同，常将片剂辅料分成四大类：填充剂、黏合剂、崩解剂、润滑剂。

填充剂（或称稀释剂）主要用来填充片剂的重量或体积。如果片剂中的主药只有几毫克或几十毫克时，不加入适当填充剂的，将无法制成片剂。因此，填充剂起到了较为重要的增加体积、助其成型的作用。常用的填充剂有淀粉类、糖类、纤维素类和无机盐类等。

黏合剂的作用是使药物粉末结合起来。某些药物粉末本身具有黏性，只需加入适量的液体就可将其本身固有的黏性诱发出来，这时所加入的液体称为湿润剂；某些药物粉末本身不具有黏性或黏性较小，需要加入淀粉浆等黏性物质，才能使其黏合起来，这些加入的黏性物质称为黏合剂，上述湿润剂和黏合剂总称为黏合剂。

淀粉作为片剂辅料，可做稀释剂和吸收剂，亦可作黏合剂和崩解剂。在国内，主要是用原淀粉，且主要是玉米淀粉；在国外，主要是用原淀粉、预胶化淀粉、羟丙基淀粉、羧甲基淀粉等。淀粉的无毒性及价格便宜使原淀粉被广泛应用于片剂辅料，但原淀粉糊经冷冻后会发生凝沉现象，破坏产品的胶体结构，同时存在可压性差、冷水中不溶和崩解速度慢等缺点，不利于药用成分被人体吸收，因而原淀粉已不能满足片剂生产的要求。为解决以上问题，可通过对原淀粉进行预胶化、酯化、醚化或交联等方法变性，提高其冷冻稳定性，以克服原淀粉在这方面所存在的缺陷[79]。

淀粉用作药物载体有其他人工合成材料不具备的优点，淀粉是人体食物的主要组成成分之一，也是人们获得能量来源的主要成分。因此淀粉有良好的生物相容性，无免疫原性，已用于各种非胃肠道给药的处方中。近年来已将可生物降解的淀粉用作与低分子药物共价结合的基质，制备靶向或控释系统。它可在血液中被迅速吸收，在各组织中降解。淀粉通过交联，很容易制备更稳定的产品，且粒径不同的微粒可用于化学栓塞或被动靶向等多种目的。另外，由于淀粉来源广泛，价格低廉且便于储存，适合于大规模的制备和生产。

3.8.4　在食品工业中的应用

变性淀粉在新鲜面中的应用研究证明，加入面粉量1%的脂化糯玉米淀粉或羟丙基玉米淀粉，可降低淀粉的回生程度，使经贮藏的湿面仍具较柔软的口感，面条的品质、溶出率等都得到改善。因变性淀粉的亲水性比小麦淀粉大，易吸水膨胀，能与面筋蛋白、小麦淀粉相互结合形成均匀致密的网络结构。但加入过量会对面团有不利的影响。

在油炸方便面中，一般面粉中马铃薯交联淀粉醋酸酯或木薯交联淀粉醋酸酯用量为10%～15%，从而提高成品面条和产品的复水性，使其耐泡而不糊汤；生产中可降低断条率，提高成品率；另外还可降低油炸方便面2%～4%的油耗。

在冰淇淋中使用变性淀粉可代替部分脂肪提高结合水量并稳定气泡，使产品具有类似脂肪的组织结构，降低生产成本。这种变性淀粉主要是淀粉基脂肪替代品。

果冻的特点是具有很好的透明性，且其组分经加热溶化再冷却后，能形成很好的凝胶。实践中，使用羟丙基交联淀粉取代25%卡拉胶制作果冻，能很好地满足这一要求。

在大多数冷冻食品中，变性淀粉的主要作用为增稠、改善质构、抗老化和提高感官质量。如汤圆经冷冻后皮易裂，更不能反复冷冻融化，可在制作汤圆的糯米粉中添加5％左右的醚化淀粉起黏结和润湿作用，从而避免皮的破裂和淀粉回生，减少蒸煮时汤糊现象，降低汤内固形物量。

颗粒冷水溶胀淀粉能赋予食品"浆状"或"粒状"质构，不论在高酸性或低酸性的食品中均适用，使产品在外观和口感上都得到改进。由于这种淀粉能在加工食品中模拟番茄和果浆的特性，特别适合于开发番茄产品，制造具有"真番茄"特征和高度"浆状"外观的产品。此外，颗粒冷水溶胀淀粉与果汁一起蒸煮而成的浆汁，质构与利用真正破碎水果蒸煮而成的浆汁非常相似，可作为焙烤食品理想的水果馅料。

玉米淀粉的回生，使贮藏后肉制品质地松散而不柔软，严重的则变得口感粗糙。用交联-酯化淀粉部分或全部替代玉米淀粉，可以改善肉制品的吸水量，增加其黏结性；同时可以利用这类淀粉的回生程度大大下降，而使贮藏后的肉制品仍具有细腻的口感。淀粉经交联后，还可提高淀粉的糊化温度，在肉开始煮熟过程中，淀粉不糊化或糊化慢，热传递快，可缩短加热时间，节约能耗，降低生产成本。一般肉制品中变性淀粉用量在3％～8％之间。

参 考 文 献

[1] Avérous L，Halley P J. Biocomposites based on plasticized starch. Biofules Bioproducts & Biorefining，2009，3：329-343.

[2] Avérous L. Biodegradable multiphase systems based on plasticized starch：A review. J Macromol Sci，2004，C44 (3)：231-274.

[3] 严瑞瑄主编. 水溶性高分子. 北京：化学工业出版社，355.

[4] 张俐娜主编. 天然高分子材料. 北京：化学工业出版社，2006.

[5] 彭敏，阮湘元，范洪波，陈钻珍. 淀粉及碘嵌入淀粉结构的原子力显微镜观测. 高分子材料科学与工程，2009，25 (4)：102-105.

[6] 李海普，李彬，欧阳明，张莎莎. 直链淀粉和支链淀粉的表征. 食品科学，2010，31 (11)：273-277.

[7] Robin J P，Mercier C，Charbonniere R，Guilbot A. Lintnerized Starches. Gel Filtration and Enzymatic Studies of Insoluble Residues from Prolonged Acid Treatment of Potato Starch. Cereal Chem，1974，51：389-405.

[8] Buleon A，Colonna P，Planchot V，Ball S. Starch granules：structure and biosynthesis. International Journal of Biological Macromolecules，1998，23：85-112.

[9] Calvert P. The structure of starch. Nature，1997，389 (25)：338-339.

[10] Buleon A，Colonna P，Planchot V，Ball S. Starch granules：structure and biosynthesis. International Journal of Biological Macromolecules，1998，23：85-112.

[11] Gernat C，Radosta S，Anger H，Damashum G. Crystalline parts of three different conformations detected in native and enzymatically degraded starches. Starch，1993，45：309-314.

[12] French D//Whistler RL，Bemiller JN，Parschall EF，editors. Starch，Chemistry and Technology. New York：Academic Press，1984：183-247.

[13] Blanshard J M V. Starch granule structure and function：a physicochemical approach. Crit Rep Appl Chem，1987，13：16.

[14] Robin J P，Mercier C，Charbonniers R，Guilbot A. Lintnerized starches，Gel filtration and enzymatic studies of insoluble residues from prolonged acid treatment of potato starch. Cereal Chem，1974，51：389-398.

[15] Gidley M j，Bociek S M. Molecular organization in starches：a carbon ^{13}C CP/NMR study. J Am Chem Soc，1985，107：7040-7044.

[16] Cooke D，Gidley M. Loss of crystalline and molecular order during starch gelatinization：origin of the enthalpic transition. Carbohydr Res，1992，227：103-112.

[17] 黄祖强，陈渊，钱维金，童张法，黎铉海. 机械活化对木薯淀粉醋酸酯化反应的强化作用. 过程工程学报，2007，7 (3)：501-505.

[18] 吴俊，李斌，谢笔钧. 微细化淀粉干法疏水化改性条件及其改性机理研究. 食品科学，2004，25（9）：96-100.

[19] 董跃清. 醋酸酯淀粉浆料的研制及应用. 棉纺织技术，2001，29（6）：348-350.

[20] 袁怀波，江力，曹树青，张爽，陈宗道. 酯化红薯变性淀粉的制备及性质研究. 食品科学，2006，27（10）：245-248.

[21] 王旭，高文远，张黎明，肖培根，李克峰，刘栩. 不同取代度山药醋酸淀粉的合成及表征. 中国科学 B 辑：化学，2008，38（7）：613-617.

[22] 魏彦杰，钟耕，李森，姚玲华，颜晨，杨朔. 离子液体技术制备醋酸酯淀粉的研究展望. 中国科技论文在线，ht-tp：//www. paper. edu. cn.

[23] Biswas A，Shogren R L，Stevenson D G，et al. Ionic liquids as solvents for biopolymers：acylation of starch and zein protein. Carbohydrate Polymers，2006，66（4）：546-550.

[24] 周巧萍，武进，张军，何嘉松等. 高直链淀粉乙酸酯的均相合成及其静电纺丝. 高分子学报，2007（7）：685-688.

[25] 罗兴发，黄强，李琳. 淀粉疏水改性及其应用. 包装工程，2006，27（2）：18-20.

[26] Aburto J，Alic I，Borredon E，et al. Preparation of long-chain esters of starch using fatty acid chlorides in the absence of an organic solvent. Starch，1999，51（4）：132-135.

[27] Jeon Y S，Ichon C，Viswanathan A，et al. Studies of starch esterification：reactions with alkenylsuccinates in aqueous slurry systems. Starch，1999，51（2-3）：90-93.

[28] Parka S，Chungb M G，Yooa B. Effect of octenyl-succinylation on rheological properties of com starch pastes. Starch，2004，56：399-406.

[29] 徐家业，王晓玲，陈伟. 季铵盐型阳离子羟乙基淀粉的制备方法. 中国发明专利 CN1143650，1995.

[30] 刘冠军，董海洲，刘文. 氧化淀粉新工艺制备和应用. 粮食加工，2006（1）：44-46.

[31] Gumul D，Gambus H，Gibinski M. Air oxidation of potato starch over zinc（Ⅱ）catalyst. Electric Journal of Polish Agricultural Universities，2005，8（4）：85.

[32] 邱海霞，于九皋，林通. 高吸水性树脂. 化学通报，2003（9）：598-605.

[33] 栗海峰，范力仁，罗文君，宋吉青，李茂松，潘亚平. 淀粉接枝衣康酸/丙烯酸高吸水材料制备与性能. 化工学报，2008，59（12）：3165-3171.

[34] 谢德明，施云峰，谢春兰，周长忍. 淀粉与聚乳酸接枝共聚物的制备与表征. 材料科学与工程学报，2006，24（6）：835-838.

[35] 邵俊，赵耀明. 原位法合成聚乳酸接枝淀粉共聚物的研究与应用. 中国塑料，2009，23（10）：15-20.

[36] 由英才，朱常英，焦京亮，沈忻. 淀粉/DL-丙交酯接枝共聚物的合成和生物降解性能研究. 高分子学报，2000，（6）：746-750.

[37] 葛杰，张功超，白立丰，管丛江. 变性淀粉在我国的应用及发展趋势. 黑龙江八一农垦大学学报，2003，17（1）：69-73.

[38] 丁年平，解新安，刘华敏，魏静. 淀粉微球的制备及应用研究进展. 食品工业科技，2009，（10）：356-359.

[39] Elfstrand L，Eliasson A C. From starch to starch microspheres：factors controlling the microspheres quality. Starch Journal，2006，58：381-390.

[40] Bajpai A K，Bhanu S. Dynamics of controlled release of heparin from swellable crosslinked starch microspheres. J Mater Sci：Mater Med，2007，18：1613-1621.

[41] Patricia B，Malafaya F. Stappers-starch-based microspheres produced by emulsion crosslinking with a potential media dependent responsive behavior to be used as drug delivery carriers. J Mater Sci：Mater Med，2006，17：371-377.

[42] Fournier C，Hamon M，Hamon M，et al. Preparation and preclinical evaluation of bioresorbable hydroxyethyl starch microspheres for transient arterial embolization. Inter J Phamac，1994，106：41-49.

[43] 王红强，蔡敏，李庆余，吴丽萍，黄芬芬，陈美超. 真空冷冻干燥法在微孔淀粉制备过程中的应用. 食品工业科技，2008（10）：192-194.

[44] 杜敏华，刘福林. 大米微孔淀粉的酶法制备工艺优化研究. 粮油加工，2007，（5）：104-106.

[45] Angellier H，Molina-Boisseau S，Lebrun L，Dufresne A. Processing and structural properties of waxy maize starch nanocrystals reinforced natural rubber. Macromolecules，2005，38：3783-3792.

[46] Agnellier H，Molina-Boisseau S，Belgacem M N，Dufresne A. Surface chemical modification of waxy maize starch

nanocrystals. Langmuir，2005，21：2425-2433.

[47] 周江，佟金 . 淀粉泡沫材料研究进展及其在包装领域的应用 . 包装工程，2006，27（1）：1-4.

[48] Della Balle G，Bouche Y，Colonna P，Vergnes B. The extrusion behaviour of potato starch. Carbohyd Polym，1995，28：255-264.

[49] Shogren R L，Lawton J W，Doane W M，Tiefenbacher K F. Structure and morphology of baked starch foams. Polymer，1998，39：6649-6655.

[50] Glenn G M，Orts W J. Properties of starch-based foam formed by compression/explosion processing. Ind Crops Products，2001，13：135-143.

[51] Glenn G M，Irving D W. Starch-based microcellular foams . Cereal Chem，1995，72：155-161.

[52] Sioqvist M，Gatenholm P. The effect of starch composition on structure of foams prepared by microwave treatment. Journal of Polymers and the Environment，2005，13（1）：29-37.

[53] 曾建兵，李陶，汪秀丽 . 淀粉/聚乙烯醇泡沫塑料的制备及表面形貌分析 . 高分子材料科学与工程，2009，25（4）：130-133.

[54] Soykeabkaew N，Supaphol P，Rujiravanit R. Preparation and characterization of jute and flax-reinforced starch-based composite foams. Cabohydrate Polymers，2004，58：53-63.

[55] 王云芳，王汝敏，赵瑾，郭增昌 . 淀粉基环境可降解高分子材料研究进展 . 材料导报，2005，19（4）：12-15.

[56] Averous L，Halley P J. Biocomposites based on plasticized starch. Biofuels Bioproducts & Biorefining，2009，3：329-343.

[57] 王佩璋，王澜，李田华 . 淀粉的热塑性研究 . 中国塑料，2002，16（4）：39.

[58] Fang Q，Hanna M A. Characteristics of biodegradable Mater-Bi-starch based foams as affected by ingredient formulations. Industrial Crops and Products，2001，13：219-227.

[59] Chandra R，Rustgi R. Biodegradation of maleated linear low-density polyethylene and starch blends. Polymer Degradation and Stability，1997，56：185-202.

[60] 吴秀琳，台立民 . 淀粉/PE 共混体系水解释放杀菌剂的研究 . 塑料，2009，38（2）：27-29.

[61] 张光华，周小丰，来智超 . 交联剂对玉米淀粉醋酸酯/PVA 可降解复合膜性能的影响 . 高分子材料科学与工程，2007，23（6）：164-168.

[62] Ke T，Sun X. Physical properties of poly（lactic acid）and starch composites with various blending ratios. Cereal Chemistry，2000，77（6）：761-768.

[63] Ke T，Sun X. Effects of moisture content and heat treatment on the physical properties of starch and poly（lactic acid）blends. Journal of Applied Polymer Science，2001，81（12）：3069-3082.

[64] Ke T，Sun X. Thermal and mechanical properties of poly（lactic acid）and starch blends with various plasticizers. American Society of Agricultural Engineers，2001，44（4）：945-953.

[65] 戴文琪，涂克华，王利群 . 聚乙二醇对淀粉原位熔融接枝聚乳酸的影响 . 高分子材料科学与工程，2005，21（4）：73-76.

[66] Lu Y，Tighzert L，Berzin F，Rondot S. Innovative plasticized starch films modified with waterborne polyurethane from renewable resources. Carbohydrate Polymer，2005，61（2）：174-182.

[67] 钟秋平，夏文水 . 壳聚糖木薯淀粉明胶复合可食抗菌保鲜膜性能的研究 . 食品科学，2006，27（6）：59-64.

[68] 夏柳慧，韩永生 . 壳聚糖-淀粉共混薄膜的制备与研究 . 包装工程，2005，26（6）：72-74.

[69] 肖玲，贾伟伟 . 壳聚糖/淀粉共混微球的制备及其吸附性能 . 武汉大学学报（理学版），2006，52（2）：189-192.

[70] 乔荫颇，尹剑波，赵晓鹏 . 丙三醇/羧甲基淀粉/改性氧化钛复合颗粒的电流变性能 . 功能材料，2006，37（6）：1009-1012.

[71] Chivrac F，Pollet E，Averous L. New approach to elaborate exfoliated starch-based nanobiocomposites. Biomacromolecules，2008，9（3）：896-900.

[72] Huang M F，Yu J G，Ma X F. Studies on the properties of montmorillonite-reinforced thermoplastic starch composites. Polymer，2004，45（20）：7017-7023.

[73] Cyras V P，Manfredi L B，Ton-That M T，Vazquez A. Physical and mechanical properties of thermoplastic starch/montmorillonite nanocomposite films. Carbohyd Polym，2008，73（1）：55-63.

［74］ Dean K，Yu L，Wu D Y. Preparation and characterization of melt-extruded thermoplastic starch/clay nanocomposites. Compos Sci Technol，2007，67（3-4）：413-421.

［75］ 黄明福，于九皋，马骁飞．热塑性淀粉/蒙脱石复合材料性能研究．高分子学报，2005，（6）：862-867.

［76］ 王公应，陈彦道，刘绍英等．一种高取代度季铵型阳离子淀粉絮凝剂及其合成方法，中国发明专利 CN200610166835，2006.

［77］ 张爱萍．淀粉在造纸中的应用知多少．造纸化学，2007，19（1）：68-70.

［78］ 石锐．热塑性淀粉材料的改性及生物医用探索［学位论文］．北京化工大学，2008：27-28.

［79］ 刘松青．马铃薯原淀粉制备羧甲基淀粉新型片剂辅料的研究［学位论文］．雅安：四川农业大学，2007：1-3.

天然高分子材料

第4章　甲壳素与壳聚糖

4.1　甲壳素与壳聚糖简介

甲壳素（chitin）也称甲壳质、几丁质、蟹壳素等，是自然界中唯一带正电荷的天然高分子聚合物，属于直链氨基多糖，学名为 β-1,4-聚-N-乙酰-D-氨基葡萄糖，分子式为 $(C_8H_{13}NO_5)_n$，单体之间以 β（1→4）糖苷键连接，相对分子质量一般在 10^6 左右，理论含氮量为 6.9%。甲壳素分子化学结构与植物中广泛存在的纤维素非常相似，所不同的是，若把组成纤维素的单个葡萄糖分子第 2 个碳原子上的羟基（—OH）换成乙酰氨基（—NHCOCH₃），这样纤维素就变成了甲壳素，因此有人认为，从这个意义上讲，甲壳素可以说是动物性纤维。

甲壳素广泛存在于甲壳类动物、软体动物（如鱿鱼、乌贼）的外壳和软骨、节肢类动物的壳体、真菌（酵母、霉菌）的细胞壁及藻类的细胞壁中，另外在动物的关节、蹄、足的坚硬部分，肌肉与骨结合处，以及低等植物中均发现有甲壳素的存在。在虾、蟹的壳中，甲壳素的含量可高达 58%～85%。在自然界中，甲壳素的年生物合成量约为 100 亿吨，是地球上除纤维素以外的第二大有机资源，是人类可充分利用的巨大自然资源宝库。甲壳素是地球上数量最大的含氮有机化合物之一。甲壳素经自然界中的甲壳素酶、溶菌酶、壳聚糖酶等的完全生物降解后，参与生态体系的碳和氮循环，对地球生态环境起着重要的调控作用。

1811 年，法国学者 H. Braconnot 用温热的稀碱溶液反复处理蘑菇，得到一些纤维状的白色残渣，这是人类首次从蘑菇中分离出甲壳素；1823 年，法国科学家 A. Odier 从昆虫翅鞘中提取了同类物质，他认为此物质是一种新型的纤维素，将其命名为 chitin。1843 年，法国人 A. Payen 发现 chitin 与纤维素的性质不大相同。同年，法国人 J. L. Lassaigne 发现 chitin 中含有氮元素，从而证明 chitin 不是纤维素，而是一种新的具有纤维性质的化合物。1878 年，G. Ledderhose 从 chitin 的水解反应液中检出了氨基葡萄糖和乙酸。1894 年，E. Gilson 进一步证明了 chitin 中含有氨基葡萄糖，而后来的研究表明，chitin 是由 N-乙酰氨基葡萄糖缩聚而成的，或者说组成 chitin 的单体是 N-乙酰氨基葡萄糖。从 1811 年发现 chitin 到研究清楚其结构，前后几乎用了将近 100 年的时间[1]。1859 年法国学者 Rouget 用浓碱处理 chitin 提取了可溶于酸的变性甲壳素，1894 年德国学者 Hopper-Sevler 将其命名 chitosan。

甲壳素在自然界的存在，还有一个重要的方面往往被人忽视，那就是在自然界生长、繁衍着的含有甲壳素的各种各样的生物，在其死亡腐烂后成为肥料的同时释放出甲壳素，甲壳素在自然界经受降解和脱乙酰基过程，产生不同分子量的甲壳素及不同分子量、不同脱乙酰度的壳聚糖。在广袤的田野、森林和大草原的土壤中，都有甲壳素和壳聚糖的存在；而在贫瘠的土壤和沙化的土壤中，则很少有甲壳素和壳聚糖的存在。这反映出甲壳素在自然界生态平衡中的重要性。

自 20 世纪 80 年代以来，在全球范围内形成了甲壳素/壳聚糖的开发研究热潮，各国都加大了对甲壳素/壳聚糖产品开发研究的力度，其中以日本走在了各国的前列。日本政府曾投资 60 亿日元委托数 10 家高校及科研机构进行甲壳素和壳聚糖产品的开发研究，取得了大量的科研成果，并已将部分成果实现了产业化，仅以壳聚糖为主要原料的保健食品就有 20 个左右的品种上市。进入 20 世纪 90 年代后，中国对于甲壳素和壳聚糖资源的开发研究也越来越重视，有众多的科研机构投入到该课题的研究当中，并已取得了不少成果。

中国的海洋资源丰富，海岸线总长度达到 3.2 万公里，其中大陆海岸线 1.8 万公里，具有非常丰富的甲壳素资源，有巨大的甲壳素和壳聚糖产品的潜在市场，若能适时引进国外资金开展广泛的国际合作与研究，必将加速中国甲壳素和壳聚糖产品的开发研究及产业化过程，这也是甲壳素和壳聚糖化学发展的方向及必然趋势。

4.2　甲壳素与壳聚糖的结构

4.2.1　甲壳素与壳聚糖的化学结构

甲壳素的化学名称为 β-(1,4)-聚-2-乙酰胺基-D-葡萄糖，由 N-乙酰氨基葡萄糖以 β-1,4 糖苷键缩合而成，分子式可写为 $(C_8H_{13}NO_5)_n$。其结构式与纤维素的结构式非常相近，可以看作是纤维素的 C2 位的—OH 基被—NHCOCH$_3$ 基取代的产物。可以看出，构成甲壳素的基本单位是 2-乙酰胺基葡萄糖。图 4.1 所示为甲壳素的分子结构式。

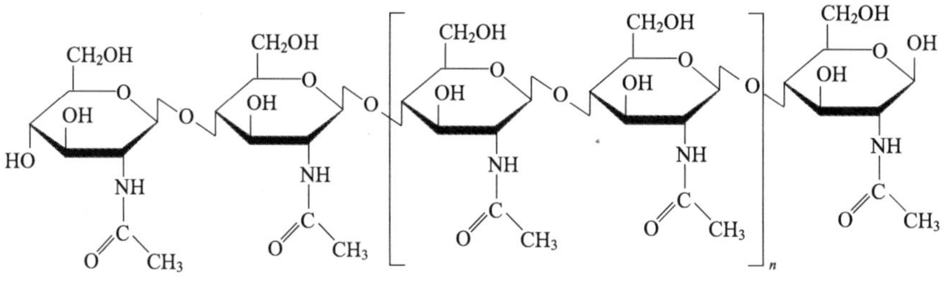

图 4.1　甲壳素的分子结构式

壳聚糖是甲壳素经过脱乙酰作用得到的，化学名称为聚葡萄糖胺（1-4)-2-氨基-β-D 葡萄糖，又名聚氨基葡萄糖或几丁聚糖，是甲壳素脱去乙酰基的高分子直链型多糖，其结构式见图 4.2。

壳聚糖的主要性能指标是脱乙酰度和相对分子质量（常用黏度表征）、脱乙酰度（degree of deacetylation，DD）为 55%～100%。根据产品黏度不同可将壳聚糖分为高黏度、中黏度和低黏度。其中，高黏度指黏度大于 1Pa·s 的 1%壳聚糖醋酸溶液；中黏度指黏度在 0.1～0.2Pa·s 的 1%壳聚糖醋酸溶液；低黏度指黏度在 0.025～0.05Pa·s 的 1%壳聚糖醋酸溶液。根据产品的

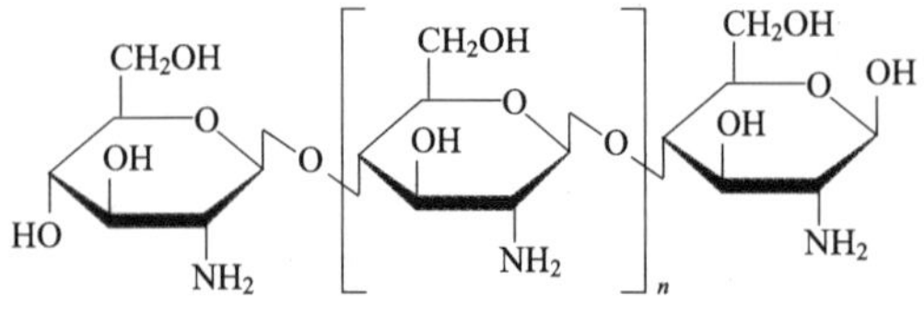

图 4.2　壳聚糖的分子结构式

DD 值可将壳聚糖分为低 DD 值壳聚糖（55％～75％）、中 DD 值壳聚糖（70％～85％）、高 DD 值壳聚糖（85％～95％）以及超高 DD 值壳聚糖（95％～100％）。

甲壳素在自然界经受降解和脱乙酰基过程，产生不同分子量的甲壳素及不同分子量、不同脱乙酰度的壳聚糖，由于脱乙酰化反应破坏了甲壳素分子结构的规整性，因此，壳聚糖溶解性能较甲壳素大为改善，化学性质也较为活泼。同时由于壳聚糖分子中存在游离氨基及活性羟基，反应时取代基团可进入 O 位和 N 位，因此，相应的产物有 O-羧甲基壳聚糖，N-羧甲基壳聚糖和 N,O-羧甲基壳聚糖。

若将甲壳素、壳聚糖和纤维素的分子结构式进行比较可以看出（图 4.3），三者的结构非常相似。C2 位连接的基团若为—OH 则为纤维素，若为—NHCOCH₃ 则为甲壳素，若为—NH₂ 则为壳聚糖。据此可以推断，甲壳素、壳聚糖和纤维素会有许多类似的性质和用途。

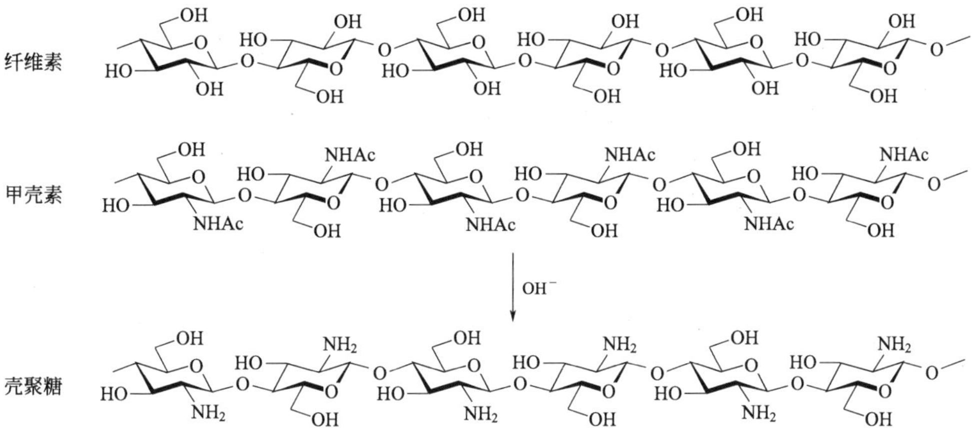

图 4.3　甲壳素、壳聚糖和纤维素分子结构式比较

4.2.2　甲壳素与壳聚糖的超分子结构

自然界存在的甲壳素，由于存在分子内及分子间的—O···H—O 型和—O···H—N—型氢键的作用，形成微纤维网状的高度晶体结构。并且由于这种氢键的强烈作用，使甲壳素大分子间的作用力很强，分子间存在着有序结构，从而造成甲壳素的不熔化及高度难溶解性质。这在一定程度上限制了其应用。实际中应用较多的是甲壳素的衍生物，其中最重要的是壳聚糖。

甲壳素属于多糖，存在一级、二级、三级和四级的结构层次。

其一级结构是指甲壳素的分子结构。在甲壳素酶自然降解甲壳素时，最后的产物是甲壳二糖（图 4.4），而不是 N-乙酰胺基葡萄糖。也就是说甲壳素是以 β-(1,4)-甲壳二糖残基作为结构单元。

甲壳素分子链上分布着许多羟基、N-乙酰胺基和氨基，形成各种分子内和分子间氢键，在这种氢键的作用下形成了甲壳素大分子的二级结构。例如，在甲壳素的—OH3 和 O5 之间，以及—OH6 和 C=O 基团的 O 之间都能形成氢键，如图 4.5 所示。

甲壳素的三级结构是指由重复顺序（二糖单元）的一级结构和非共价相互作用造成的有序的二级结构导致空间有规则而粗大的构象[1]。

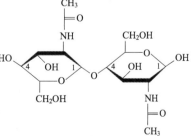

图 4.4　甲壳二糖（chitobiosidase）结构式

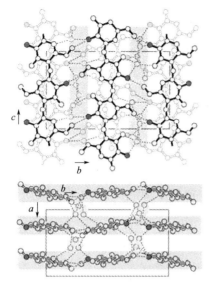

图 4.5　甲壳素的氢键结构
（图中虚线所示）

甲壳素的四级结构是指长链间非共价结合形成的聚集体。一般认为，甲壳素多糖链呈双螺旋结构。螺距为0.515nm，一个螺旋平面由 6 个糖残基组成。螺旋与螺旋之间存在大量的氢键[2]。

4.2.3　甲壳素与壳聚糖的晶体结构

4.2.3.1　甲壳素的晶体结构

甲壳素是以 N-乙酰胺基葡萄糖残基形成的长链高分子化合物，由于链的规整性大和具有刚性，并形成分子内和分子间很强的氢键，这种分子结构有利于晶体态的形成。甲壳素存在着 α、β、γ 三种晶型，这三种晶型的甲壳素分子链在晶胞中的排列各不相同[3]。

α 型甲壳素的存在最丰富，也最稳定。α 型甲壳素是一种折叠链的结构，属正交晶系。其结晶的组成紧密，构造坚固。在 α 型结晶中，分子链以反平行的方式排列。这种分子链可被看作是一种聚 N-乙酰胺基-D-葡萄糖胺的螺旋型物，每个单元晶胞含有两条旋向相反的链，每条链均由两个卷曲相连的 N-乙酰胺基-D-葡萄糖胺单元构成。在 α 型甲壳素结晶中，两个相连的葡萄糖胺的 O3 和 O5 原子以及乙酰胺基的 N、H 原子间存在氢键。由于这种氢键的作用，α 型甲壳素结晶的结构紧密，其物化性能受到较大影响。而对 α 型甲壳素结晶的整体结构而言，除了大分子的某些缠结点之外，分子链间并无化学键的连接，因此其空间结构较为自由。自然界中存在的甲壳素中，α 型结晶含量最为丰富，存在于节肢动物的角质层和一些真菌中。在生物体内，α-甲壳素通常与矿物质沉积在一起，形成坚硬的外壳。

β-甲壳素结晶的分子链以平行方式排列。具有伸展的平行链结构，分子链间通过氢键键合。自然界中，β 型结晶多以结晶水合物的形式存在。水分子能在晶格点阵的键间渗透，使 β 型结晶稳定性较低。与 α 型结晶相比，β 型具有更多的无定形结构。β-甲壳素的两条分子链较松散，比 α-甲壳素的晶体结构有更多的空隙。β-甲壳素比 α-甲壳素更易脱去乙酰基，在有机溶剂中的溶解度也比 α-甲壳素大得多，可溶于二氯乙酸和硫酸二甲酯、二甲基甲酰胺，在吡啶中能高度溶胀。β-甲壳素在 6mol/L 的盐酸中会转变为 α-甲壳素，说明 α-甲壳素对酸比较稳定。在从甲壳素制备壳聚糖时，在相同的碱浓

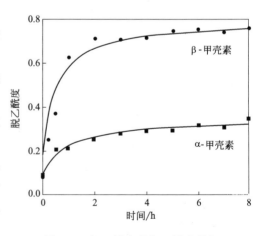

图 4.6　虾 α-甲壳素和 β-甲壳素在30％ NaOH 中 100℃下的脱乙酰化反应

度和相同的温度下制备同样脱乙酰度的壳聚糖，在相同的反应时间下，β-甲壳素的脱乙酰度远远高于 α-甲壳素（图 4.6），说明 α-甲壳素结晶度很高，分子间具有非常强的作用。在相同的脱乙酰度下，α-壳聚糖具有很高的结晶度，但是 β-壳聚糖主要表现为无定形结构。由于

天然高分子材料

β-甲壳素的晶状区域容易渗入水分子，使 β-甲壳素在水中也能溶胀，形成完全分散的浆状物。β-甲壳素比 α-甲壳素更容易发生化学改性。

γ-甲壳素通常被认为是 α-甲壳素的变体。γ-甲壳素由三条糖链构成，其中两条糖链同向、一条糖链反向且上、下排列而构成。γ-甲壳素属于二维有序而 C 轴无序的结晶。结构不稳定，易向其他晶型转变。例如，在硫氰酸锂的作用下，γ 晶型可转化为 α 晶型。在自然界中，γ-型结晶主要存在于甲虫的茧中。β 和 γ 甲壳素常与胶原蛋白相连接，表现出一定的硬度、柔韧度和流动性，还具有与支撑体不同的许多功能，如电解质的控制和聚阴离子物质的运送等。

α-甲壳素和 β-甲壳素的结构模型可由图 4.7 和图 4.8 所示[4]。在 α-甲壳素和 β-甲壳素

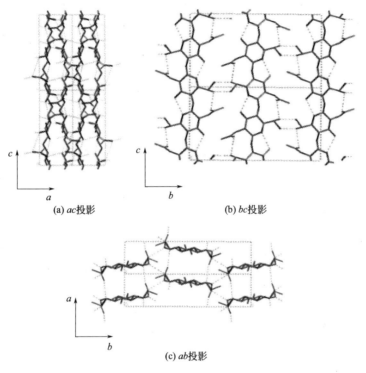

(a) ac投影　　(b) bc投影

(c) ab投影

图 4.7　α-甲壳素的结构（图中虚线表示氢键）

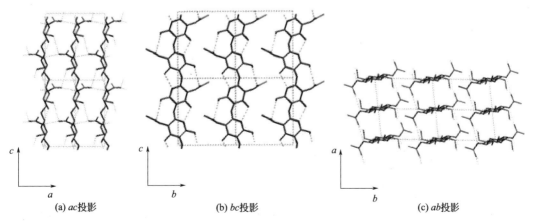

(a) ac投影　　(b) bc投影　　(c) ab投影

图 4.8　无水 β-甲壳素的结构
（图中虚线表示氢键）

中，分子链间均有大量链间氢键连接。由 C—O⋯N—H 间强烈的氢键形成的紧密的网络结构，使甲壳素分子链沿晶胞 *a* 参数维持着 0.47nm 的间距。在 α-甲壳素中，沿晶胞 *b* 参数存在一些链内氢键，而在 β-甲壳素中则没有。α-甲壳素和 β-甲壳素的晶胞参数列于表 4.1。

表 4.1 α-甲壳素和 β-甲壳素的晶胞参数

名称	a/nm	b/nm	c/nm	γ/(°)
α-甲壳素	0.474	1.886	1.032	90
无水 β-甲壳素	0.485	0.926	1.038	97.5

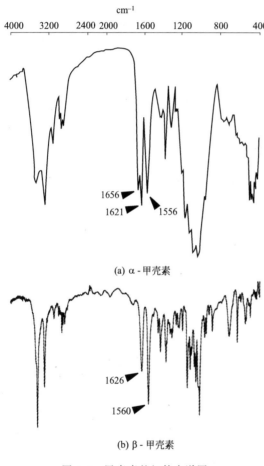

图 4.9 甲壳素的红外光谱图

用红外光谱也可表征 α-甲壳素和 β-甲壳素分子结构的不同。在 α-甲壳素和 β-甲壳素的红外光谱图（图 4.9）中，在 1600～1500cm^{-1} 之间是 C=O 的氨基的伸缩振动区，此处 α-甲壳素和 β-甲壳素的峰位有区别：对 α-甲壳素，酰胺 I 带被分成两个峰，分别为 1656cm^{-1} 和 1621cm^{-1}；而对 β-甲壳素，只有 1626cm^{-1} 这一个峰。此外，α-甲壳素的酰胺 II 带峰在 1556cm^{-1}，β-甲壳素的酰胺 II 带峰在 1560cm^{-1}。

比较 α-甲壳素和 β-甲壳素的 X 射线衍射图谱（图 4.10）[5]可知，α-甲壳素的衍射峰较多且明显，而 β-甲壳素的衍射峰较少。两者在接近 8°～9° 及 20° 处，各有两个明显主峰。α-甲壳素两个主峰在 $2\theta = 19.1°$ 及 9.0°，而 β-甲壳素的两个主峰分别为 $2\theta = 19.4°$ 及 8.0°。以上结果与对 α-甲壳素（由虾壳制备）和 β-甲壳素（由鱿鱼羽状壳制备）的 X 射线衍射实验结果几乎完全一致[6]。从以上 X 射线衍射实验结果可以推断，α-甲壳素的结晶度高于 β-甲壳素，在 β-甲壳素的聚态结构中，具有更多的无定形部分，同时，结果表明 X 射线衍射图谱可用以表征甲壳素的结构，并区别 α-甲壳素和 β-甲壳素的不同晶型。

4.2.3.2 壳聚糖的晶体结构

壳聚糖的结晶结构与甲壳素类似，也具有 α、β 和 γ 三种晶型。壳聚糖的结晶度与脱乙酰度关系密切。脱乙酰度为 0 和 100% 时壳聚糖的结晶程度最大，而中等程度的脱乙酰度结晶程度最小。这是由于在 DD 值为 0 时，壳聚糖的分子链比较均一，规整性好，因此结晶程度较高。脱乙酰化造成了分子链的不均一性，使结晶度降低。随着 DD 值的增加，分子链又趋于均一，因此结晶度也相应增加。

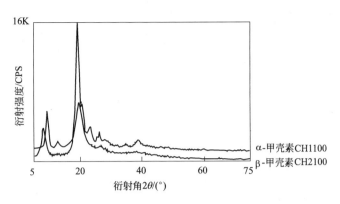

图 4.10　α-甲壳素和 β-甲壳素的 X 射线衍射图谱

4.2.4　甲壳素和壳聚糖的液晶结构

与纤维素和 DNA 等刚性或半刚性天然高分子一样,甲壳素及其衍生物容易形成溶致液晶。

董炎明等人对甲壳素的溶致液晶进行了研究[7]。他们在小称量瓶中配制以 0.5% 间隔递增的一系列不同质量分数的甲壳素/二氯乙酸溶液,搅拌后密闭,静置一天后使用,取少许溶液夹于两玻片间制成液晶盒,以 20℃下偏光显微镜能观察到双折射的浓度为液晶临界浓度。用偏光显微镜拍摄液晶盒中的典型织构,从照片上量取指纹状织构的螺距平均值和微区面积平均值。四种甲壳素样品在适当浓度的二氯乙酸溶液中都能形成指纹状织构（图4.11）,说明呈现胆甾液晶相。当固定其他条件,改变分子量时,由于轴比发生变化,所以螺距也会发生变化。甲壳素的分子量越大,平均螺距越小。对不同分子量的甲壳素,在临界浓度附近的螺距值却相仿,这可能是由于高分子量的甲壳素临界浓度较低,而浓度越低螺距越大,从而分子量与浓度对螺距的影响相互抵消所致。当浓度高于临界浓度但低于完全各向异性相的质量分数（约 10%～15%）时,甲壳素/二氯乙酸溶液会处于各向同性与液晶各向异性两相共存状态。液晶微区不是球形,而是不规则片形,每一片微区内有层线相当直的"指纹"［图 4.11(a)、(b)］。微区的大小存在着分布但明显与分子量有关,分子量大的微区平均尺寸较大。甲壳素的临界浓度非常低,表明是刚性很大的高分子。低的临界浓度将对它在液晶态的成型加工如液晶纺丝或浇铸液晶膜提供很大方便。

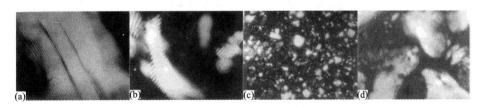

图 4.11　不同种类甲壳素/二氯乙酸溶液的胆甾型液晶织构

不仅甲壳素溶液能形成液晶态,壳聚糖及其衍生物也可以形成液晶态。董炎明等[8]将壳聚糖完全脱乙酰化,然后制备了 N 上取代度为 1.0 的邻苯二甲酰化壳聚糖,以沸点较高的二甲基亚砜（DMSO）为溶剂,用 DSC 研究了 N-邻苯二甲酰化壳聚糖（PhthCS）的溶致液晶行为。在代四氟乙烯密封盖的小瓶中配置系列不同浓度的溶液,静置一天。在进行DSC 测试前将溶液于 100℃烘箱中恒温 10min 使之均匀化。将溶液样品置于铝坩埚中并加盖密封，在 N₂ 气氛中进行 DSC 测试。DSC 和偏光显微镜观察的结果表明，PhthCS 的 DMSO 溶液出现液晶态的临界浓度值以含量计为 43％。而且，当样品的含量高于 46％时，在温度低于液晶的清亮点的某个温度下观察到峰高较小的凝胶-溶胶转变峰。实验发现，只有在高于临界浓度的溶液中才可以观察到这种现象。当温度降低，低于清亮点时溶液自发形成细小的液晶微区，而这些细小的微区可能对溶液的凝胶化起到交联点的作用。此后，液晶相和凝胶相共存，这些液晶微区便在凝胶网络中继续发展最终形成了均相的液晶凝胶。可见，取代的规整性对凝胶-溶胶转变有很大的影响。

4.3 甲壳素的存在状态与提取方法

4.3.1 甲壳素的存在状态

甲壳素作为一种多糖，在生物体内并不是以游离态存在，而是与其他物质键合在一起。在昆虫和其他无脊椎动物中，甲壳素糖链通过共价和非共价的形式与特定的蛋白质键合形成蛋白聚糖。虾壳、蟹壳中的甲壳素与蛋白质是共价结合，以蛋白聚糖的形式存在，同时伴生着碳酸钙等矿物质。虾壳、蟹壳中除了甲壳素、蛋白质和碳酸钙这三种主要成分外，还有一些糖类、少量的镁盐及少量的色素。甲壳素在壳体中呈纤维状相互交错或无规的网络结构，并平行于壳面分层生长。蛋白质以甲壳素为骨架，沿甲壳素层以片状生长；无机盐呈蜂窝状多孔的结晶结构，充填在甲壳素与蛋白质组成的层与层之间的空隙中。在虾和蟹的壳中，甲壳素的含量为 20％～30％，无机物（以碳酸钙为主）含量约 40％，有机物（主要是蛋白质）含量约 30％。图 4.12 显示出甲壳素纤维在金龟子不同位置表皮中的形貌[9]。在金龟子翅鞘

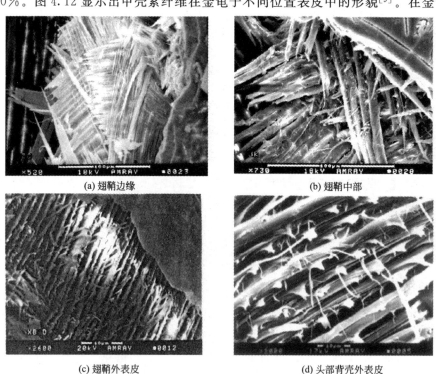

(a) 翅鞘边缘　　　　　　　　　　　　　(b) 翅鞘中部

(c) 翅鞘外表皮　　　　　　　　　　　　(d) 头部背壳外表皮

图 4.12　甲壳素纤维在金龟子不同位置表皮中的形貌

边缘处，甲壳素纤维的层与层之间以螺旋的方式相互交错分布。在翅鞘中部，甲壳素纤维相互垂直交错排列，相邻的甲壳素纤维几乎呈直角，这种排列方式能提供高的强度，这正是中部翅鞘所需要的。在翅鞘外表皮，甲壳素纤维呈现树枝状结构，即在直的甲壳素纤维表面倾斜地伸出许多甲壳素分枝。在金龟子头部背壳的外表皮，观察到刺状纤维，即直的甲壳素纤维表面有许多小的尖锐的刺。

4.3.2 甲壳素的提取方法

由于自然界中的甲壳素总是和不溶于水的无机盐及蛋白质紧密结合在一起，在利用甲壳素之前首先要将甲壳素从生物质中提取出来。可以通过化学法或微生物法对甲壳动物的壳进行处理来提取甲壳素。工业生产中常采用化学法。首先将虾和蟹的壳漂洗后浸于酸中以除去无机盐，后浸于碱中除去蛋白质，接着用草酸或 0.5% 的 $KMnO_4$ 使其脱色，水洗、烘干后即可得到甲壳素。若再用 $40\%\sim50\%$ 的 $NaOH$ 在加热条件下使甲壳素脱去乙酰胺基则可获得壳聚糖。甲壳素和壳聚糖的制备过程可由图 4.13 表示。目前，国内外常从废弃的虾、蟹壳中提取甲壳素。虾蟹壳中甲壳素含量为 $20\%\sim30\%$，无机物（碳酸钙为主）含量为 40%，其他有机物（主要是蛋白质）含量为 30% 左右。

虾、蟹壳漂洗 ⟶ 脱钙及无机物 ⟶ 脱蛋白质及脂肪 ⟶ 脱碱、漂洗

壳聚糖 ⟵ 水洗、烘干 ⟵ 浓碱处理 ⟵ 甲壳素 ⟵ 水洗、烘干 ⟵

图 4.13 甲壳素和壳聚糖制备过程流程图

具体地，从虾壳中制备甲壳素：取一定量无虫蛀霉烂变质的龙虾虾壳，清洗后在 105℃ 干燥 4h，在室温下浸泡于 1.0mol/L 盐酸中 18h，用水漂洗至中性，再在室温下浸泡于 2.5mol/L 氢氧化钠溶液 18h，用水漂洗至中性。再放入前述氢氧化钠溶液中 18h，用水漂洗至中性后，浸泡于前述盐酸溶液中 18h，再用水漂洗至微酸性（pH 为 5~6），经日光晾晒 2d 去色素。干燥后粉碎过 80 目筛，得到的粗制品颗粒浸泡于 1.0mol/L 的分析纯盐酸中 18h，用蒸馏水清洗至中性，再浸泡于 2.5mol/L 分析纯氢氧化钠溶液 18h，再用蒸馏水漂洗至中性，过滤后在 105℃ 干燥 4h，制得甲壳素[10]。

从蟹壳中提取甲壳素：将蟹壳研磨成小固体颗粒，去除其中的杂质，后用蒸馏水清洗、烘干至恒重后，放入 250mL 的锥形瓶中。在 70~90℃ 下用稀盐酸（4%）浸泡 6~8h，直至没有气泡产生。反应结束后取出静置、冷却、抽滤，用蒸馏水清洗至中性，再烘干，可得到甲壳素粉末[11]。将制得的粉末放入 250mL 锥形瓶中，加入氢氧化钠溶液（50%），在 0~90℃ 下，浸泡 4h，取出其产品冷却、抽滤，用蒸馏水洗至中性。重复上述步骤 2~3 次，直至加入稀盐酸溶液没有气泡产生，可制得壳聚糖粉末。

从蚕蛹中提取甲壳素：将蚕蛹浸泡后磨浆、过滤得到蚕蛹渣，加水煮沸 0.5h，洗涤过滤除去蛋白质，蛹皮加盐酸浸泡 2h，洗至中性，然后加 10% 的碱煮沸回流 6~8h，洗至中性，再加酸浸泡；第 2 次加 5% 的碱煮沸回流 6h，洗涤，干燥，得到甲壳素[12]。

从云南琵琶甲中提取甲壳素[13]：将云南琵琶甲在 60℃ 左右干燥，称取干燥的琵琶甲 100g，加入 2mol/L 盐酸溶液 1000mL，浸泡 24h，且间歇搅拌。过滤，水洗至中性，晾干后，加入质量分数为 5% 氢氧化钠溶液 900mL，搅拌下加热至 80℃，保温 6h，过滤，水洗至中性。以上酸碱处理，可除去无机盐和蛋白质等杂质。后用质量分数为 2% 高锰酸钾溶液 500mL 室温浸泡 10h，过滤，以水洗净，再加 4%（质量分数）草酸溶液 500mL，68℃ 下保温并搅拌 0.5h，过滤，水洗至中性。60℃ 干燥后可得白色片状甲壳素 16.8g，收率

为 16.8%。

从油葫芦（蟋蟀的一种）中提取甲壳素[14]：油葫芦经稀 HCl（0.3～3.0mol/L）浸泡，脱去矿物质，用水洗至中性。然后用热 NaOH 溶液（0.5～3.5mol/L）除去蛋白质与脂类，洗净烘干，加入质量分数为 3% 的 $KMnO_4$，随后加入 70℃饱和草酸溶液，洗净烘干，得到甲壳素。

4.4 甲壳素的物理性质

4.4.1 一般物理性质

甲壳素为白色或灰白色半透明片状固体，无味，几乎不溶于水、稀酸、稀碱、浓碱和一般有机溶剂。吸水能力大于 50%。广泛存在于虾蟹壳、昆虫外壳、真菌细胞壁、植物细胞壁中。甲壳素的相对分子质量因提取方法的差异从数十万至数百万不等。动物甲壳素的相对分子质量在 1×10^6～2×10^6，经提取后相对分子质量在 1×10^5～1.2×10^6。甲壳素的结晶结构不同，具有 α、β、γ 三种晶型，分子排列呈微纤维形式。由于甲壳素多糖分子链强烈的包裹作用和结晶区内较强的—OH—O—型和—OH—N—型氢键的作用，所以其理化性质十分稳定。甲壳素在常温下可稳定存在，在 270℃左右发生分解。元素分析表明，天然甲壳素中 2 位并非是百分之百的乙酰氨基，大约有 12.5% 的乙酰氨基未被乙酰化。在甲壳素提取过程中，用稀碱去除蛋白质时，又会有部分乙酰基被脱除，故商品甲壳素中实际有15%～20% 的脱乙酰度。采用不同原理和不同方法制备的甲壳素，溶解度、分子量、乙酰基值和比旋光度等具有差别。

壳聚糖是为半透明、略有珍珠光泽的固体，为半结晶性阳离子聚合物，约 185℃分解。因原料不同和制备方法不同，相对分子质量从数十万至数百万不等。壳聚糖不溶于水和碱溶液，可溶于稀的盐酸、硝酸等无机酸和大多数有机酸，不溶于稀的硫酸、磷酸。在稀酸中，壳聚糖的主链会缓慢水解，溶液的黏度逐渐降低，所以壳聚糖溶液一般随用随配。

4.4.2 甲壳素与壳聚糖的溶解性质

4.4.2.1 甲壳素的溶解性质

由于分子间强烈的氢键作用，甲壳素几乎不溶于水及稀酸、稀碱、浓碱和常用的有机溶剂，仅溶于吡咯烷酮-LiCl、六氟异丙醇等少数有机溶剂中。虽也能溶于浓盐酸、硫酸或硝酸、78%～97%磷酸、无水甲酸等，但同时发生水解，使分子量大大降低。研究发现，氯代醇与无机酸的水溶液或某些有机酸的混合溶液是甲壳素的有效溶剂，可以溶解天然的甲壳素和强烈粉碎的甲壳素粉末。并且由这些溶液配制的甲壳素溶液黏度相对较低，在室温或缓慢升温时溶解较快，水解较慢。例如含 5%（质量分数）的氯化锂/N,N-二甲基乙酰胺（LiCl/DMA）溶液就是甲壳素的一种优良溶剂，它对于精制甲壳素的溶解，即使含量超过10%也没有明显的破坏作用。其他一些可以溶解甲壳素的特殊或多元溶剂包括三氯乙酸-二氯乙烷、甲磺酸、40%三氯乙酸-40%水合氯醛-20%二氯乙烷、甲酸-二氯乙烷、六氟异丙醇、六氟丙酮、二甲基甲酰胺（DMF）-N_2O_4 等。

甲壳素难以溶解的性质严重限制了甲壳素在多个领域的应用。寻求和开发新型的、绿色环保的、价格低廉、且再生后能尽可能保留甲壳素结构的溶剂十分重要。离子液体也许能为甲壳素的应用提供新的思路。王玉忠等[15]详细探讨了用离子液体溶解甲壳素的方法。结果发现，离子液体强的破坏氢键的能力可使甲壳素发生溶解。甲壳素在离子液体中的溶解度与甲壳素的乙酰度和分子量关系极大。表4.2给出不同甲壳素在离子液体[AMIM]Cl中的溶解情况。高乙酰度的甲壳素在离子液体中的溶解度很低，在[AMIM]Ac中只能溶解5%。低乙酰度、低分子量、低结晶度的甲壳素可在离子液体中快速溶解。乙酰度为38.1%、23.8%以及18.1%的甲壳素在[AMIM]Cl中的溶解度分别为3%、5%和8%。低乙酰度、分子量较高的甲壳素在[AMIM]Cl中，当浓度较高时，可形成液晶态（图4.14）。并不是所有的离子液体都能溶解甲壳素，离子液体的结构不同，其溶解甲壳素的能力不同。表4.3所示为不同离子液体对甲壳素的溶解情况。

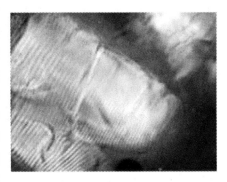

图4.14　用偏光显微镜观察到甲壳素在离子液体[AMIM]Cl中形成液晶态

（甲壳素的乙酰度为15%，分子量 M_v 为 $1.53×10^6$ g/mol）

表4.2　甲壳素在[AMIM]Cl中的溶解情况

乙酰度/%	Xc/%	Mv/(g/mol)	溶解度（质量分数）	备注
91.6	79.5		0.5%	低于45℃
79.8	62.1		0.6%	低于48℃
未测	53.1		1%	低于50℃
38.1	20.1		3%	110℃
23.8	15.3		5%	110℃
18.1	12.1		8%	110℃
15		$1.53×10^6$	在110℃下不溶	形成液晶态
15		$9.78×10^5$	在110℃下不溶	形成液晶态
15		$2.64×10^5$	在110℃下不溶	形成液晶态
15		$1.26×10^5$	6%～8%	110℃
15		$1.25×10^4$	10%	110℃
15		$6.12×10^3$	20%	110℃

表4.3　甲壳素在不同离子液体中的溶解情况

离子液体	溶解度（质量分数）	备注	离子液体	溶解度（质量分数）	备注
[BMIM]Cl	不溶	不溶	$[MMIM][Me_2PO_4]$	1.5%	低于60℃
[AMIM]Cl	0.5%	低于45℃	$[EMIM][Me_2PO_4]$	1.5%	低于60℃
[C₂OHMIM]Cl	不溶	不溶	[AMIM]Ac	5%	110℃

4.4.2.2　壳聚糖的溶解性质及降解方法

　　壳聚糖的溶解性质远远好于甲壳素，这大大拓宽了壳聚糖的应用范围。壳聚糖溶液的性质对壳聚糖的应用研究十分重要。稳定的结晶结构使得壳聚糖不能溶解于中性水溶液，而当溶液pH小于5时，氨基的质子化使壳聚糖发生溶解。通常认为壳聚糖溶解的实质在于壳聚糖分子链上众多的游离氨基的氮原子上具有一对未共用电子，使氨基呈现弱碱性，能从溶液中结合一个氢离子，从而使壳聚糖成为带正电荷的弱聚电解质，破坏了壳聚糖分子间和分子内的氢键。因此可以认为，实际上不是壳聚糖溶于稀酸中，而是带阳电荷的壳聚糖聚电解质溶于水中。这种pH依赖的溶解性质对壳聚糖的应用十分重要。例如，浇注不同浓度的壳聚糖溶液，在高 pH 溶液中或非水溶剂（如甲醇）中得到凝胶，拉伸、干燥后形成高强度纤维[16]。

壳聚糖在稀酸中是一个逐渐溶解的过程。起初，是氨基结合氢质子的过程，看不到壳聚糖的溶解。当阳离子聚电解质形成并达到一定数量，才开始有少量 DD 值高而分子量低的壳聚糖溶解；随后溶解速度越来越快，到最后，溶解速度又变慢，这是 DD 值低而分子量高的壳聚糖。如果 DD 值太低，则不能溶解。

影响壳聚糖溶解性质的因素如下。

① 脱乙酰度　DD 值越高，分子链上的游离氨基越多，离子化强度越高，越容易溶解在水中；反之，DD 值越低，溶解度越小。

② 相对分子质量　壳聚糖分子在分子内和分子间形成许多强弱不同的氢键，使得分子链彼此缠绕在一起且比较僵硬。相对分子质量越大，分子链缠绕越厉害，溶解度越小。相对分子质量小于 8000 的壳聚糖可直接溶解在水中而不必借助于酸的作用。

③ 酸的种类　可以溶于稀的盐酸、硝酸等无机酸和大多数有机酸中。不能溶解在稀硫酸、稀磷酸中。在稀酸中，壳聚糖的主链也会缓慢水解，溶液的黏度逐渐降低。

壳聚糖溶液的稳定性是一个重要的性质。对需要使用壳聚糖溶液的场合，要求其溶液具有较好的稳定性。氨基葡萄糖的 C1—OH 是半缩醛而不是醇羟基，显示出较大的活性。壳聚糖的糖苷键是半缩醛结构，这种半缩醛结构对酸是不稳定的。因此，壳聚糖的酸性溶液在放置过程中，相对分子质量和溶液黏度逐渐降低，最后水解成寡糖和单糖。因此壳聚糖溶液一般随用随配。

4.5　甲壳素与壳聚糖的改性

4.5.1　甲壳素与壳聚糖的功能化

4.5.1.1　薄膜化

壳聚糖以其氢键相互交联成网状结构，利用适当的溶剂，可制成透明的具有多孔结构的薄膜。壳聚糖的溶液具有较大的黏性，这使壳糖容易成膜。由壳聚糖浇注成有柔性的无色透明膜，具有良好的黏附性、通透性及一定的抗拉强度。壳聚糖膜的溶胀性能和力学性能受膜的湿度、壳聚糖脱乙酰度和分子量的影响很大。湿膜的抗拉强度随脱乙酰度的增加而明显增强。若与聚乙烯醇混合制膜并进行热处理，膜的抗拉强度大大提高，甚至超过纤维素膜。含有增塑剂（如甘油、聚乙二醇等）的膜有较低的耐湿性和较高的通透性。壳聚糖脱乙酰化度越高，膜的溶胀性越低。分子量越低，壳聚糖膜的抗拉强度也越低，膜的通透性也越强；分子量越大，壳聚糖分子中的结晶结构越多，分子间高度缠结，因此其抗拉强度越高，同时膜的通透性也越差。壳聚糖分子存在游离氨基和羟基，可以发生很多的反应，衍生化反应对于壳聚糖膜的性质也有显著的影响。

对壳聚糖成膜特性的研究表明，成膜的半透性与其溶液的黏度、温度、pH 值相关。溶液黏度随浓度的增加而增大，呈典型亲水性胶质特性；随温度和 pH 值的升高而减小，故壳聚糖溶液具有良好的耐酸性，这对于水果保鲜特别有意义，酸性环境能抑制细菌的生长。适量的添加剂能提高透明度和凝胶强度，但是会使持水率下降。持水率高、持水能力强的凝胶最适宜做食品涂膜，因此作为保鲜成膜剂的壳聚糖，在保证一定强度的同时应考虑其持水率的高低；膜性能与成膜介质和溶液浓度有关，介质表面越粗糙，黏着性越好。溶液浓度越高则黏着性越差。

甲壳素或壳聚糖膜可用作音响设备振动膜、双电解质膜、人工肾膜、反渗透膜、超滤膜、渗透蒸发膜、脱水膜等[17]。

4.5.1.2 微纤化

甲壳素和壳聚糖具有规整的结晶结构，结晶度较高。如果将甲壳素和壳聚糖中的无定形部分除去，便可得到纳米级晶体。当甲壳素粒子尺寸降低至纳米量级时，由于具有更大的比表面积，甲壳素纳米粒子会具有更强的化学活性、吸附性能及更好的生物亲和性。因此纳米甲壳素将展现其生物医学、物理学和化学领域更新和更优异的应用性能。用酸水解法、酶水解法和机械法都能获得甲壳素纳米晶须或粒子。

Ifuku 等[18]将甲壳素分散在水中，用乙酸将体系 pH 调至 3，将乳液在 1500r/min 下进行研磨，在酸性条件下利用机械力使甲壳素原纤化，获得了直径为 10～20nm，长径比相当大的甲壳素纳米微纤，如图 4.15 所示。

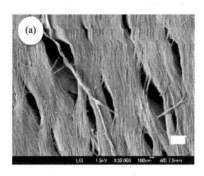

图 4.15　除去基质后的蟹壳（标尺为 300nm）（a）和
加入乙酸并施以研磨得到的甲壳素纳米微纤（标尺为 100nm）（b）

4.5.1.3 微球化[19]

微球是指药物分散或被吸附在聚合物基质中而形成的球粒的微粒分散系统，其微粒大小不等，0.01～300μm，甚至更大。壳聚糖微球具备良好的可生物降解性以及生物黏附性能，是目前研究较多的天然高分子微球材料。由于微球化的制剂不但具有靶向的效果，而且也具有长效缓释的效果，因此是几年来研究较多的一种药物负载体系。

目前制备壳聚糖微球的方法很多，常见的有悬浮交联法、乳化交联法、凝聚或沉淀法、界面凝固法、溶剂挥发法、喷雾干燥法等多种方法。

悬浮交联与乳化交联法是属于化学方法，二者都是将壳聚糖的溶解在酸性介质中然后添加到油相分散介质中，强制分散再滴加交联剂（一般为戊二醛）使壳聚糖在分散液中发生交联，从而得到壳聚糖微球。所不同的是，乳化交联法在分散液中添加了乳化剂，而悬浮交联法则没有，因此也可以说乳化交联法是悬浮交联法的改进。因为悬浮交联法不但所得微球粒径较宽，而且微球之间的黏结严重，分散相很难从微球表面除去，后处理较为困难。而乳化交联法克服了上述缺点，也是目前制备壳聚糖微球中最常用的方法。壳聚糖的交联微球作为药物载体的特点是比较适合那些需要长效、低血药浓度的场合，并且它的生物相容性较好、体内降解非常缓慢，因此比较适合作为肌肉注射的埋植剂。

凝聚法是利用壳聚糖在酸溶液中的阳离子性，向壳聚糖溶液中添加 Na_2SO_4 等含强阴离子基团的电解质溶液，从而迫使壳聚糖从溶液中相分离析出的方法。在此过程中微球的形成依赖于硫酸钠的浓度，并利用控制溶液的浊度的方法来控制微球的形成。这种微球制备方法的好处不需要使用有机溶剂和戊二醛，形成的壳聚糖微球具有较高的包封率和明显的控释作用。

界面凝固法是指先将壳聚糖溶解于酸性溶液中，然后使用静电脉冲或者挤压的方法迫使壳聚糖液滴从针管中滴入凝结液（NaOH溶液）中，壳聚糖液滴在瞬间凝胶化成球的方法。这种方法成球迅速而且微球的粒径分布很窄，但是微球的粒径较大。

溶剂挥发法是指将壳聚糖的醋酸溶液滴加至油相中，搅拌均匀，加热至一定温度后减压蒸馏以除去溶解壳聚糖的溶剂，得到微球。如果是负载油溶性药物的则首先将药物溶于有机溶剂，然后分散于壳聚糖醋酸溶液中，形成 w/o（水/油）型乳剂，再滴加到油相中形成复乳 w/o/w（水/油/水）型，经常压或减压蒸馏除去溶剂，得到载药微球。由于可以使用减压蒸馏的方法来控制蒸馏温度，因此这种方法的好处是可以将油溶性的并且对温度敏感的药物负载于壳聚糖微球中，而且可以添加戊二醛交联壳聚糖来控制微球的释药速度。这种方法的缺点是制备工艺稍显复杂并且耗时较长。

喷雾干燥法就是将药物分散在壳聚糖的溶液中并形成乳液，然后利用雾化器将该乳液雾化成极细的雾滴后分散在喷雾干燥器内的热空气流中，通过瞬间的温度升高使水分迅速蒸发，促使壳聚糖迅速凝固，药物就被包镶在其中并且形成微球。这种壳聚糖微球的释放较快而且伴随突释效应。

4.5.1.4 磁性微球[20,21]

磁性壳聚糖材料是近年来发展起来的一种新型功能高分子材料，在磁性材料、生物医学、细胞学、环境科学等诸多领域显示出强大的生命力。该材料兼具壳聚糖的众多特性和磁性物质的磁响应性，一方面可通过共价键来结合活性物质，另一方面可对外加磁场表现出强烈的磁响应性，易于磁场分离，还提高了材料的机械强度。纳米四氧化三铁/壳聚糖复合微球具有磁响应功能，壳聚糖又具有生物可降解性，因此这种复合微球在医学领域及其他领域都具有十分重要的应用前景。

肖玲等人采用原位共沉淀法，在碱性条件下以环氧氯丙烷为交联剂，制备出了具有超顺磁性、分散性良好的磁性壳聚糖纳米粒子。他们将 7.2g $FeCl_3 \cdot 6H_2O$ 和 2.92g $FeCl_2 \cdot 4H_2O$ 溶于 244mL 去氧蒸馏水中（$M_{Fe^{3+}}/M_{Fe^{2+}}=2$，摩尔比）。在氮气保护和剧烈搅拌条件下将 40mL 28%的氨水逐滴加入到上述溶液中，40℃反应 20min 后，升温至 60℃，恒温 3h。用蒸馏水洗至中性，磁场分离得 Fe_3O_4 纳米粒子。将 200mL 0.25%（质量/体积）的壳聚糖醋酸溶液［醋酸溶液含量为 0.25%（体积比）］加入三口烧瓶中，氮气保护下，加入 44mL 的混合铁盐（$FeCl_3 \cdot 6H_2O$ 7.2g、$FeCl_2 \cdot 4H_2O$ 2.92g）溶液，剧烈搅拌下缓慢滴加 40mL 28%的氨水，40℃反应 20min 后，升温至 60℃，滴加一定量的环氧氯丙烷，反应结束后用 0.5%的醋酸溶液和蒸馏水浸泡冲洗至中性，磁场分离得磁性壳聚糖纳米粒子。

采用原位共沉淀一步法合成磁性壳聚糖纳米粒子时，壳聚糖的浓度、交联剂的浓度和交联时间对制备产物的壳聚糖包覆量有较大的影响，并直接影响其吸附性能。壳聚糖的浓度过大不利于生成的 Fe_3O_4 分散，易缠连结块。用 TEM 观察表明（图 4.16），Fe_3O_4 纳米粒子呈规则球形，颗粒尺寸较均一，平均粒径约为 15nm，团聚现象较为严重；磁性壳聚糖纳米粒子的颗粒形状不规则，呈类球形，平均粒径约为 7nm，分散均匀，不易团聚。这主要是由于包覆在 Fe_3O_4 粒子表面的壳聚糖可以降低磁性粒子的表面自由能，阻止磁性粒子因互相接近而引起的颗粒聚集及沉降，起到分散剂和稳定剂的作用。用原位共沉淀法制备磁性壳聚糖纳米粒子，壳聚糖先与 Fe^{2+}、Fe^{3+} 发生配位反应，而壳聚糖骨架却限制了碱性条件下生成的 Fe_3O_4 纳米粒子的进一步生长，故形成的磁性壳聚糖纳米粒子平均粒径小于近似反应条件下得到的 Fe_3O_4 纳米粒子的平均粒径。

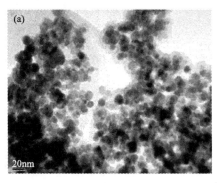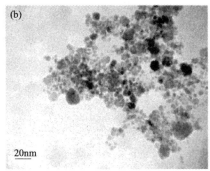

图 4.16　Fe_3O_4 纳米粒子（a）和磁性壳聚糖纳米粒子（b）的 TEM 图

磁性壳聚糖纳米粒子的饱和磁化强度为 73.5emu/g，具有超顺磁性，具有很强的磁响应性。如图 4.17 所示，加磁场前，磁性壳聚糖粒子呈稳定均一的悬浮状态；加磁场后，磁性壳聚糖粒子聚集于靠近外界磁场的一侧；而去磁场后，稍加振动，磁性壳聚糖粒子又恢复至外加磁场前的状态。

(a) 加磁场前　　　　　　(b) 加磁场后　　　　　　(c) 去磁场后

图 4.17　磁性壳聚糖纳米粒子的磁响应性能

用羧甲基壳聚糖也可制备超顺磁氧化铁纳米粒子[22]，体外评价表明，超顺氧化铁纳米粒经羧甲基壳聚糖共价修饰后，能显著降低细胞毒性和吞噬细胞摄取，提高了生物相容性，显著降低了巨噬细胞对其的摄取。

4.5.1.5　纳米微粒

张江等[23]以鱿鱼软骨为原料，采用微乳液与超声相结合的技术，在由聚氧乙烯醚、正辛烷和水组成的乳状液中，在 60℃ 超声条件下酸解，制备出尺寸在 80nm 左右的 β-甲壳素纳米颗粒（图 4.18）。在制备纳米甲壳素颗粒过程中，酸解时的酸浓度对 β-甲壳素纳米材料的形貌和颗粒尺寸有较大影响。酸浓度过高，则 β-甲壳素发生分解，生成低聚糖产物；若酸浓度太低，甲壳素溶解不完全，不能使大分子的 β-甲壳素降解为小分子的 β-甲壳素，也就不能形成 β-甲壳素纳米颗粒。制备的 β-甲壳素纳米材料在 200℃ 以下是稳定的，随着温度的升高，β-甲壳素逐渐发生分解，最终剩余极少量的灰分。不同粒度的 β-甲壳素纳米颗粒分解的速率有一定差别，这是由于二者相对分子质量的差异和纳米颗粒的尺寸不同、结晶性不同，反应活性不同造成的。此外，溶胀处理也是决定产品性能的关键因素之一。β-甲壳素粗产品经碱处理后，形成溶胀体，溶胀削弱了β-甲壳素分子之间的相互作用力，使晶体结构疏松，溶剂易于渗入，但此溶胀过程难以破坏晶区，从而能选择地保留晶区的结晶结构，在溶胀阶段加入异丙醇有利于其渗透入溶胀体内。超声波能有效破坏非晶区与不规则晶区的结构。随后的酸处理使部分聚合物链断键，逐步降解为β-甲壳素，并在微乳液中形成纳米尺寸的β-甲壳素颗粒。如果不进行溶胀预处理，难以得到纳米级的甲壳素。没有经过溶胀而直接酸解并微乳化后所得的产物主要是片状形态，也有部分聚集在一起的大颗粒，这充分证明β-甲壳素粗产品不经过溶胀处理，则难以得到纳米级颗粒。

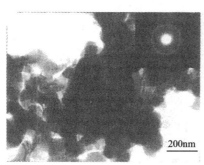
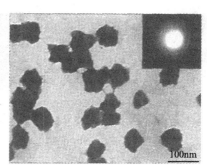

(a) 硫酸浓度为1.2mol/L　　　　　　　(b) 硫酸浓度为1.8mol/L

图 4.18　β-甲壳素纳米颗粒 TEM 图像

4.5.2　甲壳素与壳聚糖的化学改性

甲壳素和壳聚糖分子链中存在大量性质活泼的羟基、乙酰胺基和氨基基团，可与多种化合物进行化学反应，得到多种多样的衍生物，扩大甲壳素和壳聚糖的应用范围。化学改性的目的通常主要有两个：改善其在水或有机溶剂中的溶解性；通过化学改性引入基团和侧链并进行各种可能的分子设计，以得到新颖的改性材料。通过化学改性，可对甲壳素和/或壳聚糖进行包括乙酰基化、酰基化、羟基化、羧基化、羧甲基化、烷基化、酯化、醚化等的选择性的化学修饰。通过这些化学修饰作用，在甲壳素与壳聚糖的分子中引入各种功能团，改善甲壳素和壳聚糖的物理化学性质，从而使其具备不同的功能及功效，可制成各种类型的凝胶、薄膜、聚电解质及其他水溶性材料，广泛应用于各种领域[24]。从甲壳素/壳聚糖化学的发展趋势来分析，在目前的几个研究领域中，对甲壳素/壳聚糖进行化学修饰的研究是甲壳素/壳聚糖化学最具潜力、最有可能取得突破性进展的研究方向，也是甲壳素化学能否发展成为国民经济一大产业的关键所在。目前该研究方向存在的主要问题是对这些衍生物可能的应用范围研究得太少，在进行甲壳素/壳聚糖化学修饰的同时，更应该对其可能存在的应用领域进行探索，使研究得到的甲壳素/壳聚糖衍生物产生巨大的社会经济效益。

4.5.2.1　制备低聚糖

甲壳素经脱乙酰化处理得到的壳聚糖的相对分子质量通常在几十万左右，难以溶解在水中，这限制了它在许多方面的应用。甲壳低聚糖是甲壳素和壳聚糖经水解生成的一类低聚物。将由甲壳素制得的低聚糖称为甲壳素低聚糖，由壳聚糖制得的低聚糖称为壳低聚糖。甲壳低聚糖具有较高的溶解度，所以很容易被吸收利用。特别是相对分子质量低于 10000 的甲壳低聚糖更展现出其独特的优越的生理活性和功能性质。用酸水解法可制备甲壳低聚糖。用盐酸将甲壳素和壳聚糖部分水解，得到低聚糖溶液，水解过程中壳聚糖比甲壳素易溶于稀酸，甲壳素的水解较困难，要强化水解条件。相对分子质量低于 1500 的低聚壳聚糖产品，可基本全溶于水中。低聚壳聚糖或更小分子量的水溶性壳聚糖可用作具有生理功能的保健食品，有降低血脂、降低胆固醇、增强身体免疫力和抵抗疾病的能力；亦可利用水溶性壳聚糖良好的保湿功能，用作化妆品的添加剂；或是从中提取抗肿瘤制剂等。根据目前的研究情况，用于壳聚糖降解的方法大致可分为酶法降解、无机酸降解及氧化降解法三种。

用无机酸特别是盐酸来对甲壳素和壳聚糖进行降解以制备低至单糖的低分子量甲壳素和壳聚糖是应用最早的甲壳素和壳聚糖降解方法，其反应如图 4.19 所示。现在，酸降解法已有酸-亚硝酸盐法、浓硫酸法、氢氟酸法等多种。不过，用于工业化生产的主要仍是盐酸降解法。酸法降解壳聚糖是一种非特异性的降解过程，降解过程及降解产物的分子量分布较难控制，可考虑在反应过程中添加某些试剂以控制其降解反应的进行，以制备特定分子量范围的低聚产品。

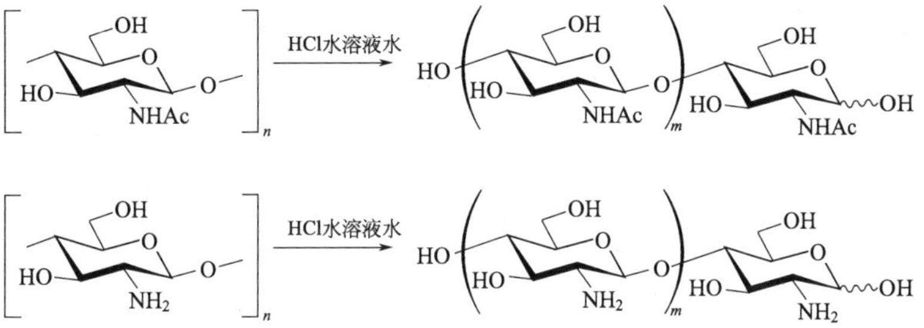

图 4.19　盐酸水解甲壳素和壳聚糖

酶法降解是用专一性的壳聚糖酶或非专一性的其他酶种来对壳聚糖进行生物降解的。据研究报道，已有 30 多种的各种酶可用于壳聚糖的降解[25]。酶法降解壳聚糖条件温和，降解过程及降解产物分子量分布都易于被控制，且不对环境造成污染，是壳聚糖降解的最理想方法。但就目前技术而言，酶法降解尽管也有少量商业应用，若要以此进行大规模的工业化生产却尚有不少困难，应继续在寻求更廉价的酶种及如何实现工业化生产方面进行更深入的研究。

氧化降解法是最近几年研究较多的一种降解方法[24]。诸多氧化降解法中，以过氧化氢氧化法开发得最多，其中包括 H_2O_2 法、H_2O_2-$NaClO_2$ 法和 H_2O_2-HCl 法等，其他的氧化降解法还有 $NaBO_3$ 法、ClO_2 法以及 Cl_2 法等。以氧化剂来对壳聚糖进行氧化降解，存在的最大的问题是在降解过程中引入了各种反应试剂，使得对其降解副反应的控制以及在降解产物的分离纯化等方面增加了很大难度。

4.5.2.2　脱乙酰化反应

脱乙酰化反应（图 4.20）是甲壳素最重要的化学改性方法之一，可得到甲壳素的主要衍生物——壳聚糖。

脱乙酰化需在浓碱和高温的条件进行数小时。由于甲壳素不溶解在碱液中，脱乙酰化反应是在非均相条件下进行。调整碱液浓度、反应温度及反应时间，可得到不同脱乙酰度的壳聚糖。一般，选用 40%～60% 的 NaOH 溶液，反应温度为 100～180℃，可

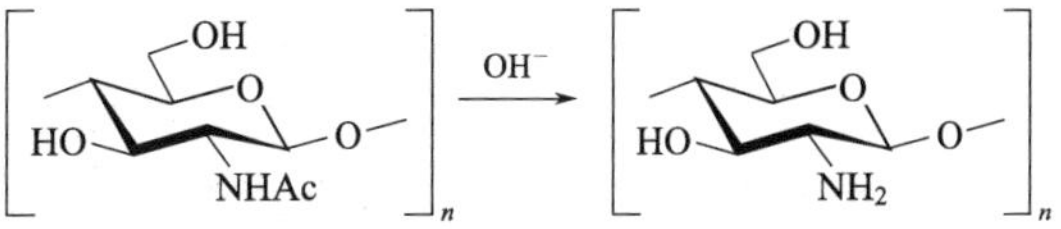

图 4.20　甲壳素的脱乙酰化反应

得到脱乙酰度高达95％的壳聚糖。如果要将乙酰胺基完全脱除，需重复进行碱处理。用上述的方法从"squid pens"中的β-甲壳素制备脱乙酰基产物要快得多，但得到的壳聚糖颜色很深。由于β-甲壳素比α-甲壳素的脱乙酰基的温度低，所以可在80℃下从β-甲壳素制备壳聚糖，可以得到几乎无色的壳聚糖产品。

4.5.2.3 碱化

甲壳素在C6和C3上有两个活泼的羟基，能与强的碱发生反应，生成碱化甲壳素，取代主要发生在C6的羟基上（图4.21）。

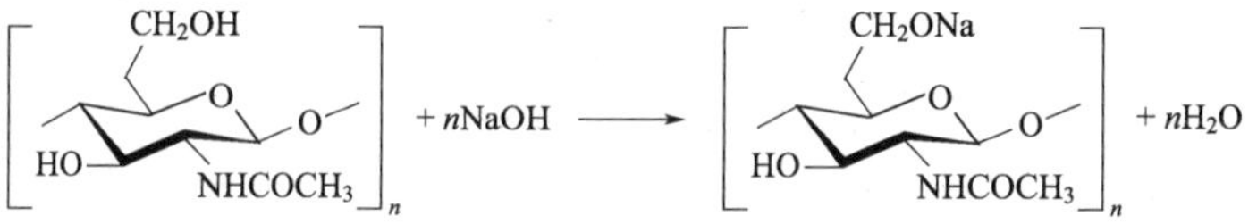

图4.21 甲壳素的碱化

制备碱化甲壳素时，应注意对温度的控制，温度较高时容易发生脱乙酰化的反应而使部分甲壳素转变为壳聚糖。在−10℃下用碱对甲壳素进行处理可避免发生脱乙酰化，产物可以溶解在水中。甲壳素的碱化反应可使甲壳素分子活化，能与许多化合物发生反应，产生一系列衍生物，扩大甲壳素的使用范围。

4.5.2.4 酰基化反应

甲壳素和壳聚糖的酰基化反应是化学改性研究最早的一种反应，也是研究得较多的改性方法。通过与酰氯或酸酐反应，在大分子链上导入不同分子量的脂肪族或芳香族酰基，所得产物在有机溶剂中的溶解度可大大改善。反应可在甲壳素的氨基（N-酰化）和/或羟基（O-酰化）上进行，如图4.22所示。酰化产物的生成与反应溶剂、酰基结构、催化剂种类和反应温度有关。

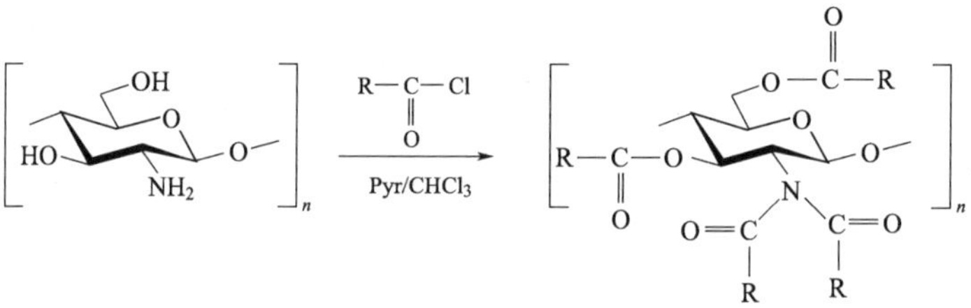

图4.22 完全酰化壳聚糖衍生物的结构式

最早是用干燥氯化氢饱和的乙酐对甲壳素及壳聚糖进行乙酰化。这种反应速度较慢，而且甲壳素降解较严重。近年来的研究发现甲磺酸可代替乙酸进行酰化反应[26]。如用4份甲磺酸和6份乙酸酐与1份甲壳素，在均相中的反应；4份甲磺酸、6份冰醋酸和计算量的乙酸酐与1份甲壳素在非均相中的反应。甲磺酸既是溶剂，又是催化剂，反应在均相进行，所得产物的酰化程度较高。壳聚糖可溶于乙酸溶液中，加入等量甲醇也不沉淀。所以，用乙酸/甲醇溶剂可制备壳聚糖的酰基化衍生物。三氯乙酸/二氯乙烷、二甲基乙酰胺/氯化锂等混合溶剂均能直接溶解甲壳素，使反应在均相进行，从而可制备具有高取代度且分布均一的衍生物。酰化度的高低主要取决于酰氯的用量，通常要获得高取代度产物，需要更过量的酰氯。当取代基碳链增长时，由于空间位阻效应，很难得到高取代度产物。

酰化甲壳素及其衍生物中的酰基破坏了甲壳素及其衍生物大分子间的氢键，改变了它们的晶态结构，提高了甲壳素材料的溶解性。如高取代的苯甲酰化甲壳素溶于苯甲醇、二甲基亚砜；高取代的己酰化、癸酰化、十二酰化甲壳素可溶于苯、苯酚、四氢呋喃、二氯甲烷。除此之外，酰化甲壳素及其衍生物的成型加工性也大大改善了。

对壳聚糖，反应通常发生在氨基上，但是由于反应并不能完全选择性地发生在氨基上，也会发生 O2 酰基化反应[27]。为了用壳聚糖制备有确定结构的衍生物和性能更好的功能材料，寻求一种容易控制反应的方法尤为重要[26]。N2 邻苯二甲酰化壳聚糖的选择性受到了广泛关注。将壳聚糖悬浮在 DMF 中，加热至 120～130℃，与过量的邻苯二甲酸酐反应，所得的邻苯二甲酰化产物可溶于 DMSO 中，如图 4.23 所示。该反应中也发生部分 O2 邻苯二甲酰化，但邻苯二甲酰胺对碱敏感，在甲醇和钠作用下，发生酯交换反应，O2 酰基离去只生成 N2 邻苯二甲酰壳聚糖。在均相条件下，N2 邻苯二甲酰壳聚糖可进行很多选择性修饰反应。例如，在吡啶中 C6 羟基先进行三苯甲基化反应，C3 进行乙酰化反应，最后 C6 脱去三苯甲基得到自由羟基。三苯甲基化产物用肼脱去邻苯二甲酰基可得到 62 三苯甲基壳聚糖。

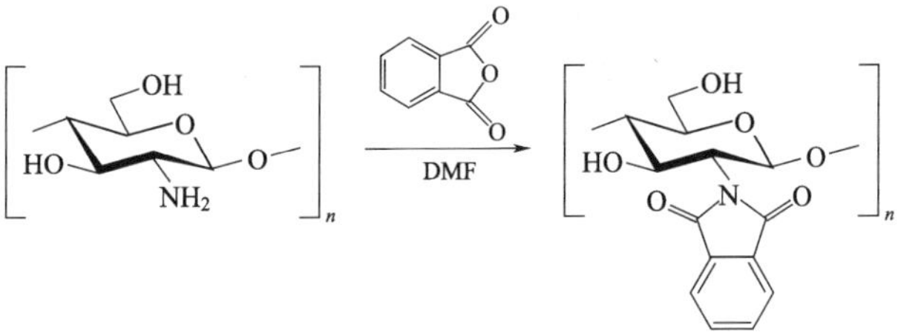

图 4.23 N2 邻苯二甲酰壳聚糖的制备

陈煜等报道了 3,4,5-三甲氧基苯甲酰甲壳素的制备方法[28]：向三口烧瓶中加如 3g 甲壳素和一定量的甲磺酸，在冰浴中搅拌 30min，待甲壳素充分溶胀后，加入所需量的 3,4,5-三甲氧基苯甲酰氯，在 0℃的冰浴中搅拌反应 3h 后维持 0℃以下静置过夜；加入冰水使产物沉淀，并抽滤，将滤饼分散于大量冰水中，用氨水中和，抽滤、干燥；用乙醇和乙醚的混合溶剂（1/10，体积比）浸泡 24h，抽滤，真空干燥，得到 3,4,5-三甲氧基苯甲酰甲壳素。反应过程如图 4.24 所示。

甲壳素和壳聚糖酰化后不但溶解度提高，而且相应有很大新用途。应用于环境分析方面，酰化壳聚糖可制成多孔微粒用作分子筛或液相色谱载体，分离不同分子量的葡萄糖或氨基酸。还可制成胶状物用于酶的固定和凝胶色谱载体。应用于化妆品方面，3,4,5-三甲氧基苯甲酰甲壳素具有吸收紫外线的作用，可用于化妆品中作为防晒护肤的添加剂。脂肪族酰化甲壳素可作为生物相容性材料。应用于医药方面，双-乙酰化甲壳素具有良好的抗凝血性能；甲酰化和乙酰化物的混合物可制成可吸收性手术缝合线、医用无纺布；N-乙酰化甲壳素可模塑成型为硬性接触透镜，有较好的透氧性和促进伤口愈合的特性，能作为发炎和受伤眼睛的辅助治疗。

4.5.2.5 羧基化反应

羧基化反应是指用氯代烷酸或乙醛酸在甲壳素或壳聚糖的 6-羟基或胺基上引入羧烷基团。引入后羧基后能得到完全水溶性的高分子，更重要的是能得到含阴离子的两性壳聚糖衍生物。甲壳素和壳聚糖最重要的羧基化反应是羧甲基化反应，其相应的产物为羧甲基甲壳素（CM-chitin）、N-羧甲基壳聚糖（N-CM-chitosan）等。

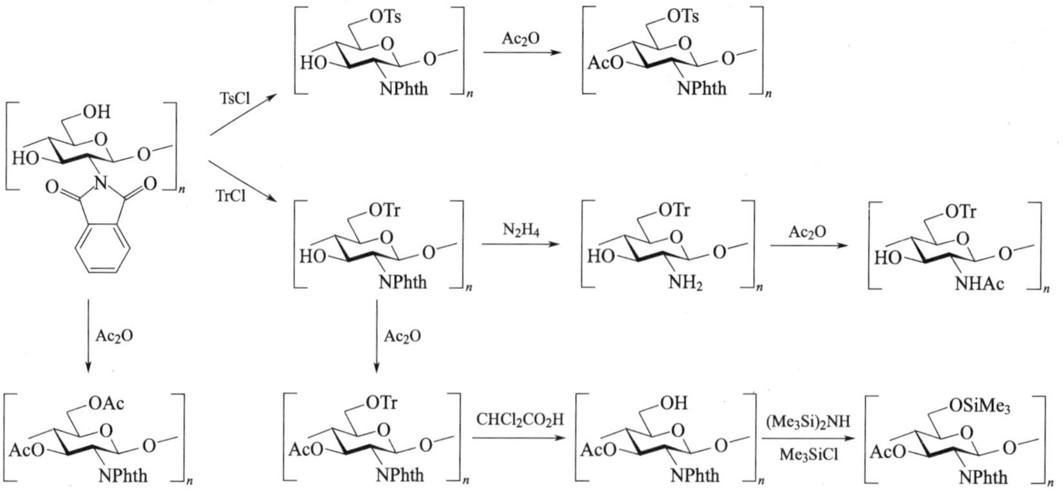

图 4.24　3,4,5-三甲氧基苯甲酰甲壳素的制备

羧甲基甲壳素由碱性甲壳素和氯乙酸反应制得，如图 4.25 所示。羧甲基化主要发生在 C6 上。反应在强碱中进行，因而既发生脱乙酰化的副反应，也发生 N2 羧甲基化反应。

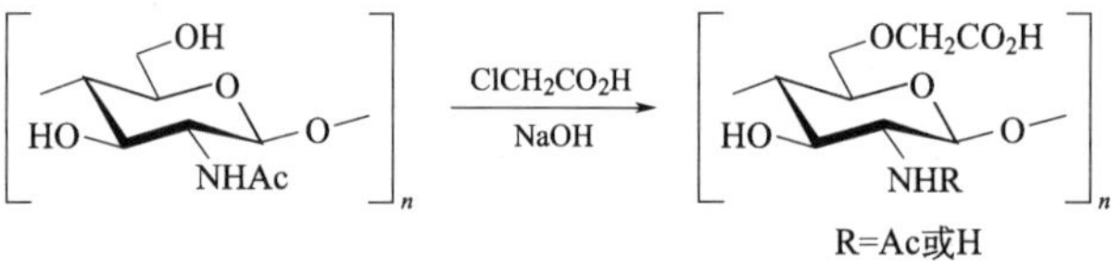

图 4.25　由甲壳素和氯乙酸制备羧甲基甲壳素

在相似条件下，壳聚糖也可进行羧基化反应，但羧甲基反应是同时发生在羟基和氨基上，得到的是 N、O2 羧甲基壳聚糖。在壳聚糖分子上的取代顺序是 62OH＞32OH＞—NH2[29]。

由于 2 位氨基与 6 位羟基的竞争反应，羧甲基壳聚糖衍生物基本是 N,O-羧甲基壳聚糖衍生物。若制备取代位置明确的羧基化壳聚糖，可先将氨基采用保护基团保护后再进行羧基化反应，得到 O-羧基化壳聚糖；或直接采用含有醛基的羧酸与壳聚糖反应，使醛基与氨基发生希夫（Schiff）碱反应，最后用 $NaBH_4$ 还原的方法得到 N-羧基化壳聚糖。或通过控制反应条件（pH＝8～9，$t＝60℃$）来区分氨基与羟基的反应活性，以达到控制羧基化反应在氨基上发生的目的。但该法的反应时间过长（6d），且反应过程中溶液的 pH 值随羧基化反应的进行而变化，反应条件不易控制[30]。

羧甲基壳聚糖有良好的水溶性和绿色环保性，在环保水处理、医药和化妆品等领域得到越来越广泛的应用。羧甲基化甲壳素能吸附 Ca^{2+} 和碱土金属离子等，可用于金属离子的提取和回收；可用在牙膏、化妆品等的添加剂。在化妆品中能使化妆品具有润滑作用和持续的保湿作用，还能使化妆品的储藏性能、稳定性能良好。毒理学研究表明，羧甲基壳聚糖无任何毒副作用，在医药上可作为免疫辅助剂，具有抗癌作用而不损伤正常细胞；具有促细胞生长、抗心律失常等生物活性；对金属离子如 Ca^{2+}、Fe^{2+}、Zn^{2+} 等有配位作用，是制备微量元素补剂的理想配体；N,N-二羧甲基壳聚糖磷酸钙可用于促进损伤骨头的修复、再生；N,O-羧甲基壳聚糖可以防止心脏手术后心包粘连，对玉米氮代谢、蛋白质合成与积累具有明显的生理调节作用。

4.5.2.6 羟基化反应[26]

甲壳素和壳聚糖在碱性溶液，或在乙醇、异丙醇中与环氧乙烷、2-氯乙醇、环氧乙烷等反应生成羟乙基或羟丙基化衍生物（图 4.26）。反应主要在 C6 上进行。

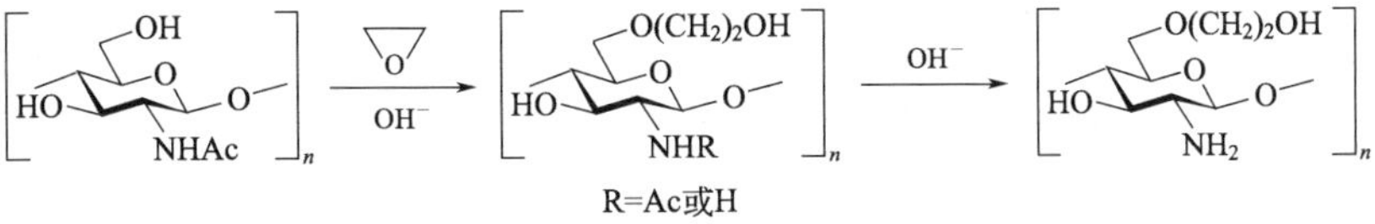

图 4.26 甲壳素的羟基化反应

羟基甲壳素衍生物的合成一般在碱性介质中进行，同时伴随着 N-脱乙酰化反应的发生。此外，环氧乙烷在氢氧根阴离子作用下会发生聚合反应，因而得到的衍生物结构具有不确定性。

羟乙基甲壳素脱除乙酰基后得到 O-位取代的羟乙基壳聚糖。采用同样的方法，用环氧丙烷反应可得到羟丙基甲壳素和壳聚糖。在碱性条件下，壳聚糖也可与环氧乙烷和环氧丙烷直接反应，但得到的是 N、O-位取代的衍生物。用缩水甘油或 3-氯-1，2-丙二醇也可进行羟基化反应，通过一步反应就可在壳聚糖的分子中引入两个羟基。

通常羟基化甲壳素和壳聚糖衍生物具有水溶性和良好的生物相容性。可作为化妆品等的添加剂；将改性后的羟丙基甲壳素作为增稠材料，可制备含适量盐酸环丙沙星的眼药水和人工泪液。

4.5.2.7 烷基化反应[31]

烷基化反应可以在甲壳素的羟基上（O-烷基化），也可以在壳聚糖的氨基上进行（N-烷基化），一般是甲壳素碱与卤代烃或硫酸酯反应生成烷基化产物。壳聚糖的氨基是一级氨基，有一对孤对电子，具有很强的亲核性，由于氨基的反应活性大于羟基的反应活性，所以 N-烷基化较易发生。烷基化壳聚糖由于削弱了壳聚糖分子间和分子内的氢键，从而大大改善了其溶解性。但若引入的碳链过长（如十六烷基），也会影响其溶解性。

(1) O-位烷基化

壳聚糖分子中有氨基和羟基，如果直接进行烷基化反应，在 N,O-位上都可以发生反应。为了选择在 O2 上发生烷基化壳聚糖反应，必须先对 N2 进行保护。通常保护氨基的方法有希夫（Schiff）碱法。希夫碱氨基保护法是先将壳聚糖与醛反应形成希夫碱，再用卤代烷进行烷基化反应，然后在醇酸溶液中脱去保护基，即得到只在 O2 取代的衍生物。如，先用苯甲醛与壳聚糖反应形成亚苄基壳聚糖，再用丁氯烷与之反应，之后用稀乙醇盐酸溶液处理移去希夫碱得到 O2 丁烷基壳聚糖，反应过程如图 4.27 所示。

(2) N-位烷基化

壳聚糖分子上的氨基基团，携带有一对孤对电子，与卤代烷反应，可得到相应的 N2 烷基化产物。如采用溴化十六烷基三甲基铵（CTAB）作相转移催化剂（PTC），在氢氧化钠水溶液中进行低聚水溶性壳聚糖改性反应，得到双亲性 N2 十六烷基化修饰壳聚糖，如图 4.28 所示。

(3) N,O-位烷基化

在碱性条件下，壳聚糖与卤代烷直接反应，可制备在 N,O-位同时取代的衍生物。反应条件不同，产物的溶解性能有较大的差别。反应过程是将壳聚糖加入含 NaOH 的异丙醇中，**121**

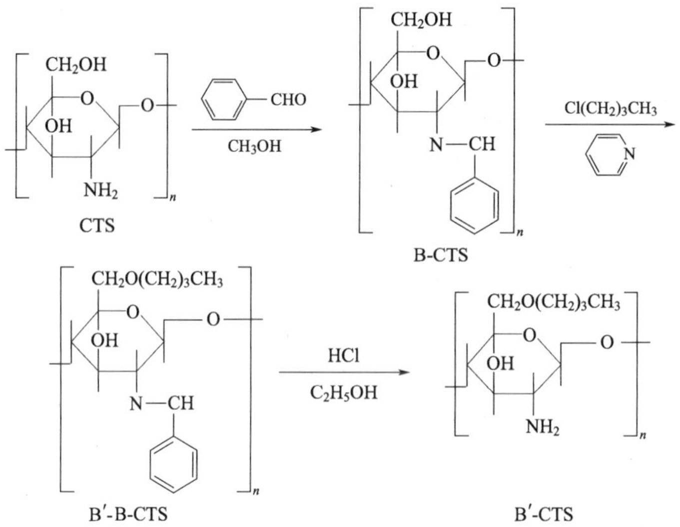

图 4.27　O2 丁烷基壳聚糖的制备

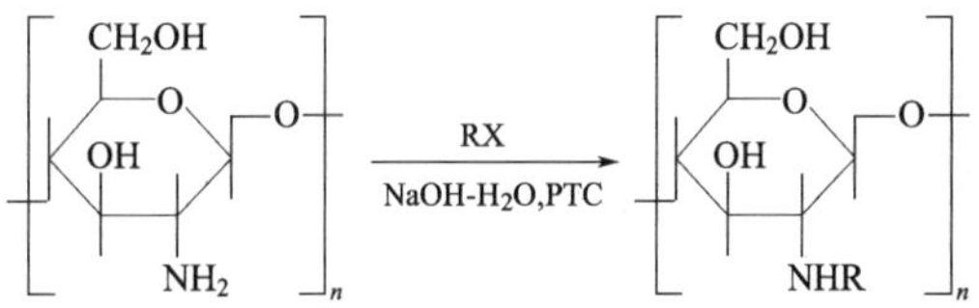

图 4.28　双亲性 N2 十六烷基化修饰壳聚糖的制备

搅拌 30min 后加入卤代烷,反应 4h 后调节 pH 至中性、沉淀、过滤、洗涤、干燥。该类衍生物也有较好的生物相容性,有望在生物医用材料方面得到应用。

(4) 与高级脂肪醛进行反应

烷基化衍生物的合成,通常是采用醛与壳聚糖分子中的—NH_2 反应形成希夫碱,然后用 $NaBH_3CN$ 或 $NaBH_4$ 还原来得到目标衍生物的。其合成路线如图 4.29 所示。

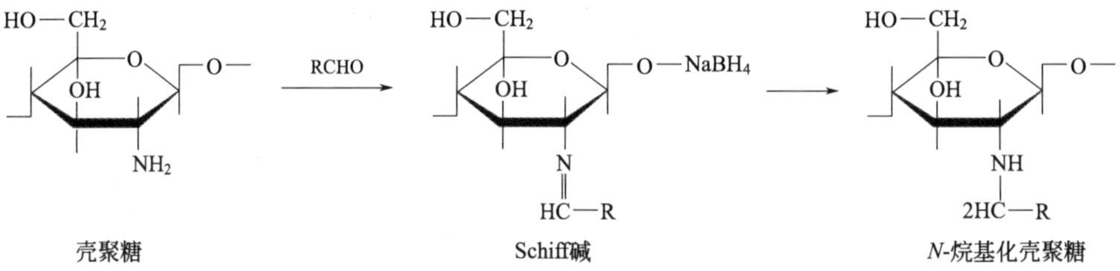

图 4.29　N-烷基化壳聚糖的制备

长链 N2 烷基化壳聚糖衍生物因具有双亲性,可用于自组装药用微囊的制备,但用高级脂肪醛通过希夫碱反应改性,因系两相反应,取代度低,可采用加入相转移催化剂微波辐射的方法提高 N2 烷基化壳聚糖的取代度,缩短反应的时间。

(5) 与长链脂肪酰卤反应引入烷基

由壳聚糖改性获得双亲性壳聚糖衍生物,利用其疏水长链侧基的相互作用,可构成壳聚糖基自组装纳米药用泡囊。壳聚糖中引入长链烷基,将得到很好的双亲性物质,而在甲磺酸介质中,通过控制十二酰氯的用量,可以得到制备自组装纳米泡囊用的不同酰化取代度的 O,O-双十二酰化壳聚糖产物。制备脂溶的 O,O-双十二酰化壳聚糖合成路线见图 4.30。

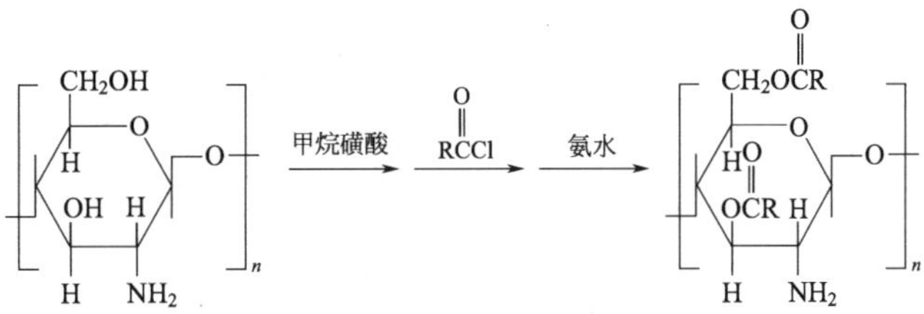

图 4.30   *O,O*-双十二酰化壳聚糖的制备

(6) 与环氧衍生物反应

壳聚糖与环氧衍生物进行加成反应，可得到烷基化衍生物，此反应的特点是可同时引进亲水性的羟基，如壳聚糖与过量的环氧衍生物在水溶液中反应时，其分子氨基上的 2 个 H 都被取代，生成的产物易溶于水。

当环氧衍生物上接有季铵盐时，环氧衍生物与壳聚糖发生反应的同时可将季铵盐上的不同的烷基基团引入。如用环氧丙基三烷基氯化铵与羧乙基化后的壳聚糖反应得到 *N,O*-(2-羧乙基)壳聚糖季铵盐（QCECs），合成路线如图 4.31 所示。

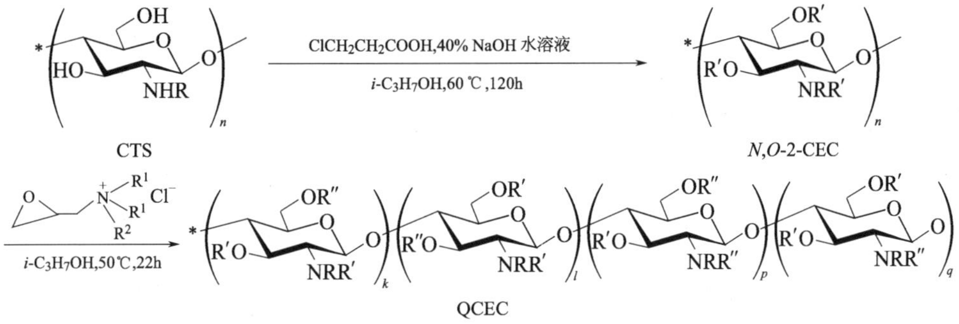

R＝H 或 COCH$_3$，R′＝H 或 CH$_2$CH$_2$COOH

R″＝H 或 CH$_2$CH（OH）CH$_2$NR^{1}R^{1}R^{2}Cl

QCEC1：R^1＝R^2＝CH$_3$ QCEC2：R^1＝R^2＝CH$_2$CH$_3$

QCEC3：R^1＝R^2＝CH$_2$CH$_2$CH$_3$ QCEC4：R^1＝R^2＝CH$_2$CH$_2$CH$_2$CH$_3$

QCEC5：R^1＝CH$_3$，R^2＝CH$_2$C$_6$H$_5$

图 4.31   *N,O*-(2-羧乙基)壳聚糖季铵盐（QCECs）的制备

4.5.2.8 酯化反应

甲壳素上的羟基能被各种酸和酸的衍生物酯化。甲壳素的多种酯化反应产物都显示出良好的抗凝血性能，是很好的抗凝血材料。

甲壳素的酯化可分为无机酸和有机酸酯化。常用的无机酸酯化剂包括硫酸酯、黄原酸酯、磷酸酯、硝酸酯等；常用的有机酸酯化剂包括乙酸酯、苯甲酸酯、长链脂肪酸酯、氰乙酯等。

(1) 甲壳素的硫酸酯化反应

甲壳素的硫酸酯化反应一般为非均相反应，硫酸酯化试剂主要有浓硫酸、SO$_2$、SO$_3$、氯磺酸/吡啶和 SO$_3$/吡啶、SO$_3$/DMF 等。反应既可发生在氨基上也可发生在羟基上，但常发生在 C6 位的羟基上，如图 4.32 所示。

使用强酸介质中氨基质子化的方法也可制得酯化位置明确的酯化产物，如采用 Cu^{2+} 和

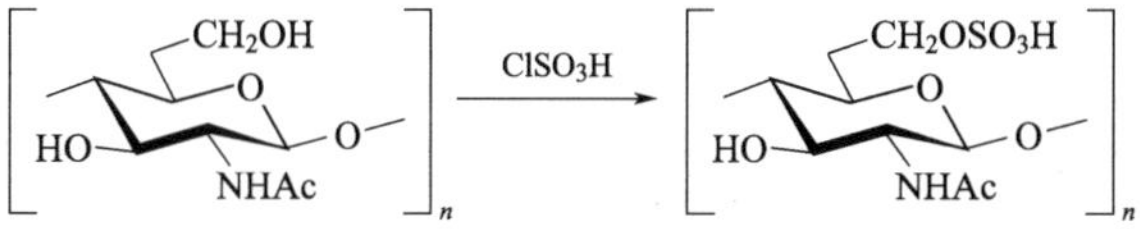

图 4.32　甲壳素硫酸酯化反应

邻苯二甲酸酐对 2-位氨基和 3-位仲羟基进行保护后再硫酸酯化的方法，可制备酯化位置明确的壳聚糖衍生物。

硫酸酯化甲壳素的结构与肝素相似，抗凝血性高于肝素而没有副作用，能抑制动脉粥样硬化斑块的形成；可制成人工透析膜。

（2）甲壳素的磷酸酯化反应

磷酸酯化反应一般是在甲磺酸中与甲壳素或壳聚糖反应，如图 4.33 所示，各种取代度的磷酸酯化物都易溶于水。

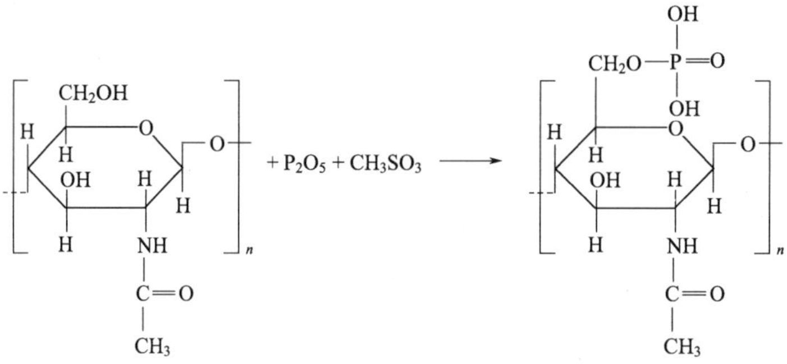

图 4.33　甲壳素的磷酸酯化反应

4.5.2.9　希夫碱反应

壳聚糖上的氨基可以与醛酮发生希夫碱反应（图 4.34），生成相应的醛亚胺和酮亚胺多糖。此反应专一性强，可用此反应来保护游离—NH_2，在羟基上引入其他基团，反应后可方便地去掉保护基；用 $NaBH_4$ 或 $NaCNBH_3$ 还原，得到 N2 取代的多糖。这种还原物对水解反应不敏感，有聚两性电解质的性质。利用希夫碱反应可以把还原性碳水化合物作为支链连接到壳聚糖的氨基 N 上，形成 N-支链的水溶性产物。

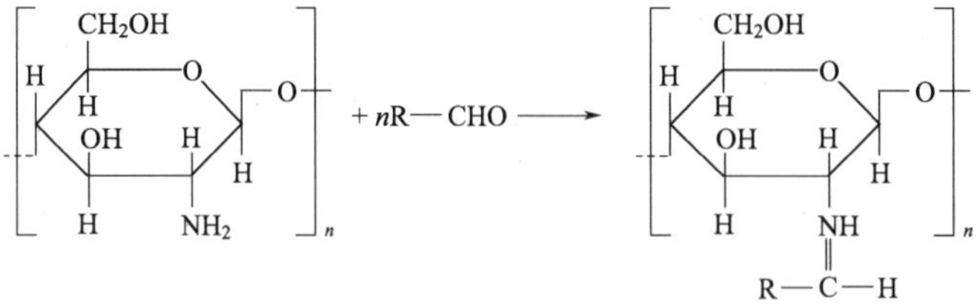

图 4.34　壳聚糖的希夫碱反应

4.5.2.10　硅烷化反应[26]

甲壳素可以完全三甲基硅烷化（图 4.35），具有很好的溶解性和反应性，保护基很容易脱去。可在受控条件下进行改性和修饰。

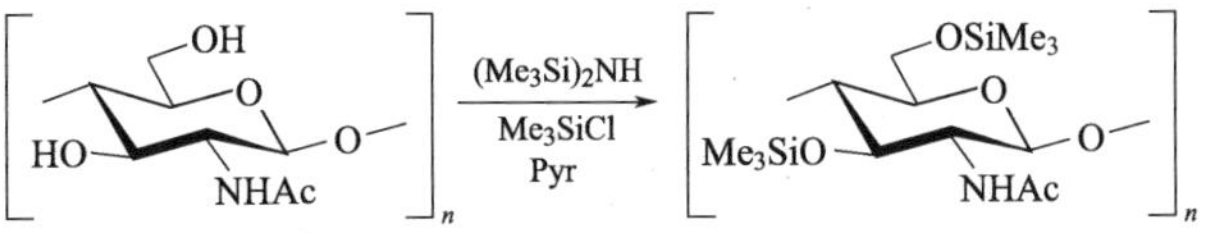

图 4.35 三甲基硅烷甲壳素

三甲基硅烷甲壳素易溶于丙酮和吡啶，在另一些有机溶剂中可明显溶胀。完全硅烷化的甲壳素很容易脱去硅烷基，因此可用于制备功能薄膜。将硅烷化甲壳素的丙酮溶液铺在玻璃板上，溶剂蒸发后得到薄膜，室温下将薄膜浸在乙酸溶液中就可以脱去硅烷基，得到透明的甲壳素膜。

硅烷化甲壳素在一些反应中显示出良好的反应活性，包括三苯甲基化反应，主要用来保护 C6 羟基，因此可用于特定选择性的修饰反应。在吡啶中用甲壳素不发生三苯甲基反应，但是用硅烷化甲壳素代替甲壳素，三苯甲基化反应就可以平稳进行。

4.5.2.11 接枝共聚反应[26,32,33]

早在 1973 年，Slagel 等首先将丙烯酰胺、2-丙烯酰胺-2-甲基丙磺酸与壳聚糖的接枝共聚物用于提高纸制品的干态强度。1979 年，Kojima 等人采用三丁基硼烷（TBB）作为引发剂用于甲基丙烯酸甲酯与甲壳素的接枝共聚。此后，甲壳素和壳聚糖的接枝共聚研究进展越来越快。通过分子设计可以得到由天然多糖和合成聚合体组成的修饰材料。

通常采用的引发剂体系有 AIBN、γ 射线、Fe^{2+}-H_2O_2、UV 和 Ce^{4+}。在均相或非均相中，引发乙烯基单体直接与甲壳素/壳聚糖进行接枝共聚。

Kurita 等人将 L-谷氨酸 γ-甲酯 N-羧酸酐（NCA）与水溶性甲壳素接枝共聚制备甲壳素多肽杂化物（图 4.36）。

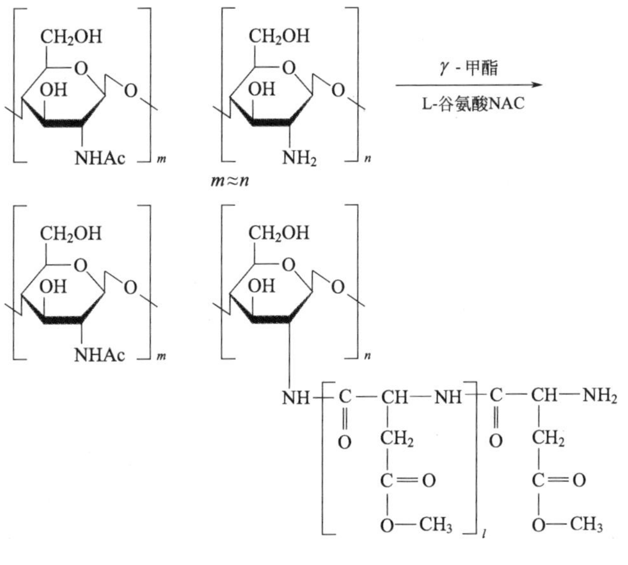

图 4.36　水溶性甲壳素与 L-谷氨酸 γ-甲酯 N-羧酸酐（NCA）接枝共聚

Berkovich 等人采用非均相法合成三取代马来酰化壳聚糖，然后再与丙烯酰胺接枝共聚，如图 4.37 所示。

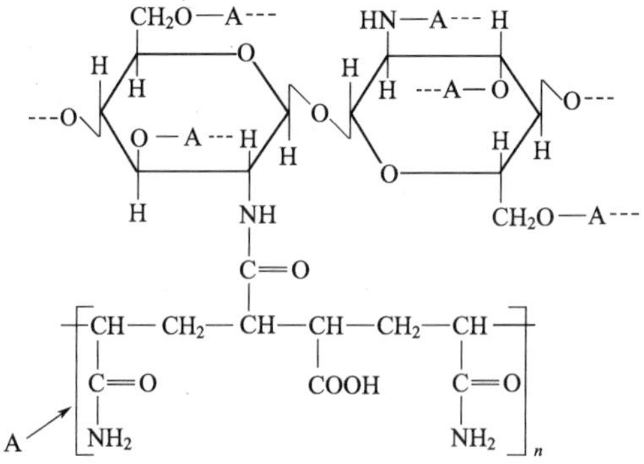

图 4.37　三取代马来酰化壳聚糖接枝聚丙烯酰胺

Yang 等在壳聚糖的盐酸水溶液中，以过硫酸铵为引发剂，引发苯胺进行接枝共聚，如图 4.38 所示。

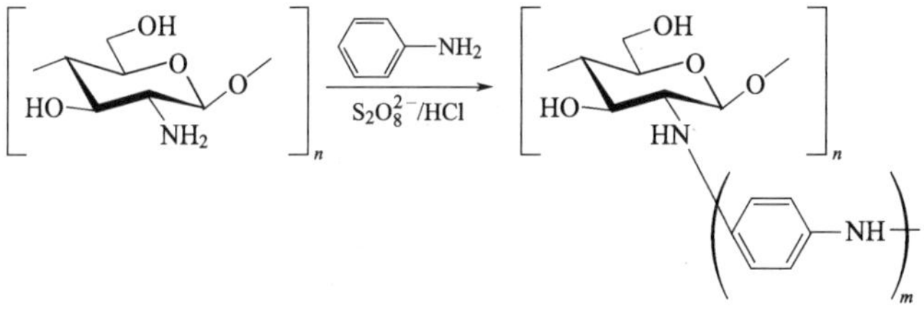

图 4.38　壳聚糖接枝聚苯胺

通常甲壳素的接枝共聚反应不能确定引发位置和所得产物的结构，而用甲壳素的衍生物如碘代甲壳素就可得到有确切结构的接枝共聚物。在碘代甲壳素的硝基苯溶液中，加入 $SnCl_4$ 或 $TiCl_4$ 等 Lewis 酸，反应可形成碳正离子，在高溶胀状态下与苯乙烯进行接枝共聚反应（图 4.39），接枝率可达到 800%。

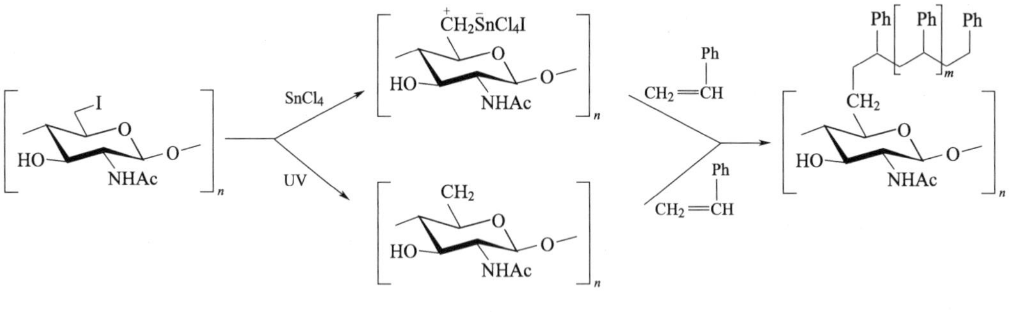

图 4.39　碘代甲壳素与苯乙烯的接枝共聚反应

6-巯基甲壳素不溶于水，但在有机溶剂中高度溶胀，且巯基容易脱去。所以它也是较为理想的一种接枝共聚反应原料。在 80℃ 的 DMSO 中，巯基甲壳素与苯乙烯的接枝率可达到 1000%（图 4.40）。

马建标等人在水/乙酸乙酯体系中，利用水溶性甲壳素分子上的自由氨基引发 N-羧基-l-亮氨酸-环内酸酐（NCA）的开环聚合，将聚 l-亮氨酸引入到甲壳素的侧链，制备了多糖/多肽杂化材料甲壳素-g-聚 l-亮氨酸接枝共聚物。由于反应中使用了水溶性甲壳

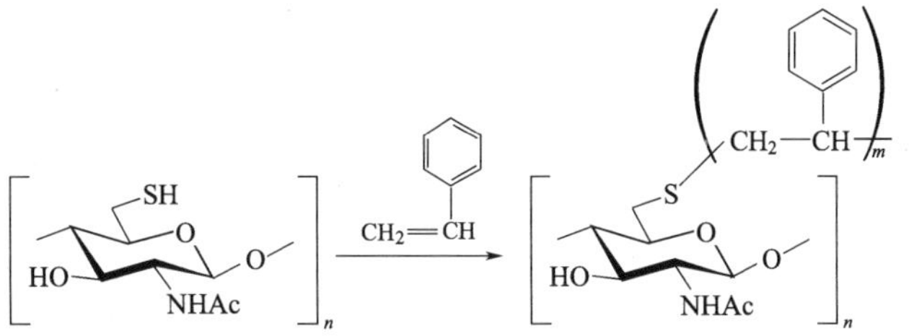

图 4.40　巯基甲壳素与苯乙烯的接枝共聚反应

素，反应可以在温和的条件下进行，且反应的转化率和接枝效率均较高。接枝共聚物的多肽链段长度可以通过 NCA 的投料量进行控制，得到各种肽链长度的接枝共聚物。反应过程如图 4.41 所示。

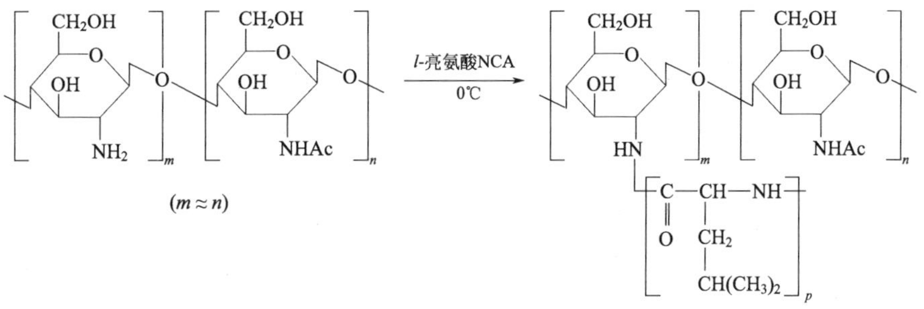

图 4.41　甲壳素接枝聚 *l*-亮氨酸共聚物

在壳聚糖上进行接枝共聚，较为典型的引发剂是偶氮二异丁腈、Ce(Ⅳ) 和氧化还原体系。在偶氮二异丁腈引发下，一些乙烯单体如丙烯腈、丙烯酸甲酯和乙烯基乙酸，都可在乙酸或水中与壳聚糖发生接枝共聚。在用聚丙烯酰胺、聚丙烯酸和聚(4-乙烯基吡啶) 和壳聚糖反应时，Ce(Ⅳ) 也常被用作引发剂。（Fe^{2+}-H_2O_2）可作为氧化还原引发剂引发甲基丙烯酸甲酯接枝共聚。

通过 γ 射线照射也可以使苯乙烯在壳聚糖粉末或膜上发生接枝共聚。壳聚糖-聚苯乙烯共聚物对溴的吸附要优于壳聚糖本身，并且共聚物薄膜与壳聚糖薄膜相比，它在水中溶胀性较小，延展性较好。

4.5.2.12　树型衍生物[26,32]

树枝状大分子以其优异、独特的性能引起人们强烈而广泛的兴趣。壳聚糖的树形衍生物是近年来才发展起来的一类高分子化合物。它一般是在壳聚糖的氨基上接枝功能分子基团形成。如果接枝的基团是糖、肽类、脂类或者药物分子，所得的树型分子结合了壳聚糖的无毒、生物相容性和生物降解性，再加上有功能分子的药物作用，因此在药物化学方面将会有广泛的应用。这类化合物可形象地形容为壳聚糖是这种分子的树干和主枝，树形分子是树枝，而功能分子就是树形材料的花和叶子。

Sashiwa 等[34]合成了一种树型分子。以四甘醇为起始原料，先得到 *N*,*N*-双丙酸甲酯-11-氨基-3,6,9-氧杂-癸醛缩乙二醇，然后再与乙二胺发生胺解反应，经过同样步骤，在端基引入 8 个氨基，氨基再和含有醛基的单糖反应；最后和壳聚糖经希夫碱反应、还原得到（图 4.42）。该类反应过程一般较为复杂。通过分子设计所得的高分子树型材料在主客体化学和催化方面显示出良好的应用前景。

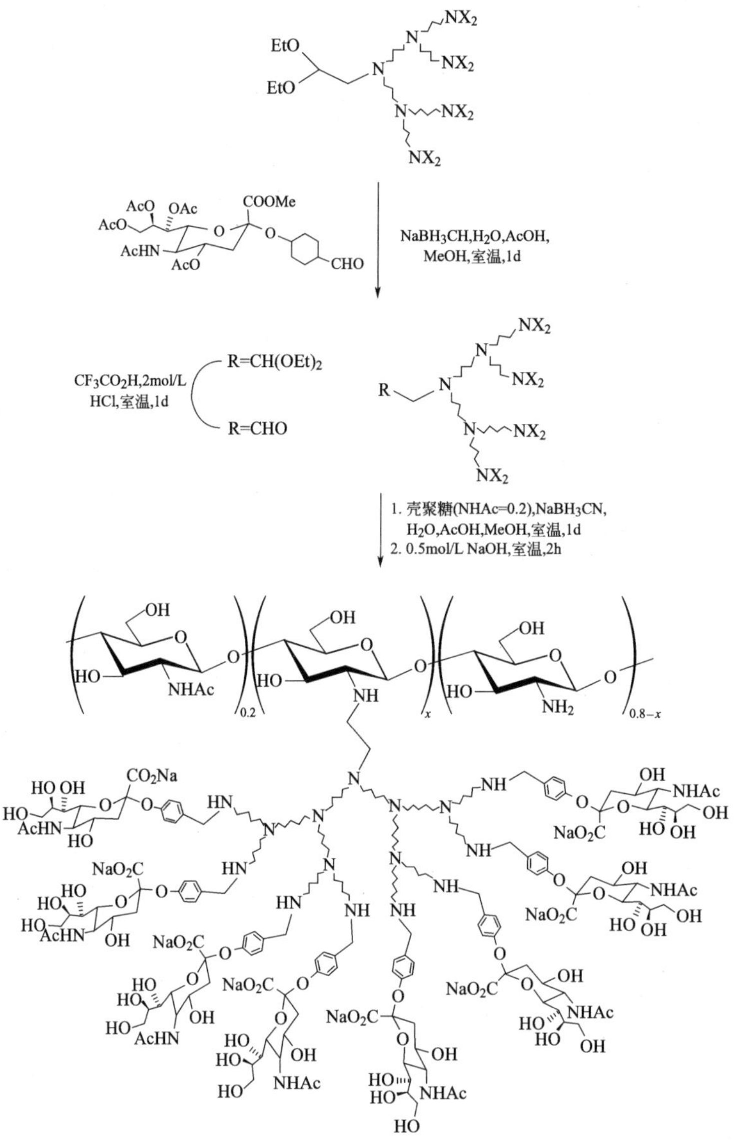

图 4.42   一种壳聚糖树型衍生物的合成

Sashiwa 等[35]采用树枝状大分子的构建方法，制备含有唾液酸残基树枝状大分子与壳聚糖接枝的杂化材料。首先以四乙二醇为间隔基，采用发散式（divergent）方法构建含唾液酸残基树枝状大分子，然后与壳聚糖接枝共聚。此法接枝度极低，仅为 0.02。为克服这种缺点，他们改用收敛式（convergent）方法，以没食子酸和三乙二醇为骨架构建含唾液酸残基树枝状大分子，再与壳聚糖发生偶联反应（如图 4.43 所示）。此法有较高的接枝度，达0.13，且用该法可控制不同的代得到不同的接枝度。

图 4.44 所示为壳聚糖接枝聚酰亚胺树枝状大分子结构。该杂化物可溶解于酸性溶液中，这类超支化树枝状高分子具有优良的病菌/病毒抑制性能。

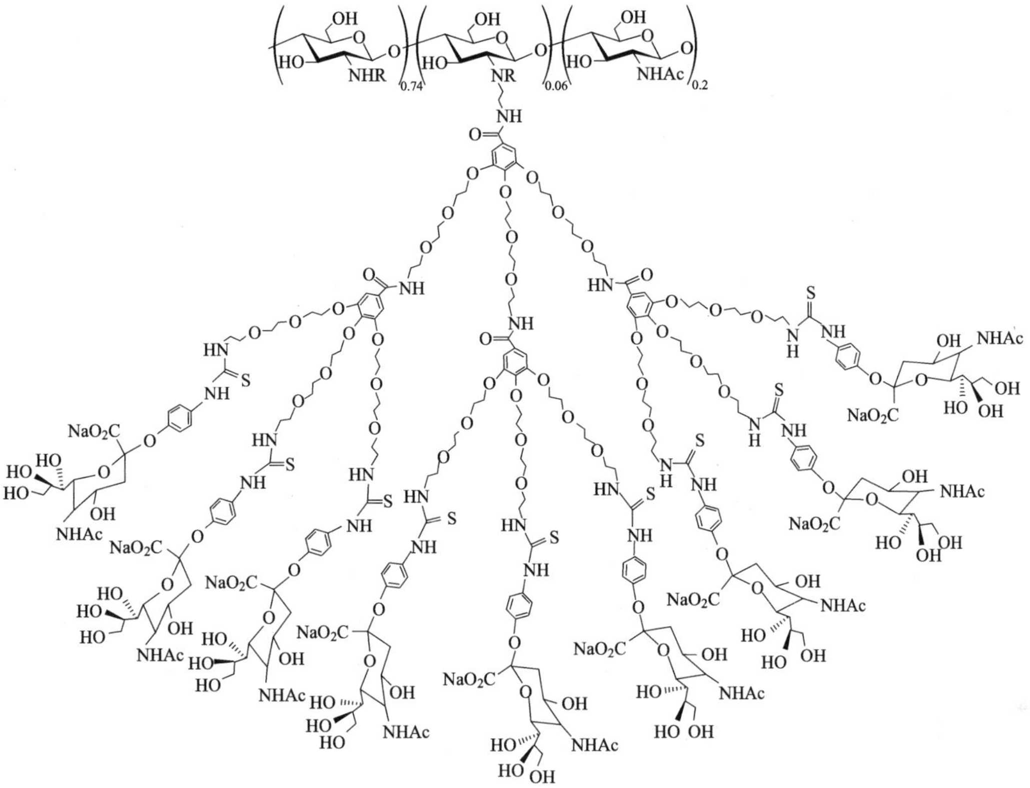

图 4.43　壳聚糖接枝含唾液酸残基树枝状大分子

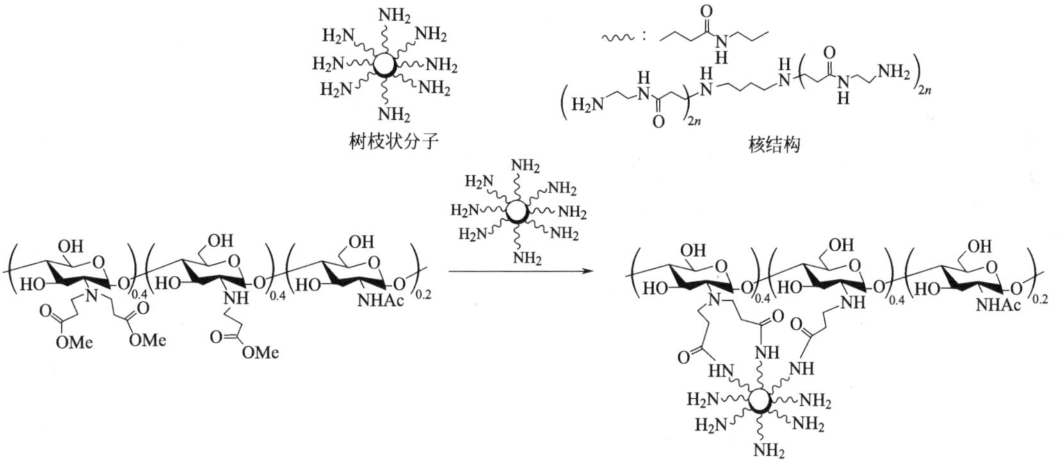

图 4.44　N-甲氧基羰乙基壳聚糖与聚酰亚胺树枝状大分子的反应

4.6　甲壳素与壳聚糖及其改性产物的应用

4.6.1　在水处理中的应用

将甲壳素、壳聚糖及其衍生物应用在水处理中有很多优点。由于壳聚糖分子中含有大量的游离氨基，在适当条件下，能够表现出阳离子型聚电解质的性质，用于水处理中，具有强烈的絮凝作用，既有铝盐、铁盐消除胶粒外面负电荷的作用，又有聚丙烯酰胺通过"桥联"使悬浮物凝聚的作用。因此，它能够使水中的悬浮物快速沉降，是一种很有发展前途的天然高分子絮凝剂。因其天然、无毒、无味而被美国、日本等发达国家广泛用于污水处理和饮用水的净化。

4.6.1.1　吸附金属离子

　　壳聚糖分子结构中含有大量的氨基，此基团中的 N 原子上的孤对电子，可投入到重金属离子的空轨道中，通过配位键结合，形成很好的络合物，能捕集工业废水中许多重金属离子。壳聚糖上的—NH$_2$ 和—OH 与 Pb^{2+}、Cr^{6+}、Cu^{2+} 等重金属离子形成稳定的五环状螯合物，使直链的壳聚糖形成交联的高聚物，如图 4.45 所示[36]。

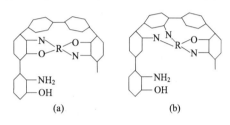

图 4.45　壳聚糖与金属离子
形成的螯合物示意图

　　壳聚糖在较低 pH 值条件下，会因分子中的氨基质子化而溶于水造成吸附剂的流失，交联可以改善壳聚糖的流失，便于再生利用。吸附量主要取决于交联度，一般随着交联度的增加而减小，这是因为聚合物的网状结构限制了分子的扩散，降低了聚合物分子链的柔韧性。通过单取代溴丙氧基对叔丁基杯［6］芳烃衍生物与壳聚糖发生交联，合成一种新型的杯［6］芳烃-壳聚糖聚合物，对过渡金属离子 Zn^{2+}、Mn^{2+}、Pb^{2+}、Cr^{3+} 和 Cu^{2+} 的吸附结果表明，该聚合物兼具杯［6］芳烃与壳聚糖各自的优势，不仅吸附能力较强，而且对部分离子表现出较高的选择性吸附。唐星华等[37]在环氧氯丙烷交联壳聚糖的基础上引进磁铁作为磁核制备交联壳聚糖磁性微球，这种微球对低浓度 Cu^{2+} 和 Pb^{2+} 的去除率达 98％以上，且重复使用性能良好[38]。或者通过壳聚糖包裹纳米磁性粒子制备成磁性壳聚糖微球，稳定性好、吸附性能强，有效地提高了壳聚糖的应用价值。磁性可促使壳聚糖在酸性溶液中保持稳定，同时还可以和磁分离技术结合使用，通过磁场的作用快速回收再生使用。磁性还可以改变水中微粒表面的电荷分布，通过压缩双电层将污染物质相互聚集，形成絮凝体沉淀。磁性壳聚糖可以用来去除 Cu^{2+}、Cr^{2+}、Hg^{2+}、Zn^{2+}、Pb^{2+}、Ca^{2+}、Ag$^+$ 等金属离子；另外对稀土金属离子也有很好的吸附作用，比如 La^{3+}、Nd^{3+}、Eu^{3+}、Lu^{3+}、Ce^{3+} 等。已有研究从吸附时间、pH 等条件出发研究磁性壳聚糖吸附处理金属离子的能力，如表 4.4 所示。可以看出，磁性壳聚糖微球对金属离子有很强的去除能力，并且可以很快达到平衡[39]。

表 4.4　磁性壳聚糖对金属离子的吸附研究

金属离子	饱和吸附量/(mg・g^{-1})	去除率/％	平衡时间/min	pH 值
Cd^{2+}	518	99	20	6.5
Hg^{2+}	877.314	＞90	30	5
Zn^{2+}	20.4	90	2	3～5
Pb^{2+}	48.3	98	540	5～7
Cu^{2+}	72	98	300	7
Ag$^+$	226.8	90	60	6
Au^{3+}	709.2	90	30	3
Co^{2+}	27.42	98	60	5.5
Ce^{3+},Pr^{3+},Lu^{3+},La^{3+},Nd^{3+}		＞90	1	6
Am^{3+},Cm^{3+},Eu^{3+},Tm^{3+}		95～99	0.75	5

4.6.1.2 在食品工业废水处理中的应用

壳聚糖及其衍生物作为高分子絮凝剂的最大优势是对食品加工废水的处理。食品加工时产生的废水量大且成分复杂，处理难度很大，对环境污染严重。除含有叶、皮毛、泥沙、动物粪便、发酵微生物及致病菌外，还含有大量蛋白质、脂肪酸和淀粉等有用物质，具有回收利用的价值。壳聚糖是阳离子型聚电解质，可与废水中绝大部分成胶体并带负电荷的淀粉类和蛋白质等物质快速絮凝形成沉淀，并且壳聚糖自身无毒，在水质净化过程中不存在二次污染，对于回收废液中的蛋白质等物质极为有利，成为国内外在副食品工业废水处理中用量逐年上升的优良天然高分子絮凝剂[40]。

壳聚糖可与废水中阴离子电荷中和，帮助废水中微粒凝集，使食品废水中的大量蛋白质、油脂等胶态粒子、悬浊物经壳聚糖凝集分离后，可作肥料与饲料。经壳聚糖处理的各种食品加工废液，悬浊固体可减少70%～98%，COD去除率达47%～92%。例如蔬菜加工废水，加20mg/L壳聚糖，pH调节5.0，悬浊固体（SS）去除率89%～90%；肉类加工废水，加入30mg/L壳聚糖，调节pH7.3，悬浊固体去除率89%，COD减少55%，凝聚物中粗蛋白含量达41%[41]。

用壳聚糖处理虾、蟹和鲑鱼加工废水，经旋流池、絮凝和脱水处理，总固态物去除率接近100%[42]。将壳聚糖用于棕榈油压榨污水处理，与明矾和聚氯化铝相比，在相同用量时壳聚糖对悬浮固体和残余油脂的去除率最高，而所需搅拌时间、沉降时间最短，絮凝效果优于传统的絮凝剂[43]。

4.6.1.3 在印染废水处理中的应用

印染废水由于其高COD、高色度、有机成分复杂和微生物降解程度低等诸多特点，一直是工业废水处理的一大难题。传统的无机絮凝对疏水性染料、分子大的染料脱色效率高，而对水溶性极好，分子量较小的染料脱色效果差，达不到处理要求，成本也较高。壳聚糖作为一种高分子絮凝剂，不但有高效絮凝的作用，而且具有无毒副作用和易降解等优点，并以其独有的絮凝、吸附、螯合等性能在印染废水脱色研究中得到广泛研究和应用。壳聚糖对酸性染料、活性染料、媒染料、直接染料都具有一定的吸附性，壳聚糖对染料的吸附主要是通过氢键、静电、离子交换、范德华力和疏水相互作用等产生[44,45]。

染料废水一般为带电荷的胶体溶液，根据胶体化学原理，胶体的稳定性大小与胶体颗粒的ζ电位有关，而胶体颗粒的ζ电位随溶液的pH值改变而有不同值，因此溶液的pH值会对胶体颗粒的絮凝产生直接的影响。在酸性条件下，壳聚糖对染料的吸附机制是化学吸附，壳聚糖分子链上的—NH_2，在酸性溶液中被质子化形成—NH_3^+，该官能团与活性染料阴离子间有很强静电相互作用；在碱性条件下，化学吸附与物理吸附都存在，—OH成为主要的活性基团，染料分子同时可以通过范德华力、氢键等与壳聚糖发生吸附形成沉降。水溶性壳聚糖pH在3～6时色度去除率较好，对印染废水的处理在偏酸性条件下有利，主要是因为水溶性壳聚糖属阳离子型絮凝剂，有利于吸附阴离子染料[36]。

4.6.1.4 在造纸废水处理中的应用[46,47]

造纸行业属于废水排放大户，废水中含有大量的化学药品、木质素、纤维素等，耗氧量大。混凝沉降是目前造纸污水处理气浮段的主要处理工艺，大多将无机与有机絮凝剂配合使用处理其废水。壳聚糖对造纸废液的絮凝效果非常明显，对色度去除率大于90%，对COD的去除率可达70%，效果优于其他絮凝剂，在去除水中悬浮物的同时，亦可去除水中对人体有害的重金属离子。

单一的天然壳聚糖可以直接用于处理造纸污水，但因其絮凝反应过程较慢、絮凝时间长等缺点限制其广泛应用。对天然壳聚糖进行改性并用于造纸污水的处理，取得了良好的效果。如用壳聚糖的改性产品氯化三甲基壳聚糖季铵盐作絮凝剂处理造纸废水，在 pH 值为 8～13 时，COD 去除率可达 75％以上。较高浓度时的絮凝效果优于低浓度时，适当延长缓慢搅拌时间，能提高絮凝效果。另外，壳聚糖季铵盐与阴离子絮凝剂配合使用可使废水 COD 进一步降低。并且，壳聚糖季铵盐作絮凝剂处理造纸废水，在较宽的 pH 值范围内都表现出较好的絮凝效果，与聚丙烯酰胺类絮凝剂相比不但效果更好，更重要的是有价格优势。

改性壳聚糖对造纸废水拥有优良的絮凝性、良好的可生物降解性及投加量小等优点，备受造纸工业青睐。但改性壳聚糖处理造纸污水所需凝聚时间仍然相对较长，今后应加大这方面的研究工作。

4.6.1.5　在城市生活污水处理中的应用

生活污水中的主要污染物为有机物，同时还含有大量的大肠杆菌、病毒等有害生物体。壳聚糖作为天然高分子絮凝剂具有无毒、不存在二次污染、使用方便等优点。但因生产成本高，推广应用受到很大的限制。而无机絮凝剂聚合氯化铝（PAC）虽然价格便宜但在应用上存在用量大、残渣多及有一定的腐蚀性等缺陷。因此，将无机絮凝剂和天然有机絮凝剂复配使用达到最佳的效果，降低絮凝剂的使用成本，是目前甲壳素、壳聚糖化学和絮凝化学研究的热点和难点之一，人们也正在积极探索有机絮凝剂与无机絮凝剂良好絮凝效果的有效途径。

将壳聚糖与聚合氯化铝复配对生活污水进行处理，结果表明：聚合氯化铝与壳聚糖复合能相互促进其絮凝效能，当复合絮凝剂组成为聚合氯化铝：壳聚糖＝0.3：0.7 时，废水的透光率达到 98.9，优于单独使用聚合氯化铝和壳聚糖。复合絮凝剂（壳聚糖/聚合氯化铝）兼有无机和有机絮凝剂的优点，是一种使用范围较广的新型絮凝剂[48]。

4.6.1.6　在饮用水处理中的应用

生活用水主要来自城市自来水厂，少部分取自地下水，自来水厂水源多为江河、湖泊、水库等，随着工业的迅速发展，含有有毒、有害物质的工业废水、生活污水未经处理或只经部分处理便被排入天然水体，直接或间接地造成了饮用水水源污染。此外，农田径流、城镇地表径流、城市污水处理厂尾水排放、旅游污染等非点源污染对饮用水源也造成了污染。

壳聚糖因天然、无毒、易降解，在饮用水处理上表现出很广阔的前景。壳聚糖作净水剂，能有效地除去自来水中的变异物质，并且其吸附效果远远高于活性炭和人造丝。研究还表明，以壳聚糖为基质的吸附剂吸附水中微量有机物、酚类化合物和 $CHCl_3$、$CHBrCl_2$ 具有较好的吸附效果，对酚类化合物苯酚、4-氯酚、2,4-二氯酚和五氯酚钠的去除率都在 90％以上，对 $CHCl_3$、$CHBrCl_2$ 的去除率分别可以达到 79.67％和 87.66％[49]。

4.6.2　在造纸工业中的应用[50]

甲壳素、壳聚糖及其衍生物能与纤维素强烈作用，是一种性能优良的造纸用精细化学品，几乎涉及造纸工业的各个工序，在造纸工业中的应用研究越来越引起人们的注意。目前主要用于纸张的施胶、纸张的表面改性及纸张的增强、助留等。壳聚糖本身还是一种防腐剂，对纸张还起到良好的防蛀、防腐作用。

4.6.2.1 造纸施胶剂

施胶是造纸过程的重要工艺，是通过一定工艺方法使纸表面形成一种低能的憎液性膜，从而使纸和纸板获得抗拒流体的性质。壳聚糖在水溶液中显示正的 ξ 电位，具有一定的阳离子性和良好的成膜性、较好的渗透性及较稳定的抗水性，适合用作纸张的表面施胶剂。

草类纤维抄造出的纸虽然成本较低，但纸张品质一般较差，例如强度低、抗水性差、耐折度小等。壳聚糖强度高，成膜性好，与纤维素分子之间的相互作用强，因而壳聚糖作草浆纤维纸张的表面施胶剂更有实际意义，可大幅度改善纸张性能，使其表面强度、抗水性能、光泽度、平滑度得以提高，生产出低成本高品质的纸张来。$0.1 \sim 1 \text{g/m}^2$ 壳聚糖涂布于成纸表面上，能提高纸张的表面强度、柔软性及印刷性能。

以壳聚糖为主体，配合分子调节剂和非离子单体、阳离子单体进行共聚、交联等工艺，可得到共聚交联衍生物。共聚交联衍生物再配合稳定剂、增效剂等制成改性壳聚糖造纸表面施胶剂。改性壳聚糖用于纸张的表面施胶，具有成纸表面强度高、表面吸水性适中、性价比高等优点。

4.6.2.2 纸张增强剂

壳聚糖加入到浆料中，首先被带负电的纤维素的表面吸附，并填充于纤维之间，这种填充作用必将增大纤维间的结合面积，同时分子上的众多基团与纤维表面上的基团彼此间形成相应的化学键（氢键、离子键），在干燥过程中水分的蒸发为壳聚糖-纤维素分子间的化学作用提供了更多的机会，即可形成更多的氢键，从而提高纸张的强度。

壳聚糖与其他试剂的共聚物往往具有更好的复合增强效果，如将丙烯酰胺、2-丙烯酰胺-2-甲基丙基磺酸与壳聚糖共聚后加入到浆料中，替代壳聚糖，在同等条件下抄制手抄片，其耐破强度和抗张强度分别比空白纸页提高 5.44% 和 22.1%，而单纯的壳聚糖仅提高 12.1% 和 18.5%。壳聚糖与阳离子淀粉接枝共聚，能有效地提高纸的物理强度并促进填料的留着。最佳用量为 1.0%，与空白纸相比，断裂长提高了 77.8%，耐破度提高了 44.7%，其增强效果优于阳离子淀粉和壳聚糖，壳聚糖的加入对手抄片的干强性质具有明显的增强作用。

壳聚糖除了提高干强、湿强外，还能提高湿纸幅强度，即刚成形的纸或从未干过的纸的强度。它不同于湿强（常是干燥过的纸张重新浸湿后的强度）。一般来说，湿纸幅强度对纸机的运行有很大的影响，如湿纸幅强度低，易使网上的纸成形难。将 1% 的壳聚糖加入到 40% 固含量的磨石磨木浆湿纸幅上，当 pH=5、7.5 及 9 时，湿纸幅的断裂长分别提高 50%、60% 及 100%。这与许多增强剂不同，因为普通的增强剂通常不增加湿纸幅强度，有的甚至会降低这一参数，因此壳聚糖既可提高成纸的物理力学性能，又能改善纸机设备运行效率，特别适合碱性造纸体系。

4.6.3 在生物医药领域的应用

4.6.3.1 可吸收手术缝合线[51]

甲壳素缝合线具有众多独特的优点：①人体耐受性良好；②具有一定的抗菌消炎作用，能促进伤口愈合，疤痕小；③强度和柔韧性适中，表面摩擦系数小，易于缝合和打结；④植入后吸收均匀，强度衰减速率适中，能满足伤口愈合全过程对缝合线强度的要求；⑤可进行常规消毒，还可以进行染色、防腐等特殊处理；⑥空气中不分解，易保存；⑦原料来源广，加工简便，成本低。研究表明，甲壳素缝合线对消化酶、感染组织及尿液等耐受性比肠线和聚羟基乙酸线要好。动物体内试验也充分表明了甲壳素缝合线的性能明显优于肠线。但目前甲壳素缝合线在临床上还并未被大规模使用，其主要问题在于拉伸强度与聚羟基乙酸类缝合线相比还有一定差距，还不能满足高强度缝合的需要；而且在胃液等酸性条件下强度损失较快；也有动物实验表明，使用甲壳素缝合线在伤口愈合中期会出现原因不明的轻度炎症。为解决实际使用中的问题，已有文献报道采用甲壳素衍生物制备缝合线，同时，采用一些新的纺丝工艺，如壳聚糖液晶纺丝提高强度等，得到较好的效果。

4.6.3.2　固定化酶载体

以壳聚糖作为载体，以戊二醛为交联剂可制作固定化酶。壳聚糖是甲壳素脱乙酰化的产物，具有很多游离氨基，戊二醛是具有两个功能团的试剂，可使酶蛋白中赖氨酸的氨基、N端的 α-氨基、酪氨酸的酚基或半胱氨酸的—SH 基与壳聚糖上的氨基发生希夫碱反应，相互交联成固定化酶。壳聚糖的力学性能良好，化学性质稳定，耐热性好，特别是分子中存在游离氨基，此氨基对各种蛋白质的亲和力非常高，易与酶共价络合，又可络合金属离子，如 Cu^{2+}、Ca^{2+}、Ni^{2+} 等，使酶免受金属离子的抑制，同时又易通过接枝而改性，是一种固定化酶的优良载体[52]。壳聚糖作酶固定化载体，不仅可增加酶的适用范围，较高地保持酶的活力，并且还可反复使用。到目前为止，用壳聚糖作固定载体的酶已经有多种，如酸性磷酸酯酶、葡萄糖异构酶、D-葡萄糖氧化酶、β-半乳糖苷酶、胰蛋白酶、尿素酶、淀粉酶、蔗糖酶、溶菌酶等[53]。

4.6.3.3　药物控释载体[54]

壳聚糖呈弱碱性，不溶于有机溶剂，可在盐酸或醋酸溶液中膨胀形成水凝胶，成胶成膜性好。壳聚糖有氨基、羟基官能团可以进行化学修饰，改善其各种特性；壳聚糖生物相容性很好，毒性低，可降解，并且具有抗菌、降血脂等生物学特性，壳聚糖的以上性质使它成为药物载体材料的研究热点之一，可制成具有多种功能的药剂辅料，如缓释剂、增效剂、助悬剂、微球载体等。壳聚糖作为药物载体可以控制药物释放、提高药物疗效、降低药物毒副作用，可以提高疏水性药物对细胞膜的通透性和药物稳定性，改变给药途径，还可以加强制剂的靶向给药能力。

由于壳聚糖具有良好的黏合性和润滑性，适于做直接压片的赋形剂，并且可以作为包衣材料，利用其难溶于水或成水凝胶的特性控制药物的释放。利用不同链长度和不同取代度的脂肪酰化 CS，采用粉末直接压片技术制成了 500mg 对乙酰氨基酚（扑热息痛）片，制剂学研究表明，长脂肪链之间可能发生疏水作用而使制剂保持完整并具有缓释作用。用 69％ 棕榈酰化 CS 压制的片剂在 pH7.2 的磷酸盐缓冲液中释药时间达到了 90h[55]。

4.6.3.4　医用敷料[56]

甲壳素、壳聚糖及其衍生物可以通过粉、膜、无纺布、胶带、绷带、溶液、水凝胶、干凝胶、棉纸、洗液、乳膏等多种形式制成伤口敷料。也可以与一种或几种其他高分子材料复合，通过引入其他高分子材料或者添加药物以改进敷料的性能，在医用敷料及人工皮肤方面有广阔的应用前景。

甲壳素/壳聚糖复合敷料很多高分子材料可以与壳聚糖复合，如聚乙烯醇、聚乙二醇、聚乙烯基吡咯烷酮、聚环氧乙烷、胶原和明胶、海藻酸盐、纤维素、透明质酸、大豆蛋白、玉米淀粉等。常用的复合方法有共混、多层复合及接枝共聚。

在壳聚糖敷料中添加抗菌药物是一种有效提高敷料性能的简便方法。常用的抗菌药物有银离子、锌离子、氯己定（洗必泰）、环丙沙星、呋喃西林等，也有一些中药或天然提取物如竹叶多糖提取液。

4.6.4 在食品工业中的应用

4.6.4.1 在果蔬保鲜上的应用

壳聚糖及其衍生物在番茄、黄瓜、青椒、猕猴桃、草莓、柑橘、苹果、桃、梨、芒果、柚子等果蔬的保鲜方面有广阔的应用前景[57]。用壳聚糖涂膜处理新鲜草莓，能明显降低果实的失重。可溶性淀粉和柠檬酸甘油酯都能促进壳聚糖的成膜性能，其中加入柠檬酸甘油酯对草莓的防腐保鲜效果较好。柠檬酸甘油酯是甘油、脂肪酸和柠檬酸的酯化产物，呈双亲分子结构，可以促进壳聚糖膜与果皮的结合[58]。用壳聚糖对产于西亚的温柏果进行涂膜保鲜实验，通过失重率、颜色、光泽度、酸度、可溶性固体、含糖量、果胶含量、乙醇生成量等指标考察保鲜效果，发现壳聚糖膜保鲜效果明显，温柏果货架时间可延长一倍[59]。

4.6.4.2 在肉制品保鲜中的应用[60]

壳聚糖的抑菌性在多种食品研究中已得到了证实。在液态培养基中，壳聚糖（0.01%）可抑制一些腐败菌如枯草杆菌、大肠杆菌、假单胞菌属和金黄色葡萄球菌的生长。在更高的浓度下，能够抑制肉发酵剂的生长[61]。0.5%左右的壳聚糖可以全面抑制生猪肉末中的微生物的生长。壳聚糖及其衍生物能发挥抑菌作用是由于分子链上的活性基团—NH_2发生了质子化，生成有效抑菌基团—NH_3^+，进而吸附细菌细胞[62]。

肉品中由于含有大量不饱和脂类化合物，它们易被氧化而使肉品氧化变质，从而缩短肉制品的货架期。在肉类食品中加入少量壳聚糖羧化物，它可以和肉中的自由铁离子生成螯合物，降低其对氧的活化性，阻断氧自由基与不饱和脂肪酸的双键发生反应，从而减缓肉类的变质和腐败，避免了己醛难闻气味的形成。壳聚糖的抗氧化性主要取决于能螯合金属离子的—NH_2和—OH基团的含量。壳聚糖的分子量越小，越多的活性基团—OH暴露出来，水溶性越大，抗氧化性越强；脱乙酰度越大，其分子链上含有的—NH_2基团越多，抗氧化性亦越强；金属离子的存在会大大提高壳聚糖的抗氧化性。研究表明，金属离子Cu^{2+}、Zn^{2+}的引入极大地增强了壳聚糖的抗氧化活性，表明金属离子对壳聚糖的抗氧化活性起了协同增效的作用。此外，壳聚糖中大量的游离—NH_2对肉中的蛋白质有一定的保护作用。例如，在烹调等环境中，壳聚糖可以与糖类发生反应，既改善了食品的风味，又不致使有效成分氨基酸类严重损失[63]。

4.6.4.3 液体食品澄清剂

在果汁、果酒工业中一般使用澄清剂以除去悬浮于果汁、果酒中的果胶、蛋白质等胶体物质。目前果汁常用的澄清方法有自然澄清法、明胶单宁澄清法、加酶澄清法和冷冻澄清法等。我国果汁澄清通常是采用酶法和过滤法，这些方法操作复杂、周期长、费用高，而且不能从根本上解决果汁在贮藏过程中引起的非生物性浑浊和褐变。用壳聚糖澄清果汁是一种新兴的方法，具有无毒无害、效果良好及在澄清过程中条件容易控制等优点。

壳聚糖分子中含有活性基团氨基和羟基，在酸性溶液中带有正电荷，与果汁中带有负电荷的阴离子电解质作用，从而破坏由果胶、蛋白质形成的稳定胶体结构，经过滤使果汁得以澄清。壳聚糖在制糖、酿酒和造醋等领域澄清方面的应用效果良好，能够去除糖、酒、醋等液体中的金属离子、单宁、蛋白质等杂质，防止糖、酒、醋的浑浊与沉淀物的产生，同时最大限度地保持了被澄清物的原有风味，性能稳定。壳聚糖应用到果汁的澄清，一般不需调节pH 值，对温度要求也不高，操作方便、成本较低，有明显的经济效益。

参 考 文 献

[1] 蒋挺大. 甲壳素. 北京：化学工业出版社，2003.

[2] 蒋挺大. 壳聚糖. 北京：化学工业出版社，2006.

[3] Kurita K. Controlled fictionalization of the polysaccharide chitin. Progress in Polymer Scie, 2001，26：1921-1971.

[4] Rinaudo M. Chitin and chitosan：properties and applications. Progress in Polymer Science, 2006，31：603-632.

[5] 蒋霞云，王愷，李兴旺. β-甲壳素及其脱乙酰衍生物的特性. 上海水产大学学报，2002，11（4）：348-352.

[6] Goycoolea F M，Arguelles-Monal W，Peniche C，Higuera-Ciapara I. Chitin and Chitosan. Development in Food Science, 2000，41：265-308.

[7] 董炎明，王剑炜，刘晃南，李志强，袁清，梅雪峰，吴智福. 甲壳素溶致液晶的研究. 高分子学报，1999，（4）：431-435.

[8] 董炎明，吴玉松，阮永红等. 甲壳素类液晶高分子的研究 Ⅷ N-邻苯二甲酰化壳聚糖/DMSO 液晶溶液的热致相转变. 高分子学报，2003（5）：714-717.

[9] Chen B，Luo J，Yuan Q，Fan J H. Heterogeneous chitin fibers of tumblebug cuticle and pullout energy of dentritic fiber. Computational Materials Science, 2010，49：s326-s330.

[10] 贾荣仙，聂奎春. 龙虾壳甲壳素的提取和壳聚糖的制备及性能研究. 安徽化工，2010，36（1）：41-43.

[11] 钱丹，刘明华，黄建辉. 制备脱乙酰甲壳素的研究. 福州大学学报（自然科学版），2005，33（4）：549-552.

[12] 吴建一，谢林明. 蛹壳中提取甲壳素及微晶晶体结构的研究. 蚕业科学，2003，29（4）：399-403.

[13] 李维莉，林南英，李文鹏，谢金伦. 从云南琵琶甲中提取甲壳素的研究. 云南大学学报（自然科学版），1999，21（2）：139-140.

[14] 王敦，胡景江，刘铭汤. 从油葫芦中提取甲壳素的初步研究. 西北农林科技大学学报（自然科学版），2001，29（增刊）：63-65.

[15] Wang W，Zhu J，Wang X，Huang Y，Wang Y Z. Dissolution behavior of chitin in ionic liquids. Journal of Macromolecular Science, Part B：Physics, 2010，49：528-541.

[16] Hirano S，Midorikawa T. Biomaterials, 1998，19（1-3）：293-297.

[17] 王小红，马建标，何炳林. 甲壳素、壳聚糖及其衍生物的应用. 功能高分子学报，1999，12（2）：197-203.

[18] Ifuku S，Nogi M，Yoshioka M，Morimoto M，Yano H，Saimoto H. Fibrillation of dried chitin into 10-20nm nanofibers by a simple grinding method under acidic conditions. Carbohydrate Polymers, 2010，81：134-139.

[19] 代昭. 烷基壳聚糖纳米微球的制备及药物负载性能研究 [学位论文]. 天津：天津大学，2003.

[20] 马珊，肖玲，李伟. 良分散性磁性壳聚糖纳米粒子的制备及吸附性能研究. 离子交换与吸附，2010，26（3）：272-279.

[21] 李凤生，罗付生，杨毅，刘宏英. 磁响应纳米四氧化三铁/壳聚糖复合微球的制备及特性. 磁性材料及器件，2002，33（6）：1-4.

[22] 范彩霞，高文慧，陈志良，陈志喜，李明琰. 体外评价羧甲基壳聚糖超顺磁氧化铁纳米粒的细胞毒性和巨噬细胞的摄取. 华西医学杂志，2010，25（3）：290-293.

[23] 张江，高善民，戴瑛，黄柏标. β-甲壳素纳米颗粒的制备与热稳定性. 精细化工，2006，23（7）：113-117.

[24] 柴平海，张文清，金鑫荣. 甲壳素/壳聚糖开发和研究的新动向. 化学通报，1999，7：7.

[25] Hutadilok N，Mochimasu T，Hisamori H，et al. Carbohydr Res, 1995，268：143-149.

[26] 马宁，汪琴，孙胜玲等. 甲壳素和壳聚糖化学改性研究进展. 化学进展，2004，16（4）：643-453.

[27] Jenkins D W，Hudson S M. J Polym Sci Part A：Polym Chem, 2001，39：4174-4181.

[28] 陈煜，多英全，罗运军，谭惠民. 3，4，5-三甲氧苯甲酰甲壳素的制备与表征. 功能高分子学报，2003，16（4）：475-478.

[29] 陈凌云，杜予民，肖玲等．应用化学，2001，18（1）：5-8.

[30] 汪源浩，隋卫平，王恩峰．壳聚糖的化学改性及应用研究进展．济南大学学报（自然科学版），2007，21（7）：140-144.

[31] 王旭颖，董安康，林强．壳聚糖烷基化改性方法研究进展．化学世界，2010（6）：370-374.

[32] 王惠明，董炎明，赵雅青．甲壳素/壳聚糖接枝共聚反应．化学进展，2006，18（5）：601-608.

[33] 许峰，马建标，李燕鸿，王亦农．甲壳素-*g*-聚 *l*-亮氨酸共聚物的制备及表征．功能高分子学报，2003，16（2）：137-141.

[34] Sashiwa H，Shigemasa Y，Roy R．Chemical modification of chitosan 8：preparation of chitosan-dendrimer hybrids via short spacer．Carbohydr Polym，2002，49：195-205.

[35] Sashiwa H，Shigemasa Y，Roy R．Chemical modification of chitosan．10．Synthesis of dendronized chitosan-sialic acid hybrid using convergent grafting of preassembled dendrons built on gallic acid and tri（ethylene glycol）backbone．Macromolecules，2001，34：3905-3909.

[36] 高礼．壳聚糖应用于水处理的化学基础．水科学与工程技术，2008（增刊）：9-12.

[37] 唐星华，童永芬，金仲文等．杯［6］芳烃衍生物改性壳聚糖的合成及吸附性能研究．高分子材料科学与工程，2007，23（3）：243-246.

[38] 韩德艳，蒋霞，谢长生．交联壳聚糖磁性微球的制备及其对金属离子的吸附性能．环境化学，2006，25（6）：748-751.

[39] 韩志刚，陈卫．磁性壳聚糖在水处理中的应用．净水技术，2009，28（1）：15-19.

[40] 张兴松，李明春，辛梅华等．壳聚糖及其衍生物在水处理中的应用新进展．化工进展，2008，27（12）：1948-1958.

[41] 周秀琴．日本食品废水处理研究技术动态．发酵科技通讯，2007，36（3）：48-50.

[42] Johnson B A，Gong B，Bellamy W，et al．Pilot Plant testing of dissolved air flotation for treating boston's Low-turbidity surface water supply．Wat Sci Tech，1995，31（3）：83-92.

[43] Ahmad A L，Sumathi S，Hameed B H．Coagulation of residue oil and suspended solid in palm oil mill effluent by chitosan，alum and PAC．Chemical Engineering Journal，2006（118）：99-105.

[44] Chiou M S，Chuang G S．Competitive adsorption of dye metanil yellow and RB15 in acid solutions on chemically cross-linked chitosan beads．Chemosphere，2006，62（5）：731-740.

[45] Ilhan U．Kinetics of the adsorption of reactive dyes by chitosan．Dyes and Pigments，2006，70（2）：76-83.

[46] 唐星华，陈孝娥，万诗贵．壳聚糖及其衍生物在水处理中的研究和应用进展．水处理技术，2005，31（11）：12-15.

[47] 李文飞，张换换，周俊武．改性壳聚糖在造纸中的应用．湖北造纸，2010（2）：34-36.

[48] 程国君，沈琦，于秀华等．不同分子量壳聚糖配合 PAC 絮凝性能研究．安徽理工大学学报（自然科学版），2009，29（4）：35-38.

[49] 全水清，涂玉．壳聚糖衍生物在水处理中的应用．广东化工，2008，35（4）：81-83.

[50] 刘成金，黎厚斌，柯贤文等．壳聚糖类造纸助剂的作用机理及应用进展．造纸化学品，2006，18（2）：22-27.

[51] 胡巧玲，张中明，王晓丽等．可吸收型甲壳素、壳聚糖生物医用植入材料的研究进展．功能高分子学报，2003，26（2）：293-298.

[52] Xiao Z H，Zhang H J，Zhang M，et al．Application of chitosan in immobilization of enzyme．Southwest National Defcnse Medicine，2005，15（3）：339-341.

[53] Barbara K．Application of chitin and chitosan-based materials for enzyme immobilizations：a review．Enzyme and Microbial Technology，2004（35）：126-139.

[54] 沈丹，吕娟丽，孙慧萍．壳聚糖及其衍生物作为药用辅料的应用进展．解放军药学学报，2010，26（3）：255-257.

[55] Vinsova J，Vavrikova E．Recent advances in drugs and prodrugs design of chitosan．Curr Pharm Des，2008，14（13）：1311-1326.

[56] 张步宁，崔英德，陈循军．甲壳素/壳聚糖医用敷料研究进展．化工进展，2008，27（4）：520-525.

[57] 耿健强，李鹏，阚兴传等．壳聚糖保鲜包装材料的研究及应用进展．化工新型材料，2010，38（6）：25-27.

[58] 袁淏，李宵峰，谢鸿飞等．壳聚糖的制备及其在食品防腐保鲜上的应用效果研究．河北农业科学，2010，14（4）：88-90.

[59] Campaniello D，Bevilacqua A，Sinigaglia M，et al．Chitosan：antimicrobial activity and potential applications for pre-

serving minimally processed strawberries. Food Microbiology, 2008, 25 (8): 992-1000.

[60] 黄燕, 刘力. 壳聚糖保鲜研究及其在冷却肉保鲜中的应用. 动物医学进展, 2010, 31 (S): 63-65.

[61] Agullo E, Rodriquez M S, Ramos V, et al. Present and Future Role of Chitin and Chitosan in Food. Macromol Biosci, 2003 (3): 521-530.

[62] Sagoo S, Board R, Roller S. Chitosan inhibits growth of spoilage micro-organisms in chilled pork product. Food Microbiol, 2002, 19: 175-182.

[63] 谢芳. 壳聚糖对鲜肉的作用机理及其对鲜肉辐照保鲜的意义. 肉类研究, 2006 (6): 44-46.

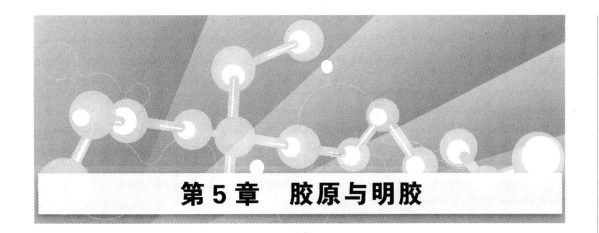

第5章 胶原与明胶

5.1 胶原与明胶简介

胶原是动物体结缔组织中最重要的结构蛋白之一，在动物细胞中扮演着黏结功能的角色，广泛存在动物细胞中，是细胞外基质最重要的组成成分。胶原在细胞外基质中形成半晶体的纤维，给细胞提供抗张力和弹性，并在细胞的迁移和发育中起作用。结缔组织一般除了含 60％～70％的水分以外，胶原约占 20％～30％，也因为胶原含高量，因此结缔组织具有一定的结构与机械力学性质，以达到支持、保护肌体的功能。人体成分有 16％左右是蛋白质，而蛋白质中有 30％～40％是胶原蛋白，因此成年人身体中大约有 3kg 胶原蛋白，主要存在于皮肤、肌肉、骨骼、牙齿、内脏（如胃、肠、心肺、血管与食道）与眼睛等部位。表5.1 所示为新鲜牛皮的化学组成，其中胶原蛋白含量约为 29％。

表 5.1　新鲜牛皮的化学组成

成　　分			组　　成/％
水			64
蛋白质	构造蛋白质	弹性蛋白	0.3
		胶原蛋白	29
		角蛋白	2
	非构造蛋白质	白蛋白	1
		球蛋白	
		类黏蛋白	0.7
脂肪			2
无机盐			0.5
色素及其他			0.5

胶原是生物科技产业最具关键性的原材料之一，也是需求量十分庞大的最佳生物医用材料，其应用领域包括医用材料、化妆品、食品工业等。

明胶是胶原的水解产物。组成明胶的蛋白质中含有 18 种氨基酸，其中 7 种为人体所必需。除 16％以下的水分和无机盐外，明胶中蛋白质的含量占 82％以上。

5.2 胶原与明胶的来源与分类

需要特别注意的是，胶原、明胶和水解胶原蛋白是有区别的[1]。胶原的英文是 collagen，是指动物组织器官中存在的一类蛋白质，在提取、分离时，随着方法和条件的不同，可以产生胶原、明胶和水解胶原蛋白三种产物。胶原的相对分子质量大约为 30 万，分子量分布很窄。胶原具有完整的三股螺旋结构，以胶原纤维的形式存在，具有很强的生物活性及生物功能，参与修复及胚胎发育，参与细胞的迁移、分化和增殖，使皮肤、骨骼、软骨、肌腱、韧带和血管保持一定的机械强度和弹性。从动物体中提取出的被称为胶原的，是其三股螺旋结构没有改变的蛋白质，还保留有生物活性，不溶于冷水和热水，不能被蛋白酶利用。明胶是胶原在酸、碱、酶或高温作用下的变性产物，其分子链上部分保留着三股螺旋结构。明胶的相对分子质量从几千到 10 万，分子量分布很宽。明胶已经失去了生物活性，不溶于冷水，但可溶于热水，能被蛋白酶利用。水解胶原蛋白，英文称 collagen hydrolysate，在提取或制备过程中其三股螺旋结构彻底松开，成为 3 条自由的肽链，且分子链降解成多分散的肽段。水解胶原蛋白事实上是多肽混合物，相对分子质量从几千到 3 万，分子量分布很宽，没有生物活性，能溶于冷水，能被蛋白酶利用。用十二烷基硫酸钠-聚丙烯酰胺凝胶电泳（SDS-PAGE）方法可对胶原、明胶和水解胶原蛋白进行相对分子质量分析（图 5.1）。

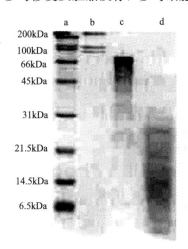

图 5.1　胶原、明胶和水解胶原蛋白的电泳分析[1]

a—标准相对分子质量；b—胶原；
c—明胶；d—水解胶原蛋白

将胶原、明胶和水解胶原蛋白在模拟生理条件（与动物体内相似的温度和中性盐含量）下放置 25min，用其吸光度的变化可表征样品再次形成纤维的能力（图 5.2）。胶原溶液的吸光度在短时间内即快速增大，然后到达一个相对稳定的平台，说明胶原溶液在生理条件下，胶原分子之间能再度相互连接形成纤维。而明胶和水解胶原蛋白的吸光度基本保持不变。胶原溶液具有独特的再纤维性质，而它的变性产物明胶和降解产物水解胶原蛋白则不具有这样的性质。胶原具有更大的潜在生物医学用途。

胶原和明胶能够成膜，其中胶原膜的抗张强度为约 58N/mm²，大于明胶膜（36N/mm²）。只有胶原膜在扫描电子显微镜下呈现出纤维结构。

胶原、明胶和水解胶原蛋白对细胞生长的影响存在很大的区别。采用角质形成细胞分别在胶原、明胶和水解胶原蛋白底物上进行细胞培养，结果表明，只有胶原有利于细胞的吸附和生长，明胶和水解胶原蛋白与培养皿培养的参比样相似，都对细胞的吸附和生长无明显的促进作用。

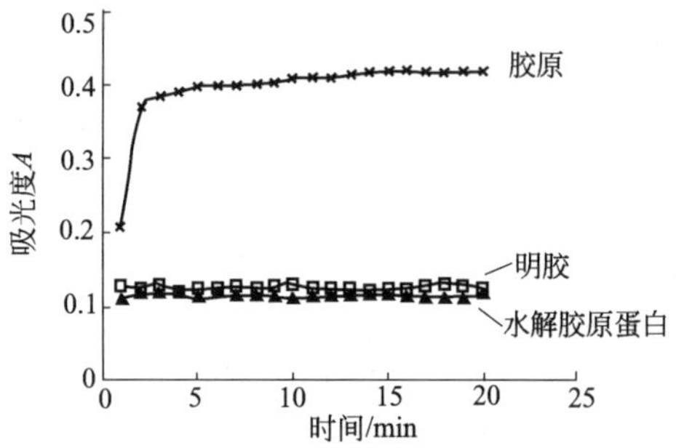

图 5.2　胶原、明胶和水解胶原蛋白的纤维形成性能[1]

5.2.1　胶原的来源与分类

虽然胶原蛋白来源很多，但目前工业上生产主要来自牛、猪、鸟及鱼的皮肤骨骼与筋肉等。近年来，生物技术学家也尝试以重组 DNA（遗传工程）方法，将生产胶原蛋白有关的基因剪接到牛或羊等家畜细胞，借由牛乳或羊乳的分泌，可由乳汁中萃取得到胶原蛋白，这种以"基因转殖动物"来生产胶原蛋白的方法被称为"动物生物反应器"，目前处于研究阶段。

胶原是一个大家族，目前已发现有 27 种不同种类的胶原，用罗马数字对其排序分别命名为胶原Ⅰ、胶原Ⅱ、胶原Ⅲ等。在原纤维中发现的 5 种最丰富的胶原类型是：Ⅰ、Ⅱ、Ⅲ、Ⅴ和Ⅺ型[2]，其中研究最为清楚的是Ⅰ型。Ⅰ型胶原是骨、腱、角膜和韧带中的主要胶原，最高可达体内所有胶原含量的 90%。Ⅰ型胶原是异三聚体，由两条 α_1（Ⅰ）链和一条 α_2（Ⅰ）链构成。Ⅱ型胶原为均三聚体，由三条 α_1（Ⅱ）构成，在软骨、玻璃体和脊索中形成原纤维。Ⅲ型胶原为均三聚体，与Ⅰ型胶原并存于可伸展组织的胶原原纤维中。例如，血管中大约含有 60%Ⅲ型胶原和40%Ⅰ型胶原；皮肤原纤维中含有 15%Ⅲ型胶原和 85%Ⅰ型胶原。Ⅲ型胶原独具特性，在三股螺旋域的 C 端有连接三条链的二硫键。Ⅴ型和Ⅺ型胶原都是不常见的异三聚体，与Ⅰ、Ⅱ、Ⅲ型胶原一起共存于原纤维中。不同类型的胶原具有不同的形态结构，见表 5.2。

表 5.2　胶原蛋白家族部分胶原种类及存在形态[3]

胶原类型	基因	在组织中的超分子结构
Ⅰ	COL1A1	在肌腱、骨、皮肤、角膜和血管壁中呈纤维状
	COL1A2	
Ⅱ	COL2A1	在软骨中呈纤维状
Ⅲ	COL3A1	与Ⅰ型胶原形成异型纤维
Ⅳ	COL4A1	在基膜中形成网状结构
	COL4A2	
	COL4A3	
	COL4A4	
	COL4A5	
	COL4A6	
Ⅴ	COL5A1	与Ⅰ型胶原形成异型纤维
	COL5A2	
	COL5A3	
Ⅵ	COL6A1	普遍存在，形成精细的微纤维
	COL6A2	
	COL6A3	
Ⅶ	COL7A1	在皮肤表皮层与真皮层之间形成锚纤维
Ⅷ	COL8A1	在眼角膜中形成三维六边形格子
	COL8A2	
Ⅳ	COL9A1	与Ⅱ型胶原纤维相伴
	COL9A2	
Ⅹ	COL10A1	在生长板的肥厚区中形成毡状/六边形格状结构
Ⅺ	COL11A1	与Ⅱ型胶原形成异型纤维
	COL11A2	
	COL2A1	
Ⅻ	COL12A1	与Ⅰ型胶原纤维相伴
ⅩⅢ	COL13A1	横跨膜，可能参与细胞粘接
ⅩⅣ	COL14A1	与Ⅰ型胶原纤维相伴
Ⅴ	COL15A1	特殊基质膜，开裂形成抗血管生成片段（静息因子 restin）
ⅩⅥ	COL16A1	软骨Ⅱ型胶原纤维和皮肤富含原纤维的特定微纤的组成成分
ⅩⅦ	COL17A1	组成半桥粒（细胞-细胞连接）基膜，将表皮附着在皮肤基膜上
ⅩⅧ	COL18A1	开裂形成抗血管生成片段（内皮抑素 endostatin）
ⅩⅨ	COL19A1	体外呈放射状分布的聚集体
ⅩⅩ	COL20A1	也许与Ⅰ型胶原纤维有关
ⅩⅪ	COL21A1	也许与纤维有关，分布方式多样
ⅩⅫ	COL22A1	存在于特殊组织连接处，也许与微纤有关
ⅩⅩⅢ	COL23A1	在细胞培养中鉴定基膜胶原
ⅩⅩⅣ	COL24A1	存在于含Ⅰ型胶原的组织中
ⅩⅩⅤ	COL25A1	基膜胶原，在神经元中开裂形成阿尔茨海默氏淀粉样斑
ⅩⅩⅥ	COL26A1	表达于成年组织的睾丸和卵巢
ⅩⅩⅦ	COL27A1	普遍存在，尤其存在于软骨中

5.2.2 明胶的来源与分类

明胶是胶原经酸或碱处理后加热变性的产物，但其分子链上部分保留了三股螺旋链结构，分子链之间有大量氢键存在，因此明胶是立体结构遭破坏的胶原（图 5.3）。从微观上说，由胶原纤维的规则结构转化为明胶的无规则结构，主要经过以下变化[4]：

胶原纤维（collagen fiber）→细纤维（primitive fiber）→微纤维（fibril）→纤丝（filament）→原纤维（protofibril/triple helix）→胶原分子（collagen molecule）→原胶原（tropocollagen）→明胶（gelatin）

这些变化包含两个基本过程。第一个是热变性过程。在此过程中，氢键或静电性的化学键断裂，胶原螺旋解体，三条缠绕的多肽链相互松开，形成许多无规线团。第二个过程是共价键的水解断裂。在此过程中，共价键受酸或碱的影响而发生断裂，从而释放出多肽碎片——明胶。

明胶的分子量分布很宽。明胶在冷水中溶胀而不溶解，但可溶于热水中形成黏稠溶液，冷却后冻成凝胶状态。明胶的在热水中的可溶解性质使明胶的应用范围十分广泛，而且明胶分子链上含有大量羟基、氨基和羧基等活泼基团，易根据需要对其进行化学改性，赋予明胶独特的性能。

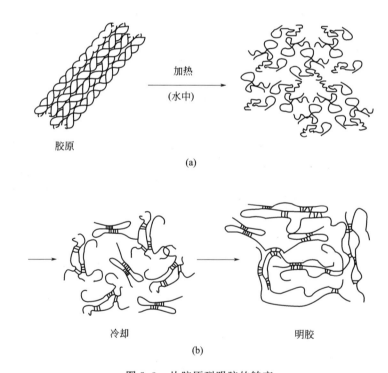

图 5.3 从胶原到明胶的转变

明胶按用途可分为照相明胶、食用明胶、药用明胶及工业明胶四类，在化工行业主要用作黏合、乳化和高级化妆品等制作的原料。食用明胶是由猪、牛、骡、马的皮子之角料，经除杂、消毒、蒸煮形成汁，再经过脱水、制造形成的胶条、胶片、粉粒状物，一般常用粉粒状胶。食用明胶作为一种增稠剂广泛使用于食品工业的添加，如果冻、食用色素、高级软糖、冰淇淋、酸奶、冷冻食品等。药用明胶是选用动物皮、骨和筋腱，经复杂的理化处理制得的无脂肪高蛋白易被人体吸收的高级胶品，具有黏度高、冻力高、易凝冻等物理特点。照相明胶是明胶中的高档产品，是感光材料生产中的三大重要材料之一。明胶在胶卷生产的每一步骤都起着非常关键的作用，它既能维持感光银盐的稳定分散，以能让乳剂成熟更易于控制，同时还影响胶卷曝光和冲晒的效果。照相明胶可广泛地应用于生产各种胶片、胶卷、医用 X 光胶片、印刷片、相纸等感光工业中。照相明胶分为彩色照相明胶和黑白照相明胶，其中彩色感光照相明胶是照相明胶中的高档产品，不仅具有更高的物理性能，对重金属等微量元素含量有更严格的控制要求，还具备更优良的感光性能，是目前世界上仅有极少数国家能够生产。

明胶按提取方法可分为 A 型明胶（酸法水解）和 B 型明胶（碱法水解）。大多数的 A 型明胶由猪皮中制得。一半用稀的无机酸（盐酸、硫酸、亚硫酸、磷酸等）在 pH1～3、温度 15～20℃下处理，直到膨胀到最大，将膨胀的原料用水清洗以除去多余的酸，然后将 pH 调到 3.5～4.0，并使转变为明胶后用热水提取。B 型明胶一般使用去无机物的骨头（骨胶原）或牛皮，在 15～20℃下将动物组织在氢氧化钙（石灰浆）中保持 1～3 个月。石灰处理之后，用冷水尽可能多地洗去原料上的石灰。用酸（盐酸、硫酸或磷酸）中和原料溶液，最后采用和酸法相同的处理方法提取明胶。

5.3　胶原、明胶的提取与制备方法

5.3.1　胶原的提取方法

胶原通常从皮肤、肌腱、骨骼等富含胶原纤维的组织中提取。胶原是由多条肽链组成的大分子，各分子之间通过共价键搭桥交联，形成稳定的三维网状结构，在水中的溶解度低。有一部分未能共价交联或者在体内未成熟的胶原可用中性盐或稀醋酸溶液溶解而提取出来，此部分胶原称为可溶性胶原，又称作中性盐溶性胶原或酸溶性胶原。而大部分胶原都以胶原纤维形式存在，彼此又互相交叉成网状，称为难溶性胶原。对于难溶性胶原，可先用胃蛋白酶消化水解，去除末端非螺旋形区域后，再用稀醋酸溶液提取，故难溶性胶原又称为胃蛋白酶促溶性胶原。

在非变性情况下，从成熟组织中提取 I 型胶原最容易，它可用酸或盐溶液从动物结缔组织中部分提取出，而其他类型的胶原则需要通过控制蛋白质的水解作用部分盐析出（胚胎组织例外）。以动物皮、鳞、骨等结缔组织为原料，经酸、碱预处理后，先用醋酸提取，可制得酸溶性胶原，然后用胃蛋白酶消化，可制得酶促溶性胶原。胶原粗制品经反复透析、离心等纯化处理后，经冷冻干燥可制得酸溶性和酶促溶性制品。

下面介绍 I 型胶原提取的几种方法。

(1) 从猪皮中提取[5]

从猪皮中提取 I 型胶原时，首先要制备 I 型胶原蛋白粗提液。从猪皮组织中分离出皮肤，去除毛发和表皮，脱脂，用绞肉机捣碎。以 2.5g/L 的质量浓度悬浮在 0.5mol/L 醋酸中进行胃蛋白酶水解。连续搅拌消化 48h，超速低温离心 30min。去除沉淀，在上清液中加入 NaCl 至最终浓度为 4.4mol/L，充分搅拌后再离心沉淀。将沉淀溶解在醋酸中后，继续加入 NaCl 至最终浓度为 1.7mol/L，离心后收集沉淀。将沉淀溶解在醋酸中，通过孔径为 0.45μm 的滤膜过滤，在 4℃下对 0.001mol/L 醋酸溶液透析 24h。

Ⅰ型胶原蛋白粗提液制备好后要进行纯化。可以用 RP-HPLC 半制备柱色谱纯化。粗样品过滤（0.45μm 滤膜）后，取滤液上样进行色谱分离。色谱条件为：ZORBAX300SB-C18 半制备色谱柱，流动相 A 为水，B 为甲醇。水∶甲醇＝85∶15（体积比），采用线性梯度洗脱，流速为 1mL/min；进样量为 500μL；检测波长为 220nm；柱温为室温。

(2) 从人胎盘提取[6]

从人胎盘中提取Ⅰ型胶原方法为：取新鲜正常人胎盘 2 只，胎盘去脐带和羊膜，捣碎、匀浆；于 4℃下用胃蛋白酶消化 20h（每 20g 湿重组织加入 0.05％胃蛋白酶、0.5mol/L 醋酸 100mL）；清化上清液（酸性）中加入 NaCl 至 1.0mol/L，沉淀为胶原混合物；随后，在中性条件下分别以 1.5mol/L、2.5mol/L NaCl 盐析，反复数次分别得Ⅰ型胶原和Ⅲ型胶原的初纯品；用 DEAE-52 柱色谱去除酸性大分子，得到纯化的Ⅰ型胶原和Ⅲ型胶原。

另外，也可以从人胚胎骨提取Ⅰ型胶原，所有液体及操作均在 4℃下进行[7]。从人胚胎骨中提取时，将脱钙骨粉浸入 0.5mol/L HAc 溶液中 24～48h，取上清液缓慢加入研磨精细的 NaCl（终浓度为 4mol/L），搅拌过夜。以 35000g（g 为重力加速度）离心沉淀 20min，弃去上清液，其沉淀物加入 0.5mol/L HAc 透析溶解，离心沉淀。取上清液依次加入 0.1mol/L Tris-HCl（终浓度为 0.01mol/L），5mol/L NaOH（调 pH 至 7.4，NaOH 终浓度为 4mol/L），搅拌过夜，离心沉淀，弃去上清液。沉淀以 4mol/L NaCl-0.05mol/L Tri-HCl 洗一次，再加 0.05mol/L HAc 透析溶解，离心去沉淀，上清液装入透析袋内，对 NaCl 溶液透析（平衡后 NaCl 含量为 10％），离心去上清液，沉淀物用 0.5mol/L HAc 透析去盐溶解，离心去沉淀，上清液浓缩冻干。

5.3.2　明胶的制备方法

明胶的制备主要有石灰乳法和盐酸法。

(1) 石灰乳法

将牛皮、猪皮等变质的下脚皮的内层油脂刮去，切成小块，放在 3.5％～4.0％的石灰乳中浸泡约 30～40 天，中间换石灰乳 4～6 次。在浸泡过程中，经常搅拌，使上下浸泡均匀。将浸泡的生皮从石乳缸中取出，用水洗净，在搅拌下 10％盐酸中和 3～4h，洗涤后 pH 应在 6.0～6.5。然后将肉皮按 1∶1 加水，加热蒸煮，控制温度为 60～70℃，每隔一定时间抽取胶水，用清洁纱布趁热过滤，共抽 5～6 次。将稀胶水送入蒸发器浓缩，使相对密度为 1.03～1.07。热胶移入铝盘冷却，把冷胶放在不锈钢筛网上，送入烘房鼓风干燥，温度严格控制在 28℃左右。干燥的胶片用颗粒粉碎即得成品。按猪皮重量计，收率约 22％。

(2) 盐酸法

将家畜的杂骨、脊骨及小骨粉碎，用苯在 45～50℃提油后水洗。将洗净的骨头用 3.5％～4.0％的盐酸浸泡，骨头柔软后即得粗制骨素。水洗，控制水溶液的 pH 在 3.5 左右，加石灰乳可制饲料磷酸氢钙及干燥氯化钙。将骨头再用 3.0％～3.5％以上的石灰乳浸泡 30～50 天（中间换石灰乳 5～6 次），取出，用水洗约 1h，将此次净骨素用 0.2％盐酸进行第一次中和，待 pH 降至 3.5～4.0，放掉中和液，另加入清水，再用 0.5％盐酸中和约 2h。当酸含量降至 0.2％～0.25％时，立即将酸含量提高到 1％，并维持这一浓度直至到达中和终点（pH3.0）。中和完毕，将骨素用清水充分洗涤，浸泡 4～5h。然后用氢氧化钠溶液洗涤，稀碱液浸泡 16～20h 后用清水冲洗，即得精制骨素。精制骨素经过 7 道熬胶得到胶水，各道熬胶的加水量，温度分别掌握，加水量逐道减少，熬胶温度逐道提高，从第一道的64℃提高到第七道的85℃。出胶的含量从第1道到第7道，也从8%降低至2%～3%。共熬40h。将得到的稀胶水过滤，浓缩，使相对密度达1.025～1.075，放在胶盒上冷冻，然后刨成薄片置于筛网上，送入烘房鼓风干燥，温度从25℃逐渐提高至60℃。干燥后即成为成品。各道熬胶制得的明胶质量不同，按批道分为照相胶、食用胶，最后为用于制蛋白胨的烘胶，好胶率大于60%。每吨产品消耗：骨约7t；30%的盐酸约7t。也可利用制革生产中的铬革边角废料（蓝矾皮）生产明胶，流程如下：蓝矾皮→破碎→浸灰→漂浸→浸灰→漂浸→抽提→浓缩→滴胶→烘干→粉碎。

5.4 胶原的结构

蛋白质的空间结构是体现生物功能的基础，因此结构研究一直成为人们研究的焦点。不同类型的胶原具有不同的结构，与其生理学功能严格匹配，展示了结构与功能关系的多样性。例如，肌腱中的胶原是具有高度不对称结构的高强度蛋白，皮肤中的胶原则形成松软的纤维，牙和骨中硬质部分的胶原含有钙磷多聚物，眼角膜的胶原则呈水晶般的透明。通常认为，蛋白质具有多级结构。只有具有三级以上的结构，蛋白质才具有生理功能。

5.4.1 胶原的多级结构

胶原具有完整的四级空间结构。胶原是一个大的蛋白质家族，可分为成纤性胶原和非成纤性胶原，前者形成原纤维，后者可呈网状或短链状网状物。胶原中的成纤性胶原含量较多，且研究得较为清楚，其中研究最为清楚的是Ⅰ型胶原。下面对Ⅰ型胶原的每一级结构进行介绍。

5.4.1.1 一级结构

蛋白质的一级结构是指肽键相互连接的线性序列，也即是组成多肽链的氨基酸的数目、种类、连接方式和排列顺序。每一种蛋白质分子都有自己特有的氨基酸组成和排列顺序，并且这种氨基酸的排列顺序决定着它的特定空间结构，也就是蛋白质的一级结构决定了蛋白质的高等级结构。作为蛋白质家族的一员，胶原也不例外。对于胶原的一级结构进行研究的焦点是如何测定氨基酸的排列顺序。胶原是一类由20种氨基酸合成的蛋白质，但与其他蛋白质相比，在其重复序列模式、翻译后的修饰和特有的分子内交联等方面有显著的特征。

Ⅰ型胶原是脊椎动物结缔组织中最重要和最常见的胶原类型，分子含有3条α多肽链，每条肽链含有约1014个氨基酸。不同的脊椎动物Ⅰ型胶原α链的氨基酸序列结构只有微小的差别。氨基酸在肽链中重复排列，遵循（Gly-X-Y）$_n$原则。Gly是甘氨酸（glycine）的缩写，在胶原肽链中的含量约为1/3[8]。X和Y代表的是除甘氨酸之外的任何一种氨基酸，而且不会造成肽链的扭曲，而胶原的三股螺旋链结构在很大程度上取决于X和Y的氨基酸残基。X和Y的氨基酸残基虽然是可变的，但不是完全无规的，亚氨基酸出现的概率很大，其含量大概占肽链氨基酸残基总量的20%～40%。X通常是脯氨酸（proline），缩写为Pro。Y通常是4-羟基脯氨酸或5-羟基脯氨酸（hydroxyproline），缩写为 Hyp。甘氨酸-脯氨酸-羟脯氨酸（Gly-Pro-Hyp）是胶原中最为普遍存在的三肽序列。胶原的来源不同，其中各种氨基酸的含量不同。表 5.3 列出牛皮和鱼皮中 I 型胶原的氨基酸组成[9]。

表 5.3 牛皮和鱼皮中 I 型胶原的氨基酸组成（每 1000 个残基）

名　称	牛　皮	鳕　鱼	鲟　鱼	名　称	牛　皮	鳕　鱼	鲟　鱼
丙氨酸	114	105	119	异亮氨酸	11	17	11
精氨酸	51	63	52	亮氨酸	24	30	18
天冬酰氨	16			赖氨酸	28	33	22
天冬氨酸	29	42	48	甲硫氨酸	6	21	9
谷氨酸	48	77	71	苯丙氨酸	13	14	14
谷氨酸盐	25			脯氨酸	115	90	102
甘氨酸	332	332	337	色氨酸	35	61	50
组氨酸	4	12	5	苏氨酸	17	26	29
羟脯氨酸	104	41	82	酪氨酸	4	5	2
羟基赖氨酸	5	8	14	缬氨酸	22	25	18

图 5.4 所示为胶原蛋白质中最常见的 3 种氨基酸的分子结构式。在肽链中，脯氨酸消除 Φ 角度的自由旋转，却可以轻微增加 ω 角度的旋转，并且有助于增加链段刚性。

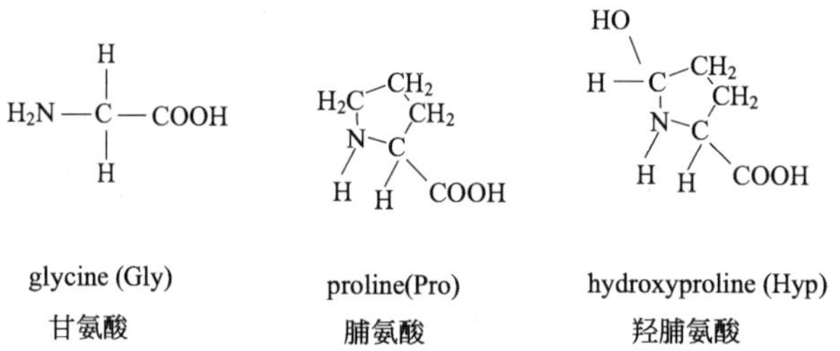

glycine (Gly)　　proline(Pro)　　hydroxyproline (Hyp)
甘氨酸　　　　脯氨酸　　　　羟脯氨酸

图 5.4 胶原蛋白质中最常见的 3 种氨基酸的分子结构式
Pro 和 Hyp 中，侧链与氮原子相接形成亚氨基酸

胶原分子链中含有 3 种重要的羟基化的官能团：4-羟脯氨酸、5-羟脯氨酸和羟赖氨酸。羟脯氨酸和羟赖氨酸只存在于胶原中，在其他蛋白质中非常少见。这两种氨基酸均由酶促翻译后修饰而成。羟赖氨酸是在内质网内通过赖氨酰羟化酶的作用，由赖氨酸的羟基化作用而形成的。羟赖氨酸常被糖化，通过羟赖氨酸残基位点发生 O-糖基化，形成羟赖氨酸-半乳糖基和羟赖氨酸-半乳糖基-葡萄糖基部分。羟脯氨酸通常分布在动物蛋白的三股螺旋域，主要通过对脯氨酸进行共价修饰得到。羟脯氨酸是由脯氨酸被脯氨酰羟化酶羟基化作用后演变而来的，羟脯氨酸在肽段内可以为水分子提供结合点（图 5.5），这种水介导的羟基对于氢键的形成以及三股螺旋结构的稳定起着重要的作用。羟脯氨酸的数量与位置对胶原三股螺旋链的热稳定性能影响极大。有研究表明，(Pro-Hyp-Gly)10 的熔点为 60℃，而 (Pro-Pro-Gly)10 的熔点仅为 30℃[3]。对 Hyp 稳定胶原结构的机理存在争议。由于 Hyp 的羟基是直接朝外，不可能参与形成三股螺旋链内的任何氢键，因此人们认为 Hyp 是通过与水形成氢键来稳定胶原的结构[10]。Privalov 等[11]的研究表明，在不同的胶原中，增加 Hyp 的含量对应于热熔稳定性的增加。Hyp 的羟基基团可通过与水形成水桥在分子内与分子间形成锚合点。研究认为，Hyp 环向上的折叠可能十分重要，因为这有利于 Hyp 与水网形成连接[12]。

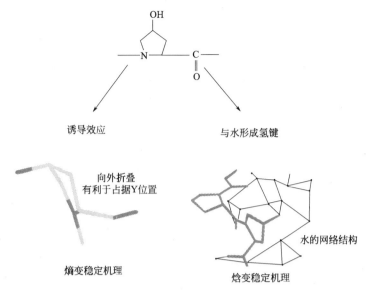

图 5.5　羟脯氨酸（Hyp）稳定胶原结构的可能机理

胶原序列的一个进一步特征是某些羟基赖氨酸位置的 O-葡萄糖基化在许多情况下，因后期转换作用，二糖半乳糖-二醇是并在一起的。在Ⅰ型胶原中，这种情况只出现一次，在其他胶原中则会出现多次。在软骨组织中的Ⅳ型胶原被称作蛋白多糖，它有多余的伸长链糖，其质量比为 10%。在Ⅲ型胶原的三股螺旋区域存在胱氨酸桥。通常胱氨酸桥出现在前胶原伸长肽部分[13]。

5. 4. 1. 2　二级结构

蛋白质的二级结构涉及多肽链的局部有规律折叠，即肽链中相邻氨基酸形成的局部有序的空间结构。蛋白质二级结构的两个最常见的类型是 α-螺旋和 β-折叠。胶原的二级结构全部都形成左手 α-螺旋结构，这种螺旋结构的形成主要是由于 X 位置上的脯氨酸和 Y 位置上的4-羟脯氨酸之间的静电排斥造成的，因此在很大程度上取决于脯氨酸羟基化的后翻译[14]。肽链形成 α-螺旋后，侧链上的氨基酸残基全部向外，这些氨基酸残基可以在螺旋链内形成氢键，使胶原多肽链的螺旋结构保持稳定。

5. 4. 1. 3　三级结构

三级结构是在二级结构的基础上，依靠分子中肽链之间次级键的作用进一步卷曲折叠构成的具有特定构象的蛋白质分子。胶原家族的分子结构变化多端，然而所有结构都存在共同的结构要素，这就是胶原的三股螺旋结构，这便是胶原的三级结构，是由 3 条左手螺旋多肽链相互缠绕形成一个右手三股螺旋或超螺旋，称为原胶原（tropocollagen），如图 5.6 和图5.7 所示。三股螺旋中，沿 α 链每第 3 个氨基酸残基位于螺旋中心，此处空间十分狭窄，只有体积最小的甘氨酸适合此位置，由此可以解释其氨基酸组成中每隔两个氨基酸残基出现一个甘氨酸的特点。而且三条 α 肽链是交错排列的，使 3 条 α 肽链中的 Gly、X、Y 残基位于同一水平上，借助 Gly 中的 N—H 基与相邻 X 残基上羟基形成牢固的氢键，以稳定其分子结构。

三股螺旋形成的胶原分子平均分子量约 300kDa，长度 300nm，直径 1.5nm。由于分子中含有脯氨酸和羟脯氨酸的单位较多，四氢吡咯环的空间阻碍使胶原分子不能按照标准 α-

螺旋的构象盘卷。理想的 α-螺旋具有如下参数：每圈螺旋含有 3.6 个氨基酸残基（$n=3.6$）；螺距为 0.54nm（$p=5.4$Å）；沿着螺旋中心轴，相邻残基间距离为 0.15nm，旋转角为 100°。胶原中存在的螺旋结构不同于一般的 α-螺旋。胶原螺旋具有如下参数：每圈螺旋含有 3.3 个氨基酸残基（$n=3.3$）；螺距为 0.96nm（$p=9.6$Å），每圈每股含 36 个氨基酸残基即 12 个 Gly—X—Y 三联体；沿着螺旋中心轴，相邻残基间距离为 0.29nm（2.9Å），旋转角度为 108°。因此，胶原的三股螺旋链已经相当伸展，不容易被拉长。三股这样的螺旋聚肽链相互纠缠形成右手超螺旋胶原单体。螺旋的稳定性依靠多肽链间的氢键维系。由于三股螺旋的旋转方向与构成它们的多肽链的旋转方向相反，因此不易发生旋解，使胶原具有极高的强度，这与胶原的生理学功能相匹配。

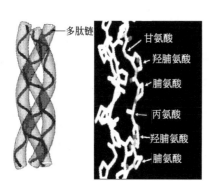

图 5.6　胶原的三股螺旋链结构示意图

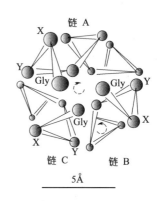

图 5.7　胶原三股螺旋链的 C 轴投影[15]

（1Å＝0.1nm）

人们对胶原的三股螺旋结构进行了深入而细致的研究，提出了众多模型对胶原的结构进行分析和模拟，取得了丰硕的成果[16~29]。Ramachandran 和 Kartha 在 1955 年便提出了胶原的三股螺旋结构[30,31]。同年，Rich 和 Crick 通过 X 射线衍射方法得到聚甘氨酸的结构[31,33]，迈出解决胶原结构问题的第一步。1961 年由 Rich 和 Crick 建立的 10/3-helix 模型来解释天然胶原的三股螺旋结构[34]，并被广泛接受。在对氢键的排列进行了重大修改后，此模型被称为 RCⅡ模型。从立体化学的可行性方面考虑，此模型非常合适。1977 年 Okuyama 提出一种 7/2-helix 模型，并得到一部分科研人员的支持[35]。

5.4.1.4　四级结构

普遍认为，五个胶原分子链组成一组，形成原胶原（tropocollagen）。胶原分子通过分子内或分子间的交联形成不溶性的纤维。由于胶原分子的氨基酸组成中缺乏半胱氨酸，因此胶原不能像角蛋白那样以二硫键相联，而是通过组氨酸与赖氨酸之间发生共价交联，一般发生在胶原分子的 C 末端或 N 末端之间。原胶原首尾相接，按规则平行排列成束，首尾错位 1/4，通过共价键搭接交联，形成稳定的胶原微纤维（microfibril），并进一步聚集成束，形成胶原纤维（fiber）。三股螺旋分子间以一定间距、呈纵向对称交错排列形成原纤维。分子间交错距离为 67nm，纵向相邻分子间距为 40nm，如图 5.8 所示，其轴向投影如图 5.9 所示。若干胶原横向堆积，再头尾相接，形成纤维，如图 5.10 所示。

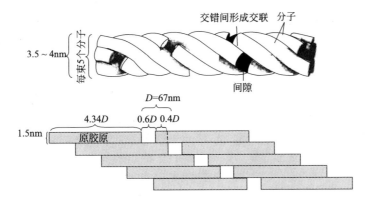

图 5.8　每 5 个原胶原单元组成一组，形成 I 型胶原微纤基元

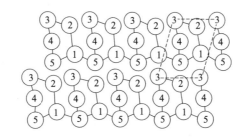

图 5.9　胶原纤维的轴向投影（其中数字 1～5 表示原胶原）

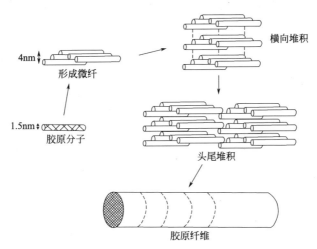

图 5.10　胶原纤维的形成示意图

　　由于 α 链的氨基酸交替出现极性区和非极性区，以头尾极性较大、相互平行的胶原纵向错开 1/4 分子长度，以相邻分子的极性区和非极性区的静电引力彼此聚合，首尾相接的胶原又保持一定距离，这样形成了胶原原纤维的疏区和密区，用醋酸铀或磷钨酸染色时，重金属沉积于疏区，用透射电镜进行观察时可见胶原原纤维呈现 67nm 的周期性横纹。由于极性区和非极性区的规律性分布，每周期内又出现几条明暗相同的横纹，见图 5.11[36]。

5.4.2　稳定胶原结构的作用力

　　胶原中稳定三股螺旋结构的次级键种类很多，主要包括氨基酸残基侧链的极性基团产生

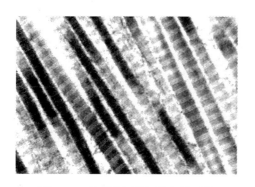

图 5.11 Ⅰ型胶原的透射电镜照片

（照片由 Louisa Howard 获得，由 Wikipedia 网站提供 http://en.wikipedia.org/wiki/Image: Fibers_of_Collagen_Type_I_TEM.jpg）

的离子键、氢键和范德华力以及非极性基团产生的疏水键等作用力。范德华引力是分子之间普遍存在的吸引力。疏水键是多肽链上的某些氨基酸的疏水基团或疏水侧链（非极性侧链）由于避开水而造成相互接近、黏附聚集在一起而形成的相互作用，在维持蛋白质三级结构方面占有突出地位。而氢键和离子键对于稳定胶原的结构与性能也起着关键的作用。除了这些次级键外，胶原分子内和分子间还存在三种交联结构：醇醛缩合交联、醛胺缩合交联和醛醇组氨酸交联。三种交联把胶原的肽链牢固地连接起来，使胶原具有很高的拉伸强度。通过共价交联，胶原微纤维的张力加强，韧性增大，溶解度降低，最终形成不溶性的纤维，因而胶原属于不溶性硬蛋白。图 5.12 所示为肽 T3-785 的分子结构，其相互作用包括分子间氢键、侧链相互作用和水合作用。

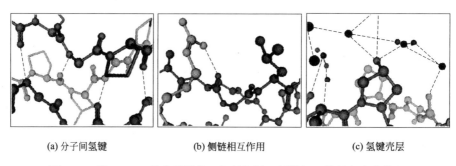

(a) 分子间氢键　　　　　　(b) 侧链相互作用　　　　　　(c) 氢键壳层

图 5.12　肽 T3-785 的分子结构（包括氢键、侧链相互作用和水合作用）

5.4.2.1　氢键

胶原肽链中含有大量的氨基、羟基、羧基等基团，这些基团中的电负性大的原子 X 共价结合的氢，与另外的电负性大的原子 Y 接近时易产生静电吸引作用，从而在 X 与 Y 之间以氢为媒介，生成 X—H…Y 形的键，即氢键。氢键对稳定胶原的三股螺旋结构具有重要的作用。肽链间主要存在 3 种氢键：

① 一条肽链的 Gly—X—Y 中的甘氨酸 Gly 残基上的 H 与相邻的另一条肽链中的氨基酸残基上的羰基 C＝O 之间形成与胶原旋转轴垂直的氢键[37]；

② 肽链中的羟脯氨酸 Hyp 的羟基基团之间形成的氢键；

③ 肽链中的羟脯氨酸 Hyp 的羟基通过与水在肽链内和/或肽链间形成氢键[37]。

通过水介导的氢键在胶原肽链中起着重要的作用。Berman[38~40]、Nomura[41]、Fullerton[42]、Grigera[43]等对胶原多肽的水合结构以及胶原中水介导的氢键形式做了大量细致而出色的工作。水合桥接是指在三股螺旋上连接到两个可能形成氢键的不同基团上的氢键水分子的统称。通常的水合桥接能够被描述为 X…W（…W）$_n$…Y 序列，X 和 Y 是三股螺旋上的氢键基团，包括所有的羰基基团、Hyp 上的羟基基团和甘氨酸与丙氨酸上的自由氨基（只有空隙区域的那些自由氨基才包含到水合桥接里面）。水合桥接可以有不同的种类：

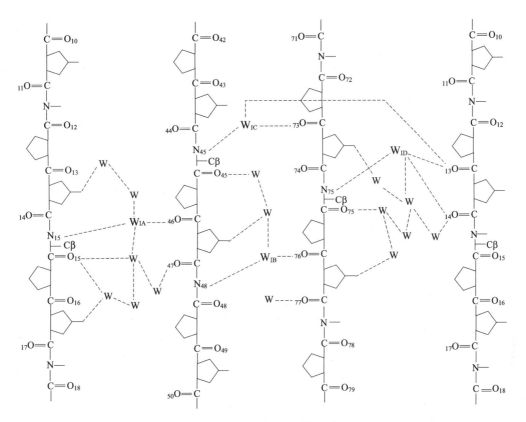

图 5.13　在四个水分子间形成的氢键网络（分别标注为 W_{IA}，W_{IB}，W_{IC} 和 W_{ID}）

①链内，能够连接同一肽链内的锚基团；②链间，能够连接同一三股螺旋上不同肽链上的锚基团；③分子间，能够连接不同的三股螺旋分子。这些水桥对稳定胶原的三股螺旋结构发挥着至关重要的作用。如图 5.13、图 5.14 所示为几种水合桥接方式[44]。

5.4.2.2　离子键

胶原分子链中含有大量极性侧基，氨基酸残基中的碱性基团和酸性基团常以阴离子和阳离子的形式存在。当这些极性侧基相互靠近时，由于静电引力在阴离子和阳离子间可以形成作用力较强的离子键，如图 5.15 所示。

通常带电荷的氨基酸残基分布在胶原的表面，受溶液中盐的影响极大。例如，若溶液中含有 NaCl，则带正电荷的赖氨酸吸引邻

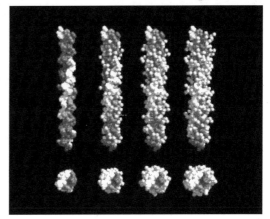

图 5.14　胶原与水的逐步水合过程

近带负电荷谷氨酸的能力会大大削弱。这是由于 Na^+ 及 Cl^- 具有极高的可移动性，且对于氨基酸残基而言其电荷密度极高，因此 Na^+ 及 Cl^- 与胶原表面的带电荷的氨基酸残基产生竞争，削弱氨基酸残基之间的相互作用力（如图 5.16 所示），这对胶原分子的稳定性影响极大。

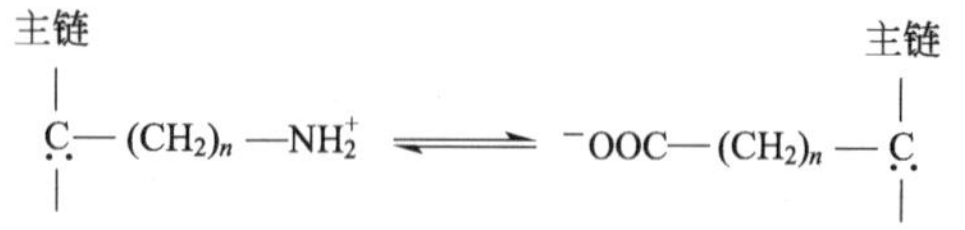

$$\mathrm{C-(CH_2)}_n-\mathrm{NH_2^+} \Longleftrightarrow\ ^-OOC-(CH_2)_n-C$$

图 5.15　相邻肽链间形成的离子键

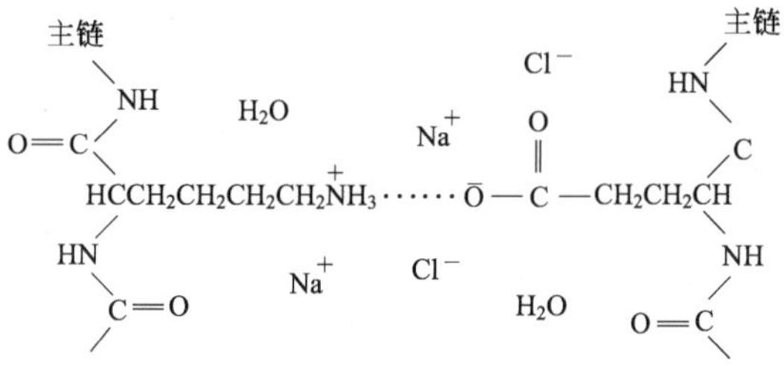

图 5.16　NaCl 溶液中肽链间的离子键受到影响

5.4.2.3　疏水键

这是由胶原侧链的疏水基团相互接近而形成的一种作用力。在熵的驱动下，胶原的非极性氨基酸侧链倾向于卷曲在胶原的螺旋结构的内部。研究发现，胶原分子的三股螺旋链内部全部都呈疏水性，几乎找不到极性氨基酸残基，但是螺旋链的表面既有极性基团又有非极性基团。这种疏水键对维持胶原的三级及四级结构起着重要的作用。

5.4.2.4　范德华力

范德华力是由中性原子之间通过瞬间静电相互作用产生的弱的分子之间的吸引力。当两个原子之间的距离为它们范德华力半径之和时，范德华力最强。强的范德华力的排斥作用可以防止原子之间相互靠近。单个范德华力键能较弱，为 $1.2\sim4.0\mathrm{kJ/mol}$，但是数量众多的范德华力的加合作用使胶原蛋白质的结构保持稳定。

5.4.3　其他类型胶原的形态结构

Han 等[45]将牛Ⅲ型胶原分散于 PBS 缓冲溶液中，用 1% 的磷钨酸溶液进行染色，然后进行 TEM 观察（图 5.17）。牛Ⅲ型胶原的直径为 20nm 左右，在溶液中胶原形成了凝胶，呈现三维网状结构。

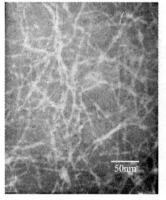

图 5.17　PBS 缓冲液中牛Ⅲ型胶原的 TEM 观察

Ⅻ型胶原属于与纤维相关的胶原，含断续三股螺旋结构。Ⅻ型胶原参与间质的构建以及维持纤维组织。原位杂交的上皮方法显示，细胞和内皮细胞都可以合成Ⅻ型胶原，免疫荧光分析表明Ⅻ型胶原在前弹力层中具有热稳定性。Akimoto 等[46]从鸡胚胎眼角膜中分离出Ⅻ型胶原，经戊二醛固定、OsO_4 进行染色，并用 HRP 进行标记，用免疫电镜对Ⅻ胶原进行观察，结果如图 5.18 所示。

Aubert-Foucher 等[47]从鸡筋腱中提取出ⅩⅣ型胶原，并进行形貌观察（图 5.19）。提纯后大部分的分子均呈现 3 个手指的形态，其后有一个细细的尾巴。手指直径约 $40\sim50\mathrm{nm}$，尾巴约 80nm，手指与尾巴常扭结在一起。

5.4.4　胶原的聚集态结构

不同类型的胶原纤维在不同组织中的排列方式不同，与其生理功能相关。胶原原纤维的结构功能和力学性能似乎与原纤维的直径、分子间交联程度和特征、原纤维所组成的更高级有序结构以及原纤维与其他基质成分之间的相互作用有关。在皮肤中，原纤维直径较为均一

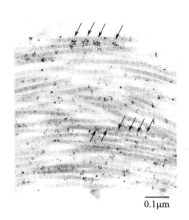

图 5.18　从 10 天小鸡胚胎眼角膜中分离出的
Ⅻ型胶原的免疫电镜照片

箭头表示沿胶原纤维发生免疫反应的 55～60nm 周期性间隔[46]

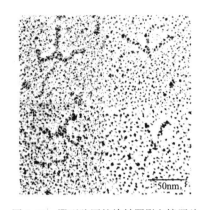

图 5.19　ⅩⅣ型胶原的旋转阴影电镜照片

（约 100nm），具有独特的三分子交联。在眼角膜中，胶原原纤维直径分布较窄，直径较小（约 40nm），以 90°的夹角交替堆积以形成层状结构。原纤维的直径以及堆积排列方式十分一致，呈交叉排布的光滑片层，使光的散射最小化，从而为产生该组织所需的透明性提供了必要的结构。在肌腱中，胶原纤维需要在一维方向承受张力，其肌原纤维的直径变化范围比较大（50～500nm），其高度交联并平行堆积形成纤维束，然后扭结成束。这些肌原纤维的特征使肌腱具有高抗张强度和不同的应力-应变曲线。这种具有方向性的胶原纤维的抗拉强度可高达 5～10kgf/mm²（1kgf/mm² = 9.80665MPa），提供组织所需的力学强度。从图 5.20～图 5.22 中可以看出不同组织中胶原纤维的结构特点[48]。

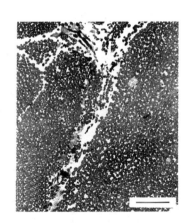

图 5.20　牛巩膜胶原纤维横截面的 TEM 照片
眼球周围形成的球状腱组织中
的胶原纤维排列紧密。图中标尺为 2μm

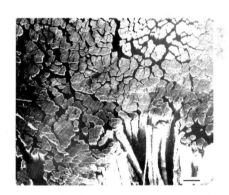

图 5.21　肌腱横截面的 SEM 图
胶原束形成直径较大、直而相互平行的簇。
图中标尺为 50μm

　　胶原是生物体内多种组织的重要组成部分。在生物体内，胶原经常与其他物质共生，形成复杂的结构。如，骨是由三大部分组成的：Ⅰ型胶原纤维、矿物质以及非纤维蛋白质。胶原在骨中占蛋白质总量的 80%～90%，与骨中的无机物形成复杂的多级结构。组成骨的重要单元是Ⅰ型胶原纤维，它围绕着骨的长轴以螺旋形式排列。组成骨的重要无机物质是羟基磷灰石，这是钙与磷形成的薄片状结晶体。骨具有不同的形貌结构（图 5.23）。有研究认

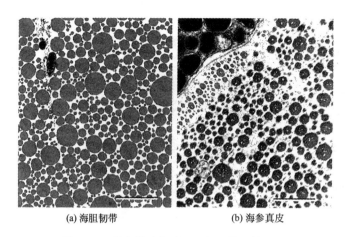

(a) 海胆韧带　　　　　(b) 海参真皮

图 5.22　棘皮类动物胶原组织透射电镜照片

图中标尺为 $0.5\mu m$[28]纤维横截面呈圆形，直径变化大，电子密度均匀外层纤维形状不规则，内部有电子透明区域为[28]，矿物质微粒首先在胶原纤维之间的孔隙处成核（图 5.24 中右侧所示），然后针状或片状的矿物质微粒沿着胶原纤维生长、附生形成厚度约 4nm 的薄片。矿物质薄片在纤维内的生长使胶原分子靠得更近。这些矿物质的最终尺寸可能相差较大，但其宽度大致相当，这可能是由于在胶原纤维间生长过程中受到约束的缘故。

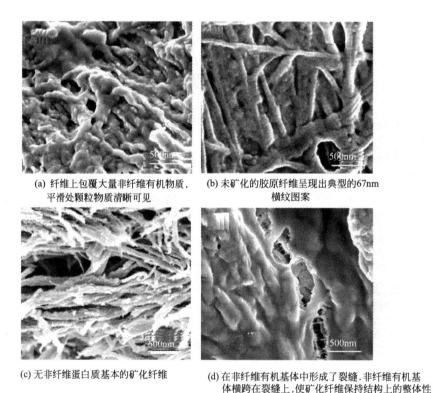

(a) 纤维上包覆大量非纤维有机物质，平滑处颗粒物质清晰可见

(b) 未矿化的胶原纤维呈现出典型的67nm横纹图案

(c) 无非纤维蛋白质基本的矿化纤维

(d) 在非纤维有机基体中形成了裂缝.非纤维有机基体横跨在裂缝上，使矿化纤维保持结构上的整体性

图 5.23　骨的不同形貌

胶原纤维是由原胶原在细胞内形成的。当胶原被提取出后，在一定条件下，胶原能在细胞外自组装成纤。Becker 等人发现，原胶原在自由溶液中无规结合成胶原，但是在外加电场的溶液中能在与电场垂直的方向平行均一排列（图 5.25）；同时，在受到外力场作用时，

胶原在体内能响应机械力[49]。这些研究发现有助于了解胶原在骨修复中所起的作用。

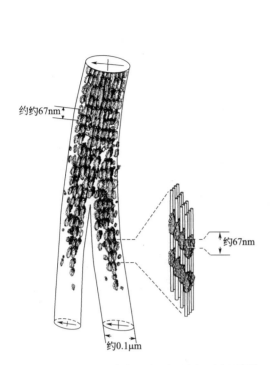

图 5.24　胶原纤维内部矿物质形成的示意图[28]

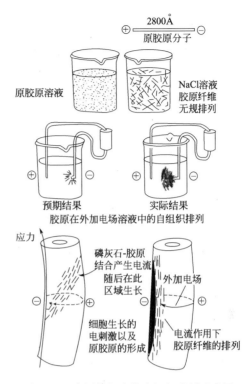

图 5.25　胶原的细胞外自组织成纤示意图

（1Å＝0.1nm）

5.5　胶原的生物学合成

胶原首先是在生物体细胞内合成的。细胞中蛋白质合成的过程称为翻译，是遗传信息从 mRNA（信使核糖核酸）传递给蛋白质的过程。在这个过程中，蕴藏于 mRNA 分子中的遗传信息被翻译成蛋白质多肽链中氨基酸的序列。胶原生物合成的方式与其他分泌蛋白质相似，但胶原具有其特有的反应过程。胶原的生物合成大致分为 3 步[50]。

第一步：胶原的各个肽链所对应的遗传基因信息，由 mRNA 将编码蛋白所需的信息转录到核糖体，在核糖体上合成多肽链的过程。

基于携带遗传基因信息的 mRNA 在核糖体上合成的胶原多肽链，实际是比通常所指的胶原 α 链分子更大的多肽链，称为前胶原多肽链。

第二步：合成形成的多肽链侧链的羟基化（羟脯氨酸、羟赖氨酸的生成）和糖基化作用后，生成 3 条多肽链的过程。

前多肽链的 Gly—X—Y 序列的 Y 位置处的脯氨酸和赖氨酸受羟基化酶的作用发生羟基化反应，转变为羟脯氨酸和羟赖氨酸。羟赖氨酸还受半乳糖转化酶和葡萄糖转化酶的作用，发生糖基化反应。前胶原多肽链在 N 末端和 C 末端都带有疏水性的多肽链，分别称为 N-多

肽和 C-多肽。N 末端的多肽链含有链内双硫键结合（S—S），而 C 末端的多肽链则**155**

含有链间的双硫键结合（　　　　　）。合成出的前胶原蛋白分子，从细胞内分泌到细胞外。

第三步：分泌到细胞外的前胶原分子，被切断形成通常的胶原分子，形成纤维，并在纤维分子内引入交联键的过程。

在细胞外，前胶原分子 N 端和 C 端的多肽链 N-多肽和 C-多肽受酶的作用被切断，逐渐生成胶原蛋白分子。胶原分子内和分子间交联键的形成，是动物成长过程中胶原纤维强度不断提高所必需的生化反应。交联反应的第一步是赖氨酸及羟赖氨酸的 ε-NH$_2$ 氧化脱胺反应，生成 ε-醛基赖氨酸和 ε-醛基羟赖氨酸，该反应是由赖氨酰氧化酶催化反应形成的。醛基赖氨酸和醛基羟赖氨酸与微纤维中胶原分子内及胶原分子间交联键的形成有关。交联键形成的 2 条主要路线为：一个是醛基与周围的 ε-NH$_2$ 反应生产希夫碱，另一个是醛基与其附近存在的醛基的反应，生成 Aldol 醛醇。醛醇结合主要呈分子内交联，发生在 N 末端的端肽，而希夫碱结合则主要呈分子间交联。

形象地，胶原纤维的生物学合成过程可由图 5.26 所示。

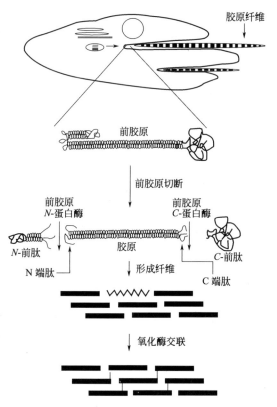

图 5.26　胶原纤维的生物学合成过程示意图[28]

5.6　胶原与明胶的物理性质

5.6.1　明胶的一般物理性质

明胶为淡黄色或黄色透明或半透明有光泽脆性薄片或粉粒，相对密度约 1.27。无臭，无味。不溶于冷水，可吸收 5～10 倍重量的水而膨胀软化，溶于热水，冷却后形成凝胶。不溶于乙醇、乙醚、氯仿等溶剂，溶于乙酸、甘油的水溶液中。10%～15% 的溶液形成凝胶。在干燥条件下能长期贮存，但遇湿空气后便会受潮，易受细菌作用而霉变。明胶应贮存于阴凉、通风、干燥的环境中，并做到防热、防潮。

明胶是亲水性胶体，有保护胶体作用，可作疏水胶体的稳定剂、乳化剂。明胶也是典型的两性聚电解质，在水中可将带电微粒凝聚成块，因而可作酒类及酒精的澄清剂。作为分散剂、黏结剂、增稠剂、稳定剂、乳化剂广泛用于感光材料、制药、食品、造纸、印刷、纺

天然高分子材料

织、印染、电镀、化妆品、细菌培养、农药加工等工业生产中。

由于生物原料组成的复杂性和生产处理过程中所发生的多种变化，致使明胶夹带杂质。它们的含量虽然不多，但却具有很大的照相（感光）活性，因此被称为活性杂质。明胶中的活性杂质主要有：磷酸盐、亚硝酸盐等无机盐；钙、镁、钾、钠、铜、铁、锌等金属离子代硫酸盐，胱氨酸及其分解产物等含硫化物；核酸及其降解产物嘌呤等有机碱。硫代硫酸盐能提高乳剂的感光度，是存于明胶中的天然增感剂；核酸及嘌呤类杂质则是天然抑制剂，它们既降低感光度，又抑制灰雾，并提高乳剂的稳定性。明胶中的活性杂质极其复杂，其含量和种类往往随使用的原材料、生产工艺的不同而有所差异。

明胶在冷水中会吸收大量水分使其自身体积剧烈增大，这种现象即为明胶的溶胀。明胶溶胀是一个放热过程，溶胀速度近似地遵循二级反应方程式，并受原料、工艺、pH 值、盐类等因素的影响。一般情况下，骨明胶的吸水溶胀大于皮明胶；酸法明胶的吸水溶胀大于碱法明胶；在等电点的 pH 值时，明胶的吸水溶胀最小；中性盐的加入会显著地降低明胶的吸水溶胀。明胶的溶胀性能已在多种工业中获得应用，对感光材料的生产、冲洗加工和药物胶囊的使用等，更有其特殊的重要性。

5.6.2 两性与等电点

与其他蛋白质一样，胶原和明胶也是两性聚电解质。胶原和明胶的肽链上具有许多酸性或者碱性的侧基，并且每条肽链的两端有 α-羧基和 α-氨基。羧基有给予质子的能力，氨基有接受质子的能力。在溶液中，随着溶液中 pH 的不同，胶原和明胶就成了带有许多正电荷或者负电荷离子的蛋白质。

$$\text{HOOC—P—NH}_3^+ \underset{\text{OH}^-}{\overset{\text{H}^+}{\rightleftharpoons}} {}^-\text{OOC—P—NH}_3^+ \underset{\text{H}^+}{\overset{\text{OH}^-}{\rightleftharpoons}} {}^-\text{OOC—P—NH}_2$$

正离子   两性离子   负离子

当溶液在酸性条件下，胶原和明胶上的正电荷多于负电荷，在电场中，胶原和明胶向负极移动；当溶液在碱性条件下，胶原和明胶上的负电荷多于正电荷，在电场中，胶原和明胶向正极移动。当在某一 pH 下，胶原和明胶所带的正负电荷数目恰好相等，即其净电荷为零，此时胶原和明胶在电场下既不向负极移动也不向正极移动，这时的 pH 就被称为胶原和明胶的等电点（pI, isoelectric point）。

胶原和明胶的端基和可解离侧基都有自己的 pI 值，表 5.4 列出了侧基和端基的 pI 值。胶原肽链侧基的 pI 值与其组成氨基酸侧基的 pI 值有些不一致，这是由于在胶原分子中受到邻近电荷的影响，还有一些可解离基团由于被埋藏在三螺旋分子内部或参与氢键形成而被抑制。

表 5.4　胶原可解离基的 pI 值

基　　团	pI(25℃)	基　　团	pI(25℃)
α-羧基	3.0～3.2	α-氨基	7.6～8.4
β-羧基（天冬氨酰）	3.0～4.7	ε-氨基（赖氨酰）	9.4～10.6
γ-羧基（谷氨酰）	约 4.4	巯基（半胱氨酰）	9.1～10.8
咪唑基（组氨酰）	5.6～7.0	酚羟基（酪氨酰）	9.8～10.4
胍基（精氨酰）	11.6～12.6		

5.6.2.1　等电点的测定

测定胶原和明胶等电点的方法有很多。根据定义，可以用电泳方法来直接表征胶原和明胶的等电点，此时等电点是其溶液或悬浮物在电场中不再移动的 pH。另外，根据胶原和明胶在等电点时的物理化学性质的特征可以测试其等电点。例如，在等电点时溶液的黏度最小、膨胀度最小、渗透压最低、导电率最小、浊度最大等，对这些物化性质进行测定，然后对测定的数据对 pH 作图，可以发现在邻近或者等于等电点处曲线有一个剧烈的下降或倾斜，因而可以根据这些物理化学性质的变化计算出胶原和明胶的等电点[51,52]。

5.6.2.2　胶原和明胶在等电点时的物化性质

在等电点时，胶原和明胶具有独特的物理和化学性质。例如，此时胶原和明胶分子上所带的净电荷为零，所以导电率最小；在等电点附近，由于净电荷最少，所以渗透压和浊度也都最小。此外，其黏度、膨胀能力等均为最小。

（1）黏度

pH 对胶原稀溶液的黏度的影响较大，这主要是由于稀溶液中的大分子链因带电荷而发生一定程度的变形。图 5.27 是一种等电点为 pH=7.0 的胶原蛋白溶液的黏度与 pH 的关系曲线。可以看出，溶液黏度先随 pH 的增加而降低，达到最低值后又随 pH 值的增加而增加，在等电点的 pH 值处出现黏度最小值。胶原蛋白肽链端的氨基和羧基以及侧链上的酸性基和碱性基在水中都可以离解，从聚电解质的分子形状分析，胶原蛋白在水溶液中可以电离为高分子离子和抗衡离子，其电离程度由电离平衡常数决定。因此，胶原分子的荷电状态影响着胶原蛋白的柔性链状分子形状。当胶原蛋白在等电点时，整个分子的净电荷为零，分子呈电中性，因不带电的高分子一般趋向于卷曲状态，另外加上氢键之间的作用也变小，卷曲的分子运动阻力小，所以就表现出黏度最小的性质。而当 pH 高于或低于等电点时，胶原蛋白的净电荷不为零，分子链带有负电荷或正电荷，电离的聚电解质分子会由于电荷斥性而使分子伸展，胶原分子在偏离等电点的溶液中也处于伸展状态，在伸展状态下大分子的侧链基团暴露得比较多，因而分子链间容易发生相互缠结和黏结，刚性结构逐渐增大，溶液的黏度也逐渐增大。通常偏离等电点越远，分子上所带的净电荷也就越多，则电荷密度就越大，斥力也就越大，因而黏度也越大[53]。但是在 pH 进一步增大时，加进去的离子的影响克服了分子上的总电子数，故分子重新卷得更紧，结果反而使溶液的黏度降低。在水溶液中，由于电荷和水化层的稳定作用，胶原蛋白胶体粒子不会相互凝聚而沉淀，胶原颗粒之间的斥力势垒不为零，所以它们很难靠分子的热运动而达到聚沉。但是当 pH 升到 12 时，会产生明显的絮凝现象。这是因为当碱性很高时，水溶液中的胶原蛋白分子上的净负电荷总数增多，同性电荷相斥，斥性强烈作用的结果使胶原蛋白的各种次级键断裂，二、三级及四级结构被破坏，分子的紧密构象变成了松散的无序状态。而且碱性的提高，使粒子所具有的动能大于斥力势垒的高度，这时就会发生聚沉，因而可以观察到明显的絮凝现象。

（2）膨胀度

具有两性特征的胶原在酸性介质或碱性介质中的膨胀对于制革生产过程特别重要，制革时生皮浸泡发生膨胀，其实质就是生皮中的胶原肽链间的氢键和离子键乃至共价键在酸或碱的作用下有所破坏，使胶原结构松散。胶原在等电点附近时的膨胀度最小。

对于胶原的酸碱膨胀机理说有两种观点，一种观点是热力学上认为是由平衡造成渗透膨胀，也就是电解质溶液中的离子向胶原内部渗透，当渗透达到平衡时，可扩散离子在胶原的内部和外部造成浓度差，从而产生渗透压，水分子由外向内渗透产生膨胀；另外一种观点是静电排斥说，这种学说认为胶原在偏离等电点的酸性溶液或碱性溶液中时，肽链侧基上会带

天然高分子材料

同一种电荷，这些电荷互相排斥，增大了胶原肽链间的距离而发生膨胀[54]。

不同的酸造成胶原的膨胀度是有差异的，有些酸不能造成胶原的膨胀。在浸泡的前10h，有机酸造成的胶原膨胀度比无机酸造成的胶原膨胀度要大得多；在10h以后，规律不再明显。

在碱性条件下，当 $7 < pH < 10$ 时，随着 pH 的升高，膨胀度变化很大，当 $pH > 10$ 时，随着 pH 的升高，膨胀很缓慢，膨胀度达到最大值。在酸性条件下，膨胀度随 pH 的变化而快速地变化，当 pH 在 $1.7 \sim 2.0$ 时，胶原的膨胀度达到最大值，为 94%；当 pH 在 $2.0 \sim 5.0$ 时，胶原的膨胀度从 94% 急剧下降到 8%；当 pH 在 $5.0 \sim 6.0$

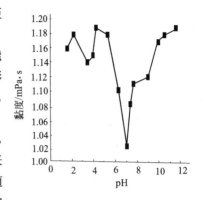

图 5.27　胶原蛋白溶液黏度-pH 值关系曲线

时，胶原的膨胀度处于最低点，之后，随着 pH 的升高而缓慢增大。另外温度对胶原的酸膨胀（H_2SO_4）也有明显影响，在较高温度下（32℃），胶原在开始的一段时间内膨胀比较剧烈，能很快达到最大值，所需时间仅为 10h，当在较低温度下（4℃），胶原膨胀比较温和平缓，大约需要 25h 后膨胀度才能达到最大值。

5.6.3　力学性质

胶原分子链中既含有刚性区域，又含有柔性区域。Silver 等[55]提出一个模型来描述胶原的弹性储能（图 5.28）。他们假设一个胶原分子由 12 个刚性区域（实心部分）和 12 个柔性区域（用弹簧表示）交错组成。当受到拉伸应力时，柔性区域（胶原 D 周期中的 12 个正染色带 c_2，c_1，b_2，b_1，a_4，a_3，a_2，a_1，e_2，e_1，d 和 c_3）受到拉伸，侧链氨基酸间分子内和分子间的静电相互作用被破坏，能量被吸收。刚性区域可在分子中传递应力，而柔性区域可储存弹性能量。由于胶原是生物材料，因此其弹性模量受 pH 的影响极大。如果胶原周围溶液的 pH 太偏酸性或碱性，胶原的弹性模量将大幅降低[56]。

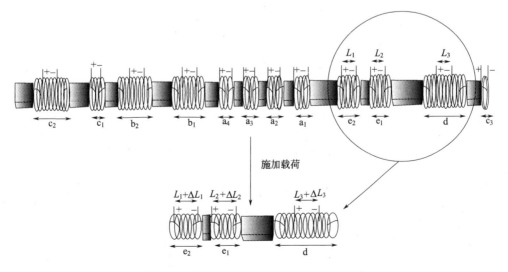

图 5.28　胶原弹性能量存储的可能机理[55]

5.6.3.1 胶原纤维的力学性质

由于胶原在动物组织中的多级结构，使胶原的力学行为表现出复杂性。长期以来，人们一直希望能较精确地得到单根胶原纤维的力学性能数据，而不只是得到肌束、肌腱或韧带的力学性能。然而，从活体组织中分离出微米级甚至亚微米级的单根胶原纤维并进行力学性能测试是一项极富挑战的工作。Fratzl等[57]根据胶原纤维的应力-应变曲线的特点，将其划分为3个区域，如图5.29所示。

a. 脚趾区（toe region）：施加一个小的张力便可去除胶原纤维的皱褶部分。此区域用偏光显微镜便可观察到[58]。

b. 脚跟区（heel region）：一般当应变超过3%时，胶原结构中的扭结部分受拉变直。首先是胶原的纤维结构变直，随后伴随着分子链的伸展，分子的横向堆积的有序程度会增加[59]。

c. 线性区（linear region）：更大的应变导致胶原的三股螺旋链或螺旋之间的交联伸展，微纤中的分子链可能发生滑移。

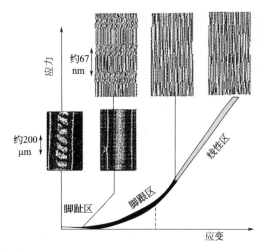

图 5.29　鼠尾腱的应力-应变曲线[60]

Miyazaki等[61]通过一个独特的微拉伸测试系统研究了兔子膝盖骨腱中胶原纤维的力学性能。这个微拉伸系统由一个恒温测试室、倒置显微镜、微型操纵器、直接驱动线性驱动器、悬臂型测力传感器和一个视频分析仪组成，专门用来研究细胞和纤细纤维生物组织。从兔子膝盖骨腱取下胶原肌束（直径大约300μm），然后把胶原肌束浸入到生理盐水中并加以搅拌，得到棉花状的蓬松絮状物，然后小心地用圆头玻璃棒将胶原纤维分散，最终得到直径为约1μm的胶原纤维。取长约300～500μm、直径为1μm左右的胶原纤维，用氰基丙烯酸酯黏合剂连接到玻璃微管（外径15～20μm）上，玻璃微管一端连接到传感器，另一端连接到直接驱动线性驱动器上，然后进行力学性能测试，得到了单根胶原纤维的应力-应变曲线。所得胶原纤维的正切模量（应变为2%～6%之间时应力-应变曲线的斜率）为（54.3±25.1）MPa，拉伸强度为（8.5±2.6）MPa，断裂伸长率为（21.6±3.0）%，这与Yamamoto等[62]此前对兔膝盖骨腱分离出的胶原肌束的力学性能数据相差很大（图5.30）。Yamamoto等所得的正切模量为（216±68）MPa，拉伸强度为（17.2±4.1）MPa，断裂伸长率为（10.9±1.6）%。显然，单根胶原纤维的力学性能不同于胶原肌束，更不同于大块的膝盖骨腱。这些结果说明胶原肌束和韧带的力学性能主要取决于胶原纤维以及胶原纤维与基质间的机械相互作用。

van der Werf等[64,65]用原子力显微镜对从牛跟腱析出的单根胶原原纤维进行了微观力学弯曲测试，研究了戊二醛交联前后及用PBS缓冲溶液处理前后胶原原纤维的力学性能。发现用戊二醛交联后的单个胶原原纤维的杨氏模量明显增加；单个胶原原纤维的弯曲模量范围为1.0～3.9GPa，剪切模量为（33±2）MPa，并且弯曲模量随着直径的增大而降低，用PBS处理过的也一样出现这种情况。当浸入PBS缓冲溶液处理后，弯曲模量和剪切模量分别降到0.07～0.17GPa，（2.9±0.3）MPa。剪切模量和弯曲模量相差两个

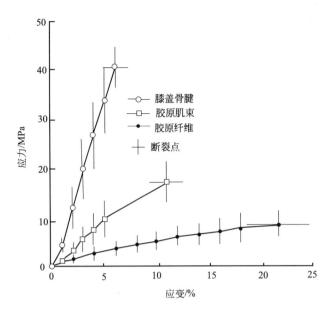

图 5.30　单根胶原纤维、胶原肌束以及兔膝盖骨腱的应力-应变曲线的比较[63]

数量级，说明单个胶原原纤维力学存在各向异性。用碳化二亚胺水溶液交联的胶原原纤维并没有显著的影响弯曲模量；然而原纤维的剪切模量增为（74±7）MPa，浸入 PBS 缓冲溶液后变为（3.4±0.2）MPa。用碳化二亚胺交联后，剪切模量变化较大，而用 PBS 处理过后交联前后剪切模量没有明显的不同。这种交联前后在不同环境剪切模量增加的变化，可能是由于原纤维不同的亲水性。在胶原原纤维内的分子间的交联主要发生在端肽部位。用碳化二亚胺进行交联导致胶原原纤维的分子间和分子内的交联。可以设想，当微纤维间的距离较近时，其间可以形成交联。然而，有活性的羧酸基团对微纤维表面的改性所产生的摩擦力可能阻碍微纤维之间的位移。在 PBS 缓冲液中表面的改性不能阻碍微纤维间的位移。交联后，胶原分子间的位移变得更为困难。然而，缓冲溶液处理过的天然和交联胶原原纤维具有相似的剪切模量，说明微纤维间的位移可能是影响单个胶原原纤维的剪切模量的主要影响因素。

5.6.3.2　皮革的力学性质

　　胶原是皮革的主要成分，皮革内的胶原以纤维束的形式存在，皮革是由无数胶原纤维束编织而成的。皮革的性能是由胶原纤维的力学性能及其编织方式来决定的。皮革的力学性能与皮革的质量息息相关。通过对皮革力学性能的研究，可以对皮革的加工及生产工艺提供参考和指导，优化皮革的生产工艺，从而获得高质量、高产量的皮革，提高制革业的经济效益，同时也为皮革质检提供科学依据。

　　应力-应变研究是研究材料力学性能最基本的方法。与其他许多生物材料相似，皮革的应力-应变曲线呈 J 型。也就是在拉伸的初始阶段显示很低的模量，应力增加很慢，但随着拉伸应变的不断增加应力增长越来越快，直至断裂。至于为什么会呈现如此形状，目前存在两观点：一种观点认为皮的结构中有纤维基体两部分，胶原纤维在拉伸过程中逐渐定向；另一种被称为纤维补充模型，认为胶原纤维束的连接中可能会有不同的紧固程度，当皮革被拉伸时，越来越多纤维变紧，导致应力增加。

　　皮革制品一般都是在较小的应力作用下使用的。此时，皮革的应力-应变行为处于

161

初始拉伸阶段，产生的应变则较大，皮革制品对人体穿着部位的反作用力（及压力）较小。因此它可根据人体穿着部位的形状而变形，在未受到过多挤压作用的前提下，给人一种充实感和舒适感。当外力去除后，皮革的纤维会逐渐回复到松弛状态，整个纤维网络也逐渐回复，从而保证了皮革制品一定的定型性。如果应力作用时间过长，如长时间穿着，整个纤维网络会产生一定的塑性变形，还可进一步减少对人体穿着部位的挤压作用。

在对猪皮软革的拉伸破坏进行研究时发现，皮革纤维在应力承受达到极限时发生逐步断裂。先是较脆弱的猪皮软革纤维断裂；随后载荷集中于未断裂的纤维上，直至发生全部断裂。而且猪皮软革破坏从粒面层开始，逐渐发展到网状层直至全部破坏，这说明猪皮软革的粒面层拉伸强度不如网状层高。

胶原蛋白中含有大量亲水基，与潮湿空气接触时能吸取空气中的水分，当空气水分含量少而温度升高时，蛋白质中水分又向空气中蒸发扩散达到平衡。同一张革放在不同湿度的空气中水分含量不同。在一定温度下，空气的相对湿度越大，革中的水分含量越高。在皮革试样中，水分往往起到润滑剂的作用，水分含量的多少直接影响到皮革试样的力学性能。

皮革力学性能的最大特点是黏弹性，独特的黏弹性赋予皮革优秀的使用性能。使得皮革制件在保持形状的同时又使穿着者获得良好的穿着舒适性。因此研究皮革的黏弹性有着重要的意义。高聚物产生一定形变后，在保持变形量不变的情况下，应力随时间的发展逐渐减小，产生应力松弛现象。应力松弛过程中，高聚物分子链构象起始时为相互连的蜷曲链，变形到某一长度时，分子链被拉直，其中分子处于不平衡的构象，要逐渐过渡到平衡的构象，当变形量恒定时，一段时间后，链段运动，调整构象，使应力消失，分子链又处于稳定的蜷曲构象状态。

张春晖等[66]对应力松弛进行了系统的研究，探讨了 Maxwell 模型对猪皮鞋面革的应力松弛行为的实用性。由于皮革结构复杂，单个 Maxwell 模型无法较好地描述整个松弛过程，因此采用由包含一个 Maxwell 单元的广义 Maxwell 模型开始，逐渐增加 Maxwell 模型的个数，以观察模拟的精确程度。图 5.31 是应力松弛模量的测试数据及对利用 1～8 个单元的广义 Maxwell 模型表达式拟合的曲线。当模拟单元达到 5 个以上时，拟合的精度已经很高了。对猪皮鞋面革应力松弛时间谱进行求解[66]，能比较精确地描述猪皮鞋面革的应力松弛行为。对应力松弛模量实验数据利用软件 OriginPro7.5 进行广义 Maxwell 模型拟合，当模型中并联 Maxwell 单元个数达到 12 个以上，就开始出现有 2 个或 2 个以上 Maxwell 单元的松弛时间非常接近，即可以看作是同一个松弛时间。这说明在所用软件的计算精度下，猪皮鞋面革应力松弛实验数据最多用 12 个不同松弛时间广义 Maxwell 模型就可以描绘出来了。这 12 个松弛单元是一系列松弛时间的平均表现。表 5.5 是由 12 个 Maxwell 单元的广义 Maxwell 模型对应力松弛数据进行拟合得到的各个单元的弹性模量和松弛时间。从表 5.5 中可以看出，不同松弛单元的松弛时间从 0.265～5496892s，差别非常大。这说明由于皮革结构上存在一定程度的交联，应力若要完全松弛，则需要经历非常长的时间。利用二阶近似应力松弛时间谱求解公式和广义 Maxwell 模型得到的应力松弛模量表达式，可求解出猪皮鞋面革的连续应力松弛时间谱。通过对这个时间谱精确程度的检验，发现它能较好地用于描述猪皮鞋面革的应力松弛行为。

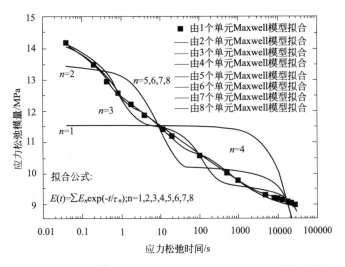

图 5.31　应力松弛模量及 1～8 个 Maxwell 单元的广义 Maxwell 模型表达式曲线拟合
(图中方点是实测的应力松弛模量，实线是由 Maxwell 模型拟合出的曲线)

表 5.5　12 个 Maxwell 单元的广义 Maxwell 模型流变常数

E_1/MPa	τ_1/s	E_2/MPa	τ_2/s	E_3/MPa	τ_3/s	E_4/MPa	τ_4/s
1.384	0.265	0.744	1.721	0.622	7.261	0.552	26.43
E_5/MPa	τ_5/s	E_6/MPa	τ_6/s	E_7/MPa	τ_7/s	E_8/MPa	τ_8/s
0.720	144.4	0.512	802.7	0.295	2969	0.264	4853
E_9/MPa	τ_9/s	E_{10}/MPa	τ_{10}/s	E_{11}/MPa	τ_{11}/s	E_{12}/MPa	τ_{12}/s
0.150	44130	0.315	138971	0.324	353022	8.416	5496892

　　以牛皮鞋面革为研究对象，张春晖等[66]研究了如何通过有限次应力松弛实验得到的数据，并通过合适的曲线拟合方法补充数据点来建立起牛皮鞋面革应力松弛的三维曲面图（图5.32）。该图以应力-应变-时间为坐标，能够用来预测牛皮鞋面革在相当大的应变和宽广的时间范围内的应力值。

5.6.4　胶原与明胶的胶体性质

　　胶体是一种分散质粒子直径介于粗分散体系和溶液体系之间的一类分散体系，是一种高度分散的多相不均匀体系。按分散剂的不同可将胶体体系分为气溶胶、固溶胶或液溶胶。习惯上，将分散介质为液体的胶体体系称为液溶胶或溶胶，将介质为固态的胶体体系称为固溶胶。按分散质的不同可将胶体体系分为粒子胶体和分子胶体。例如：血液和蛋白质都是液溶胶，而云和雾是气溶胶；土壤是粒子胶体，而淀粉和蛋白质胶体都是分子胶体。分散相粒子的大小是胶体体系的重要特征之一。通常规定小于 1nm 的颗粒为分子或离子分散体系，大于 100nm 的为粗分散体系，而胶体颗粒的大小为 1～100nm。只要不同聚集态分

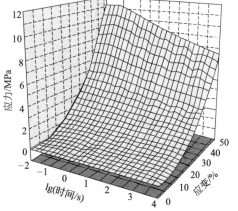

图 5.32　牛皮鞋面革应力松弛曲面图

散相的颗粒大小在 $1\sim100\text{nm}$ 之间，则在不同状态的分散介质中均可形成胶体体系。

胶体与溶液、浊液在性质上有显著的差异，这是由于分散质粒子大小不同造成的。胶体的重要性质主要如下。

① 具有丁达尔效应：当一束光通过胶体时，从入射光的垂直方向上可看到一条光带，这是由于胶体粒子对光线散射而形成的，称为丁达尔效应。利用此性质可鉴别胶体与溶液、浊液。

② 有电泳现象：胶粒具有很大的比表面积，因而有很强的吸附能力，使胶粒表面吸附体系中的离子，这使胶粒带有电荷。不同的胶粒可吸引不同电荷的离子。一般，金属氢氧化物和金属氧化物的胶粒吸附阳离子，使胶粒带正电荷；非金属氧化物和金属硫化物的胶粒吸引阴离子，使胶粒带负电荷。胶粒带有相同的电荷，互相排斥，所以胶粒不容易聚集，这使胶体保持一定的稳定性。又由于胶粒带有电荷，在外加电场的作用下，胶粒就会向阴极或阳极作定向移动，即电泳现象。

③ 可发生凝聚：加入电解质或加入带相反电荷的溶胶或加热均可使胶体发生凝聚。电解质的加入可中和胶粒所带的电荷，使胶粒形成大颗粒而沉淀。一般情况下，电解质离子电荷数越高，胶体凝聚的能力越强。

胶原蛋白质和明胶是生物大分子，由于分子量很大，胶原和明胶在水溶液中容易形成稳定的胶体颗粒，具有胶体性质。在水溶液中，胶原和明胶分子链上的亲水基团容易与水发生水合作用，在胶原和明胶颗粒外面包含一层水膜，水膜可以将各个颗粒相互隔开，而且胶原和明胶分子间的静电相互作用也使颗粒不会凝聚下沉，因而胶原和明胶在水中能形成稳定的胶体溶液。利用胶原胶体粒子的电泳现象可以方便地对胶原的分子量进行测定。

胶原和明胶是两性离子，在一定 pH 值溶液中，胶原和明胶颗粒表面都带有相同的电荷，并和它周围电荷相反的离子构成稳定的双电层。具有相同的电荷，胶原和明胶颗粒间相互排斥，可以阻止它们的相互聚集，这就增强了蛋白溶液的稳定性。利用这个性质，胶原和明胶常被应用于食品工业用作稳定剂。另外，明胶是强有力的保护胶体，乳化能力强，进入胃后能抑制牛奶、豆浆等蛋白质因胃酸作用而引起的凝胶作用，从而有利于食品的消化和吸收。

胶原或明胶胶体的微粒在一定条件下会发生聚集，称为聚沉。所有破坏胶体稳定的条件都可能引起胶原和明胶胶体的聚沉，如升高温度、加入电解质、加入带相反电荷的溶胶、光学作用及长期渗析等。升高温度能减弱胶粒对离子的吸附，破坏胶团的水化膜，使胶粒运动加快，增加胶粒间的碰撞机会，从而使交联聚沉。加入电解质后，增加胶体溶液中的离子浓度，使胶粒吸附相反电荷，会减少或中和所带的电荷，削弱胶粒之间的静电斥力，使之因碰撞而聚沉。其中，通过加入大量电解质使高分子化合物聚沉的作用称为盐析；胶体分散系中的分散质从分散剂中分离出来的过程称为溶胶聚沉。聚沉只需加入少量的电解质；而盐析除中和胶原和明胶胶体所带的电荷外，更重要的是破坏其水化膜，需加入大量电解质。胶原和明胶胶体的可凝聚性质使其在多个领域得以应用。例如，明胶能与单宁生成絮状沉淀，静置后呈絮状的胶体微粒可与浑浊物吸附、凝聚、成块而共沉，再经过滤而去除。利用该性质可将胶原和明胶用做饮料澄清剂。

5.6.5　胶原的变性与收缩

在一定温度范围内，胶原蛋白的螺旋结构是稳定的。稳定胶原螺旋结构的力通常是氢键、疏水键、范德华力和相反电荷间的作用力。这些非共价键在受热到一定温度后会被破坏，此时胶原的螺旋结构会立刻散乱成无规线团结构，在宏观上可观察到胶原纤维或皮革样条发生突然收缩，即长度减小而直径增大，此时的温度定义为胶原的收缩温度，或称变性温度。由于胶原分子链上含有大量亲水性基团，胶原分子极易吸收环境中的水分，水分子在胶原分子链中起到增塑剂作用，因此水分含量对胶原的收缩温度影响极大。在实际操作中，为了消除水分对胶原收缩温度的影响，常将胶原样品充分水合后测试其收缩稳定，该温度被称为湿热收缩温度。

影响胶原变性温度的因素很多，加热、光照、酸、碱、无机盐溶液、有机试剂、高能辐射、机械作用、超声波等都可能使胶原变性，使其收缩温度降低或者升高。

5.7　胶原与明胶的改性方法

胶原和明胶分子侧链上的官能基团有羧基、氨基、胍基、羟基、咪唑基、酚基、甲硫基等，其中相对数目较多的有羧基、氨基、胍基、羟基和酰胺基，也是最重要的反应基团[67]。这些反应基团对胶原与明胶的化学性质以及改性至关重要。

5.7.1　胶原及明胶的交联改性

胶原和明胶分子链上含有多个活泼基团，易根据需要对其进行交联改性。对胶原和明胶的交联改性可分为化学交联、物理交联及酶法交联改性。

5.7.1.1　化学交联改性

在制革工业中，胶原的交联过程被称为鞣制。鞣制所用的化学材料被称为鞣剂。鞣剂的种类很多，但可分为三大类：无机鞣剂、有机鞣剂、无机与有机结合或者络合化合的鞣剂[68]。由于无机鞣剂 Cr^{3+}、Zr^{4+}、Al^{3+}、Ti^{4+}、Fe^{3+} 等在溶液中都是以络合物的形态存在的，故上述无机鞣剂又称为络合物鞣剂。鞣制是鞣剂分子向皮内渗透并与生皮胶原分子活性基团结合而发生性质改变的过程。把皮变成革时，鞣剂分子必须和胶原结构中两个以上的反应点作用，生产新的交联键。鞣剂能否与胶原发生很好的交联，受到胶原氨基酸分子的排列、蛋白质相邻分子链间活性基团和距离以及鞣剂分子中活性基团的距离、分子的大小、空间排列等各方面因素的影响。鞣剂必须是一种多活性基团的物质，其分子结构中至少应含有两个或两个以上的活性基团，作为分子交联改性的作用点。鞣制作用能使鞣剂分子在胶原细微结构间产生交联，不同的鞣剂与胶原的作用不同。鞣制后的革与未鞣制过的生皮不同，革遇水不会膨胀，不易腐烂、变质，较能耐蛋白酶的分解，有较高的耐湿热稳定性能，良好的透气性、耐弯折性和丰满性等。鞣制后的革，既保留了生皮的纤维结构，又具有优良的物理化学性能。尽管各种鞣剂和胶原的作用不同，但鞣制效应均应为：

① 增加纤维结构的多孔性；

② 减少胶原纤维束、纤维、原纤维之间的黏合性；

③ 减少真皮在水中的膨胀性；

④ 提高胶原的耐湿热稳定性；

⑤ 提高胶原的耐化学作用及耐酶作用，以及减少湿皮的挤压变形等。

使用不同的鞣剂鞣革产生不同的鞣法。一般，如用铬鞣剂鞣制的方法就称为铬鞣法，所鞣成的革就称为铬鞣革；用植物鞣剂鞣制的方法称为植鞣法，鞣成的革称为植鞣革；同理，**165**

用铬与铝结合鞣制的方法称为铬铝鞣法，相应的革为铬铝鞣革。

戊二醛是至今为止应用最广泛的蛋白质化学交联剂之一。戊二醛对胶原和明胶的交联反应是通过胶原和明胶多肽链中赖氨酸的自由氨基或羟基赖氨酸残基与戊二醛的醛基之间的反应实现的[69]。Cristina 等[70]用戊二醛改性聚（1-乙烯基-2-吡咯烷酮）/明胶互穿网络水凝胶。当明胶和聚（1-乙烯基-2-吡咯烷酮）含量各为 50% 时，复合水凝胶具有最大的溶胀度和抗压强度。细胞毒性实验表明，所研究的水凝胶无毒性物质释放，具有很好的血液相容性。Rokhade 等[71]利用乳液交联法，用戊二醛作交联剂制备了明胶-羧甲基纤维素钠（NaCMC）半互穿聚合物网络（Semi-IPN）微球，考察了 Semi-IPN 微球承载药物酮咯酸氨丁三醇（KT）的释放性能。研究发现，经戊二醛交联的 Semi-IPN 微球装载 KT，包埋率在 66%～67% 之间。戊二醛用量的增加会导致微球颗粒尺寸减小，KT 在模拟胃液、肠液的释放速率增加，NaCMC 的释放速率下降，基质的平衡水吸附量从 459% 降到 176%。

Jacqueline 等[72]利用甘油醛丙酮水溶液和甘油醛水溶液分别改性明胶/葡聚糖水凝胶，采用了两种添加方式（向甘油醛溶液中添加葡聚糖溶液，然后添加明胶溶液；向甘油醛溶液中直接添加明胶葡聚糖混合液）和三种干燥温度（−20℃、25℃、50℃）来研究不同参数对明胶葡聚糖复合的影响。研究发现，随着甘油醛浓度的增大，溶胀速率降低。在甘油醛 0.5%（质量/体积，低含量），水凝胶溶胀最快，溶胀后质量增加 14～17 倍，但会出现相分离现象。在 1.0% 或 2.0% 甘油醛改性明胶葡聚糖凝胶时，该水凝胶具有可再生溶胀性能和高稳定性，且无相分离发生。干燥温度为 25℃（室温）时凝胶的溶胀速率要高于 50℃（高温）干燥，而−20℃（低温）干燥样品，IPNs（互穿聚合物网络）很快就达到一个低的溶胀平衡度，但需要 350h 才能溶解。

任俊莉等[73]以明胶、丙烯酰胺、阳离子单体甲基丙烯酰氧乙基三甲基氯化铵（质量比 2∶3∶2）为原料，以过硫酸钾-亚硫酸氢钠为引发体系，采用乳液聚合法合成了一系列阳离子改性明胶乳液。实验表明，该乳液在单体采用一次性加料方式下，使用非离子乳化剂和阳离子乳化剂复配而成的乳液对漂白麦草浆的应用效果最好，对漂白麦草浆的细小纤维和填料有很好的助留作用，并有较好的助滤效果，纸页的强度增加。

京尼平是栀子苷经 β-葡萄糖苷酶水解后的产物，是一种优良的天然生物交联剂，其毒性远低于戊二醛和其他常用化学交联剂，非常适合应用于生物医学材料。Bigi 等[74]采用 0.07%～2.0% 京尼平改性猪皮 A 型明胶。随着京尼平含量的增大，交联度增加，最大为 85%。当京尼平含量＞1.0%，交联趋于饱和。京尼平交联使变性焓值 ΔH_D 减小，明胶薄膜的热稳定性增加，变性温度提高。Chiono 等[75]采用京尼平作为交联剂制备壳聚糖/明胶复合材料，讨论了京尼平的加入对材料溶胀度、溶解度、阻水性和力学性能的影响。

植物单宁（vegetable tannin），又称植物多酚（plant polyphenol），是一类广泛存在于植物的叶、果实、根及树皮等部位的多元酚化合物[76]。根据单宁的化学结构特征，可将单宁分为水解单宁（hydrolysable tannins）和缩合单宁（condensed tannins）两大类，其结构示意图如图 5.33 所示。植物单宁能与胶原或明胶形成多点氢键键合，从而达到交联目的，这对皮革生产，尤其是重革的生产十分重要。

原花青素属于缩合单宁类，普遍存在于水果和蔬菜中，由能和碳水化合物及蛋白质形成不溶性复合物的高羟基结构组成。Kim 等[77]利用原花青素改性明胶/壳聚糖膜。结果表明，用原花青素交联明胶/壳聚糖膜的拉伸强度从 44.1MPa 增加到 68.5MPa，而断裂伸长率没有显著变化。Chen 等[78]利用低聚原花色素交联明胶，之后与磷酸三钙复合，制备了 PTP 生物可降解复合材料。

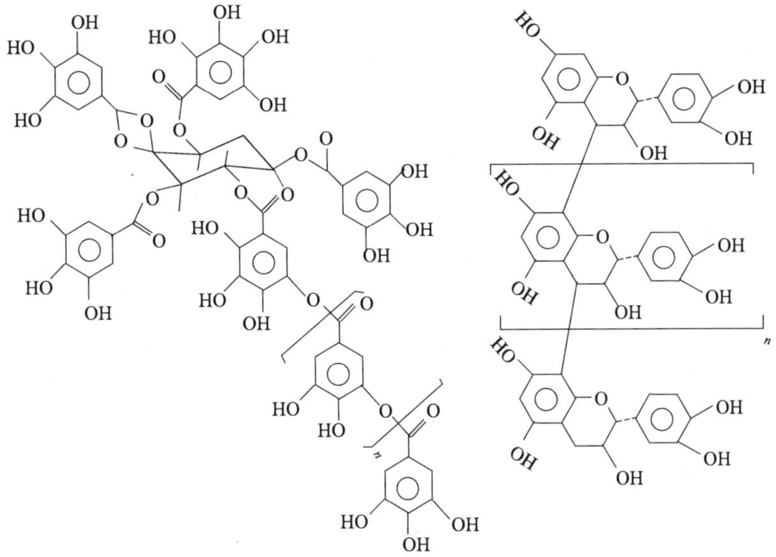

水解单宁　　　　　　　　　$n=0,1,2,3\cdots$　　　　缩合单宁

图 5.33　水解单宁和缩合单宁结构示意图

除以上介绍的化学交联方法外，胶原和明胶还可用氧化藻酸盐[79]、碳化二亚胺[80]、单宁酸和阿魏酸[81]、天然裂环环烯醚萜[82]、二异氰酸烷类[83]、甲基丙烯酰胺[84,85]、葡聚糖醛[86]、双醛淀粉[87]等进行交联改性。

5. 7. 1. 2　物理交联改性

物理交联改性的最大优势是不引入新的化学物质，因此不存在细胞毒性问题，是相当安全的改性方法。不过，物理交联的缺点是难以获得均匀一致的、理想的交联强度。胶原和明胶常用的物理交联改性方法有加热、紫外线（UV）照射和 γ 照射等。

吴邦耀等[88]用紫外线照射对胶原-明胶支架材料进行交联改性，选用 L929 小鼠成纤维细胞对改性后的支架材料进行体外细胞毒性实验。结果表明，紫外照射改性后的胶原-明胶支架材料对体外培养的细胞形态不构成损害，对其生长和增殖无明显抑制作用，细胞毒性为 0～1 级。

Furusawa 等[89]利用 γ 射线处理纳米明胶颗粒，利用静态和动态光散射结合圆二色谱的方法进行表征结构表征。研究发现 γ 射线处理后的纳米明胶颗粒的分子量明显增加，而流体动力学半径变小。作者认为纳米明胶颗粒包含大量随机堆砌的明胶分子，这种结构使纳米颗粒具有抗温度稳定性。明胶含有 RGD 肽序列，其 3D 泡沫材料或凝胶可用于组织工程支架。K. H. Seo 等[90]利用 ^{60}Coγ 射线放射技术制备聚乙烯醇-明胶共混物，并与对照组进行体外和体内多种毒性实验。结果表明，明胶含量增加使凝胶中细胞黏附性增加，此外，在凝胶内的细胞培养生长速率稳定。γ 射线处理的明胶-聚乙烯醇无毒，有很好的生物相容性，符合 ISO10993-5 标准。

将胶原在真空环境中升温，胶原分子间的羧基和氨基发生重度脱水，从而发生酯化反应，形成交联。谢德明等[91]制备了胶原海绵，在真空干燥箱中 50℃下干燥 3h，80℃下继续干燥 0.5h，然后分别升温至 100℃、120℃、140℃下处理一定时间，考察热交联对胶原海绵性能的影响。真空高温脱水制备的胶原海绵抗张强度可从未处理的 45.7kPa 增加到

103kPa，同时断裂伸长率也得到提高。高温脱水交联保持了胶原固有的良好生物相容性，在细胞培养介质中不塌陷，能维持一定的强度，保持其形状和多孔性，降低其降解速率，有望满足组织工程应用的要求。

5.7.1.3 酶法交联改性

酶法交联改性既可克服化学交联带来的毒性，又可解决物理交联效果不佳的缺点。近年来，从微生物资源获取酶类降低了其成本，对酶类作为交联剂的研究成为重要的研究方向。

转谷氨酰胺酶可对多种蛋白质进行交联改性[92~96]。转谷氨酰胺酶促进赖氨酸的 ε-氨基取代谷氨酸残基的 γ-氨基，ε-（γ-谷氨酸）赖氨酸异肽键的形成发生在分子内和分子间，引进了共价键从而改性明胶[97]（图 5.34）。

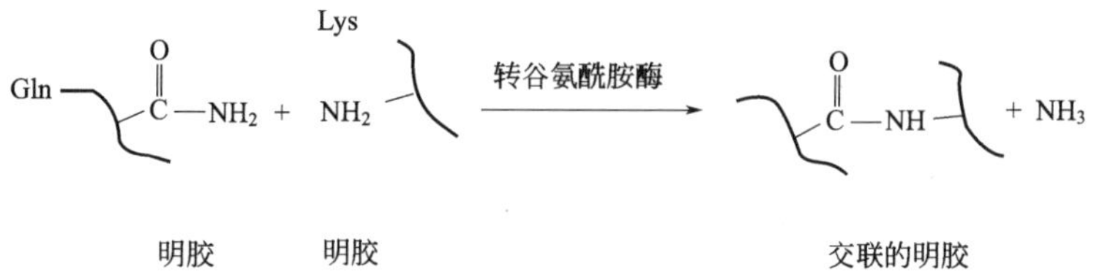

图 5.34 转谷氨酰胺酶交联明胶示意图

H. Babin 等[98]利用冷却法制备明胶凝胶，在冷却前加入转谷氨酰胺酶，用流变仪研究了凝胶性能的变化。发现在凝胶形成前交联对凝胶强度是不利的。低酶含量 0.015%（质量分数）、明胶含量为 3%（质量分数）时凝胶强度最优。同时发现转谷氨酰胺酶用量和熔融温度对凝胶热可逆性能有很大的影响。T. Chen 等[99]发现，相对于酪氨酸酶，转谷氨酰胺酶改性的明胶/壳聚糖凝胶形成过程缓慢，强度更大，更具有持久性。丁克毅等[100]采用在质量分数 10% 的明胶溶液中先加入适量的丙三醇和转谷氨酰胺酶，在 35℃ 下反应 24h，再在 95℃ 下放置 10min 使酶失去活性。研究发现，用转谷氨酰胺酶改性可使薄膜的抗张强度大幅度提高，最高可达 4.92MPa，是未改性的明胶薄膜的 2.7 倍。随着转谷氨酰胺酶用量的增加，薄膜的水溶性和吸水性均减小。

5.7.2 胶原及明胶的共混与复合

与其他材料进行共混复合也是胶原及明胶常用的改性手段，可以获得具有不同性能的新型材料，应用于多个领域。胶原及明胶可与其他天然高分子（如壳聚糖、丝素蛋白、淀粉等）、合成聚合物（聚乳酸、聚乙烯醇等）、无机物（羟基磷灰石、SiO_2 等）及纤维（碳纤维、碳纳米管、天然纤维等）共混复合。

5.7.2.1 与其他天然高分子共混复合

（1）与壳聚糖共混

甲壳素多存在于节肢动物（如虾、蟹）的外壳、海藻和一些真菌细胞的外壁中。壳聚糖是由 N-乙酰基-D-葡萄糖胺和 D-葡萄糖胺单元通过 β-D（1,4）糖苷键连接组成的碱性线性多糖，可通过甲壳素脱乙酰基得到。将壳聚糖与胶原水解物进行共混复合，有望获得兼具其力学性能和生物降解性的复合材料，应用于生物医学领域。杜予民等的研究表明[101]，明胶体系有利于壳聚糖链的规整排列，壳聚糖的加入有利于改善明胶的力学性能和抗水性。当明胶的质量分数为 20% 时，可得到最大抗张强度为 61MPa 的膜。余祖禹等[102]采用干/湿态分离法制备了壳聚糖/明胶不对称膜，经真空脱泡后将膜先放入烘箱下预烘一定时间，然后把膜浸入 NaOH（2.0%）-Na$_2$CO$_3$（0.5%）溶液中凝固 20h，再将膜冲洗、干燥。制得的不对称膜具有致密外层和海绵状内层的双层结构。随预烘时间的延长，膜的致密外层增厚；随着膜中明胶含量的增加，膜的光滑度和致密度得到提高，吸水率也得到增加，但膜的机械强度却会降低。此种膜有望在人工皮肤方面得到应用。

肖玲等研究了湿热处理对壳聚糖/明胶共混膜结构与耐水性能的影响[103,104]。他们将制得的共混膜在相对湿度为 75% 的环境中进行不同时间的湿热处理。随着处理时间的延长，共混膜的吸水率及在酸性介质中的溶解性降低；在一定程度上升高湿热处理温度有利于提高共混膜的耐水性。此外，他们还采用乙酸酐对壳聚糖/明胶共混物进行乙酰化，冷冻干燥制备了乙酰化壳聚糖/明胶海绵。研究表明，当壳聚糖的质量分数超过 40% 时，用乙酸酐对共混物进行乙酰化处理能形成凝胶。增加乙酸酐的用量，凝胶的强度增大，在水中的溶胀性减小。壳聚糖中的氨基和乙酰氨基与明胶分子中的氨基和羧基之间的氢键和电荷作用，使分子链形成一个网络结构，水分子和大分子链结合紧密，水分子不易溢出。

Ye 等[105]采用稀溶液黏度法对胶原/壳聚糖混合物的相容性进行了研究。他们通过经典的 Huggins 方程，选取一些确定的参数，研究了混合物溶液的相容性。结果表明，在 25℃、加入醋酸的情况下，两组分可以在任何比例下混合。根据"memory effect"效应，也可推断混合物在固态下的相容性。此项标准能够用于预测胶原/壳聚糖的相容性，也为研究天然聚合物的共混情况提供了参考。Chen 等发现[106]，以转谷氨酰胺酶（transglutaminase）和酪氨酸酶（tyrosinase）为催化剂，可促进壳聚糖/明胶胶体的形成。由于酶的高效性，体系避免了低分子量组分，如交联剂或引发剂的使用，并且反应条件比较容易达到，反应步骤简洁。研究表明，通过改变明胶和壳聚糖的比例，可以调节酶修饰体系的机械强度，所制备的复合胶体有较广阔的应用前景。

Salomé Machado 等[107]采用 FTIR、DSC、TG 等方法研究了胶原/壳聚糖共混物（比例为 1:1）。结果表明，复合材料的各成分还保持其原有的热力学行为，壳聚糖的加入没有使胶原纤维变性。流变学研究表明，壳聚糖的加入导致储能模量、黏性模量和相对黏度的下降，共混物的流变行为更加趋向于流体。他们采用了两种方法处理过的胶原，一种是经碱液和盐液处理过的阴离子型胶原（AC），一种是经过简单处理的本体胶原（NC）。碱液处理的胶原带有新的水合键，能够使材料容纳更多的水分，造成纤维充分溶胀，增加了胶原分子的刚性，从而使体系出现液晶相，导致黏度/剪切速率、储能模量/频率比值的增加。

（2）与淀粉共混

淀粉是由 α-1,4-糖苷键连接而成的葡萄糖多糖高分子，分为直链淀粉和支链淀粉。同时，淀粉又是一种电流变性能较好的物质，和无机流变颗粒相比，密度小，不易聚集。淀粉也是可降解的天然高分子，和明胶共混做成的复合材料既不破坏明胶的降解性，又能增加明胶的力学性能。

Sundaram 等[108]制备了用于骨组织工程的明胶/淀粉/羟基磷灰石多孔支架。明胶/淀粉共混物增加了复合材料的生物降解性和力学性能。支架的孔隙率是 20μm 左右，良好的互穿网络能够满足营养的交换。另外，他们也研究了明胶/淀粉网络膜与羟基磷灰石的相互作用。体系采用柠檬酸钠作为交联剂，由于在交联过程中不会产生副产物，所以比常规的醛交联剂安全。

Arvanitoyannis 等[109]制备了支链淀粉/明胶可食性薄膜。他们采用水和多元醇作为增塑剂，探讨了薄膜的力学性能、热性能和透水汽性。研究发现，随着增塑剂含量的增加，薄

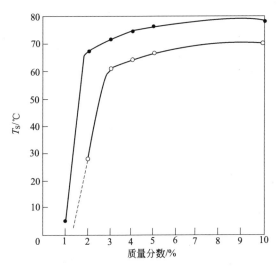

图 5.35　相析温度与明胶/淀粉质量分数的关系
●明胶/淀粉质量比 8∶2，○明胶/淀粉质量比 5∶5

膜的弹性模量和拉伸强度降低，当增塑剂含量增加到 25% 时，弹性模量降低 60%。在较低温度下制备薄膜，明胶结晶分数提高，导致了复合薄膜透气性的降低；而增塑剂的增加，能提高薄膜的透气性。这种薄膜符合绿色环保的宗旨，也能够满足食物良好保鲜性和储藏性的需要。

Khomutov 等[110]研究了明胶/淀粉/水体系的相转变与凝胶性能。图 5.35 所示为相析温度与明胶/淀粉质量分数的关系。随明胶淀粉质量分数的升高，体系的相析温度升高。在低质量分数范围内，相析温度明显升高，质量分数为 5%～10% 时，相析温度变化不大。另外，他们也研究了凝胶强度与组分比例的关系（图 5.36），纯明胶的曲线与混合物的曲线近似，这在一定程度上说明明胶决定着凝胶网络的形成，而淀粉的贡献相对较小。

（3）与海藻酸盐共混

海藻酸钠（NaAIg）是一类从褐藻中提取的天然线形多糖，由 1，4 键合的 b-D-甘露糖醛酸（M 单元）和 a-L-古罗糖醛酸（G 单元）残基组成，在多价态离子作用下能形成交联结构，一般是在可溶性钙盐的作用下形成交联结构，形成不溶的藻酸钙。海藻酸钠无毒，可生物降解，并具有高的生物活性，在伤口表面形成凝胶，能保护伤口，具有止血、防止粘连、治疗烧伤的作用。因此，海藻酸钠可以用作伤口包扎材料；另有研究表明，海藻酸可以完全被生物体吸收，无不良反应；交联结构的形成减少了其在溶剂中的溶胀性，所以常用于药物的缓释。另外，它也可以用作蛋白质、细胞和 DNA 的固定。

海藻酸钠在 Ca^{2+} 的作用下，会形成"蛋盒"状凝胶结构[111]，而明胶的交联则

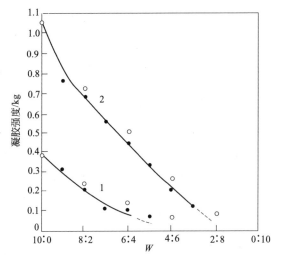

图 5.36　凝胶强度（24h 后，5℃）与
明胶/淀粉质量比关系

●明胶/淀粉/水的共混体系，1、2 代表明
胶/淀粉质量分数分别为 5%，10%；
○代表纯明胶在相同浓度下的对比

是由于温度变化使明胶分子构象发生变化，从而产生凝胶结构[112]，两者形成凝胶的机理不同。明胶/海藻酸钠体系的凝胶行为比较复杂。Panouillé 和 Larreta-Garde[113]研究了温度、共混物浓度、离子强度和钙离子浓度等条件对海藻酸钠/明胶共混胶体的影响。他们将海藻酸盐粉末溶解在 CaEDTA 溶液（钙的 EDTA 溶液）中，缓慢机械搅拌 1h，然后在 40℃ 下与一定浓度的明胶溶液混合，同时加入 GDL（葡萄糖酸内酯）溶液，体系缓慢释放 Ca^{2+}，

天然高分子材料

使海藻酸盐交联。海藻酸钠的交联应在 $35\sim45℃$ 之间进行，较高的共混物浓度、Ca^{2+} 浓度和离子强度都会使交联体系瓦解。另一方面，明胶产生的凝胶体系对温度循环不稳定，但 Ca^{2+} 对此凝胶体系影响不大。海藻酸钠/明胶共混物中，明胶含量提高会使海藻酸盐凝胶体系瓦解，而明胶分子链更加自由移动，也加速了明胶凝胶体系的发展。

Dong 等[114]制备了海藻酸钠和明胶共混膜，并将其应用于药物缓释。采用溶液铺筑-溶剂蒸发成膜，并加入药物-盐酸环丙沙星，成膜后在质量分数为 5％的 $CaCl_2$ 溶液中交联后，干燥制备薄膜，所得到包膜的厚度范围为 $30\sim50\mu m$。实验表明，明胶质量分数为 50％时，薄膜力学性能达到最佳值，拉伸强度为 105.5MPa，断裂伸长率为 19.4％。通过 X 射线衍射实验研究发现，海藻酸钠的衍射峰随着明胶的加入发生偏移，表明明胶和海藻酸钠发生了强烈的相互作用，改变了海藻酸钠规则晶体的形成。SEM 观察发现薄膜断面平滑均一，说明两者有较好的相容性。明胶是一种可溶性的大分子，它溶解后使体系留下许多空隙结构，有利于药物的释放。因此，随着明胶含量的增加，药物的释放量提高。另外，随着交联时间的提高，药物的释放速率减慢。

Almeida 等[115]研究开发了一种新的吲哚洛尔（Pindolol，心得乐）药物缓释微球的制备方法。他们将海藻酸钠与明胶混合，以甲醛或戊二醛为交联剂，加入心得乐后，将混合物置于蠕动泵中通过直径为 0.9mm 的针管滴入到 1％～3％的 $CaCl_2$ 溶液中形成珠粒状，经过水洗、干燥后制得药物颗粒。明胶的加入，使颗粒的表面变得光滑，没有发生聚集（图 5.37）。DSC 实验结果发现，心得乐的加入并没有影响海藻酸钠与明胶的交联反应，并且由于交联结构的形成，微球在酸性或磷酸盐缓冲溶液（pH＝7.4）中的耐腐蚀性得到提高。

Balakrishnan 等[116]先用高碘酸钠将海藻酸钠氧化为海藻酸二醛（ADA），加入明胶溶液，在 $37℃$ 下搅拌交联后再加入硼砂，制得可注射并具有生物降解性的支架材料。他们研究确定了海藻酸钠最佳的氧化程度和合适的分子量。低浓度硼

图 5.37　心得乐/海藻酸盐/明胶药物颗粒

砂的加入，可通过配位作用提高海藻酸盐/明胶共混体系相容性，并提高了希夫碱反应速率，形成了血管注射水凝胶体系。毒性测试显示，该水凝胶无毒。此项研究表明海藻酸盐/明胶体系在未加交联剂下能自交联为一种具有良好相容性和生物可降解的无毒支架材料。

5.7.2.2　与合成聚合物共混复合

Coombes 等[117]先将酸可溶胶原配制成不同浓度的溶液，用冷冻干燥法制备胶原毡（collagen mat），然后将 poly（ε-caprolactone）PCL 的二氯甲烷溶液加入胶原毡中，待溶剂蒸发后获得胶原/PCL 生物复合材料。制备过程中未使用化学交联剂，可避免化学交联带来的毒性问题。作者探讨了人成骨细胞（human osteoblast，HOB）在 PCL 和胶原/PCL 生物复合材料上的黏附和生长。发现胶原和 PCL 复合材料能形成高度多孔的结构（图 5.38）。HOB 细胞不能识别 PCL，但是能在胶原/PCL 生物复合材料上黏附和增长（图 5.39），这种复合材料有望应用于组织工程。

聚乙烯醇（PVA）是一种无毒、无刺激性的亲水性聚合物，具有良好的生物亲和性和

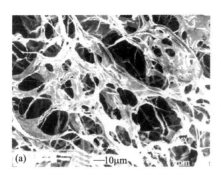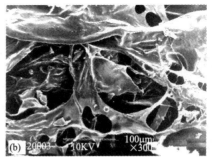

图 5.38　用 0.25%（质量/体积）溶液冷冻干燥制备的胶原毡（a）和
胶原/PCL 1/8 生物复合材料（b）的 SEM 照片

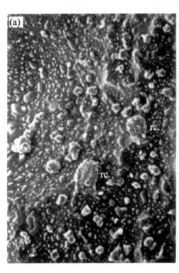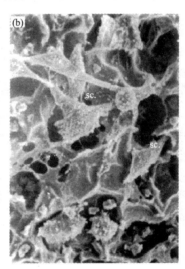

图 5.39　在胶原/PCL1/20（a）和胶原/PCL 1/4（b）膜上培养 HOB 细胞 3h 后的 SEM 照片
rc—圆形细胞；sc—延展细胞

成膜性，但是 PVA 生物降解性能较差。将 PVA 与明胶共混复合，可通过二者间的相互作用改善共混膜的性能[118]。PVA 与明胶的共混比例对共混膜的表面形貌影响极大。当 PVA 与明胶比例为 9∶1 时，两组分相容性好，不出现相分离，膜表面均匀光滑规整。PVA 与明胶可发生较强的相互作用，使共混膜的断裂强度增大、在水中的溶解率大大下降。PVA/明胶共混膜既具有良好的柔韧性，在水中又具有较高的溶胀率和较低的溶解率，作为创面覆盖材料及组织工程材料具有广阔的应用前景。

5.7.2.3　与颗粒填料进行共混复合

羟基磷灰石（hydroxyapatitie，HA）与人体自然骨和牙齿等硬组织中的无机质在化学成分和晶体结构上有相似性，利用有机模板调制矿化方法，仿生合成胶原/羟基磷灰石复合材料，可望应用于骨组织工程，近年来这方面的研究十分活跃。胶原/羟基磷灰石仿生骨材料具有良好的生物相容性，具有易塑形；生物力学强度可控，可用于预制各种骨关节部件；无免疫原性，能与自生骨组织愈合等优良特性。

Zhao 等[119]将羟基磷灰石、壳聚糖和明胶分步加入水溶液中充分搅拌均匀，加入戊二醛使之交联，将溶液在−40℃下冷冻，诱导固-液相分离，然后用冷冻干燥技术制备具有多孔结构的三维网状复合材料，可望用于骨组织工程。

Mohamed 等[120]制备出新型的可生物降解的羟基磷灰石-二氧化钛/壳聚糖-明胶复合材料。羟基磷灰石和二氧化钛颗粒的添加量可达 30%，使复合材料的压缩强度大大提高，可接近疏松骨的压缩强度（2~12MPa）。

石碧等[121]通过溶胶-凝胶法制备了胶原蛋白-SiO₂ 有机-无机纳米杂化材料。在杂化过程中，纳米 SiO₂ 和水解胶原蛋白中的精氨酸、组氨酸、色氨酸侧基—C＝N—发生了键合作用，并生成新的化学键 Si—C，同时前驱体水解产生的 Si—OH 和蛋白质分子链的羟侧基CH—OH 间也发生了缩合反应。无机纳米粒子的引入，使水解胶原蛋白的水溶性降低，耐酸、碱稳定性，耐酶解稳定性和耐热稳定性得到明显的提高。

孙艳青等[122]用 Al₂O₃ 对纳米 TiO₂ 进行包膜改性，并与胶原复合，制备了胶原/包铝TiO₂ 纳米复合红外低发射率材料。胶原与包铝纳米 TiO₂ 复合后，热稳定性明显提高，再经戊二醛交联改性后，复合材料的热稳定性能进一步提高，热分解温度可达 354.5℃。胶原与纳米氧化物粒子之间存在较强的复合协同效应，复合后材料的红外发射率明显降低，经戊二醛交联改性后，复合材料形成了紧密、有序的网络层状结构，红外发射率最低可降至 0.502。

5.7.2.4 与纤维进行共混复合

Stegemann 等[123]将单壁碳纳米管（SWNT）与水溶性胶原蛋白复合，制备组织工程支架材料，考察了细胞在复合材料支架上的生长情况，并用扫描电子显微镜观察了 SWNT 与胶原蛋白的界面，用拉曼光谱表征了 SWNT 的分散情况。将明胶与碳纳米管进行物理混合，可制得杂化水凝胶（hybrid hydrogel）[124]。SEM 照片显示杂化水凝胶中碳纳米管均匀地分散在明胶基体中，形成网络结构，两相间只有轻度的相分离现象。对明胶水凝胶和明胶/碳纳米管杂化水凝胶进行溶胀实验，发现碳纳米管形成的网络结构减缓了水分子进入复合材料的速率，阻碍了明胶的溶出，体现出碳纳米管的屏蔽效益。有趣的是，在人体体温 37℃下，纯明胶水凝胶完全溶解，而杂化水凝胶在最初的 45min 内保持溶胀，在随后的 45min 发生缓慢溶解（图 5.40），这表明明胶/碳纳米管杂化水凝胶在人体体温下仍能保持良好的稳定性，该性质对药物输送体系十分重要。

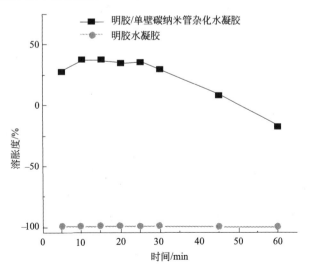

图 5.40　37℃下明胶和明胶/碳纳米管水凝胶的溶胀行为

万怡灶等[125~128]采用溶液浸渍法和溶液浇注法制备了不同形式的碳纤维增强明胶复合材料，所采用的增强体包括连续长碳纤维、短碳纤维和编织纤维布。采用戊二醛为交联剂、甘油为增塑剂对体系进行了改性。对所制备的复合材料进行了拉伸强度、剪切强度、弹性模量和断裂应变的表征，用扫描电子显微镜对复合材料的形貌进行了观察，并对复合材料的溶胀动力学进行了研究。纯明胶的拉伸强度为 30MPa，加入 5.8％的碳纤维后，长碳纤维/明胶复合材料的拉伸强度上升为 101MPa，约为纯明胶的 3.3 倍，说明长碳纤维的增强效果显著。随着纤维含量的增加，拉伸强度不断增加。从纤维含量与剪切强度的关系可以看出，剪切强度和弹性模量与纤维比的关系同拉伸强度与纤维比的关系大致相似，均是随着纤维比的增加而增加。在戊二醛为交联剂、甘油为增塑剂对明胶改性的体系中，发现，戊二醛浓度越高，明胶材料的拉伸强度、剪切强度和模量越大，但断裂伸长率越小，随戊二醛浓度的提高，强度和模量的增加速率明显降低。这由于戊二醛中醛基与明胶酰胺中的氨基发生交联反应，形成了多个蛋白分子交接的网络结构，从而强度和模量上升，断裂伸长率减小；甘油起到增塑剂的作用，甘油的浓度越高，明胶材料的强度和模量越低，断裂伸长率越高；明胶浓度的改变对明胶材料的力学性能的影响程度较小，随着明胶浓度的增加，明胶材料的拉伸强度、剪切强度和模量增大，而断裂伸长率减少。另外作者还对明胶材料的断口特征进行了研究，发现甘油含量对明胶材料的断口形貌有较大的影响，即塑性不同的明胶材料，其断口特征显著不同。

用胶原或明胶与天然植物纤维制备生物复合材料是令人感兴趣的领域。胶原/明胶分子链多羟基、羧基和氨基和纤维素多羟基的结构特点使胶原/明胶与植物纤维有独特的、良好的相容性。将胶原或明胶与植物纤维进行复合，所制备的材料在废弃后可在自然环境中被微生物降解，回归自然，是一种环境友好的绿色材料。郑学晶等[129]用戊二醛作交联剂对皮革下脚料中提取的水解胶原蛋白进行交联改性，并以改性胶原蛋白为基体、剑麻纤维为增强相，制备了剑麻纤维/胶原蛋白复合材料。扫描电子显微镜和力学性能测试结果表明，剑麻纤维的表面处理对复合材料的形貌及力学性能有很大影响。适度的碱处理还可溶去剑麻纤维表面的果胶、半纤维素和木质素及其他杂质，使纤维产生粗糙的表面形态，纤维表面出现细小沟壑，使得纤维与聚合物进行混合时，胶原可以充分渗入纤维之间的细小沟壑，有利于纤维与基体的界面结合。另外，由于碱与纤维素中的羟基反应，破坏了部分纤维素分子链间的氢键，降低了纤维密度，使纤维变得松散，增加了纤维与基体浸润的有效接触面积，有利于提高复合材料界面的黏合，在应力作用下，负荷可以更有效地从胶原蛋白基体传递到剑麻纤维增强体，从而使复合材料的力学性能得到极大提高。剑麻纤维的含量以及长度也对复合材料的力学性能有较大影响。随着剑麻纤维含量增加，复合材料的拉伸强度和杨氏模量呈现先增大后减小的趋势，而断裂伸长率随纤维含量增加持续下降，符合一般天然纤维增强聚合物复合材料的力学性能的变化规律。

Chiellini 等[130]用甘蔗渣与明胶相复合，并用戊二醛进行改性，所制备的明胶/甘蔗渣生物膜在园艺栽培方面具有应用潜力。然而由于所用甘蔗渣未经进一步处理，纤维含量仅 42.6％，且纤维尺度较大（将甘蔗渣研磨后收集过筛为 0.212mm 的部分），甘蔗渣的加入使材料的拉伸强度和断裂伸长率均降低。

用明胶和纳米细菌纤维素可制备具有双网络结构的高强度水凝胶。纯细菌纤维素水凝胶中的水能被轻易挤出，且其溶胀性能不可回复。纯明胶性脆，受压缩时易破碎成块。Nakayama 和 Gong 等[131]用 *Acetobacter xylinum* 菌种培养出细菌纤维素，制成厚度为 10mm、直径为 50mm 的细菌纤维素盘，将细菌纤维素盘浸入明胶溶液，在 50℃ 下放置一周，然后将其浸入 EDC 溶液中交联 4 天。所制备的水凝胶中，细菌纤维素和明胶各自形成网络结构，并且两个网络结构相互贯通，强度得到显著提高，成为具有新型的双网络结构高强度水凝胶（图 5.41），在受反复压缩后其溶胀性能可回复。

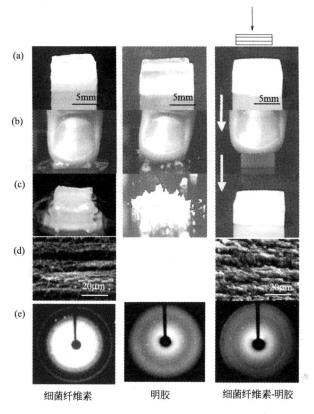

图 5.41　细菌纤维素、明胶和细菌纤维素-明胶双网络结构水凝胶照片[131]

（a）为压缩前；（b）为压缩中；（c）为压缩后 10min；（d）为细菌纤维素和细菌纤维素-明胶双网络结构
水凝胶的 SEM 照片，其层状结构十分明显；（e）为细菌纤维素、明胶和细菌纤维素-明胶
双网络结构水凝胶的广角 X 射线衍射图案

5.7.2.5　与片状填料进行复合

用插层复合方法可制备明胶/蒙脱土纳米复合材料[132,133]，蒙脱土的加入可大大提高材料的拉伸强度和模量，并使其湿强度得到显著改善、溶胀性能受到抑制。明胶可与蒙脱土和纤维素制成三元复合材料，作为组织修复支架材料[134]。

马建中等[135]以明胶作为胶原纤维的替代物，通过紫外光谱、红外光谱等手段，研究了甲基丙烯酸/丙烯醛/蒙脱土纳米复合材料与胶原纤维的作用机理。甲基丙烯酸/丙烯醛/蒙脱土复合材料与胶原纤维的作用主要是复合材料分子侧链羧基及醛基与胶原纤维侧链氨基间的化学结合，羧基与胶原纤维中的电离氨基形成电价键结合，醛基与胶原纤维氨基生产希夫碱。复合材料中的纳米粒子与胶原纤维间未形成化学结合，但纳米粒子的存在提高了聚合物羧基及醛基的反应活性。

5.8　胶原与明胶的应用

5.8.1　在水处理中的应用

5.8.1.1　胶原纤维固化单宁吸附材料

重金属离子工业废水的处理是环境保护的重要课题[136]。处理的方法有化学沉淀、离子交换与吸附、生化及膜分离等。对于低浓度重金属离子废水的处理，通常采用吸附法，活性炭和树脂是常用的两类吸附材料[137]。近年来，工农业固体废弃物及天然生物质的吸附性能引起了研究者广泛的关注，废革屑、微生物、树皮、皮胶原纤维固定单宁等用于水体中金属离子的吸附已有许多报道[138]。

单宁是天然多酚类化合物，作为植物的次生代谢产物广泛存在于植物的根、皮、叶及果实中[139]。与金属离子络合是单宁最重要的特性之一，这源于单宁分子结构中含有的大量邻位酚羟基。一般认为，单宁与金属离子的结合是通过 B 环的邻位酚羟基与金属离子形成五元螯合环。因此，单宁有可能作为一种新型的水处理材料。但是单宁易溶于水及有机溶剂，不能直接用于重金属离子废水的处理[140]。

植物单宁在水处理方面的应用由来已久，如水稳剂、絮凝剂等。但植物单宁分子结构中含有大量的酚羟基使其具有一定的亲水性，能够溶于水，在水中以胶体形式存在，这是造成其在很多领域的应用受到影响的主要原因[141]。如果把植物单宁与不溶于水的高分子材料结合在一起，将单宁固化即以单宁为主体合成一类不溶性的树脂类物质，则可充分发挥二者的优势，减少它的水溶性，用来处理含重金属离子废水。J. L. Santana 研究了不同 pH 条件下单宁树脂对 Cr、Cu(Ⅱ)、U(Ⅵ)、Eu、Fe(Ⅲ)、Th、Nd 的吸附性能[142]，实验表明该单宁树脂对铜类元素及稀有元素表现出很好的吸附性能，通过放射性示踪剂显示单宁中大量儿茶素亚基形成单宁-金属络合物。张力平等[143]选用落叶松栲胶（缩合类单宁）和橡栲胶（水解类单宁），以重氮耦合法对其进行固化，得到含有多酚羟基的弱酸性大孔吸附树脂，以碱性橙为模拟废水，从动力学和热力学两个方面对其吸附机理进行了研究，通过动力学分析得出，单宁改性树脂对于碱性橙的吸附过程是由液膜扩散控制的[144]。

固化单宁保持了其分子中大部分活性基团，同时又是多孔物质，存在一定的比表面积，对金属离子具有一定的表面吸附作用，极大地改善了单宁作为选择性吸附剂的使用性能并且可以经再生反复使用[139]。在废水处理中已被广泛地用来回收稀贵重金属，固化柿子单宁具有良好的吸附金的能力，可以应用于批次或柱式反应器中吸附金[145]。

作为制革工业中重要的鞣剂，单宁通过氢键和疏水键与皮胶原纤维结合，而通过醛类化合物的交联反应可以使单宁与胶原侧链氨基之间以共价键的方式结合。单宁固化后，得到的是一个高分子底物和多酚两者性质的结合体，这样既保留了单宁的活性，也使高分子的性质有所改变。因此单宁固化后不仅能用于金属离子的选择性吸附，还能用于蛋白质、生物碱、多糖等的吸附。常用的单宁固化方法有环氧氯丙烷（ECH）激活法、氰尿酰氯耦合法、重氮耦合法、油脂 GMA 活化法、酯键结合等几种方法膜吸附材料[139]。胶原纤维可以组成膜材料，由于高的传质速率和水通量，膜材料在水处理中越来越得到广泛的应用。单宁与蛋白质和金属离子的反应，是将单宁固化到皮胶原纤维上制备成吸附材料，并用作吸附废水中有害金属离子的理论基础。石碧、廖学品、王茹等学者以胶原纤维为基体负载单宁开展了大量的工作。采用的单宁有杨梅单宁、黑荆树单宁、落叶松单宁等。

马贺伟、石碧等[146]选择富含连苯三酚结构、具有较强金属离子络合能力的杨梅单宁作为固化用单宁，利用双环噁唑烷能够在胶原侧链氨基和缩合类单宁之间形成共价结合的特性，将单宁固化在天然皮胶原纤维膜上，制备出了具有较高机械强度、耐水及有机溶剂浸出的固化单宁膜吸附材料。其制备方法如下：将皮胶原纤维膜放入 pH 为 4.0 的水溶液中，加入杨梅单宁，25℃下反应 4h，调 pH 至 3.5，反应 1h；加入噁唑烷，55℃下反应 3h；用去离子水充分洗涤，自然干燥至水分含量为 10%～15%，片层至厚度 0.70mm，得到固化单宁膜吸附材料。图 5.42 所示为固化单宁膜对 Pb(Ⅱ) 和 Hg(Ⅱ) 的吸附动力学曲线，由图可见，固化单宁膜对 Pb(Ⅱ) 和 Hg(Ⅱ) 的吸附速率较快，约 200min 即达到吸附平衡。吸附实验结果表明，这种材料具有良好的物理性能，同时胶原纤维固化单宁膜对水溶液中的 Pb(Ⅱ) 和 Hg(Ⅱ) 具有较强的吸附能力，二级速率方程可以很好地描述固化单宁膜吸附 Pb(Ⅱ) 和 Hg(Ⅱ) 的吸附动力学。而且这种材料易于再生并能循环使用[147]。

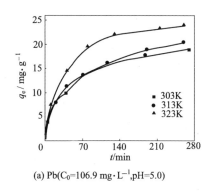 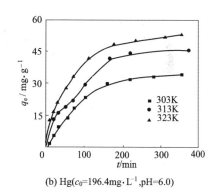

(a) Pb(C_0=106.9 mg·L^{-1},pH=5.0)   (b) Hg(c_0=196.4mg·L^{-1},pH=6.0)

图 5.42　胶原纤维固化单宁膜对 Pb(Ⅱ) 和 Hg(Ⅱ) 的吸附动力学曲线

王茹、石碧等[148,149]采用类似的方法，研究了胶原纤维固化杨梅单宁（IBT）对 Pb(Ⅱ)、Cd(Ⅱ)、Hg(Ⅱ)、Pt(Ⅱ)、Cr(Ⅵ) 等重金属离子的吸附，发现胶原纤维固化杨梅单宁吸附材料对 Cr(Ⅵ)、Pb(Ⅱ)、Hg(Ⅱ)、Pt(Ⅱ)、Pd(Ⅱ)、V(Ⅴ) 和 Mo(Ⅵ) 的吸附容量处于较高的水平。在其研究的实验条件下，固化杨梅单宁对 Cr(Ⅵ) 的吸附容量（q_e）为 77.0mg/g［图 5.43（a）］；对 Pb(Ⅱ)、Cd(Ⅱ) 和 Hg(Ⅱ) 的吸附容量分别为 78.8mg/g、13.6mg/g 和 184.7mg/g；对 Pt(Ⅱ) 和 Pd(Ⅱ) 的吸附容量分别为 72.6mg/g 和 80.4mg/g；对 V(Ⅴ)、Bi(Ⅱ) 和 Mo(Ⅵ) 的吸附容量分别为 51.2mg/g、73.0mg/g 和 82.4mg/g。而此前已报道的固化单宁吸附材料对 Cr(Ⅵ) 的吸附容量范围为 36～287mg/g；对 Hg(Ⅱ) 的吸附容量范围为 78～240mg/g；对 V(Ⅴ) 的吸附容量为 50.3～54.2mg/g。树皮、改性活性炭及生物质对 Pb(Ⅱ) 和 Cd(Ⅱ) 的吸附容量分别为 46～110mg/g 和 46～58mg/g。合成树脂对 Pt(Ⅱ) 和 Pd(Ⅱ) 的吸附容量为 55.6mg/g 和 20～100mg/g。活性炭、TiO₂ 以及用 EDTA 和 DTPA 改性的壳聚糖对 Mo(Ⅵ) 的吸附容量分别为 84.0mg/g、52.4mg/g 和 201.4mg/g。

在对 Cr⁶⁺ 吸附实验中发现，固化杨梅单宁对 Cr(Ⅵ) 的吸附为氧化还原吸附，即 Cr(Ⅵ) 首先被还原成 Cr(Ⅲ)，再被单宁吸附[150]。因此，固化杨梅单宁在吸附除去 Cr(Ⅵ) 的同时，还将其还原为毒性较低的 Cr(Ⅲ)。pH 对 Cr(Ⅲ) 的吸附容量影响较大，在低 pH **177**

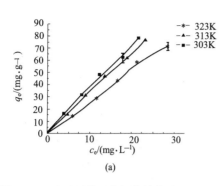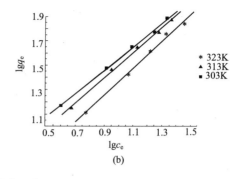

图 5.43　胶原纤维固化杨梅单宁对 Cr（Ⅵ）的吸附等温线（a）和 Freundlich 方程拟合结果（b）

条件下，Cr（Ⅵ）易被还原成 Cr（Ⅲ），因此有利于吸附。固化杨梅单宁对 Pb（Ⅱ）、Cd（Ⅱ）、Hg（Ⅱ）、V（V）和 Mo（Ⅵ）的吸附主要与溶液中离子的存在状态有关，由于 pH 值对溶液中离子存在的状态有较大的影响，因此，固化杨梅单宁对这些金属离子的吸附量随 pH 值变化而呈现较大的变化。例如 pH=7.0 时，对 Hg（Ⅱ）的吸附容量最大；pH=3.0 时，对 Pb（Ⅱ）和 Cd（Ⅱ）的吸附容量最大；在 pH=4.0 时，对 V（V）的吸附容量达到最大值。而 Mo（Ⅵ）的吸附量随 pH 升高明显降低。固化杨梅单宁对 Pt（Ⅱ）和 Pd（Ⅱ）的吸附不仅与溶液中 Pt（Ⅱ）和 Pd（Ⅱ）的状态有关，同时，与 Cr（Ⅵ）相似，它们可能与单宁发生了氧化还原反应。pH 对吸附 Pt（Ⅱ）和 Pd（Ⅱ）有较大的影响，在酸性条件下，固化杨梅单宁对它们具有较高的吸附容量。利用 IBT 对 Cr（Ⅵ）的氧化还原吸附机理，不仅可以去除溶液中 Cr（Ⅵ），还可以用作还原剂将水溶液中 Cr（Ⅵ）还原成为 Cr（Ⅲ），降低水体毒性，这在环境保护中具有重要意义[151]。

5.8.1.2 胶原纤维固化金属离子吸附材料

固体金属盐溶于水后，绝大多数金属离子会形成水合离子。例如，$Al_2(SO_4)_3 \cdot 18H_2O$、$Zr(SO_4)_2 \cdot 4H_2O$、$Fe(SO_4) \cdot 6H_2O$ 等金属盐都具有这个特性，溶解于水后，分别形成 $[Al(H_2O)_6]_2(SO_4)_3$、$[Zr(H_2O)](SO_4)_2$、$[Fe(H_2O)_6]_2(SO_4)_3$ 等。一般略去外界酸根，写成 $[Al(H_2O)_6]^{3+}$、$[Zr(H_2O)]^{4+}$、$[Fe(H_2O)_6]^{3+}$ 等。因此，这些水合金属离子实际是水合配位离子。这些络合物（配合物）不仅会发生水解，在水解的同时还会发生配聚，使分子变大、电荷升高。OH^-、O^{2-}、$HCOO^-$、CH_3COO^-、SO_4^{2-} 均可作为桥基形成桥键使水合金属离子配聚成多核配位化合物[152]。

金属离子在皮胶原纤维上的固定化主要是化学作用。在 pH2.0 条件下，胶原纤维的活性基团中氨基带正电，羧基不带电，即 $HOOC—R—NH_3^+$，此时，金属离子配合物进入胶原纤维中，但基本上不与胶原上的活性基团结合。当 pH 上升到 4.0 时，生皮胶原的活性基团中羧基离解达 75% 以上，少部分氨基不带电，此时离解羧基最容易进入配合物内界与金属离子配位，同时不带电氨基（—NH_2）也可进入配合物内界配位，发生交联作用。胶原纤维能够与铁、铬、铝、锆、钛、钴、铜、钼、钨、钒等金属离子配位发生交联作用。其中铁、镍、铜等金属离子经常被用来制备螯合金属离子色谱以分离纯化蛋白质。此外，胶原纤维与金属离子的螯合反应过程简单，无需任何络合剂。因此，胶原纤维可以作为基质来固定化金属离子，用以实现分离纯化蛋白质、吸附染料废水、电镀废水中有毒物质的目的[153]。

由于绝大多数微生物细胞表面在生理条件下均带负电荷，胶原纤维因固载了大量金属离子而带正电荷，因此，病原微生物和胶原纤维固化金属离子材料之间极可能存在静电吸引作用，胶原纤维固化金属离子材料可以通过静电吸附作用除去水体中的病原微生物。此外，如前所述，胶原纤维广泛存在于猪、牛、羊等家畜的动物皮和其他组织中，是来源丰富的可再生生物质资源。皮胶原纤维本身就是天然的高分子材料，其独特的结构和性质是其他合成高分子材料所不能比拟的，而且胶原纤维与金属离子的配合物结构稳定，固载的金属离子不易流失。

陆爱霞等[138]用 15g 胶原纤维加入 300mL 去离子水中，用硫酸调节 pH 至 2.0，充分搅拌后加入 0.05mol/L 的 $Fe_2(SO_4)_3$，室温 [(25±5)℃] 下反应 4h 后用碳酸氢钠溶液在 2h 内将 pH 升高 4.0，再于 45℃ 条件下反应 4h，反应物用去离子水洗涤后于 50℃ 真空干燥 12h，得到胶原纤维固化铁吸附材料。研究表明，胶原纤维本身对两种细菌 E.coli 和 S.aureus 的吸附容量远低于胶原纤维固化铁的吸附容量。E.coli 为革兰氏阴性细菌，其细胞壁的外层壁具有革兰阴性菌所特有的脂多糖，使其表面带有负电荷。S.aureus 为革兰氏阳性细菌，其细胞壁具有革兰氏阳性菌所特有的磷壁酸，其分子上也带有大量的负电荷[154]。由于胶原纤维侧链的氨基可以与细菌表面的负电荷发生静电吸附作用，所以胶原纤维对 E.coli 和 S.aureus 有一定的吸附作用。胶原纤维固化铁由于引入了大量铁离子，使其正电荷数量大大增加，从而有效地提高了其对细菌的吸附容量，与未固化铁的胶原纤维相比，其对 E.coli 和 S.aureus 的吸附容量分别增加了 6.65 倍和 11.4 倍。此外，在相同实验条件下胶原纤维固化铁对 S.aureus 吸附容量大于对 E.coli 的。胶原纤维固化铁对细菌有较强的吸附能力，且吸附速率很快，可用于水体中细菌的去除。

焦利敏、石碧等[155]以牛皮为原料，按常规方法经清洗、碱处理、剖皮、脱碱、脱水、干燥、研磨等主要过程制备胶原纤维。将 15g 胶原纤维加入 300mL 去离子水中，用硫酸调节 pH 至 2.0，加入 0.05mol $Fe_2(SO_4)_3$，室温（25±5）℃下反应 4h；用碳酸氢钠溶液在 2h 内将 pH 升高至 4.0，再于 45℃ 条件下反应 4h；反应物用去离子水洗涤后于 50℃ 下真空干燥 12h，得到胶原纤维固化铁吸附材料 FeICF。通过对该吸附材料对电镀废水中 Cr(Ⅵ) 吸附特性的研究发现，胶原纤维固化铁（FeICF）对 Cr(Ⅵ) 有较强的吸附能力，在 pH 为 3.0～8.0 的范围内，FeICF 对 Cr(Ⅵ) 的吸附量达到 21.0mg/g 以上；随着吸附剂用量的增加，Cr(Ⅵ) 的去除率提高，当在 Cr(Ⅵ) 质量浓度为 25mg/L 的 50mL 混合溶液中投加吸附剂 0.100g 时，FeICF 对 Cr(Ⅵ) 的去除率为 71.5%，而当吸附剂用量为 0.500g 时，去除率达到 90.3%；溶液中的其他共存金属离子 Ni(Ⅱ)、Cu(Ⅱ) 和 Zn(Ⅱ) 对 Cr(Ⅵ) 的吸附基本没有影响；FeICF 对 Cr(Ⅵ) 的吸附速度非常快，约 50min 即达到吸附平衡，吸附动力学可用拟二级速度方程来描述。固定床吸附和解吸实验表明 FeICF 可有效地用于电镀废水中 Cr(Ⅵ) 的去除。

5.8.1.3　其他水处理材料

胶原纤维本身即是较好的吸附材料，由于制革行业会产生大量的胶原废弃物，陈洁等[156]利用廉价的含铬废革屑，经多次清洗后于 60℃ 下干燥 24h，再用磨碎机粉碎至直径 0.1mm，即得含铬废革屑吸附剂。将其用硝酸和盐酸（1∶3）消解。研究表明，含铬废革屑对磷酸根的吸附量受 pH 值的影响非常明显，在 pH3.0～6.0 的范围内，吸附量较大且比较接近，其中当 pH 为 5.0 时吸附量为最大。当 pH>6，吸附量急剧下降，随着 pH 的变化，磷酸根在溶液中可能以 H_3PO_4、$H_2PO_4^-$、HPO_4^{2-}、PO_4^{3-} 的形式存在，当 pH 为 2.2～7.2 时，主要以 $H_2PO_4^-$ 的形式存在，最有利于吸附。另一方面，制革化学的研究表明，铬鞣革的等电点（pI）一般在 6.0～6.5 之间。当 pH＞6 时，吸附量开始下降，这可能是因为此时的 pH＞pI，吸附剂表面呈负电性，对同样带负电荷的磷酸根有排斥作用，从而阻碍了吸附过程的进行；同样，当 pH 在 3.0～6.0 时，吸附剂表面带正电荷，有利于磷酸根的吸附，因此吸附量较高。而当 pH＜3.0 时，吸附量又明显下降。

胶原蛋白是一种强有力的保护胶体，但在浓度极低时，它却表现出相反的作用，即能起着从分散介质中分离出絮状沉淀的凝结作用。所以，就这一性能而言，胶原蛋白还是一种絮凝剂。在废水处理中，胶原的水解产物明胶对除去树脂酸和脂肪酸等有很好的效果，比常用的阳离子絮凝剂要好。首先加入足够量的阴离子明胶使其与树脂酸、脂肪酸混合，然后加入足够量的阳离子聚合物，如聚胺、聚丙烯酰胺、丙烯酰胺共聚物、聚烯丙基二甲胺氯化物等，使聚合物与脂肪酸及树脂酸发生絮凝，即达到除去树脂酸和脂肪酸的目的。

5.8.2 在生物医药领域的应用

5.8.2.1 胶原及明胶支架材料

（1）胶原和明胶海绵

胶原海绵是胶原支架材料的重要类型之一。海绵剂作为药剂的一个剂型，在临床应用中有重要作用，研究胶原海绵对创伤修复医用敷料的发展具有重要的现实意义。胶原海绵系由亲水性胶原基胶体溶液经发泡、固化、冻干和灭菌而制成的一种海绵状固体制剂。随着组织工程的发展，生物修复功能也成了海绵的基本要求。近年来，国内外科研工者对胶原海绵的研究取得了一定进展。Takahiro Ohno 等[157]对Ⅰ型和Ⅱ型胶原海绵对接种的软骨细胞的存活能力和基因表达进行了对比研究。结果表明，经过 20 天培养后，接种的软骨细胞在两种海绵中均具有很好的分散性和成活率。Ernst Magnus Noah 考察了不同灭菌方式对组织工程用胶原海绵结构的同一性和稳定性的影响。结果表明，用 γ 射线灭菌后的海绵，抗酶降解能力下降，接种细胞后有显著的收缩[158]。

武继民等将可溶性胶原为原料，利用冻干工艺制备出了胶原海绵[159]。采用氨基酸分析和紫外光谱分析，证实了胶原海绵的结构和组成，同时也证明其制备工艺具有可行性。电泳分析说明，胶原海绵中含有较多的三维螺旋结构组分，但也存在低分子量组分（即多肽片段）。六项生物学评价结果均符合了相关标准所规定的要求，证明胶原海绵作为体外使用，具有安全可靠性。武继民等亦曾采用酸碱溶解法，从牛腱中提取了可溶性胶原材料。采用冻干法制得了胶原海绵止血材料[160]。对比实验表明，明胶海绵试样在水面漂浮 5min 也不能被水浸透，说明明胶海绵亲水性很差，加之吸水量不大，这在止血急救治疗中是不太有利的。Gelfix（一种进口胶原海绵）的润湿时间要比明胶海绵短，但比胶原海绵长百倍左右。研究发现胶原海绵的止血时间短于其他材料，胶原海绵吸附血液的速率和黏结创面组织的能力优于其他材料；Gelfix 和明胶海绵则出现了几例在敷料与组织间渗血的现象。另外，对出血急促的兔耳部创面，血液常会穿过明胶海绵的泡孔结构而渗出；胶原海绵则能有效地密封出血创面。可能的原因是胶原海绵（包括 Gelfix）是相对分子质量为 30 万左右的单体胶原分子排列而成的纤维结构，该纤维结构可有效地吸附血小板而起到止血作用[161]。

为改善胶原海绵的机械强度和可加工性，谢明德等分别采用真空高温脱水和化学交联剂1-乙基-3-(3-二甲基氨基丙基)-碳化二亚胺处理经冷冻干燥后的胶原海绵材料，发现不同的处理方法都能保持胶原海绵的三维多孔结构，孔隙率可达到 90%；真空高温脱水获得的胶原海绵材料力学强度较小，但断裂伸长率略大；碳化二亚胺交联胶原海绵材料力学强度相对较高，抗张强度为380kPa左右。胶原海绵交联后，降解速率显著小于未经交联的胶原材料。细胞培养试验表明成纤维细胞可以在支架材料上正常生长两种交联方法处理胶原海绵，其细胞生长行为差异无显著性，均适合于作为组织工程支架[162]。

（2）组织工程支架材料

自然骨是由纳米级羟基磷灰石（hydroxyapatit，HA）晶体和胶原纤维组成的特殊复合材料，因此人们为了模拟自然骨的成分，试图将HA与胶原纤维复合得到一种较为理想的复合材料[163]。羟基磷灰石强度低、韧性差，这大大限制了它在承载部位骨替换中的应用，胶原蛋白能够在其中起到黏合剂的作用，并赋予复合材料独特的生物活性[164]。HA/Collagen复合材料制备通常是将HA与胶原溶液混合，然后在一定压力、一定温度下，紫外线照射数天后固化得到，或HA晶体直接沉积于胶原纤维上。前者制备的HA/Collagen复合材料性能较差，后者似乎是一种比较有前途的方法。目前研究证明，与纯HA相比，HA/Collagen复合材料具有更好的生物相容性和生物活性。但由于脱钙骨胶原的弹性模量本身很低（0.34GPa），在复合材料的制备过程中，仅有少量的羟基磷灰石沉积于胶原纤维上，使其模量增加到0.76GPa，但这仍低于骨的模量，亦会造成模量不匹配。崔福斋等分3步法制备出了纳米HA/胶原复合材料，其中胶原含量为35%（质量分数），与自然骨相近。所制备的复合材料组织均匀，具有与自然骨相似的XRD衍射图谱和IR图谱。生物实验研究发现，胶原与多孔羟基磷灰石陶瓷复合，其强度比HAP陶瓷提高2～3倍，植入狗的股骨后仅4周，新骨即已充满所有大的孔隙[165]。

随着人工骨组织支架材料研究的深入，除单独用胶原作为聚合物与无机物复合外，人们还研究了以胶原为主的多组分复合材料。Jaya Sundaram等[166]制备了用于骨组织工程的明胶/淀粉/羟基磷灰石多孔支架。明胶/淀粉共混物增加了复合材料的生物降解性和机械性能。支架的孔隙是$20\mu m$左右，良好的互穿网络能够满足营养的交换。另外，他们还研究了明胶/淀粉网络膜与羟基磷灰石的相互作用，采用在交联过程中不会产生副产物的柠檬酸钠作为交联剂，比常规的醛交联剂安全。Bakos等构造出了HA-胶原蛋白-透明质酸复合材料，结果表明其生物相容性和力学性能俱佳[167]。

5.8.2.2　手术缝合线

胶原可吸收缝合线在制备的过程中都要进行适当交联处理，使其具有耐水性和较好的耐热水性。根据使用需要，交联时会用到铬盐、铝盐、锆盐或甲醛、戊二醛等交联剂。纯胶原制作的缝合线有降解快、脆性大、柔性差、吸收期短，伤口尚未愈合缝合线就可能断开等不足之处；而且，缝合前需用无菌的生理食盐水洗去保护液，会造成纯胶原缝合线湿打结强度降低。为了改善性能，还要与聚乙烯醇、壳聚糖、聚丙烯酰胺等共混或复合制成满足要求的纤维缝合线[168]。

将从牛腱中提取的胶原用2000～6000mL 0.3%丙二酸溶液溶解，调节到合适的黏度，用80～120目不锈钢网过滤，除去杂质和不溶物；用0.3%丙二酸溶液配制出20%的聚乙烯醇溶液，用80～120目不锈钢网过滤，除去杂质。这两种滤液按胶原：PVA＝80：120的比例混合，搅拌均匀，再用3000r/min的速度离心15min除去气泡，得到纺丝原液。纺丝原液用0.02MPa氮气压入纺丝泵，从喷丝板喷入由10%丙酮、4%氨水、1.4%甲醛和84.6%水组成的凝固浴中成型交联30min，然后取出线束，在架上晾干的线束浸入20%的硫酸铬溶液中，交联 1h 后再浸入 1%的碳酸钠溶液中定铬 1h。也可在酸性条件下用甲醛或戊二醛交联 1h，蒸馏水洗涤至中性，绷紧在特制架子上于室温下干燥，封装入有二甲苯的中安瓿瓶中，用剂量为 260×10^4 rad 的 γ 射线照射灭菌制得胶原与聚乙烯醇缝合线[169]。

5.8.2.3　胶原与明胶药物载体

胶原蛋白具有良好的生物特征，在组织和器官形成中具有重要作用，且涉及不同细胞功能的表达。作为一种很好的表面活性剂，已经证明其具有穿透游离脂质体界面的能力，目前大多数给药系统的主要成分由胶原组成。以胶原蛋白为载体的给药系统具有良好的生物相容性、毒性小、可生物降解以及高效、长效等优点。胶原蛋白膜、胶原蛋白罩、胶原海绵、胶原蛋白水凝胶、脂质性胶原蛋白、胶原微球、明胶微球和纳米微粒等在给药系统中均有应用。

（1）胶原基水凝胶药物载体

胶原蛋白水凝胶是一种能在水中显著溶胀但分子不溶解的聚合物，具有良好的生物相容性，亲水小分子能从中自由扩散。与疏水性聚合物相比，水凝胶与所负载的酶等生物活性物质的相互作用力较弱，药物的生物活性维持时间较长。此外，胶原蛋白水凝胶具有良好的生物降解性，毒性低，且对温度、酸碱等刺激较敏感，可广泛用于药物的控释系统。胶原蛋白水凝胶是具有流动性且可用于注射的药物传输基体，其易于生产，应用方便，在给药载体中具有广泛的应用。胶原蛋白与聚羟基丁酸甲基丙烯酸酯（PHEMA）聚合制得的水凝胶可用于传输抗癌药物氟尿嘧啶（5-Fu），进行皮下注射时，无不良反应发生，表现了较好的稳定性，具有修复皮肤组织缺损的潜力。胶原蛋白与聚乙二醇（PEG）6000 和聚乙烯吡咯烷酮（PVP）制成的水凝胶聚合物可进行避孕药物的控释传输。在水凝胶聚集体中，胶原蛋白结晶物在构型上呈多条折叠支链状，利用该性质制备的胶原蛋白聚集体，可作为胶体式药物传输载体[170]。

Shoji Ohya 等在明胶的温敏改性方面开展了一系列工作[171]。采用接枝共聚的方法制备了一系列的梳状大分子聚合物，该聚合物以明胶为主链，利用明胶主链上的氨基与带羧基的低聚物之间的反应，在偶联剂 EDCA（碳化二亚胺）的作用下，得到了侧链具有温敏特性的低分子聚异丙基丙烯酰胺（PNIPAM）的大分子。PNIPAM-gelatin 在室温下为溶胶状呈液态，而在 37℃下则转变为凝胶态，这一特性有利于其用于注射水凝胶的制备和应用。

（2）胶原或明胶微球药物载体

胶原微球是用 30%的胶原蛋白凝胶体，经过冻胀和捏合，通过一个喷嘴喷出后得到的固体配药类型，可以作为药物传输装置，这种微球的体积小，可以皮下注射，空间大，足以容纳大分子药物，如破伤风类毒素、白喉类毒素、干扰素以及白细胞介素 L-2[170]。微球皮下注射可以使 L-2 延时释放，并降低最大血药浓度。胶原微球作为基因传输载体已有广泛的研究。以大鼠为模型研究胶原微球对面部神经 mRNA 的表达及功能，实验表明，该系统可以加速面部神经的处理及立即修复，使面部神经得到完全再生[172]。Ochiya 等评价了含有 50μg 质粒 DNA 和人 HST1/成纤维细胞生长因子（FGF）-4cDNA 的圆柱形胶原微球（直径 0.6mm，长度 10mm）作为质粒 DNA 调控传输系统的缓释效果[173]。这种基因传输方法是将生物相容性聚合物作为载体使质粒 DNA 在正常成年的动物中持续不断地表达和传输。Maeda 等经过研究得出了人体免疫血清蛋白（HAS）在胶原微球中的释放过程：吸附在微球表面的 HAS 首先溶解进入水相；随着水分子渗入基质，孔隙间的 HAS 溶解扩散出来；

聚合物由于水解作用而降解，其中包裹的 HAS 随之慢慢释出，这时扩散和降解作用共同主导着 HAS 的释放[174]。

明胶微球从明胶材料本身制得，与胶原微球不同，由于不必过多地考虑制备过程对其结构稳定性的影响，因此制备方法相对较多，主要有物理化学法（喷雾干燥法、冷冻干燥法、单凝聚法、复凝聚法、乳化法等）和化学交联法（喷雾交联）[175]。

5.8.3 在食品工业中的应用

胶原或明胶加入肉制品中可以改善结缔组织的嫩度，使其具有良好的品质，增加蛋白质含量，口感好又有营养。研究显示，添加 2％胶原、20％水时，腊肠的感官、质地和口感（润滑感）最好[176]。同时胶原蛋白具有良好的染色性，根据制品的需要，可用红曲等食用色素将其染成近似于肌肉组织的红色，使消费者易于接受。

明胶可作为冷冻食品的改良剂，用作增黏剂，增黏熔点较低，易溶于热水中，具有入口即化的特点，常用作餐用胶冻、粮食胶冻、果冻等。在冰淇淋、雪糕等生产中，加入适量的明胶可以防止形成粗粒的冰晶，保持组织细腻和降低融化速度。明胶在冰淇淋中的用量一般为 0.25％～0.60％。在饮料行业，鱼胶是国际上公认的最高级的胶澄清剂，在啤酒和葡萄酒行业，鱼胶和明胶作为沉降、澄清剂，获得了很好的效果，产品质量也非常稳定。在果酒酿造过程中也起到增黏、乳化、稳定、澄清等作用。在茶饮料的生产中，明胶用于防止因长期存放而变浑浊，改善茶饮料品质。胶原多肽可广泛用于中性奶饮料、酸性奶饮料、鲜牛奶、酸奶等液态乳制品中，起到抗乳清析出、乳化稳定等功效。也可添加于奶粉中，既可提高奶粉的营养价值，又可增强奶粉的保健功能，加速骨骼发育，增强智力，提高机体的免疫力。

5.8.4 在保健品领域的应用

胶原蛋白有加速血红蛋白和红细胞生成的功能，改善血液循环，有利于防治冠心病、缺血性脑病。胶原蛋白能保持血管正常功能，与预防动脉硬化、高血压有密切的关系。癌细胞对生命体而言是一种异物，胶原蛋白会包住癌细胞，抑制它的增殖或转移。它是适于糖尿病、肾脏病等重症患者摄取的优质高蛋白。此外，胶原蛋白可协助机体排出铝元素，减少铝在体内聚积，可预防老年痴呆症。

研究表明，胶原蛋白可以降低甘油三酯和胆固醇，并可增高体内某些缺乏的必需微量元素，从而使其维持在一个相对正常的范围内。水解胶原蛋白具有抑制血压升高的作用，可以作为一种新型的抗高血压保健食品原料，用来开发辅助降血压保健食品。例如用胶原蛋白、果胶和麦麸按一定比例配置的食品有利于降低体重和血脂，是一种理想的减肥降血脂食品。

5.8.5 在照相工业中的应用

照相明胶是制备感光乳剂的基本介质，它的存在几乎影响到感光过程的每一个步骤。照相明胶是组成乳剂层的主要成分之一，约占乳剂层成分的 55％左右，在感光乳剂中发挥着多种重要的作用。例如在乳剂制备过程中明胶的存在防止了卤化银核的聚集，控制了卤化银颗粒的生长速度、颗粒的形状以及颗粒的大小和均一性；明胶的侧链氨基能与银离子形成配合物，分解出对感光乳剂有增感作用的硫化银和起还原作用的银；明胶作为卤素的接受体在乳剂制备中具有任何其他介质不可替代的作用，实验证明，明胶中的酪氨酸、组氨酸、蛋氨酸等几种氨基酸都会与卤素反应；明胶能使乳剂中的卤化银晶体均匀、稳定地分散在介质中；明胶中微量活性杂质和微量金属离子能使乳剂照相性能提高几倍甚至几十倍[177]。

照相明胶对卤化银颗粒具有保护作用，能阻止卤化银颗粒聚集。利用鱼明胶作为保护性胶体介质可以制备平均粒径 14.3nm 的卤化银纳米粒子。结果表明，纳米粒子具有良好的单分散性与热稳定性。在明胶的保护作用中制备了长约 $100\mu m$ 的纳米溴化银银丝线，TEM 结果表明其有非常好的单分散性与热稳定性。岳军等研究认为，由于鱼明胶的胶凝温度低和具有相对集中的分子量分布、含相对简单的构象组分（主要为 α 组分，其中又以 α_2 居多，只有少量的 β 组分，无 γ 组分）等特点，用于乳剂可明显降低乳化温度，并有效控制尺寸大小、分布与晶型，由此制得的纳米卤化银粒子具有良好的单分散性与热稳定性。对此进一步的研究表明，在化学成熟时向卤化银-鱼明胶乳剂中加入蛋氨酸可提高其感光度，并可加速显影过程[177,178]。

5.8.6　在造纸工业中的应用

胶原作为功能材料，既可以附着在纸上，也可以添加到纸内，或者制备成多种添加剂改善纸张的性能。在造纸上使用的胶原可以是胶原纤维，也可以是非纤维形态胶原。非纤维形态的胶原就是胶原蛋白或明胶，实际上使用的大都是非纤维形态胶原[179]。

胶原分子链上有相当多的活性基团，如氨基、羟基、羧基等，具有特殊的反应性，能与纸张中纤维素分子上的羟基产生化学结合，使纸纤维之间的结合力增大，从而使纸张的物理强度得以提高。胶原分子的亲水基团具有天然的保湿和导湿性，也会赋予纸张更好的保湿性，如生产纸尿布、妇女卫生巾、纸内衣等使用的纸，在吸收了一定量的水分后，并不会有潮湿的感觉。现在造纸化学品种类很多，用量也很大，有相当一部分在环境中是不可降解的，用胶原或改性胶原材料来代替，则可制造在环境中可降解的纸制品。

胶原自身的结构特点和性质使其在造纸中有很好的发展前景。胶原及其水解产物，以及水解产物的改性产品很多都可以应用在造纸中，对纸张起到一定的增强作用，由于其在某些方面的独特性能，给纸张也带来一定的特殊性能，从而可以生产出具有特殊用途的纸张。

5.8.7　在纺织工业中的应用

胶原蛋白与蚕丝纤维蛋白同是天然的蛋白质，由于它们组成的相似性和差异性，用胶原蛋白处理真丝纤维可赋予纤维更加优异的性能，而不改变真丝纤维作为一种天然蛋白纤维的基本属性。这是由于胶原蛋白肽链侧基上含有大量的极性基团，以及肽链两端的羧基和氨基，使得胶原蛋白的化学活性高，可以与真丝上的极性基团牢固地结合，从而赋予真丝更好的医疗保健性能。呈弱酸性的胶原蛋白溶液对真丝纤维的溶解作用大于胶原蛋白的交联、吸附作用。胶原蛋白溶液溶解了真丝表面的弱结构部分，使真丝表面变得疏松，有利于胶原蛋白渗透入真丝内部发生交联；经胶原蛋白处理后的真丝纤维出现纵向条纹，是呈弱酸性的胶原蛋白溶液溶解了真丝纤维中的部分弱结构的结果。

付丽红、张铭让[180]利用 XRD，AFM，SEM，IR，DSC，TG 对纤维素与胶原蛋白的结合机理进行了深入研究。研究发现，在胶原蛋白和纤维素混合时，两者之间除了 H 键结合外，还有共价键和离子键结合，使纤维间的结合力增大；胶原蛋白的加入使纤维素 I 的结晶度升高。

胶原蛋白与合成纤维共混纺丝制备复合纤维国内外已有许多研究报道。早在 20 世纪 80

年代，国外已开展了胶原蛋白复合纤维的研究，特别是胶原蛋白与聚丙烯腈、聚乙烯醇共混制备复合纤维[181]。胶原蛋白与此类合成纤维进行共混，可降低胶原蛋白的水溶性，提高胶原蛋白的可纺性，同时又能改善合成纤维与人体皮肤的亲和性以及合成纤维的吸湿性、染色性[182]。

5.8.8　在美容及化妆品领域的应用

天然动物皮中提取的胶原蛋白由于其来自于生物体，具有低抗原性的特点，能缓和化妆品中表面活性剂化学品对毛发和皮肤的刺激作用，进而改善皮肤的健康状况；同时由于胶原蛋白中含有较多的人体必需氨基酸，国内外许多高档化妆品中都大量添加胶原蛋白，以改善皮肤状况，滋润肌肤，赋予皮肤光滑感觉，同时很好地调理头发的健康状况。在国外，对胶原蛋白在美容方面的作用已进行深入的研究。其实验证明 0.01% 的胶原蛋白纯溶液就有良好的抗各种辐射的作用，且能形成很好的保水层，提供皮肤所需的水分。在美国、德国、日本等国家，许多高档化妆品中添加有胶原蛋白，甚至在人面部注射胶原以改善皮肤，减少皱纹。动物实验也表明，含有胶原蛋白的膏体涂布皮肤后能有效地改善皮肤表皮和真皮结构，促进皮肤内胶原的合成。胶原蛋白应用于化妆品中的功效总结起来有如下几点。

① 营养性：可以给予含有胶原蛋白的皮肤层所必需的养分，补充十七种对人体有益的氨基酸，使皮肤中的胶原蛋白活性加强，保持角质层水分以及纤维结构的完整性，改善皮肤细胞生存环境和促进皮肤组织的新陈代谢，增强循环，达到滋润皮肤、延缓衰老、美容、消皱、养发的目的。

② 修复性：胶原蛋白具有独特的修复功能，胶原蛋白和周围组织的亲和性好，从而具有修复组织的作用。

③ 保湿性：由于胶原蛋白分子中含有大量的亲水基，使之具有了良好的保湿功效，能够达到保持皮肤润泽的目的。

④ 配伍性：胶原蛋白具有可以调节和稳定 pH 值，稳定泡沫，乳化胶体的作用。同时，作为一种功能性成分在化妆品中可以减轻各种表面活性剂、酸、碱等刺激性物质对皮肤、毛发的损害。

⑤ 亲和性：胶原蛋白对皮肤和头发表面的蛋白质分子有较大的亲和力，胶原蛋白主要通过物理吸附与皮肤和头发结合，能耐漂洗处理。亲合作用大小随相对分子质量增大而增强。相对分子质量小的分子可以渗入皮肤和头发的表皮，有时还可以透过皮质层，达到营养皮肤的作用。相对分子质量较大的分子，每个分子结合位置较多，结合力增强，亲和力增大。另外，将胶原蛋白添加入化妆品，其含有的酪氨酸与皮肤中的酪氨酸竞争，而与酪氨酸酶的催化中心结合，从而抑制黑色素的产生，对皮肤起到美白作用。

在美容、矫形方面，胶原蛋白可用于皮肤缺损修复及组织缺损修复，是理想的医用矫形材料。20 世纪以来，先后试用石蜡、蜂蜡、液体硅胶作为矫形材料，但石蜡及硅胶不能被组织吸收同化，移植物外常形成纤维化包膜；在重力作用下，移植物又常常迁移到非病变区，导致整形错位、肉芽肿、渗出等症状，使美容变为毁容。胶原不仅具有支撑填充作用，还能诱导宿主细胞和毛细血管向注射胶原内迁移，合成宿主自身的胶原及其他细胞外间质成分。将人胶原医用注射剂用于包括鱼尾纹、抬头纹、鼻唇沟、口周纹等皱纹及浅部疤痕的治疗，没有免疫反应，比牛胶原制剂有了质的进步。胶原注射方法安全、有效，在美容中值得推广应用。

参 考 文 献

[1] 李国英，张忠楷，雷苏，石碧. 胶原、明胶和水解胶原蛋白的性能差异. 四川大学学报（工程科学版），2005，37（4）：54-58.

[2] ［美］S. R. 法内斯托克，［德］A. 斯泰因比歇尔主编. 生物高分子（第 8 卷）. 绍正中，杨新林主译. 北京：化学工业出版社，2005：117-118.

[3] Brodsky B，Persikov A V. Molecular structure of the collagen triple helix. Advances in Protein Chemistry，2005，70：301-339.

[4] 张宜恒，闫天堂，俞书勤. 照相明胶中硫元素的化学形态. 明胶科学与技术，1999，19（1）：10-16.

[5] 王琳，刘宇，魏泓. 高效液相色谱法制备Ⅰ型胶原蛋白及其性质研究. 氨基酸和生物资源，2004，26（2）：35-37.

[6] 王新禾，张月娥，张锦生等. 人Ⅰ、Ⅲ型胶原的提取及其抗血清的制备. 上海医科大学学报，1994，21（6）：405-408.

[7] 李成章，樊明文. 胚胎骨Ⅰ型胶原的提取与鉴定. 生物化学与生物物理进展，1996，23（4）：373-375.

[8] Schroeder W A，Honnen L，Green F C. Chromatographic Separation and Identification of Some Peptides in Partial Hydrolysates of Gelatin. Proceedings of the National Academy of Sciences of the United States of America，1953，39（1）：23-30.

[9] Schrieber R，Gareis H. Gelatine Handbook. Weinheim：Wiley-VCH，2007：81.

[10] Suzuki E，Fraser R D B，MacRae T P. Role of hydroxyproline in the stabilization of the collagen molecule via water molecules. Int J Biol Macrom，1980（2）：54-56.

[11] Privalov P L. Stability of proteins：Proteins which do not present a single cooperative system. Adv Prot Chem，1982，35：1-104.

[12] Bella J，Eaton M，Brodsky B，Berman H M. Crystal and molecular structure of a collagen-like peptide at 1. 9 Å resolution. Science，1994，266（5182）：75-81.

[13] Jones E Y，Miller A. Analysis of structural design features in collagen. J Mol Biol，1991，218（1）：209-219.

[14] Ottani V，Martini D，Franchi M，Ruggeri A. et al. Hierarchical structures in fibrillar collagens. Micron，2002，33（7-8）：587-596.

[15] Beck K，Brodsky B. Supercoiled Protein Motifs：The Collagen Triple Helix and the α-Helical Coiled Coil. J Struct Biol，1998，122：17-29.

[16] Ramachandran G N，Kartha G. Structure of collagen. Nature，1955，176：593-595.

[17] Ramachandran G N. Structure of collagen. Nature，1956，177：710-711.

[18] Crick F H C，Rich A. Structure of polyglycine Ⅱ. Nature，1955，176：780-781.

[19] Rich A，Crick F H C. The structure of collagen. Nature，1955，176：915-916.

[20] Rich A. Crick F H C. The molecular structure of collagen. J Mol Biol，1961，3：483-506.

[21] Orgel J，Miller A，Irving T C，Fischetti R F，Hammersley A P，Wess T J. The in situ supermolecular structure of type Ⅰ collagen. Structure，2001，9（11）：1061-1069.

[22] Prockop D J，Fertala A. The collagen fibril：The almost crystalline structure. Journal of Structural Biology，1998，122（1-2）：111-118.

[23] Okuyama K，Takayanagi M，Ashida T，Kakudo M. A new structural model for collagen. Polymer J，1977，9（3）：341-343.

[24] Orgel J，Wess T J，Willer A. The in situ conformation and axial location of the intermolecular cross-linked non-helical telopeptides of type Ⅰ collagen. Structure，2000，8（2）：137-142.

[25] Israelowitz M，Rizvi S W H，Kramer J，von Schroeder H P. Computational modeling of type Ⅰ collagen fibers to determine the extracellular matrix structure of connective tissues. Protein Engineering，Design & Selection，2005，18（7）：329-335.

[26] Jiang F Z，Khairy K，Poole K，Howard J，Müller D J. Creating nanoscopic collagen matrices using atomic force microscopy. Microscopy Research and Technique，2004，64（5-6）：435-440.

[27] Harrington W F，Rao N V. Collagen structure in solution. Ⅰ. Kinetics of helix regeneration in single-chain

gelatins. Biochemistry，1970，9（19）：3714-3724.

［28］Kadler K E，Holmes D F，Trotter J A，Chapman J A. Collagen fibril formation. Biochem J，1996，316：1-11.

［29］Berisio R，Vitagliano L，Mazzarella L，Zagari A. Crystal structure of the collagen triple helix model［（Pro-Pro-Gly）（10）］（3）. Protein & Science，2002，11（2）：262-270.

［30］Ramachandran G N，Kartha G. Structure of collagen. Nature，1955，176：593-595.

［31］Ramachandran G N. Structure of collagen. Nature，1956，177：710-711.

［32］Crick F H C，Rich A. Structure of polyglycine Ⅱ. Nature，1955，176：780-781.

［33］Rich A，Crick F H C. The structure of collagen. Nature，1955，176：915-916.

［34］Rich A. Crick F H C. The molecular structure of collagen. J Mol Biol，1961，3：483-506

［35］Orgel J P R O，Miller A，Irving T C，Fischetti R F，Hammersley A P，Wess T J. The in situ supermolecular structure of type Ⅰ collagen. Structure，2001，9（11）：1061-1069.

［36］Kronman J H，Goldman M，Habib C M，Mengel L. J Dent Res，1977，56（12）：1539-1545.

［37］Jiang F Z，Khairy K，Poole K，Howard J，Müller D J. Creating nanoscopic collagen matrices using atomic force microscopy. Microscopy Research and Technique，2004，64（5-6）：435-440.

［38］Bella J，Brodsky B，Berman H M. Hydration structure of a collagen peptide. Structure，1995，3（9）：893-906.

［39］Kramer R Z，Vitagliano L，Bella J，Berisio R，Mazzarella L，Brodsky B，Zagari A，Berman H M. X-ray crystallographic determination of a collagen-like peptide with the repeating sequence（Pro-Pro-Gly）. J Mol Biol，1998，280（4）：623-638.

［40］Kramer R Z，Berman H M. Patterns of hydration in crystalline collagen peptides. J Biomol Struct Dyn，1998，16（2）：367-380.

［41］Nomura S，Hiltner A，Lando J B，Baer E. Interaction of water with native collagen. Biopolymers，1977，16（2）：231-246.

［42］Fullerton G D，Amurao M R. Evidence that collagen and tendon have monolayer water coverage in the native state. Cell Biology International，2006，30（1）：56-65.

［43］Mogilner I G，Ruderman G，Grigera J R. Collagen stability，hydration and native state. Journal of Molecular Graphics and Modelling，2002，21（3）：209-213.

［44］Wess T J，Hammersley A ，Wess L，Miller A. Type Ⅰ collagen packing，conformation of the triclinic unit cell. J Mol Biol，1995，248（2）：487-493.

［45］http：//www. optics. rochesters. edu/workgroups/cml/opt307/spr06/xiaoxing/Xiaoxing. html.

［46］Akimoto Y，Yamakawa N，Furukawa K，Kimata K，Kawakami H，Hirano H. Changes in distribution of the long form of type Ⅻ collagen during chicken corneal development. The Journal of Histochemsitry & Cytochemistry，2002，50（6）：851-862.

［47］Aubert-Foucher E，Font B，Eichenberger D，Goldschmidt D，Lethias C，van der Rest M. Purification and characterization of native type ⅩⅣ collagen. J Biol Chem，1992，267（22）：15759-15764.

［48］Handgraaf J W，Zerbetto F. Molecular dynamics study of onset of water gelation around the collagen triple helix. Proteins，2006，64（3）：711-718.

［49］Becker R O. The body electric：electromagnetism and the foundation of life. New York：William Morrow，1985.

［50］李国英，陈利. 胶原的生物合成过程. 中国皮革，2004，33（5）：14-15.

［51］Righetti P G. Determination of the isoelectric point of proteins by capillary isoelectric focusing. Journal of Chromatography A，2004，1037：491-499.

［52］Gustavson K H. The Chemistry and Reactivity of Collagen：New York：Academic press INC. publishers，1956：87-97.

［53］付丽红，孙彩霞. 日用化学工业，2002，12（32）：29-32.

［54］蒋挺大. 胶原与胶原蛋白. 北京：化学工业出版社，2006.

［55］Silver F H，Seehra G P，Freeman J W，De Vore D. Viscoelastic Properties of Young and Old Human Dermis：A Proposed Molecular Mechanism for Elastic Energy Storage in Collagen and Elastin. J Applied Polymer Science，2002，86：1978-1985.

［56］ Silver F H, et al. Transition from viscous to elastic-based dependency of mechanical properties of slef-assembled type Ⅰ collagen fibers. J Appl Polym Sci, 2002, 79: 134-142.

［57］ Fratzl P, Misof K, Zizak I, Rapp G, et al. Fibrillar structure and mechanical properties of collagen. J Struct Biol, 1997, 122: 119-122.

［58］ Diamant J, Keller A, Baer E, et al. Collagen: ultrastructure and its relation to mechanical properties as a function of ageing. Proc R Soc Lond B Biol Sci, 1972, 180: 293-315.

［59］ Gutsmann T, Fantner G E, Kindt J H, et al. Force spectroscopy of collagen fibers to investigate their mechanical properties and structural organization. Biophysical J, 2004, 86: 3186-3193.

［60］ Fratzl P, Misof K, Zizak I, Rapp G, Amenitsch H, Bernstorff S. Fibrillar structure and mechanical properties of collagen. J Struct Biol , 1998, 122: 119-122.

［61］ Miyazaki H, Hayashi K. Tensile Tests of Collagen Fibers Obtained from the Rabbit Patellar Tendon. Biomedical Microdevices, 1999, 2 (2): 151-157.

［62］ Yamamoto N, Hayashi K, Kuriyama H, et al. Mechanical properties of the rabbit patellar tendon. J Biomech Eng, 1992, 114: 332-337.

［63］ Yang L, van der Werf K O, Koopman B F J M, et al. Micromechanical bending of single collagen fibrils using atomic force microscopy. Journal of Biomedical Materials Research Part A, 2007, 82 (1): 160-168.

［64］ Yang L, van der Werf K O, Fitie C F C, et al. Mechanical properties of native and cross-linked type Ⅰ collagen fibrils. Biophysical J, 2008, 94: 2204-2211.

［65］ Yang L, van der Werf K O, Koopman B F J M, et al. Micromechanical bending of single collagen fibrils using atomic force microscopy. Journal of Biomedical Materials Research Part A, 2007, 82 (1): 160-168.

［66］ Zhang C H, Zheng X, Tang K. Study on the three-dimensional stress-relaxation diagram of cattlehide shoe upper leathers. Materials Science and Engineering: A, 2009, 499: 167-170.

［67］ Olivannan S M, Nayudamma Y. Studies in sulphonyl chloride tannages (Ⅺ): reactions of sulphonyl chloride with modified proteins and model compounds. Leather Science, 1979 (26): 54-61.

［68］ 陈武勇, 李国英主编. 鞣制化学. 北京: 中国轻工业出版社, 2005: 1-2.

［69］ Olde Damink L H H, Dijkstra P J, van Luyn M J A, van Wachem P B, Nieuwenhuis P, Feijen J. Glutaraldehyde as a crosslinking agent for collagen-based biomaterials. J Mater Sci: Mater Med, 1995, 6: 460-472.

［70］ Cristina M A Lopes, Maria I Felisberti. Mechanical behaviour and biocompatibility of poly (1-vinyl-2-pyrrolidinone) - gelatin IPN hydrogels. Biomaterials, 2003, 24: 1279-1284.

［71］ Ajit P Rokhade, Sunil A Agnihotri, Sangamesh A Patil, Nadagouda N Mallikarjuna, et al. Semi-interpenetrating polymer net work microspheres of gelatin and sodium carboxymethyl cellulose for controlled release of ketorolac tromethamine. Carbohydrate Polymers, 2006, 65: 243-252.

［72］ Jacqueline D Kosmala, David B Henthorn, Lisa Brannon-Peppas. Preparation of interpenetrating networks of gelatin and dextran as degradable biomaterials Biomaterials, 2000, 21: 2019-2023.

［73］ 任俊莉, 邱化玉, 付丽红. 阳离子改性明胶乳液的合成及应用研究. 中国造纸学报, 2004 (19): 88-91.

［74］ A Bigi, G Cojazzi, S Panzavolta, N Roveri, et al. Stabilization of films by crosslinking with genipin. Biomaterials, 2002, 23: 4827-4832

［75］ Chiono V, Pulieri E, Vozzi G, Ciardelli G, et al. Genipin-crosslinked chitosan/gelatin blend for biomedical pplications. Mater Sci: Mater Med, 2008, 19: 889-898.

［76］ 孙达旺. 植物单宁化学. 北京: 中国林业出版社, 1992: 6-7.

［77］ Kim S, Nimni M E, Yang Z, Han B. Chitosan/gelatin based films cross-linked by proanthocyanidin. Journal of Biomedical Materials Research Part B: Applied Biomaterials, 2005, 75B (2): 442-450.

［78］ Kuo-Yu Chen, Pei-Chi Shyu, Yueh-Sheng Chen, Chun-Hsu Yao. Novel bone substitrte composed of oligomeric proanthocyanidins-crosslinked gelatin and tricalcium phosphate. Macromolecular Bioscience, 2008, 8: 942-950.

［79］ Boanini E, Rubini K, Panzavolta S, A Bigi. Chemico-physical characterization of gelatin films modified with oxidized alginate. Acta Biomaterialia, 2009.

188 ［80］ Naoki Nakajima, Yoshito Ikada. Mechanism of amide formation by carbodiimide for bioconjugation in aqueous

media. Bioconjugate Chem，1995，6：123-130.

［81］ Cao N，Fu Y，He H. Mechanical properties of gelatin films cross-linked，respectively，by ferulic acid and tannin acid. Food Hydrocolloids，2007，21：575-584.

［82］ 丁克毅，林鹏，何达海 . 天然裂环环烯醚萜 Oleuropein A 改性明胶薄膜的性能 . 食品与生物技术学报，2008，27 （1）：26-31.

［83］ Patil R D，Mark J E，Apostolov A，et al. Crystallization of water in some crosslinked gelatins. European Polymer Journal，2000，36：1055-1061.

［84］ Van Den Bulcke，Boqdanov B，De Rooze N，Schacht E H，et al. Structural and rheological properties of methacryl-amide modified gelatin hydrogels. Biomacromolecules，2000，1 (1)：31-38.

［85］ 任俊莉，邱化玉，付丽红 . 阳离子改性明胶乳液的合成及应用研究 . 中国造纸学报，2004 (19)：88-91.

［86］ Jean-Pierre Draye，Bernard Delaey，Andre Van de Voorde，An Van Den Bulcke，et al. In vitro and in vivo biocom-patibility of dextran dialdehyde cross-linked gelatin hydrogel films. Biomaterials，1998 (19)：1677-1687

［87］ 夏烈文，罗兴琪 . 双醛淀粉交联明胶的制备及溶胀性能 . 材料科学与工程学报，2008，26 (2)：232-276.

［88］ 吴邦耀，罗卓荆，孟浩，胡学昱等 . 胶原-明胶支架材料交联改性的制备及细胞毒性实验研究 . 生物医学工程与临床，2007，11 (6)：450-425.

［89］ K Furusawa，K Terao，N Nagasawa，F Yoshii，et al. Nanometer-sized gelatin particles prepared by means of gam-ma-ray irradiation. Colloid polym Sci，2004，283：229-233

［90］ Kyoung Hee Seo，Su Jung You，Heung Jae Chun，Chun-ho Kim，et al. In vitro and in rivo biocompatibility of γ-ray crosslinked gelatin-poly (vinyl-alcohol) hydrogels. Tissue Engineering and Regenerative Medicine，2009 (6)：4-11.

［91］ 谢德明，施云峰 . 胶原支架处理的制备与表征 . 暨南大学学报（自然科学版），2006，27 (3)：440-447.

［92］ 赵晶，张睿，霍贵成 . 乳清蛋白酶改性综述 . 中国食品添加剂，2004，25 (2)：22-26.

［93］ Yildirim M，Hettiarachy N S. Properties of Films Produced by Cross-linking Whey Proteins and 11S Globulin Using Transglutaminase. Journal of Food Science，2008，63 (2)：248-252.

［94］ Larré C，Desserme C，Barbot J，Gueguen J. Properties of deamidated gluten films enzymatically cross-Linked. J Agric Food Chem，2000，48 (11)：5444-5449.

［95］ Mariniello L，Pierro P D，Esposito C，Sorrentino A. Preparation and mechanical properties of edible pectin-soy flour films obtained in the absence or presence of transglutaminase. Journal of Biotechnology，2003，102：191-198.

［96］ Lim L T，Mine Y，Tung M A. Transglutaminase Cross-Linked Egg White Protein Films：Tensile Properties and Oxy-gen Permeability. J Agric Food Chem，1998，46 (10)：4022-4029.

［97］ Bae H J，Darby D O，Kimmel R M，et al. Effects of transglutaminase-induced cross-linking on properties of fish ge-latin-nanoclay composite film. Food Chemistry，2009，114：180-189.

［98］ Hélène Babin，Eric Dickinson. Influence of transglutaminase treatment on the thermoreversible gelation of gelatin. Food Hydrocolloids，2001 (15)：271-276.

［99］ Tianhong Chen，Heather D Embree，Eleanor M Brown，Maryann M Taylor. Enzyme-catalyzed gel formation of gelat-in and chitosan：potential for in situ applications. Biomaterials，2003 (24)：2831-2841.

［100］ 丁克毅，刘军，Eleanor M Brown，Maryann M Taylor. 转谷氨酰胺酶（mTG）改性明胶可食性薄膜的制备 . 食品与生物技术学报，2006，25 (4)：1-4.

［101］ 余家会，杜予民 . 武汉大学学报（理学版），1999，45 (4)：440-444.

［102］ 余祖禹，肖玲，杜予民等 . 武汉大学学报（理学版），2003，49 (6)：731-734.

［103］ 肖玲，朱华跃，杜予民 . 武汉大学学报（理学版），2005，51 (2)：185-189.

［104］ 肖玲，万东，常玉华 . 武汉大学学报（理学版），2006，22 (3)：262-266.

［105］ Ye Y C，Dan W，Zeng R，et al. J Eur Polym，2007，43 (5)：2066-2071.

［106］ Chen T H，Heather D E. Biomaterial，2003，14 (24)：2831- 2841.

［107］ Salomé machado A A，Martins V C A，Plepis A M G. J Therm Anal Calorim，2002，67 (2)：491-498.

［108］ Sundaram J，Timothyd D，Wang R. Acta Biomaterialia，2008，4 (4)：932-942.

［109］ Arvanitoyannis I，Nakayama A，Aiba S I. Carbohydr Polym，1998，36 (2-3)：105-119.

［110］ Khomutov I，Lashek N A，Ptitchkina N M. Carbohydr Polym，1995，28 (4)：341-345.

[111] Siew C K, Williams P A, Yong W G. Biomacromolecules, 2005, 6 (2): 963-969.

[112] Joly-duhamel C, Hellio D, Djabourov M. Langmuir, 2002, 18 (19): 7208-7217.

[113] Panouillé M, Lqrreta-garde V. Food Hydrocolloids, 2009, 23: 1074-1080.

[114] Dong Z F, Wang Q. J Membr Sci, 2006, 280 (1-2): 37-44.

[115] Almeida P F, Almeida A J. J Controlled Release, 2004, 97 (3): 431-439.

[116] Balakrishnan B, Jayakrishnan A. Biomaterials, 2005, 26 (18): 3941-3951.

[117] Coombes A G A, Verderio E, Shaw B, Li X, Griffin M, Downes S. Biocomposites of non-crosslinked natural and synthetic polymers. Biomaterials, 2002, 23: 2113-2118.

[118] 张幼珠, 尹桂波, 徐刚. 聚乙烯醇/明胶共混膜的结构和性能研究. 塑料工业, 2004, 32 (5): 34-36.

[119] Zhao F, Yin Y, Lu W W, Leong J C, Zhang W, Zhang J, Zhang M, Yao K. Preparation and histological evaluation of biomimetic three-dimensional hydroxyapatite/chitosan-gelatin network composite scaffolds. Biomaterials, 2002, 23: 3227-3234.

[120] Mohamed K R, Mostafa A A. Preparation and bioactivity evaluation of hydroxyapatite-titania/chitosan-gelatin polymeric biocomposites. Materials Science & Engineering C, 2008, 28: 1087-1099.

[121] 范浩军, 石碧, 段镇基. 蛋白质-无机纳米杂化制备新型胶原蛋白材料. 功能材料, 2004, 35 (3): 373-375.

[122] 孙艳青, 周珃珃. 胶原/TiO_2 纳米复合红外低发射率材料的制备与表征. 无机材料学报, 2007, 22 (2): 227-231.

[123] MacDonald R A, Laurenzi B F, Viswanathan G, Ajayan P M, Stegemann J P. Collagen-carbon nanotube composite materials as scaffolds in tissue engineering. Journal of Biomedical Materials Research Part A, 2005, 74A (3): 489-496.

[124] Li H, Wang D Q, Liu B L, Gao L Z. Synthesis of a novel gelatin-carbon nanotubes hybrid hydrogel. Colloids and surfaces B: Biointerfaces, 2004, 33 (2): 85-88.

[125] 万怡灶, 王玉林, 成国祥, 姚康德. 碳纤维增强明胶复合材料的性能研究. 高分子材料科学与工程, 2001, 17 (4): 86-89.

[126] 万怡灶, 王玉林, 成国祥. 碳纤维增强明胶 (C/Gel) 生物复合材料的溶胀动力学研究. 复合材料学报, 2002, 19 (4): 33-37.

[127] Wan Y Z, Wang Y L, Luo H L, et al. Carbon fiber-reinforced gelatin composites. I. Preparation and mechanical properties. J Appl Polym Sci, 2000, 75: 987-993.

[128] 万怡灶, 王玉林, 董向红等. 明胶材料的力学性能及断口特征. 材料工程, 2000, 02: 19-21.

[129] 郑学晶, 秦树法, 马力强等. 剑麻纤维增强胶原基复合材料. 复合材料学报, 2008, 25 (3): 12-19.

[130] Chiellini E, Cinelli P, Fernandes E G, Kenawy E R, Lazzeri A. Gelatin-based blends and composites: morphological and thermal mechanical characterization. Biomacromolecules, 2001, 2 (3): 806-811.

[131] Nakayama A, Kakugo A, Gong J P, Osada Y, Takai M, Erata T. High mechanical strength double-network hydrogel with bacterial cellulose. Advanced Functional Materials, 2004, 14 (11): 1124-1128.

[132] Zheng J P, Li P, Yao K D. Preparation and characterization of gelatin/montmorillonite nanocomposite. Journal of Materials Science Letters, 2002, 21: 779-781.

[133] Zheng J P, Li P, Ma Y L, Yao K D. Gelatin/montmorillonite hybrid composites. I. Preparation and properties. J Appl Polym Sci, 2002, 86: 1189-1194.

[134] Haroun A A, Gamal-Eldeen, Harding D R K. Preparation, characterization and in vitro biological study of biomimetic three-dimensional gelatin-montmorillonite/cellulose scaffold for tissue engineering. J Mater Sci: Mater Med, 2009, 20: 2527-2540.

[135] 鲍艳, 马建中, 李娜. MAA/AL/MMT 纳米复合材料与胶原纤维的作用. 中国皮革, 2009, 28 (13): 26-29.

[136] 秦小玲, 刘艳红. 植物单宁在水处理中的研究和应用. 工业水处理, 2006, 26 (3): 8-11.

[137] 彭昌盛, 孟洪, 谷庆宝等. 化学法处理混合电镀废水的工艺流程及药剂选择. 水处理技术, 2003, 29 (6): 363-366.

[138] 陆爱霞, 焦丽敏, 廖学品等. 胶原纤维固化铁 (III) 吸附材料的制备及其吸附细菌. 化工学报, 2006, 57 (4): 886-891.

[139] 石碧, 狄莹. 植物多酚. 北京: 科学出版社, 2000: 5-18, 6-91.

[140] 石碧，狄莹，何有节，范浩军．从植物单宁的利用看以植物为原料的精细化工的发展．化工学报，1998，49：43-50.

[141] 孙达旺．植物单宁化学．北京：中国林业出版社，1992：323-377.

[142] Santana J L. Simultaneous metal adsorption on tannin resins. Journal of Radioanalytical and Nuclear Chemistry，2002，25（3）：467-471.

[143] 张力平，孙长霞．植物单宁改性树脂吸附机理的研究．北京林业大学学报，2006，28（4）：6-11.

[144] 曾滔．胶原纤维固化杨梅单宁对 Mo（Ⅵ）和 V（Ⅴ）的吸附特性研究［学位论文］．成都：四川大学，2007.

[145] 萨卡库奇 T 等．利用固化的柿子单宁吸附回收金．国外金属矿选矿，1997（7）：19-23.

[146] 马贺伟，廖学品，王茹．皮胶原纤维固化单宁膜的制备及其对水溶液中铅和汞的吸附．化工学报，2005，56（10）：1907-1911.

[147] Liao X，Ma H，Wang R，Shi B. Adsorption of UO_2^{2+} on tannins immobilized collagen fiber membrane. Journal of Membrane Science，2004，243：235-241.

[148] Wang R，Liao X，Shi B. Adsorption behaviors of Pt（Ⅱ）and Pd（Ⅱ）on collagen fiber immobilized bayberry tannin. Ind Eng Chem Res，2005，44（12）：4221-4226.

[149] 王茹，高文远，孔佳超．胶原纤维固化杨梅单宁对 Cr(Ⅵ) 的吸附．四川大学学报（工程科学版），2010，42（1）：102-106.

[150] Wang R，Liao X P，Shi B. Collagen fibre immobilized tannins and their adsorption of Pt（Ⅲ）and Pd（Ⅱ）. Industrial and Engineering Chemistry Research，2005，44：4221-4226.

[151] Lima L，Olivares S，Martínez F，et al. Use of immobilizedtannin adsorbent for removal of Cr（Ⅵ）from water. Journal of Radioanalytical and Nuclear Chemistry，1998，231（1-2）：35-40.

[152] N Seko，M Tamada，F Yoshii. Current Status of adsorbent for metal ions with radiation grafting and crosslinking techniques. Nuclear Instruments and Methods in Physics Research（B），2005，231：244-253.

[153] 廖学品，邓惠，陆忠兵等．胶原纤维固化单宁及其对 Cu^{2+} 的吸附．林产化学与工业，2003，23：11-16.

[154] Prescott L M，Harley J P，Klein D A. Microbiology. 5th ed. Beijing：Higher Education Press，2002：56-60.

[155] 焦利敏，廖学品，石碧．胶原纤维固载铁对电镀废水中 Cr（Ⅵ）的吸附．工业水处理，2008，28（9）：17-20.

[156] 陈洁，廖学品，石碧．含铬废革屑对水体中磷酸根的吸附性能研究．中国皮革，2008，37（5）：1-14.

[157] Takahiro Ohno，Keizo Tanisaka，Yosuke Hiraoka，et al. Effect of type I and type II collagen sponges as 3D scaffolds for hyaline cartilage-like tissue regeneration on phenotypic control of seeded chondrocytes in vitro. Materials Science and Engineering，2004，24：407-411.

[158] Ernst Magnus Noah，Jingsong Chena，Xiangyang Jiao，et al. Impact of sterilization on the porous design and cell behavior in collagen sponges prepared for tissue engineering. Biomaterials，2002，23：2855-2861.

[159] 武继民，叶萍，关静．胶原海绵的结构分析和毒理学评价．生物医学工程与临床，1998，2（3）：152-158.

[160] 武继民，叶萍，孙伟健等．胶原海绵及其止血性能的研究．生物医学工程学杂志，1998，15（1）：63-65.

[161] 武继民，苗明山，关静等．胶原海绵医治体表出血创面的动物实验观察．生物医学工程与临床，2002，6（1）：11-13.

[162] 谢德明，施云峰．胶原支架材料的制备与表征．暨南大学学报（自然科学版），2006，27（3）：439-443.

[163] 李世普．生物医用材料导论．武汉：武汉工业大学出版社，2002：201-246.

[164] 宁聪琴．硬组织替换用羟基磷灰石复合材料的研究进展．生物医学工程学杂志，2003，20（3）：550-554.

[165] 唐文胜，蒋电明．羟基磷灰石及其复合材料在骨修复中的作用及研究进展．中华创伤骨科杂志，2003，5（4）：370-373.

[166] Sundaram J，Timothyd D，Wang R. Porous scaffold of gela-starch with nanohydroxyapatite composite processed via novel microwave vacuum drying. Acta Biomaterialia，2008，4（4）：932-942.

[167] Bakos D，Soldán M，Hernández-Fuents I，et al. Biomaterials，1999，20（2）：191-195.

[168] 郭敏杰．可吸收缝合线研究进展．天津轻工业学院学报，1999（2）：41-46.

[169] 张其清，辛学军等．中国发明专利申请公开说明书，CN1051510 A，1991.

[170] 薛新顺，罗发兴，何小维等．胶原蛋白作为给药系统载体的研究进展．医药导报，2006，25（12）：1297-1299.

[171] Shoji Ohya，Satoru Kidoaki，Takehisa Matsuda. Poly（*N*-isopropylacrylamide）（PNIPAM）-grafted gelatinhydrogel

surfaces：interrelationship between microscopic structure and mechanical property of surface regions and cell adhesiveness. Biomaterials，2005，26：3105-3111

[172] Kohmura E，Yuguchi T，Yoshimine T，et al. BNDF atdocollagen minipellet accelerates facial nerve regeneration. Brain Res，1999，849（1 - 2）：235 - 238.

[173] Ochiya T，Takahama Y，Toriyama B H，et al. Evaluation of Cationic Liposome Suitable for Gene Transfer into Pregnant Animals. Biochem Biophys Res Commun，1999，258（2）：358 - 365.

[174] Maeda M，Tani S，Sano A，et al. Microstructure and release characteristics of the minipellet，a collagen based drug delivery system for controlled release of protein drugs. J Control Release，1999，62（3）：313 - 324.

[175] 陆扬. 明胶微球的研究进展. 明胶科学与技术，2006，26（3）：113-127.

[176] 李昀. 胶原蛋白在食品和化妆品中的应用. 天津农学院学报，2005（6）：53 - 56.

[177] 崔海萍，闫军，万红敬. 照相明胶在卤化银感光乳剂中的作用. 材料导报，2006，20（9）：：68-72.

[178] 黄碧霞，宋磊，岳军等. 化学物理学报，2001，14（4）：479.

[179] 刘正伟，张美云，孙丽红. 动物皮胶原在造纸中的应用. 西部皮革，2008，30（4）：23-27

[180] 付丽红，张铭让. 胶原蛋白与植物纤维素的结合机理及利用. 成都：四川大学，2002.

[181] Takaku Kazihiko，Kuriyama Takashi，Narisawa Ikuo. Loop Strength of Spin Collagen Fibers. Journal of Applied Polymer Science，1996，61（12）：2437-2445.

[182] Hirane Shigehiro，Zhang Min，Nakagawa Masuo，et al. Wet-spun Chitosan-Collagen Fibers，Their Chemical Modifications，and Blood Compatibility. Biomaterials，2000，21（10）：997-1003.

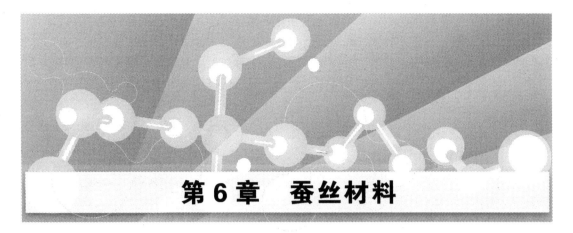

第6章 蚕丝材料

蚕丝是人类最早利用的天然蛋白质之一。我国利用蚕丝的历史由来已久,可追溯到五千年前,它与羊毛一样,是人类最早利用的天然蛋白质之一。蚕丝是由蚕吐丝结茧,再由蚕茧缫制而成,享有"纤维皇后"之誉。蚕丝是优良的天然纤维,具有超强的强度和出色的弹性。由于具有良好的吸湿性和优雅的光泽,丝绸服装穿着舒适、优美、典雅,对人体有良好的保健功能,深受人们的喜爱。随着科学技术日新月异的发展,人们对蚕丝结构的研究不断深入,对其开发利用的研究领域不断拓宽,蚕丝除作为高档纺织材料外,其应用延伸到生物医用、化妆品、食品、环境保护等领域,具有良好的应用前景和经济价值。

6.1 蚕丝的来源、分类与生物纺丝过程

6.1.1 蚕丝的来源与分类

从单个蚕茧抽得的丝条称为茧丝,它由两根单纤维借丝胶黏合包覆而成。将几个蚕茧的茧丝抽出,借丝胶黏合包裹而成的丝条,称为蚕丝。除去丝胶的蚕丝,叫做精炼丝。

蚕的种类很多,根据食物的不同,分为桑蚕、柞蚕、木薯蚕、樟蚕、柳蚕和天蚕等。根据蚕和茧的品种不同,蚕丝可分为家蚕丝和野蚕丝两类。家蚕丝在室内培育,即桑蚕丝;野蚕丝在室外培养,如柞蚕丝、木薯蚕丝、蓖麻蚕丝等。目前使用最多的是桑蚕丝和柞蚕丝,其他蚕丝不易缫丝,只能作为绢纺原料或制成丝绵。

6.1.2 蚕丝的生物纺丝过程

桑蚕的吐丝机构主要是由丝腺体和吐丝管组成的,蚕的吐丝腺体是位于蚕幼体两侧的一对管道。每个腺体由三部分组成:后部、中部和前部。后部腺体末端封闭,其管道狭窄且高度弯曲,主要的丝蛋白——丝素蛋白就在这里合成。相对比较宽大一点的中部腺体起储存丝素蛋白作用,并合成另一种丝蛋白——丝胶蛋白。

蚕吐丝时,依靠其体壁肌肉和腺体本身的收缩作用,使后部丝腺的丝素向前推进,经过中部丝腺时,被丝胶包围,这两种丝蛋白一起流入前部腺体但并不混合。前部腺体的管道向吐丝口靠近时逐渐变细。两个前部腺体在靠近吐丝口时合二为一。吐丝口由两个半圆形的压丝器和一个吐丝孔构成。经过压丝器液态的丝蛋白转变成固态丝纤维,再经吐丝孔向外吐丝时,依靠蚕儿吐丝时头部左右摆动所产生的牵引力排出体外,在空气中凝固硬化成一根茧

丝。这一过程，也是液状丝素逐渐增加浓度和分子聚合度，大分子逐渐定向排列而纤维化的过程。蚕吐丝过程中构象的转变首先是当丝素蛋白溶液的水含量从后部腺体向前推进的过程中减少时，卷曲的无规线团逐渐变为伸展链结构；接着是经丝素蛋白流动至最窄的部分（即吐丝口）的挤压作用完成的。在这里有更大的剪切力，分子互相摩擦，进一步进行解缠绕和向β构象的转变，并且使β-折叠的排列更规整，促使其结晶，形成完整的丝纤维。这也是由腺腔内的压力和吐丝时蚕头部摆动的牵伸作用而实现的。在此过程中，丝素分子发生β化、取向和结晶化，纤维化后的丝素蛋白质便难溶于水了。在这一过程中，同时从中部腺体中分泌出丝胶，丝胶流向前部腺体而包裹住丝素蛋白。但丝胶并不结晶，因为它的化学组成中具有极性侧链的氨基酸较多，且液态丝胶的水含量较高，浓度小，在通过吐丝管时，丝胶分子较难发生β化[1]。成熟桑蚕的丝腺体如图6.1所示。

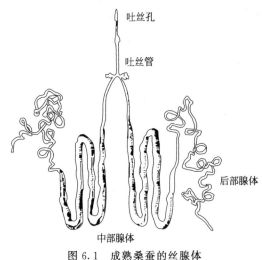

图 6.1 成熟桑蚕的丝腺体

整个丝腺系统的各部分在丝分子合成和分泌时担当的不同机能，见表6.1[2,3]。

表 6.1 茧丝的形成

丝腺部位		机 能	丝素的分子状态
后部丝腺		丝素的合成和分泌	不规则卷曲
中部丝腺	后区	分泌内层丝胶	丝素 α 型
	中部后段	分泌中层丝胶	
	中部前段	分泌次外层丝胶和外层丝胶	
	前区	分泌外层丝胶	
前部丝腺		丝素的成熟化（除去水分，成为有规则的分子形状）	
吐丝管	共通管	丝素 α 型分子的排列（纤维化准备）	丝素 β 型
	压丝部	由于延伸，分子β化，排列，结晶化开始（纤维化开始）	
	吐丝部	由于吐丝，分子β化，排列，结晶化完毕（纤维化完毕）	

6.2 蚕丝蛋白的结构

蚕丝是一种高分子量的纤维蛋白，由丝素（fibroin）和丝胶（sericin）组成，还含有少量的脂肪、蜡质、色素和无机盐等。其中柞蚕丝中丝素占70%～80%，丝胶占20%～30%。丝胶和丝素都属于蛋白质，其水解后的最终产物是α-氨基酸。

纤维由两根呈三角形或半椭圆形的丝素外包丝胶组成，图6.2所示为桑蚕丝纤维的结构示意图，桑蚕丝中心的两条纤维是由若干根亚纤维组成。蚕丝素蛋白以β-片层为基础，形成直径大约为5～10nm的亚纤维，若干亚纤维组成直径大约是100nm的亚纤维束，亚纤维束密切结合组成直径大约为1μm的细纤维，大约100根细纤维沿长轴排列构成直径大约为10～18μm的单纤维，即蚕丝素蛋白纤维。亚纤维束沿丝纤维轴取向，它们之间有很强的相互作用[4]。

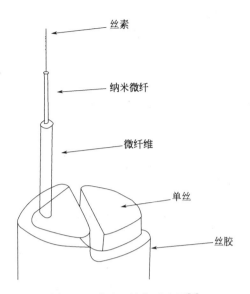

图 6.2　桑蚕丝结构示意图[5]

6.2.1　蚕丝蛋白的结构特征

　　将桑蚕丝做成纵切片和横切面在显微镜下观察（图 6.3），可以看出横切面在显微镜下都呈接近于三角形的结构特征[6]。

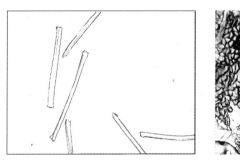

(a) 桑蚕丝(纵切片)(× 500)

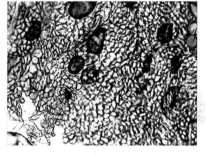

(b) 桑蚕丝(横切面)(× 500)

图 6.3　蚕丝切片显微镜照片

　　图 6.4 所示为桑蚕茧丝和柞蚕茧丝的截面形态的示意图，可以更清楚地了解它们不规则三角形的横截面的结构特征。

(a) 桑蚕茧丝截面形态

(b) 柞蚕茧丝截面形态

图 6.4　蚕茧丝截面形态

　　蚕丝纤维中存在交替分布的结晶区和非结晶区。它们都含有若干条肽链的链段，且每一条肽链都通过若干个结晶区和非晶区，各条肽链大体上是沿着纤维外形的延伸方向排列的，**195**

这就是整个丝素中肽链排列的大致形象[7]。有研究者用图 6.5 所示的模型描述蚕丝的结构[8]，图（a）显示一根蚕丝是由多根微纤组成，图（b）是每根微纤的纳米结构，由 β 晶体和无规结构组成。

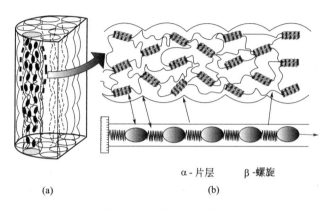

α - 片层   β - 螺旋

(a)   (b)

图 6.5 蚕丝的结构模型

6.2.2 蚕丝蛋白的结构组成

蚕丝主要是由两条丝素和周转覆盖的丝胶两部分组成，蚕丝由两根单丝（single filament）组成，单丝通过丝胶粘接在一起。其余成分主要为蜡质、碳水化合物、色素和灰分等，各组分的含量见表 6.2。

表 6.2 蚕丝的组成

成分	丝素	丝胶	蜡	碳水化合物	色素	灰分
含量/%	70~80	20~30	0.4~0.8	1.2~1.6	0.2	0.7

图 6.6 所示为天然桑蚕丝纤维和脱去表面丝胶后的丝素纤维的表面形貌[9]。天然桑蚕丝纤维较粗，表面不光滑，除包覆胶状丝胶蛋白外，有很多杂质附着在纤维表面。当除去表面包覆的丝胶后，单丝被分开，成为单根丝素纤维，其表面光滑，直径小于 $20\mu m$。

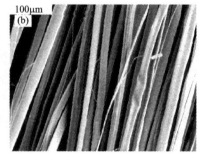

（a）天然桑蚕丝纤维，表面包覆胶状丝胶蛋白   （b）脱胶后表面丝胶被去除，单根丝素纤维表面光滑

图 6.6 桑蚕丝纤维表面 SEM 形貌

蚕丝的主要成分是蛋白质，占 98% 以上。蚕丝的基本组成单元为氨基酸，丝素和丝胶的氨基酸种类相同，但含量有差别，如表 6.3 所示。

表 6.3　丝素和丝胶的氨基酸组成及含量[10]

名　称	丝素/%		丝胶/%		名　称	丝素/%		丝胶/%	
	绢丝腺	茧丝	绢丝腺	茧丝		绢丝腺	茧丝	绢丝腺	茧丝
甘氨酸	46.53	41.81	12.27	13.75	酪氨酸	4.44	6.44	3.12	2.97
丙氨酸	30.04	27.03	4.33	4.90	胱氨酸	0.35	0.30	0.20	0.20
缬氨酸①	2.10	3.04	2.92	2.02	丝氨酸	8.69	12.45	32.62	33.31
亮氨酸①	0.36	0.32	1.32	0.80	苏氨酸①	0.56	0.58	6.64	8.07
异亮氨酸①	0.29	0.31	1.01	0.91	天门冬氨酸	1.00	1.23	18.55	19.62
苯丙氨酸①	0.64	0.66	1.64	1.07	谷氨酸	1.33	1.29	4.83	3.25
蛋氨酸①	0.25	0.70	0.97	0.87	组氨酸	0.16	0.36	2.60	1.91
色氨酸①	0.54	0.60	0.80	0.50	赖氨酸①	0.26	0.71	1.16	0.87
脯氨酸	0.20	0.34	1.60	1.40	精氨酸	1.56	1.83	3.52	3.58

① 为人体必需氨基酸。

6.2.2.1　丝素蛋白 （fibroin） 的结构

（1）丝素蛋白的基本结构

丝素蛋白是蚕丝的主体部分，是一种纤维状蛋白，分子量很高，约为 350kDa。包含 18 种氨基酸，其中侧基较为简单的甘氨酸（Gly）、丙氨酸（Ala）和丝氨酸（Ser）含量丰富，约占总组成的 85%，三者的摩尔比为 3：2：1，并且按一定的序列结构排列成较为规整的链段。与桑蚕丝相比，柞蚕丝丝素中氨基酸含量比例有所不同，如甘氨酸少于丙氨酸，与桑蚕丝中情形相反。

丝素蛋白主要由重链（H 链，约 5112 个氨基酸残基，分子量为 300～350kDa）、轻链（L 链，约 244 个氨基酸残基，分子量约 25kDa）和糖蛋白（P25，203 个氨基酸残基，分子量约 23kDa，另加 3 个寡糖链）组成[11]。分子比为 H：L：P25＝6：6：1。H 链和 L 链两条链由各自 C 末端的二硫键相互连接（图 6.7），形成复合体 H-L，P25 糖蛋白以非共价的相互作用加入 H-L 复合体中构成丝素的基本单位，主要存在于绢丝腺细胞、腺腔以及茧丝中[12,13]。

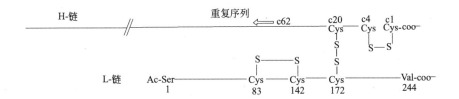

图 6.7　蚕丝丝素中 H-L 复合体的分子内和分子间的二硫键

构成丝素蛋白的氨基酸种类很多，但主要的氨基酸只有 4 种（图 6.8），为甘氨酸（Gly）、丙氨酸（Ala）、丝氨酸（Ser）和酪氨酸（Tyr），其中侧基很小的甘氨酸和丙氨酸占 75% 左右，其次是丝氨酸和酪氨酸，各占约 12% 和 5%（摩尔含量）。含硫氨基酸含量很少，约 0.2%。酸性氨基酸多于碱性氨基酸。丝素中的氨基酸序列是 Gly-X，其中 Gly 为甘氨酸，X 可以是 Ala（64%），Ser（22%），Try（10%）等氨基酸。带亲水基团的丝氨酸（Ser）、酪氨酸（Tyr）、谷氨酸（Glu）、天冬氨酸（Asp）、赖氨酸（Lys）和精氨酸（Arg）

等约占氨基酸总量的 30%。

蚕丝素蛋白除了含有 C、H、O、N 元素外，还含有 K、Ca、Si、Sr、P、Fe、Cu 等多种元素，这些元素与蚕丝素蛋白的性能及蚕吐丝的机理等有直接关系[14]。

蚕丝的来源不同，其丝素的氨基酸含量有所不同。在茧的内层和外层，氨基酸的组成也是不同的。表 6.4 列出野生桑蚕丝和家养蚕丝茧丝素中极性和非极性氨基酸的含量[15]。

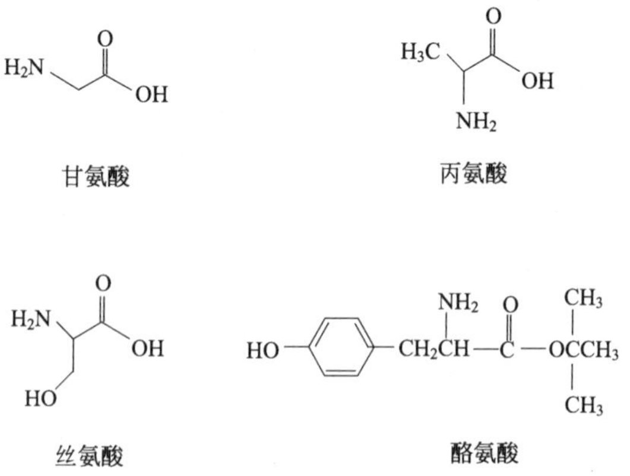

（2）丝素蛋白的二级结构

通常认为丝素蛋白中有 3 种二级结构（构象），即 α-螺旋、β-片层和无规线团。α-

图 6.8　丝素蛋白中的主要氨基酸

螺旋是由链内氢键引起的蛋白结构，而 β-片层是由链间氢键引起的蛋白结构。有研究表明[16,17]，丝素蛋白中还存在另一种由 4 个氨基酸残基组成的发夹式结构：β-转角。在蚕丝的 4 种构象中，β-片层的含量最高，这种高含量的 β-片层结构可能是蚕丝高强度和高模量的主要原因[18]。

表 6.4　野生桑蚕丝和家养蚕丝丝素蛋白的氨基酸含量

氨基酸	野生桑蚕丝			家养桑蚕丝	
	茧内层	茧外层	蚕丝	茧内层	茧外层
极性氨基酸含量/%	72.49	71.25	70.04	76.92	77.31
羟基氨基酸含量/%	42.80	40.88	50.66	41.36	43.69
酸性氨基酸含量/%	23.51	23.08	14.51	28.45	25.16
碱性氨基酸含量/%	6.18	7.26	5.87	7.11	8.46
非极性氨基酸含量/%	27.36	28.32	28.79	22.75	21.78
极性/非极性比例	2.65	2.51	2.43	3.38	3.35

丝素是半结晶聚合物，结晶度为 40%～50% 左右。有侧链小的氨基酸排列出的紧密、整齐、有序的结晶区，侧链较大的氨基酸排列成的疏松、散乱、无序的非结晶区。含较小侧基氨基酸的链段大多位于丝素蛋白的结晶区域，而带有较大侧基的苯丙氨酸（Phe）、酪氨酸（Tyr）、色氨酸（Trp）等主要存在于非结晶区域。

丝素结晶态有两种空间构型，分别称为 α 型和 β 型，又称为 Silk Ⅰ 和 Silk Ⅱ。Silk Ⅰ 呈曲柄形分子链，主要以无规线团（random coil）为主，还有少量 α-螺旋（α-helix）和 β-转角（β-turn）组成。Silk Ⅱ 结构属斜方晶系，主要呈反平行 β-折叠（β-sheet）。通过改变温度、溶剂极性、溶液 pH 值和应力作用可使 Silk Ⅰ 转变为 Silk Ⅱ[19,20]，如表 6.5 所示。Rigina 等[21~23]又发现了存在于蚕丝素溶液-空气界面上的一种新的蚕丝素结晶形态，呈三螺旋链构造，称之为 Silk Ⅲ 型，其晶体结构与聚甘氨酸 Ⅱ 相似，属六方晶系，肽链的立体构象为 β-折叠螺旋。在 Silk Ⅰ 型、Silk Ⅱ 型和 Silk Ⅲ 型中，Silk Ⅱ 型是蚕丝素蛋白的主要晶型，是蚕丝素蛋白具有高弹性模量和强度的主要原因。Silk Ⅰ 型和 Silk Ⅲ 型蚕丝素蛋白可通过丝素蛋白溶液去除溶剂结晶后获得[24]。Valluzzi 等[25]报道在水-己烷界面，丝素蛋白膜存在一种带状形貌，带的宽度为约 1μm。形貌分析和衍射技术表征表明，这种带状结构可能是由胆甾型液晶形成的自由表面。在水-己烷和水-氯仿界面的丝素膜中，观察到六方片晶结构，这与

天然高分子材料

在空气-水界面观察到的 SilkⅢ 结构十分相似，但二者的晶胞堆砌不同。在水-油界面观察到的丝素晶体的衍射行为与胶原多肽链的相似。了解丝素的表面活性、聚集态和中间态的形成，有助于理解蚕丝液晶结构的形成和蚕丝的生物纺丝过程。

表 6.5　丝素的分子结构与处理条件[26]

处理条件	丝素结构	处理条件	丝素结构
液状丝干燥（室温）	Silk Ⅰ 型	物理变性	Silk Ⅱ 型
添加乙醇	Silk Ⅰ 或 Silk Ⅱ 型	盐析	Silk Ⅱ 型
乙醇后处理	Silk Ⅱ 型	喷雾干燥	无定形
溶剂混合析出	Silk Ⅰ 或 Silk Ⅱ 型		

用红外光谱（IR）、拉曼光谱（Raman）、圆二色谱（CD）、广角 X 散射（LAXS）可研究这些构象及其转变[27]，具体的谱图特征见表 6.6。

表 6.6　丝素蛋白结构的谱图特征[28]

表征方法	Silk Ⅰ 结构特征	Silk Ⅱ 结构特征	表征方法	Silk Ⅰ 结构特征	Silk Ⅱ 结构特征
IR	$1653cm^{-1}$（酰胺Ⅰ） $1543cm^{-1}$（酰胺Ⅱ）， $1243cm^{-1}$（酰胺Ⅲ） $669cm^{-1}$（酰胺Ⅴ）	$1627cm^{-1}$（酰胺Ⅰ） $1531cm^{-1}$（酰胺Ⅱ） $1236cm^{-1}$（酰胺Ⅲ） $695cm^{-1}$（酰胺Ⅴ）	Raman	$1252cm^{-1}$（酰胺Ⅲ） $1270cm^{-1}$（酰胺Ⅲ）	$1233cm^{-1}$（酰胺Ⅲ）
			CD	206nm,218nm（负峰） 192nm（正峰）	
Raman	$1660cm^{-1}$（酰胺Ⅰ）	$1676cm^{-1}$（酰胺Ⅰ）	LAXS		0.430nm,0.476nm

在对蛋白质模型化合物的研究中发现[29]，有的氨基酸残基可以通过和 Cu^{2+} 的螯合作用而形成 β-转角，再通过氢键作用形成一个稳定的 β-折叠。当这种 β-折叠聚集到一定尺度而形成核或"种子"时，则会引发更多的 β-折叠的形成。在丝素蛋白的构象转变过程中，金属离子的存在也起了重要的作用。李贵阳等[30]将蚕丝蛋白溶液在空气中干燥，以模拟蚕吐丝中逐步丧失水分而成为固体丝纤维的过程，用 ^{13}C CP-MAS 固体核磁共振谱研究了金属离子 Ca^{2+}、Cu^{2+} 对丝蛋白 β-折叠产生的影响。向再生丝素溶液中加入 Ca^{2+} 离子后，Silk Ⅱ 的含量由原来的 18.7% 增加到 31.9%。向再生丝素溶液中加入 Cu^{2+} 离子后，溶液的上层仍为透明溶液，下层出现了半透明胶状物。将两层物质分别制膜，然后进行核磁共振表征，发现成膜后的拟合谱都是以 Silk Ⅱ 为主，其中上层为 60%，下层为 66.5%。这可能是由离子与氨基及羧基形成的链间的螯合作用使原来无序运动的链有序排列，再由于氢键的相互作用而形成 β-折叠平面。当然，在蚕吐丝过程中仅靠低浓度的 Ca^{2+} 和 Cu^{2+} 离子的存在并不能完成向 β-折叠的转变，还要借助剪切力、拉伸力的作用才能导致高度规整的 β-折叠的形成。

不同的丝素材料具有不同的二级结构，并经热处理、应力作用或化学试剂等处理后易发生结构变化。丝腺中丝素从后部丝腺到前部丝腺，在切变应力的作用下由无规线圈到 α-型，再到 β-型的转变，脱胶后的丝素纤维是 β-片层结构的；丝素水溶液呈无规卷曲；丝素膜未经甲醇处理，其结晶度只有 1%，经热处理或甲醇处理后，丝素膜从无规线圈向 β-结构转变，即从丝素 Ⅰ 向丝素 Ⅱ 转化，丝素膜的结晶度增大至 20%；丝素粉呈无规卷曲，在暴露在 89%RH 空气中后重结晶，二级结构转化为 β-片层结构；丝素凝胶及凝胶粉都以 β-结构存在。

在经蚕的吐丝作用而形成的蚕丝中，结晶区的丝素主要是以丝素 Ⅱ 的形式即折叠型结构存在，此时，肽链的链段排列整齐，相邻肽链之间的氢键和分子间引力使它们结合得相当紧密，抵抗外力拉伸的能力强，所以蚕丝的断裂强度大。相反，在丝素的非晶区，肽链排列不整齐且疏松，并有弯曲和缠结，在外力拉伸下可以变直、伸长，从而使蚕丝具有较好的断裂伸长度；而在除去外力后，又可以部分回复原状，故蚕丝又具有较好的弹性回复率。吸湿以后，蚕丝的强力、伸度都会发生变化。因为水分子进入纤维内部，使肽链之间的结合力减弱，故蚕丝吸湿后断裂强度降低；而吸湿后肽链间的滑移能力增加，故断裂伸长率有所增大[7]。

丝素纤维的最基本结构单元是直径为 $10\sim50nm$ 的微原纤，微原纤聚集成数十微米的原纤，大约 100 根原纤沿长轴排列构成直径大约为 $10\sim18\mu m$ 的单纤维，即蚕丝蛋白纤维[31,32]。

对丝素的结晶区进行 X 射线衍射结构分析表明，多肽链是以完全伸展的形式堆积在一起，如图 6.9 所示[15]，各肽链之间由数量众多的氢键连接。

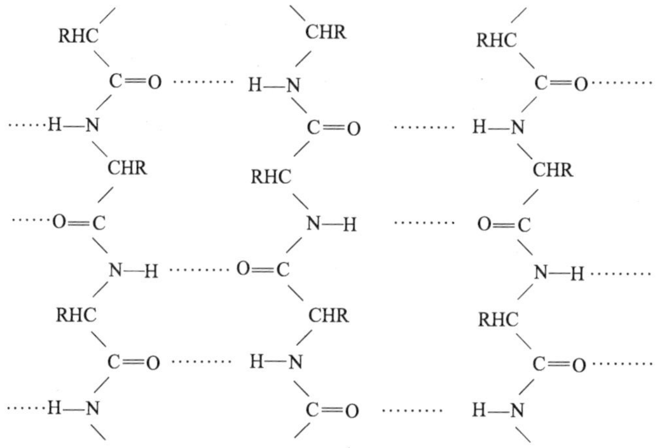

图 6.9 丝素多肽链结构

6.2.2.2 丝胶 (sericin) 的结构

被覆丝素外层的是丝胶，丝胶在蚕体内对丝素的流动起润滑剂作用，在茧丝中对丝素起到保护和胶黏作用，约占茧层质量的 25%，并含少量的蜡质、碳水化合物、色素和无机成分。丝胶是一种球状蛋白，以鳞状粒片不规则地附着于丝素的外围。相对分子质量为1.4 万～31.4 万[33]。丝胶蛋白中的极性侧链氨基酸占约 74.61%，其中丝氨酸（Ser）、天门冬氨酸（Asp）和甘氨酸（Gly）的含量较高，相对质量分别达到 33.43%、16.71% 和13.49%。丝胶的二级结构以无规卷曲为主，含有部分 β-折叠构象，几乎不含 α-螺旋结构，故丝胶分子空间结构松散、无序。接近丝素的内层丝胶中含 β-结构的比例相对于外层丝胶来说要高，但是外层丝胶在环境条件特别是湿度的影响下，部分无规卷曲能向 β-结构发生不可逆转变[34]。

由于极性侧链氨基酸含量较高，丝胶表现出较好的水溶性和吸水性，可在水中膨润溶解，在热水中能逐步溶解，而人工制作的易溶性丝胶粉末在冷水中即能溶解。将溶于水的丝胶在自然条件下放置，可得到可逆性的丝胶凝胶。改变丝胶溶液的浓度、pH、温度等参数，或加入各种添加剂，可得到具有不同性能的各种凝胶状丝胶。液胶向凝胶转化的温度一般在60℃以下，凝胶向液胶转化的温度为 50～70℃。在液胶向凝胶转化的过程中，伴随着部分无规卷曲向构象的不可逆转化，凝胶强度与凝胶的浓度呈正比。丝胶向凝胶转化的过程中，伴随着部分无规卷曲向构象的不可逆转化，凝胶强度与凝胶的浓度呈正比[35]。丝胶能抑制酪氨酸酶和多酚氧化酶的活性，其机理可能是由于丝胶中高比例的羟基氨基酸与微量元素如铜、铁的络合，从而影响了酶活性的正常发挥。

综上，表 6.7 列出蚕丝丝素与丝胶的结构特点，包括其分子量、二级结构特征和生物功能[36]。

表 6.7　桑蚕丝的结构

丝纤维	丝素（约占 72%～81%）			丝胶（约占 19%～58%）
	H 链	L 链	P25 糖蛋白	胶状蛋白质
分子量	325kDa	25kDa	25kDa	约 300kDa
极性	憎水			亲水
结构	Silk I(无规线图或规整度低) Silk II(结晶结构) Silk III(不稳定结构)			非结晶结构
功能	单丝的结构蛋白			将两根丝素纤维粘接在一起

6.2.3　影响丝蛋白构象的因素[27]

丝蛋白材料的性能与丝蛋白本身的二级结构即构象密切相关。能够诱导丝蛋白发生构象转变的因素很多，有机溶剂、温度、拉伸应力、金属离子等都能使丝蛋白的构象发生变化，从而使材料性能发生改变。

(1) 有机溶剂

醇类溶剂是最常见的能够诱导丝蛋白发生构象转变的有机溶剂。Asakura 等[37]用甲醇水溶液处理桑蚕丝蛋白膜，发现丝蛋白的红外吸收由 1650cm^{-1}（酰胺Ⅰ）、1535cm^{-1}（酰胺Ⅱ）和 1235cm^{-1}（酰胺Ⅲ）位移到 1625cm^{-1}（酰胺Ⅰ）、1528cm^{-1}（酰胺Ⅱ）和 1260cm^{-1}（酰胺Ⅲ），表明丝蛋白的构象由无规线团转变为 β-折叠。Tsukada 等[38]也做了类似的研究，同样证明了甲醇水溶液处理后丝蛋白膜的构象将由无规线团转变成 β-折叠。邵正中用乙醇水溶液作为诱导剂研究了桑蚕丝蛋白构象转变的动力学[39]。结果表明，随着乙醇诱导时间的增加，代表无规线团和/或螺旋构象的特征峰（1668cm^{-1}）逐步减小；而代表 β-折叠构象的特征峰（1618cm^{-1}）则逐渐增强。构象转变的动力学曲线进一步显示，丝蛋白的构象转变过程可能存在两个同时或相继发生的模式，其中较快的一个对应于丝蛋白分子链节的快速重排，而较慢的一个则对应于整个分子链的缓慢调整。此外，研究还发现，1693cm^{-1} 的动力学曲线并不和 1618cm^{-1} 处完全相同，因此 1693cm^{-1} 处的吸收可能不仅仅是 β-折叠在高频处的吸收，而可能是与 β-折叠有关的 β-转角的吸收。

与红外光谱的研究相似，Monti 等[40]用拉曼光谱研究了桑蚕丝蛋白膜在甲醇处理前后拉曼谱带的变化。天然桑蚕丝蛋白膜的拉曼吸收谱带出现在 1660cm^{-1}（酰胺Ⅰ）、1276cm^{-1}和 1248cm^{-1}（酰胺Ⅲ），表明其主要呈无规线团构象。丝腺体中的丝蛋白溶液和再生丝蛋白膜都具有非常相像的拉曼谱带，但是当天然和再生丝蛋白膜经过甲醇处理发生 β-折叠的构象转变后，其特征谱带位移至 1665cm^{-1}（酰胺Ⅰ）、1262cm^{-1}和 1236cm^{-1}（酰胺Ⅲ）。

除了醇类溶剂，其他低介电常数的有机溶剂，如甲酸等，亦能引起桑蚕丝蛋白的构象转变。Park 等[41]分别对由桑蚕丝蛋白水溶液或甲酸溶液制的膜进行红外研究，发现由水溶液制得的样品具有很明显的无规线团吸收峰，即 1655cm^{-1}（酰胺Ⅰ）、1540cm^{-1}（酰胺Ⅱ）和 1235cm^{-1}（酰胺Ⅲ）。而甲酸溶液制得样品则显示 β-折叠吸收，即 1628cm^{-1}（酰胺Ⅰ）、1533cm^{-1}（酰胺Ⅱ）和 1265cm^{-1}（酰胺Ⅲ）。同时这两种膜样品经甲醇处理后都出现与甲酸溶液制得的样品基本相同的红外吸收峰，表明甲酸对丝蛋白构象的影响和甲醇相似。同样，Hudson 等[42]也证实了甲酸能够促进丝素蛋白向 β-折叠构象的转变。

（2）温度

温度是影响桑蚕丝蛋白构象的另一个因素。

Magoshi 等[43]报道了温度对丝蛋白膜构象转变的影响。他们发现由丝蛋白稀溶液在室温下制备的膜呈无规线团构象，其红外吸收在 1660cm^{-1}（酰胺Ⅰ）、1540cm^{-1}（酰胺Ⅱ）、1235cm^{-1}（酰胺Ⅲ）和 650cm^{-1}（酰胺Ⅴ）。当把膜样品加热到 180℃时，其在 1630cm^{-1}（酰胺Ⅰ）、1535cm^{-1}（酰胺Ⅱ）、1265cm^{-1}（酰胺Ⅲ）和 700cm^{-1}（酰胺Ⅴ）处出现新的红外吸收峰，表明有 β-折叠构象的形成。但是即使将温度升至 230℃，无规线团构象依然存在。接着他们将呈无规线团构象的丝蛋白膜浸在 2～130℃的水中，观察其构象的变化[44]。红外光谱的结果表明，当水温低于 60℃时，膜转变为 α 型（即 SilkⅠ）。而当水温高于 70℃时，膜呈现 α 型和 β 型（即 SilkⅡ，β-折叠）共存的状态。

其后 Liang 和 Hirabayashi[45]研究了溶解桑蚕丝的溶剂温度对制得的丝蛋白膜构象的影响。他们发现在用 9.5mol/L LiBr 溶液溶解丝纤维时，不同溶解温度下得到丝蛋白膜的构象有所差异。在溶解温度由 5℃升高到 100℃的过程中，代表 β-折叠的 725cm^{-1} 和 698cm^{-1} 吸收峰有所减弱（峰面积由 21% 下降至 5%），代表 α-螺旋（即 SilkⅠ）的 655cm^{-1} 和 625cm^{-1} 处红外吸收峰亦有所减弱，由 44% 下降至 26%；而代表无规线团的 540cm^{-1} 处红外吸收峰则有所增强，由 45% 增加至 69%。同时，随着温度的升高，丝蛋白膜的力学性能有所下降，因此他们建议用 LiBr 溶解丝纤维时温度不宜过高。此外，Hirabayashi 等[46]还研究了丝蛋白水凝胶在脱水过程中的构象，结果发现随着水凝胶中水含量的减少，丝蛋白的构象并未发生明显的变化。

近年来，Tretinnikov 和 Tamada[47]用衰减全反射红外光谱研究了成膜温度对桑蚕丝蛋白膜构象的影响。他们发现膜中无规线团与 β-折叠构象的比值与成膜温度有着密切的联系，当成膜温度为 50℃时此值最小。具体而言，当成膜温度为 22℃和 30℃时，酰胺Ⅰ谱带基本以 1651cm^{-1} 呈中心对称，表明无规线团和 α-螺旋（SilkⅠ）构象共存。当成膜温度上升到 40℃时，1626cm^{-1} 处出现了一个 β-折叠的特征峰，温度继续上升到 50℃时表征 β-折叠构象吸收峰的强度大大增强，而 1651cm^{-1} 处的峰则减弱为一个肩峰。同时，Monti 等[40]用拉曼光谱对丝腺体中的天然丝蛋白进行研究，得到了类似的结论，即浇膜温度超过 50℃时，丝蛋白的构象以 β-折叠为主，且膜的构象与成膜速度无关。

（3）拉伸应力

桑蚕的吐丝过程就是丝蛋白受到应力（主要是剪切力和拉伸力）的作用而由无规线团和/或螺旋结构转变为 β-折叠的过程，因此应力也是影响丝蛋白构象转变的一个重要因素。Magoshi 等[48]首先将成熟家蚕丝腺体内取出的天然丝蛋白进行拉伸，并用拉曼光谱跟踪拉伸前后的构象变化。他们发现，从丝腺体中取出的丝蛋白以无规线团为主，并含有少量的 α 型（即 SilkⅠ），其拉曼特征峰出现在 1660cm^{-1}（酰胺Ⅰ）和 1260cm^{-1}（酰胺Ⅲ）处；经过拉伸后，丝蛋白的构象转变为 β-折叠，其拉曼特征峰出现在 1664cm^{-1}（酰胺Ⅰ）和 1233cm^{-1}（酰胺Ⅲ）。陈新等人进一步研究了不同的拉伸比率（拉伸后与原始的长度比）对天然丝蛋白构象的变化[49]。结果显示，当拉伸比由 1 增加到 15 时，拉曼特征峰由 1660cm^{-1}（酰胺Ⅰ）和 1252cm^{-1}（酰胺Ⅲ）位移至 1672cm^{-1}（酰胺Ⅰ）和 1236cm^{-1}（酰胺Ⅲ），非常接近桑蚕丝纤维的拉曼特征峰 1676cm^{-1}（酰胺Ⅰ）和 1232cm^{-1}（酰胺Ⅲ），表明丝蛋白的构象随着拉伸比的增加逐渐由无规线团向 β-折叠转变。

（4）金属离子

虽然在桑蚕吐丝过程中，剪切力对丝蛋白的构象转变起主要作用，但是 pH 的变化和金属离子的作用亦不容忽视。陈新等人详细表征了丝腺体中金属离子的含量，并用拉曼光谱研究了这些离子对桑蚕丝腺体中天然丝蛋白和再生丝蛋白溶液（与丝腺体中天然丝蛋白具有相同的浓度）构象的影响[50,51]。通过比较拉曼光谱中表征无规线团和/或螺旋构象的 $1650cm^{-1}$ 谱带和表征 β-折叠的 $1667cm^{-1}$ 谱带在各种金属离子作用下的变化，发现 Mg^{2+}、Cu^{2+} 和 Zn^{2+} 有利于诱导 β-折叠的形成，Ca^{2+} 有利于维持丝蛋白在溶液中的稳定结构，而 Na^+ 和 K^+ 则趋向于破坏这种结构。

6.2.2.4 液状丝素蛋白在丝腺体内的液晶结构

与蛛丝一样，蚕丝在蚕体内具有液晶纺丝的特点[52,53]。对吐丝前的五龄熟蚕中部丝腺内丝蛋白大分子的形态及结构进行研究，发现其中部丝腺中丝蛋白大分子具有液晶有序态，这种有序态与丝蛋白分子链中无序线团和螺旋构象组成的高次结构有关[54]。通过偏光显微镜和双折射测量证实在缺乏剪切应力作用的中部丝腺丝蛋白存在液晶有序态，表明蚕的吐丝具有液晶纺丝的特点[55]。图 6.10 是桑蚕的丝腺管的亮场 TEM 照片，带宽为 600nm 的条纹结构表明蚕丝液在腺体内可能呈胆甾型液晶织态。蚕吐丝的过程是在常温常压下以水为溶剂的，而且所纺出的丝具有优异的综合力学性能。从液态丝到形成丝线是剪切应力和拉伸应力共同作用在丝素上的结果，导致了液态丝的结晶。蚕丝的液晶纺丝使丝可在较低的拉

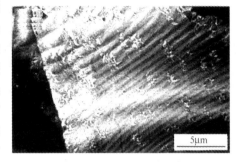

图 6.10　桑蚕的丝腺管的亮场 TEM 照片[56]

伸条件下获得高取向度的纤维，从而减少在高倍拉伸条件下产生应力和损伤。

6.3　丝素和丝胶的分子量测定

高聚物的分子量和分子量分布是高分子材料最基本、最重要的结构参数之一，丝纤维的许多力学性能如抗张强度、断裂伸长率、冲击韧性以及丝纤维的耐热与加工性能等，均与蚕丝蛋白质的分子量及其分布有着密切的关系。在研究蚕丝蛋白质的组成与结构时，分子量数据十分重要。作为一种生物高聚物，蚕丝蛋白的分子量较大，并具有多分散性。

6.3.1　丝胶分子量的测定

测定丝胶分子量的方法有多种，但以凝胶电泳与凝胶色谱法最为广泛被应用，这两种方法对蛋白质分离能力高、实验重复性好、数据可靠。表 6.8 列出用不同方法测定的丝胶分子量[57]。从表 6.8 可看到丝胶相对分子质量在 $1.4 \times 10^4 \sim 3.14 \times 10^5$ 这样一个数值较宽的范围内。各种丝胶分子量测定值大致可分为 10^4 与 10^5 二组数量级。以热水溶解的茧层丝胶，用超速离心沉降法测得难溶丝胶相对分子质量为 $(1.1 \sim 1.5) \times 10^5$，而易溶丝胶相对分子质量则为 $(3.5 \sim 4.0) \times 10^4$，难溶丝胶的分子轴向比为 $40 \sim 50$，而易溶丝胶则为 $15 \sim 20$，因此可以认为一分子的难溶丝胶是三分子易溶丝胶在旋转的椭圆体长轴方向的缔合体。用聚丙烯酰胺凝胶电泳法测定茧层丝胶相对分子质量为 $(1.0 \sim 1.2) \times 10^5$，如将此丝胶溶液在

短时间（30min）内煮沸或加2％十二烷基硫酸钠，测得丝胶相对分子质量为$(3.5\sim4.0)\times10^4$，为原液丝胶分子量的1/3。用超声波短时间处理丝胶溶液，同样亦发现其黏度降低，分子量下降的趋势。丝胶取材与制备样品不一以及使用的测定方法有所不同，这些因素虽然会造成丝胶分子量测定数据的差异，但其数值变化的幅度不会太大，往往不超过一个数量级。为此可以认为10^5数量级的丝胶相对分子质量是由$3\sim4$个相对分子质量为10^4数量级的丝胶亚单位缔合而成，这些亚单位通过较弱的副键缔合在一起形成丝胶蛋白质的大分子。

表6.8 丝胶相对分子质量的测定

样品来源及制备条件	测定方法	丝胶相对分子质量
煮沸茧层丝胶溶液（0.3％）	扩散系数法	1.5×10^4
煮沸茧层丝胶溶液（0.1％～0.5％）		$(3.5\sim4.0)\times10^4$
茧层煮沸分离易溶丝胶	超速离心沉降法	$(3.5\sim4.0)\times10^4$
茧层煮沸分离难溶丝胶		$(1.1\sim1.5)\times10^4$
用无水碳酸盐抽提的茧层丝胶	凝胶色谱法	$(1.61\sim1.82)\times10^4$
	凝胶色谱法	$(1.68\sim1.76)\times10^4$
	超速离心沉降法	1.846×10^4
	密度梯度分析法	$(1.64\sim1.76)\times10^5$
用铜乙二胺再生的茧层蛋白质	凝胶电泳法	2.4×10^4
茧层丝胶Ⅰ、Ⅱ	凝胶电泳法	$(1.0\sim1.2)\times10^4$
茧层丝胶Ⅰ、Ⅱ加2％SDS		$(3.5\sim4.0)\times10^4$
中部绢丝腺前区提取的丝胶	凝胶电泳法	$2.0\times10^4\sim2.2\times10^5$
中部绢丝腺后区分泌出的S-4	凝胶电泳法	8.1×10^4
中部绢丝腺中区分泌出的S-1		3.09×10^5
中部绢丝腺中区与前区分泌出的S-3		1.45×10^5
中部绢丝腺前区分泌出的S-2		1.77×10^5
中部绢丝腺前区分泌出的S-5		1.34×10^5
柞蚕中部绢丝腺丝胶	凝胶色谱法	1.5×10^5
中部绢丝腺前区分泌丝胶	凝胶色谱法	$1.4\times10^4\sim3.14\times10^5$
中部绢丝腺中区的前部分泌丝胶		$1.4\times10^4\sim3.14\times10^5$
中部绢丝腺中区的后部分泌丝胶		$2.5\times10^4\sim3.14\times10^5$
中部绢丝腺后区分泌丝胶		$1.4\times10^4\sim3.14\times10^5$
用34℃水抽提茧层丝胶		$2.13\times10^4\sim3.14\times10^5$
中部绢丝腺液状丝胶	凝胶电泳法	$3.6\times10^4\sim2.0\times10^5$

茧层丝胶是由易溶和难溶丝胶所组成，用热水抽提茧层丝胶溶液，可用等电点沉淀法或采用盐析法对两者分离后进行。虽然难溶与易溶丝胶在氨基酸组成稍有差异，但结构上二者差异不大，两种丝胶的溶解特性很大程度上受分子量所支配，即难溶部分对应于分子量较大的丝胶，而易溶部分对应于分子量较小的丝胶。

6.3.2 丝素分子量的测定

在制备丝素蛋白溶液之前，蚕茧的脱胶是一个不可忽视的过程。不同的脱胶方法对丝素蛋白分子量的影响是不同的。相对于Na_2CO_3脱胶法，采用胰蛋白酶脱胶法对丝素蛋白分子量的降解作用较小。

用十二烷基硫酸钠-聚丙烯酰胺凝胶电泳（SDS-PAGE）可测试再生丝素蛋白分子量。

该法操作简单，易于进行染色、脱色等过程，是目前实验室蛋白质分子量测定中应用最多的一种方法。

运用无胶筛分毛细管电泳法也可测试再生丝素蛋白的分子量。无胶筛分毛细管电泳法具有向毛细管内注入筛分介质方便、易于冲洗、毛细管可反复使用以及便于实现自动化等优点。无胶筛分毛细管电泳法一般以非交联的高分子水溶性化合物作为筛分介质，而且为了提高检测的灵敏度应尽量选用紫外透明或对紫外光吸收比较弱的水溶性高分子。周威等[58]选用聚乙二醇（PEG 6000）作为筛分介质，利用无胶筛分毛细管电泳法成功地对再生丝素蛋白的分子量进行分析测定。由无胶筛分毛细管电泳法测得的丝素蛋白分子量与传统的 SDS-PAGE 法的实验结果接近。

凝胶渗透色谱（GPC）不仅能测定聚合物的分子量，而且能测定分子量的分布。将丝素在碱性条件下进行水解，用 GPC 对 NaOH 在不同浓度、温度下水解丝素蛋白分子量进行测定，水解温度越高、水解时间越长、碱液浓度越大，丝素分子量向低方向移动[59]。

6.4　蚕丝蛋白的提取

6.4.1　丝素蛋白的提取[32]

提取丝素蛋白的途径主要有两种：①从五龄蚕的丝腺中直接获得丝素蛋白；②从天然蚕丝或茧壳中提取丝素蛋白。由于从蚕的丝腺中提取丝素蛋白的操作难度比较大，所以在需要大量制备丝素蛋白的情况下，人们多数采用第二种方法，即从天然蚕丝中提取丝素蛋白。

从天然蚕丝或茧壳中提取丝素蛋白分为两个步骤：蚕丝或茧壳的脱胶和丝素纤维的溶解。

6.4.1.1　脱胶的方法

（1）马赛热皂液法（Marseilles soap）

把干燥的桑蚕茧壳放入 0.5％的马赛热皂液和 0.3％的 Na_2CO_3 混合液中，在 100℃下煮沸 1h，再用去离子水冲洗数次，即得到丝素纤维。

（2）Na_2CO_3 脱胶法

用 Na_2CO_3 脱胶有 3 种操作方法：①在 0.05％ Na_2CO_3 溶液中于 98～100℃下加热 30min，重复 3 次；②在 0.05％ Na_2CO_3 溶液中，脱胶液的体积（毫升）与蚕壳的质量（克）之比为 50，煮沸 60min，重复 2 次；③在 0.5％ Na_2CO_3 溶液中，脱胶液的体积（毫升）与蚕壳的质量（克）之比为 50，煮沸 30min，重复 2 次。

脱胶后用苦味酸胭脂红溶液来检测精炼丝是否脱胶完全，样品呈黄色表明丝胶脱尽，红色表明丝胶尚未脱尽。也可以用 0.5％的 $NaHCO_3$ 煮沸 30min 进行脱胶，重复此操作一次后，用去离子水洗净，得到丝素纤维。

（3）酶解脱胶法

将蚕壳或蚕丝放入 1％ Alkalase 质量浓度为 2.5mg/mL 的溶液中，在 60℃下煮 30min，其中脱胶液的体积（毫升）与蚕壳的质量（克）之比为 50。

（4）尿素脱胶法

脱胶液为 8mol/L 尿素溶液、0.04mol/L Tris 和硫酸盐缓冲液（pH＝7）、0.5mol/L 巯

基乙醇的混合溶液，其中脱胶液的体积（毫升）与蚕壳的质量（克）之比为30。

（5）皂液脱胶法

将茧壳或蚕丝放入0.05％的皂液中，在100℃下煮30min，其中脱胶液的体积（毫升）与蚕壳的质量（克）之比为100。

（6）水脱胶法

将茧壳或蚕丝放入100℃的水中，常压下煮5～60min，或用高压灭菌锅在120℃下煮5～30min，其中脱胶液的体积（毫升）与蚕壳的质量（克）之比为30。

6.4.1.2 丝素纤维的溶解

（1）Ajisawa's法[60]

将脱胶后的丝素纤维放入Ajisawa's试剂［$CaCl_2$：$EtOH$：H_2O＝111：92：144（质量比）］中，在75℃下不断搅拌，直至丝素纤维全部溶解，其中，丝素纤维的体积（毫升）与Ajisawa's试剂质量（克）的比为15。溶解液用去离子水透析，直到用$AgNO_3$检测不到Cl^-为止。Ajisawa's法的溶解温度和时间可根据反应情况和要求进行适当的调节。用40％的高含量$CaCl_2$溶液也能将丝素蛋白溶解，溶解后蛋白的分子量分布与加热时间有关。

（2）LiBr溶解法

LiBr溶解法的溶解液可分为3种：

① $m(LiBr)$：$m(C_2H_5OH)$：$m(H_2O)$＝45：44：11；

② $m(LiBr)$：$m(C_2H_5OH)$＝40：60；

③ 9.5mol/L的$LiBr_2$-H_2O溶液。

（3）硫氰酸锂（LiSCN）溶解法[60]

将生丝或茧壳放入饱和的（约9mol/L）LiSCN溶解液中不断搅拌，直至溶解，丝素纤维/LiSCN＝30/100（体积/质量）。得到的丝素溶液用水或5mol/L的尿素透析2h。由于LiSCN在中性、室温的条件下即可把丝素溶解，不引起肽键的水解，所以它是一种比较理想的溶解试剂。

除了LiSCN外，NaSCN、十二烷基磺酸锂也是很好的丝素溶解液。有报道LiCl/N，N-二甲基乙酰胺在室温条件下对丝素的溶解非常好，而且完全溶解仅需1～2h。

（4）$Ca(NO_3)_2$溶解法

将脱胶蚕丝放入$Ca(NO_3)_2$-MeOH-H_2O体系中，m［$Ca(NO_3)_2 \cdot 4H_2O$］：m（CH_3OH）＝3：1，加热并不断搅拌，直至溶解。其中$Ca(NO_3)_2$-MeOH-H_2O的配比、反应温度、加热时间可根据反应情况作适当调整，但同时也要注意到这些条件对最终所得的可溶性丝素蛋白的构象和蛋白的裂解程度有很大的影响。

6.4.2 丝胶蛋白的提取[33,61]

丝胶的获得有两种途径。一种是以下茧、废丝为原料，除去杂质后，用高温水浴脱胶。然后将丝胶溶液浓缩、干燥，可制得固体粉末丝胶或先用温热的纯碱溶液浸渍，再高温脱胶，经提纯、脱色、降解、浓缩、干燥，可得到含杂质极少的易溶丝胶粉。

另一种途径是从煮茧和精炼的废液中提取。绢丝制绵、缫丝煮茧与副产品加工、丝绸印染精炼等生产废水中含有大量的蛋白质，其中含有大量的丝胶，但通常都作为废水排放了。含丝胶的废水中同时还含有大量的盐类和表面活性物质，化学需氧量指标（chemical oxygen demand，COD）超过 6000mg/L，因此提取有一定的难度。即使用生物学方法处理后排放，也花费太高。采用超滤和反渗透的方法处理废水，可回收 97% 的丝胶，70% 的水得到再次利用，COD 降低到 50mg/L 的低水平。不仅有效地回收了废水中的丝胶，还降低了用传统方法处理污水的成本[62]。

6.4.2.1 冷冻法提取丝胶蛋白[63]

在丝胶蛋白溶液加入 5% 的活性炭，80℃ 条件下脱色 30min，过滤；滤液真空浓缩；浓缩液在 pH＝7、－20℃ 冰冻 11～13h 取出，自然解冻。过滤得沉淀。滤液重新冰冻、解冻，过滤后合并沉淀；沉淀用无水酒精抽滤，干燥得白色结晶，即丝胶蛋白。用冷冻法提取柞蚕丝胶蛋白的回收率能达到 58%，提取桑蚕丝胶的回收率可达 75%。该法投资少，工艺简便，回收率较高。

6.4.2.2 透析法提取丝胶蛋白[63]

在丝胶蛋白溶液加入 5% 的活性炭，80℃ 条件下脱色 30min，过滤；滤液真空浓缩；将浓缩液放入透析袋，流水透析 2d，然后用去离子水透析 1d。过滤得沉淀；用无水酒精抽滤，干燥得白色结晶，即丝胶蛋白。在所用透析膜为 8000～20000D 的情况下，柞蚕丝胶蛋白的回收率为 20.0%，而桑蚕丝胶蛋白的回收率高达 81.5%。

6.5　蚕丝的成纤机理[64]

蚕是如何将丝蛋白水溶液转化成为丝线的？最初，人们认为蚕吐丝过程中存在着生物酶，类似于血液凝固中酶的作用机制。研究人员对丝蛋白的成纤机理有不同的认识，主要有以下几种理论。

最初，Meyer 等[65]提出蚕在吐丝过程中由于应力的作用才使液状丝素蛋白取向、结晶，最后形成蚕丝纤维。Iizuka[66]系统地研究了再生丝水溶液的流变行为，发现在剪切速率达到某一临界值后，溶液黏度急剧增大，由此所产生的很高剪切应力并不随黏度计的停转而消失，说明在溶液中产生了三维结构物质。随后，Yamaura 等[67]讨论了在不同搅拌速率下，再生丝水溶液生成结晶纤维的产率和结构：当搅拌速率增大时，丝纤维产率也增大，且丝素蛋白的构象从原先水溶性的无规线团转变成由 β-片层组成的丝纤维。这些都证实了丝素蛋白纤维化过程是蛋白质在应力条件下的变性。

Viney 认为[68,69]从微观上讲，蚕丝是从贮存在腺体内的浓的（30%）、黏的、含水的分泌物变成了不溶于水的纤维，此过程涉及低黏度、剪切敏感的液晶相的形成。在平衡条件下，丝素蛋白分子在腺体中采取无规线团构象，而不存在 α-螺旋或 β-折叠片结构。当丝素蛋白溶液在腺体内浓缩时，贮存在丝腺中的球状丝素蛋白分子通过自组装形成线形聚集体，产生各向异性，从而形成超分子液晶。这是一种超分子取向的棒状结构，丝素蛋白分子之间只存在非共价键（盐桥）作用。由于这种超分子结构是通过可溶球状蛋白聚集组装而成的，因此，丝素蛋白可以获得较大的溶解度，但并不发生分子构象的变化。同时，由于丝蛋白形成液晶态，使溶液的黏度较低，流动性能好，且变得对剪切敏感。当丝蛋白分子在流经管道和喷丝头时受到了剪切力的作用，使大分子链由无规线团转变为亚稳态的 β-折叠链。同时相邻大分子链上的羰基氧原子和氨基氢原子形成氢键，使大分子链进一步形成 β-片层，然后形成三维的 β-折叠结构并完全纤维化。这一过程示意图如图 6.11 所示。

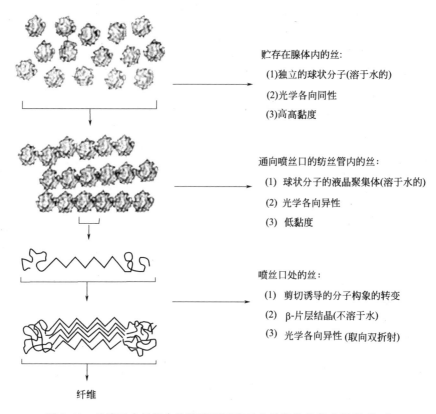

贮存在腺体内的丝：

(1) 独立的球状分子(溶于水的)

(2) 光学各向同性

(3) 高高黏度

通向喷丝口的纺丝管内的丝：

(1) 球状分子的液晶聚集体(溶于水的)

(2) 光学各向异性

(3) 低黏度

喷丝口处的丝：

(1) 剪切诱导的分子构象的转变

(2) β-片层结晶(不溶于水)

(3) 光学各向异性(取向双折射)

纤维

图 6.11 从溶于水的聚合物溶液到不溶于水的纤维的形成机理 [64]

Jun Magoshi[70,71] 和 Eisaku Iizuke[72] 以活蚕为研究对象，详细研究了蚕的腺体结构、纺丝过程中各参数的变化及影响纤维成型的许多因素，如腺体部位的形状和尺寸、溶液状态、丝素分子的构象、离子、pH 值、拉伸速率等。他们的研究认为，只有正在吐丝的蚕的前部丝腺内的丝素蛋白溶液呈液晶态。在剪切力的作用下，分子链展开，发生了 α-螺旋向 β-折叠的转变，同时构象转变所形成的大量核在吐丝口处快速增大的剪切速率下生成取向的微纤，这些微纤聚集起来形成纤维。在此过程中黏度是下降的，pH 值减小到 4.9。此外，纺丝过程中二价阳离子如 Ca^{2+} 起着推动丝纤维形成的作用，在凝胶向溶胶转变中起着调节作用。

邵正中等人在蚕丝素蛋白方面进行了大量的研究[73]。通过偏光显微镜测试，他们认为，沿吐丝方向丝素蛋白分子的有序程度逐步增加而形成向列型液晶。随后，他们用圆二色谱(CD)研究了蚕丝素蛋白溶液的构象转变，发现其分子构象转变遵循成核机理，即蚕的吐丝过程具有成核依赖性（nucleation-dependent）的一级反应动力学特征。此机理分为两步：①刚开始丝蛋白分子为无规线团结构，需要缓慢地成核。当水凝胶状的丝素溶液流向喷丝嘴时，受到了压丝部或是拉伸流动时的剪切，分子链被拉伸成 β-折叠链，随后通过自组装有序地排列成 β-折叠聚集体，即所称的核；②一旦这种 β-折叠聚集到一定尺度而形成核或"种子"时（即一旦有 β-结构形成时），就很快增长，快速地引起更多的 β-折叠的形成，即蚕丝的构象变化只有在一定尺寸的 β-折叠聚集体，即核或"种子"的存在下才能发生。此时遵循与丝素浓度有关的一级反应动力学。当蚕通过头部运动对经过喷丝嘴的液态丝喷向空气的过程中进行拉伸时，形成了有序 β-折叠纤维，并使丝素蛋白分子沿着拉伸力的方向取向。图 6.12 为他们提出的天然纺丝成核机理示意图。此外他们还指出，当无规线团溶液中生成 β-

结构的种子时，提高温度可以加速 β-折叠的聚集。这个结果对于蚕的吐丝机理有着重要意义。

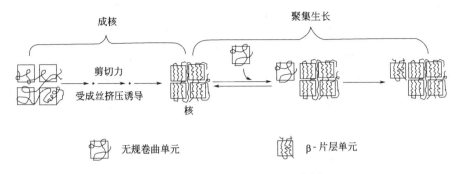

图 6.12　天然纺丝成核机理示意图

Kaplan 和 Jin[74] 在 Nature 杂志上发表了他们的研究结果。他们将蚕丝再次溶于水中，发现随着水分的多少，蚕丝在水溶液中的结构是变化的。据此推测，蚕丝要想成型，取决于在一段时间内丝蛋白与水的比例。于是，他们在丝蛋白水溶液中加入了一种化合物 PEO（聚环氧乙烷），该化合物可以逐渐地吸收水分，随着该化合物将水分逐渐吸收，丝素蛋白中的亲水基开始结合形成微胶束。随着水分继续被吸收，这些微胶束相互结合在一起形成了纳米级的球状胶束粒子。这种球状胶束粒子又相互结合形成更大的胶束结构（如图 6.13 所示）。由于这种胶束结构中存在大量的蛋白质亲水基，因此其具有水溶性。也就是说，这种胶束依然是溶于水的，从而避免了丝素蛋白大分子在吐丝前过早地形成结晶。而且这种结构还有可能有助于在生物体内形成取向结构，进一步形成液晶。但这种球状胶束结构是如何形成蚕丝纤维的，他们并未做进一步研究。

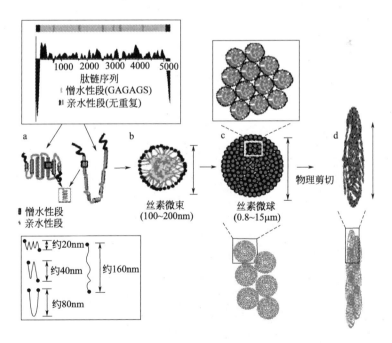

图 6.13　丝蛋白的形成模型

综上可以看出，Viney 解释了他的球状分子线性聚集成棒状结构而形成液晶的理论，当丝蛋白溶液受到大于临界拉伸速度和较大的剪切应力的作用，才发生了构象变化。这种构象上的变化促使丝素蛋白分子之间采取更紧密的堆积、取得更强的分子间作用，形成一种不溶于水的结晶态。Magoshi 等则认为丝素分子是通过用凝胶向溶胶转变，并在剪切力、拉伸力等的条件下生成 β-折叠构象。邵正中等人则认为分子构象遵循成核机理，即刚开始全部是无规线团结构时，需要缓慢地成核，这是速决步骤，一旦有 β-结构的核形成，就很快增长，此时遵循一级反应动力学。Kaplan 等认为蜘蛛和蚕通过控制分泌腺中吐出蛋白质的溶解度来控制整个过程，一旦吐丝开始，剪切与伸展力将类似丝胶功能的 PEO 排斥开，于是便形成一个固体丝。由此可见，纤维成型的真正机理仍有待于进一步的确认和研究。

6.6　蚕丝的一般性质

家蚕丝无特殊的光泽，精炼后光泽鲜明雅致，近似于珍珠光泽，手感平滑柔软有弹性，伴有暖和丰满感。家蚕丝较不耐高温，不耐紫外线。200℃内变成淡黄色，250℃ 15min 内变成褐色；280℃ 5min 内发烟；生丝着火点为 366℃。经紫外线照射后，易脆化变质。在酸和碱中会发生水解。

蚕丝具有优异的力学性能，既有较高的强度，又有较强的韧性。与其他几种天然纤维相比，蚕丝具有较好的综合力学性能，见表 6.9。

表 6.9　桑蚕丝与其他几种天然纤维的力学性能比较[9]

材　料	拉伸强度/MPa	模量/GPa	断裂应变/%	材　料	拉伸强度/MPa	模量/GPa	断裂应变/%
桑蚕丝（脱胶前）	500	5~12	19	*Nephila clavipes* 蜘蛛丝	875~972	11~13	17~18
桑蚕丝（脱胶后）	610~690	15~17	4~16	PLA（相对分子质量 50000~300000）	28~50	1.2~3.0	2~6
桑蚕丝	740	10	20				

Ayutsede 等[75]将桑蚕丝溶解后进行静电纺丝，制成丝素毡。力学性能测试结果表明，丝素毡的初始模量为 515MPa，最终拉伸强度为 7.25MPa。有趣的是，对拉伸后的丝素纤维进行 SEM 观察，可见纤维中部分区域发生颈缩（图 6.14），这表明静电纺丝素纤维中的分子结构可进一步取向。

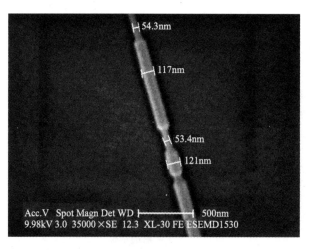

图 6.14　静电纺丝素纤维经机械拉伸后的 ESEM 图像

6.7　蚕丝蛋白的改性

蚕丝制品的质地轻柔飘逸、光泽优雅、手感柔软、外观华丽、吸湿透气性好，深受消费者青睐。但在穿着、洗涤过程中存在易泛黄、不耐磨、难打理、染色牢度欠佳等弱点，严重困扰着丝绸产业的发展，因此为使丝绸产品更具有竞争力，必须对蚕丝纤维及其制品进行改良。研究人员对蚕丝纤维的改性已有较长的历史，改性的方法可以分为物理改性、化学改性以及基因技术[76]，其中非常主要的方法是接枝和共混。

6.7.1　物理改性

6.7.1.1　特殊热处理

蚕丝经过某种高温特殊处理后，可以大幅度改善光泽，提高强力和水洗色牢度。周岚等[77]研究以温度、张力、助剂等为主要工艺因素的特殊热处理对蚕丝丝素结构和性能的影响，在湿热条件下，张力作用能增加蚕丝纤维的取向度和结晶度，从而提高蚕丝的断裂强度和耐洗色牢度；润湿保护剂对蚕丝纤维有良好的润湿膨化作用和一定的高温保护作用，有助于上述处理效果的提高。

6.7.1.2　等离子体技术

等离子体是正负带电粒子密度相等的导电气体，其中包含离子、激发态分子、自由基等多种活性粒子，这些高速运动的活性粒子流和材料表面发生能量交换，使材料发生热蚀、蒸发、交联、降解、氧化等过程，并使表面产生大量的自由基或极性基团，从而使材料表面获得改性。等离子体技术具有节水、节能、无污染和工艺简单等特点，在现代科学技术各领域得到广泛的应用。它具有可改善聚合物表面性质，不改变聚合物母体性质的特点。等离子体技术作为一种新的改性技术被广泛应用于棉、麻、丝、毛等纺织纤维改性研究，取得了一定的成效[76]。

李永强等[78]运用 D4（八甲基环四硅氧烷）低温等离子体对桑蚕丝纤维进行表面改性，有效提高蚕丝织物的交织阻力和抗皱性能，改善桑蚕丝织物的柔软性；并获得良好的拒水效果。张菁[79]证实了用等离子对蚕丝进行处理，在 1%左右丙烯酰胺接枝率时，桑蚕丝织物的折皱回复角可提高 20%～30%。在丙烯酸接枝时，可提高对阳离子燃料的上染能力及色牢度。

6.7.1.3　蒸汽闪爆技术

关于蒸汽闪爆技术，人们最初是把它用在植物纤维的高效分离和闪爆制浆上，目前在日本和国内有纤维素闪爆改性的研究报道。蒸汽闪爆这一物理方法可以对蚕丝进行预处理，改变蚕丝的超分子结构及形态，以得到化学反应性能强、溶解性能好的蚕丝纤维。柯贵珍，王善元等[80]采用蒸汽闪爆技术对蚕丝进行物理改性，结果表明经蒸汽闪爆处理后，蚕丝表面形态、结晶结构、溶解性能有较大的改变，蚕丝的化学反应性能有了一定的改善，为进一步改善蚕丝的服用性能与染色性能寻找到了一条有效的预处理途径。

6.7.2　化学改性

蚕丝纤维的无定形区中，氨基酸大侧链上含有很多活性基团可以作为活性反应点，因此人们一直在寻求各种化学技术改善蚕丝。蚕丝纤维的改性还是以化学改性为主。通过研究蚕丝纤维在盐、有机溶剂等溶液中结构和性能的变化情况，合理控制反应条件，来实现对蚕丝纤维的性能改良。

6.7.2.1 浸渍法

主要利用蚕丝纤维在盐、有机溶剂等溶液中结构和性能的变化情况，合理控制反应条件，来实现对蚕丝纤维的性能改良。常用的溶剂主要有单宁酸（TA）、乙二胺四乙酸（EDTA）、溴化锂、Ag^+ 或 Cu^{2+} 金属离子盐溶液以及氯化钙或硝酸钙。蚕丝纤维在氯化钙溶液中的溶解过程具有阶段性，王建南[81]利用这一溶解机理，将蚕丝纤维放入一定条件的氯化钙溶液中进行微溶解处理，研究其形态结构和力学性能的变化规律。在氯化钙溶液中处理 $15\sim25min$ 的时间段内，丝纤维内部的微孔穴明显增多，强伸力、弹性、初始模量、应力松弛等力学性能稍有下降。

6.7.2.2 利用活性基团的改性

蚕丝蛋白分子链上有多个活性基团，如羟基、酚羟基、羧基和氨基等。这些基团可与多种化学试剂进行反应，从而使蚕丝得到改性。

蚕丝纤维甲基化可使丝的活性基团变成不活泼基团，抑制丝泛黄。如利用重氮甲烷（CH_2N_2）为甲基化试剂使蚕丝改性：

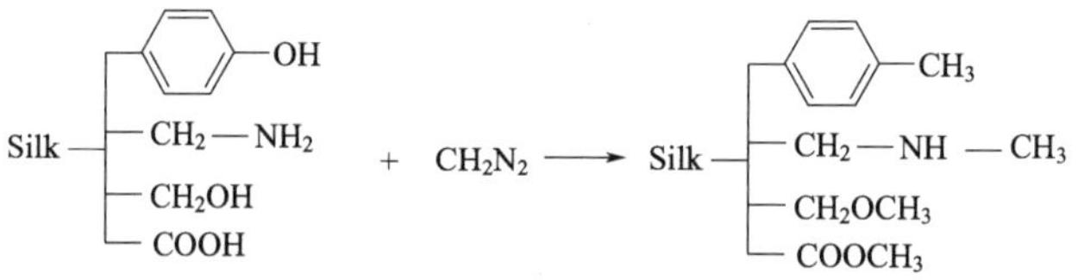

蚕丝纤维酰基化可使丝弹性和绝缘性改善，使吸湿性降低：

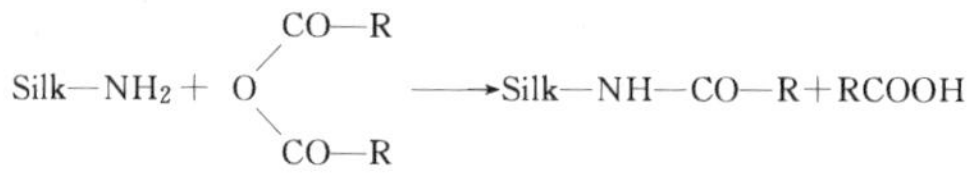

蚕丝甲醛交联可提高丝的耐碱性和湿强度：

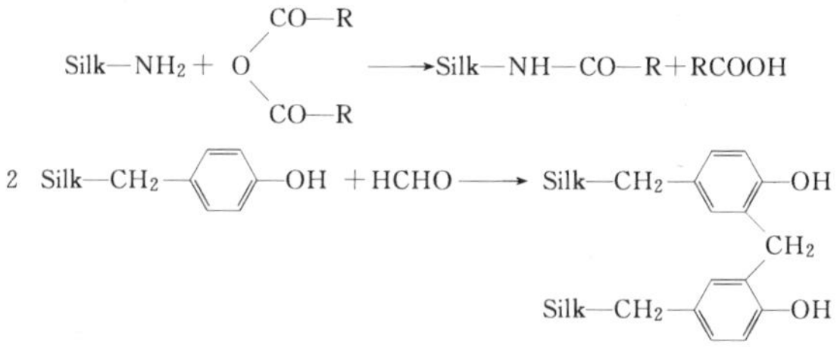

6.7.2.3 化学接枝改性

蚕丝纤维通过接枝共聚改性来改善其性能，可以赋予真丝织物厚实、丰满的手感，增加悬垂性。由于蚕丝接枝后增加重量，所以接枝又称增重改性。接枝工具不会破坏蚕丝纤维主链，可保持原有的蚕丝特性。共聚后生成接枝链分布于纤维分子的结构中。所以，不同性能的单体可使接枝纤维在黏弹力、抗水性、染色性、尺寸稳定性、加热稳定性方面得到增强。

对于蚕丝化学整理的接枝技术，目前研究较多的接枝单体主要有：乙烯类（丙烯腈、苯乙烯等）、甲基丙烯酸酯类（甲基丙烯酸甲酯、甲基丙烯酸羟乙酯、甲基丙烯酸丁酯层合板等）、丙烯酰胺类（甲基丙烯酰胺、羟甲基丙烯酰胺、甲基丙烯羟甲基酰胺）等。引发方法分为物理引发和化学引发。物理引发方法有热引发法、紫外光辐射法、γ射线辐射法、微波法等。常用的化学引发体系有 3 类：①高价金属离子及还原剂组成的氧化还原引发体系；②非金属化合物组成的氧化还原引发体系；③光敏剂引发体系。其中，以 Ce^{4+} 及还原剂组成的引发剂的接枝共聚效率最高。

丝素蛋白由 18 种氨基酸构成，除去最简单的 Gly 外，每种氨基酸的侧基结构不同，因而对丝纤维接枝共聚中的接枝部位有不同的结论[3]。有人认为，Ala 和 Ser 存在聚合活性，也有不少人认为活性中心与丝纤维中的羟基和氨基有关。此外，还有人认为接枝发生在甲硫氨酸（Met）上或半胱氨酸（Cys）的巯基（—SH）上。事实上，在丝素蛋白纤维的接枝共聚中，接枝部位可能是多种因素所决定的，引发剂体系、单体、反应介质不同，可能引发的接枝部位均不同。

赵炯心等[82]用丙烯腈对蚕丝蛋白进行接枝改性，然后将其与常规腈纶纺丝原液共混纺丝，制备了蚕丝蛋白改性腈纶。随着蛋白含量的增加和改性比的增大，蚕丝蛋白改性腈纶的保水率增加。

氟碳化合物因具有极低表面自由能，具有优异拒水拒油等性质，应用于纺织上可提高织物的抗水拒油能力。陈国强等[83,84]用甲基丙烯酸十二氟庚酯接枝蚕丝纤维，接枝反应主要发生在蚕丝纤维大分子无定形区的酪氨酸（TYR）、精氨酸（ARG）、谷氨酸（GLU）等的反应性基团上，纤维的结晶区未被破坏，接枝后的蚕丝应以 β-折叠链结构为主。蚕丝纤维经甲基丙烯酸十二氟庚酯接枝改性后，纤维的直径增大且纤维界面产生很多微孔。当接枝率较高（57.77%）时，纤维有一定损伤（图 6.15）。真丝经过甲基丙烯酸十二氟庚酯接枝后拒水拒油性均有明显改善。从丝织物测得的表面张力可以看出，当接枝率为 3.20% 时，织物就能达到完全拒水的效果和较好的拒油效果（表 6.10）。接枝率增大对织物的拒油性提高有利，是由于接枝率增大有利于氟化物更加致密均匀地在纤维表面形成氟化物层，但从总体上来看，织物的拒水拒油性能主要取决于接枝到纤维上的单体的含氟量。

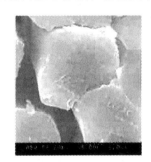
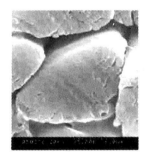
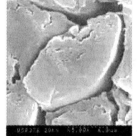

| (a) 未接枝 | (b) 接枝率10.20% | (c) 接枝率57.77% |

图 6.15　接枝前后蚕丝纤维的截面 SEM 照片

表 6.10　接枝率对丝织物性能的影响

接枝率/%	表面张力/(dyn/cm)	拒水性/分	拒油性/分	白度/%	通气量/[mL/(cm² · s)]
0	52.89	0	<50	86.88	91.80
3.2	11.33	100	100	80.37	120.80
8.17	9.17	100	100	80.07	118.29
17.70	5071	100	120	78.68	82.60

注：$1dyn = 10^{-5}N$。

邢铁玲等[85]采用新型乙烯基硅氧烷单体对家蚕丝接枝改性，证明乙烯基硅氧烷单体可用于家蚕丝的接枝改性，乙烯基硅氧烷单体依靠物理沉积和化学键作用与纤维牢固结合，接枝后真丝织物的褶皱回复性有较大提高，手感更为柔软，且不影响家蚕丝的强度。接枝后家蚕丝的白度和染色性略有下降，染色牢度与未处理真丝织物基本相同。

黄晨等[86]在^{60}Coγ射线辐照条件下以丙烯酰胺为单体对蚕丝织物进行接枝改性。结果表明：接枝改性后，织物的抗皱性能获得很大的改善，吸湿性变化不大，断裂强力和白度稍有下降。伏宏彬[87]对含有β-乙烯砜硫酸酯基、磺酸基和三嗪环结构的接枝剂改性后真丝织物的结构和热性能进行了研究，得出纤维表面发生明显改变，桑蚕丝纤维的热稳定性提高。施琴芬，关晋平等[88]将己二醇二丙烯酸酯接枝在蚕丝大分子中酪氨酸、丝氨酸、组氨酸和精氨酸的—NH、—OH和—NH—活性基团上，反应主要在纤维的无定形区内部进行，随着接枝率的不断增大，其酸碱溶解率也随之减少，这说明改性蚕丝的分子之间形成了交联，为进一步开发蚕丝的新材料提供了理论依据。

6.7.3 生物法改性

基因技术的出现和发展，为蚕丝的改性提供了一种新的途径。借助基因技术，蚕丝的改性将取得突破性进展。日本信州大学纤维学部蚕遗传研究室正在进行家蚕吐蜘蛛丝的研究。通过基因打靶的方法将蚕的丝素基因的外显子的一部分用蜘蛛丝基因插入或大部分由蜘蛛丝基因代替，以改造家蚕的丝素基因，让蚕吐与蜘蛛丝相类似的丝。我国研究人员利用同源重组改变家蚕丝新蛋白重链基因。在家蚕丝新蛋白重链基因序列之间插入绿色荧光蛋白（green fluorescent，protein GFP）基因与人工合成丝素蛋白样基因的融合基因，利用电穿孔方法导入蚕卵中，培育出可在紫外灯照射下发光的亮茧，利用转基因蚕吐高附加值"抗菌丝"。

6.7.4 蚕丝的功能化

6.7.4.1 蚕丝微纤化

静电纺丝是制备超细纤维和纳米纤维的重要方法，可获得直径从几十纳米至几微米不等的纳米级纤维。用静电纺丝法制备的丝素纤维与以其他蛋白质如胶原蛋白、弹性蛋白和血纤维蛋白为原料制备的蛋白纤维的直径相当，甚至更小，并具有良好的生物相容性和生物降解性，可作为组织工程的支架、伤口包扎材料和药物释放的载体，是生物医学、电子和纺织领域中很好的代用材料[89~92]。邱芯薇等[93]将丝素在温度为75℃时溶于$n(CaCl_2)$：$n(CH_3CH_2OH)$：$n(H_2O)$为1：2：8的溶液中，然后在水中透析3d，过滤后在低于30℃的条件下自然干燥成膜。取适量丝素膜溶于甲酸中，得到一定浓度的再生丝素溶液。将再生丝素溶液倒入纺丝管中，调整喷丝头到接收屏板间的距离（C-SD）和高压发生器的电压，负极由接收屏接地，高压发生器使纺丝液带电，并使泰勒锥与接收屏间产生高压电场。调节毛细管中纺丝液的流量至纺丝口处无液滴自然下垂，使纺丝液形成稳定的细流，细流在静电力的作用下加速运动并分裂成细流簇，在接收屏处形成纳米级纤维毡。随C-SD值的增加，酰胺Ⅰ的β-折叠构象的特征峰强度和酰胺Ⅲ中无规和α-螺旋构象特征峰强度的变化趋势完全相反。前者有减小的趋势，而后者有增大的趋势。从特征峰的位置来看，酰胺Ⅲ中无规与α-螺旋构象特征峰的位置没有太大的偏移；酰胺Ⅰ的β-折叠构象的特征峰随C-SD的增加向高波数方向偏移。总体来看，随着C-SD的增加，静电纺丝素纤维内无规与α-螺旋构象的分子含量增加。对质量分数为9%的再生丝素溶液而言，当C-SD取10cm，电压为12kV时，分子链伸展状态比较理想。

将脱胶丝素溶液加入单壁碳纳米管（SWNT）的甲酸溶液，超声分散1h，随后机械搅拌1h，然后对SWNT-丝素溶液进行静电纺丝，得到的SWNT增强纳米丝素纤维表面光滑，截面近似圆形，可观察到伸直的纤维结构［图 6.16(a)］和无规排列的纤维结构及网状结构［图 6.16(b)］，其中的网状结构被认为是 SWNT 被包裹入丝素纤维的结果[94]。

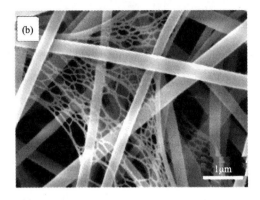

图 6.16　用 1% SWNT 增强的静电纺纳米丝素纤维

6.7.4.2　丝蛋白微粒化

用喷雾干燥法获得丝素微球，操作简单方便。在喷雾过程中丝素的构象从无规卷曲转变为 β-片层结构。丝素微球具有很好的皮肤亲和力，比其他合成材料在生物材料方面具有更好的应用前景。Yeo 等[95]将脱胶丝素溶解在 $CaCl_2$ 中配成不同浓度，用微型喷雾干燥器在流速为 20mL/min、85℃条件下获得丝素蛋白微球，形貌如图 6.17 所示。所得的丝素微球尺寸为 2～10μm，平均粒径为 4～10μm。

将脱胶的丝素纤维在氯化钙/乙醇/水混合溶剂或高浓度溴化锂溶液中溶解，获得各种分子量分布范围不同的液态丝素。用 10mL 注射器抽取一定量的质量体积分数为 0.5%～5.0% 的丝素溶液，磁力搅拌下快速注入 40℃ 恒温的过量丙酮中，立即变性形成乳白色悬浮液，此时液态丝素从无规卷曲和 α-螺旋瞬间转变成反向平行的 β-折叠构造。经定性滤纸过滤，并用去离子水反复冲洗过滤物，直到完全去除丙酮为止。或者转移至离心管置于高速冷冻离心机中，以 16000r/min 的速度离心 30min，弃去上

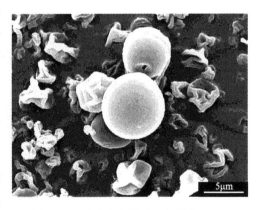

图 6.17　丝素蛋白微球（标尺为 5μm）

清液后，沉淀物用去离子水反复冲洗，重复操作离心 3～4 次。得到的丝素颗粒不溶于水，但是经过分散处理或超声处理可以很好地分散在水或水溶液中。SEM 观察（图 6.18）其外形呈球形，粒径分布在 50～120nm 之间，平均粒径为 80nm 左右。图 6.18(a) 中肽链断裂严重，图 (b) 和图 (c) 分子量断裂较少，三者相比，颗粒无明显差异，断裂长短不一的丝素肽链在水溶液中仍聚集在一起形成球体[96,97]。

6.7.4.3　蚕丝微孔化

蚕丝纤维本身就具有微孔结构，在此基础上采用一定的方法可以使其内部产生更多的微孔。从蚕丝纤维的氨基酸组成看，蚕丝本身就含有大量极性基团，可作为药物接枝的桥梁，这为药物的填充或载入提供了条件。采用药物与微胶囊或毫微胶囊相结合的方法，将微胶囊充填入有空穴的纤维内，或使微孔纤维吸入药物，可开发蚕丝药物纤维。

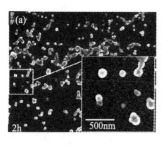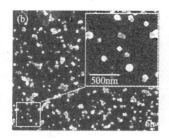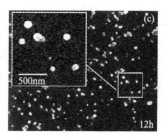

图 6.18　丝素纳米颗粒 SEM 形貌

其中丝素在 90℃、氯化钙/乙醇/水混合溶剂中溶解：(a) 2h；(b) 6h；(c) 12h

将桑蚕丝脱胶，丝纤维经过超低温冷冻后，丝纤维内部水分子极易形成微结晶。冷冻后再微波辐照处理，丝纤维的内部结构由于受水分子的激振，其自由基团的活性振动在瞬间得到回复并加速，纤维分子结构发生变化，同时随着水分子微晶的激振挥发，局部纤维分子结构变得松弛，易形成微空隙。丝纤维纵向表面出现明显的分裂现象，原纤与原纤之间空隙增大，由于水分子的激振，纤维发生了热胀作用[98]。

将蚕茧在 0.02mol/L Na₂CO₃ 溶液中煮 30min，用水充分洗涤以除去丝胶。将丝素溶解在 60℃、9.3mol/L LiBr 溶液中，将 20mL 8% 的丝素溶液与 8mL 5.0% 的 PEO 溶液共混，将制得的丝/PEO 溶液进行静电纺丝。将获得的丝素/PEO 纳米纤维在室温下在甲醇/水（90/10，体积比）溶剂中浸泡 10min，然后在 37℃ 下用水洗涤 48h，将 PEO 从纤维中去除，可得到具有微孔结构的丝素纤维[99]，如图 6.19 所示。

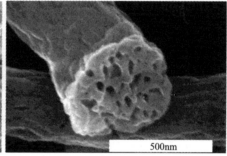

图 6.19　去除 PEO 的丝素/PEO 纳米纤维

6.7.5　共混与复合改性

共混是普遍采用的改进蚕丝高分子性能的一种简易的方法。

6.7.5.1　与其他高分子材料共混复合

Lu 等[100]采用冷冻干燥的方法制备了三维丝素蛋白/胶原共混支架。研究发现，在冷冻干燥时，丝素蛋白结构发生自分离组装现象，而引入的胶原与丝素蛋白形成的氢键能阻止丝素蛋白在冷冻干燥过程中结构的改变。他们重点讨论了酸碱条件对共混支架的影响，试样选用的 pH 范围是 4.0～8.5，图 6.20 给出了这种共混物的 SEM 形貌。当 pH 在 7.0 时，制出的复合支架有着较高的连通性并且孔隙结构尺寸均一；在其他 pH 条件下，尽管孔隙结构不均匀，但是在这些酸度条件下还可以成功地制备出三维复合结构支架。力学测试表明，在中性条件下，支架具有最好的力学性能指标，且在其他条件下的复合支架的力学性能都优于纯丝素蛋白支架。为了拓展支架的功能性，在复合支架中还可以引入其他生物高分子，如壳聚糖、肝素等，以应用于生物医学领域，如药物释放和组织工程。

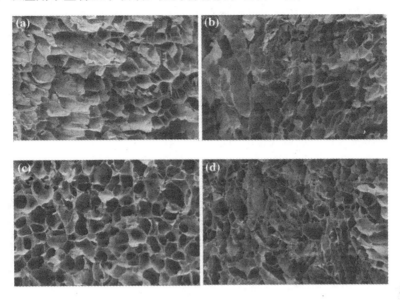

图 6.20　经甲醇处理过的丝素蛋白/胶原支架形貌
(a) pH＝4；(b) pH＝5.5；(c) pH＝7.0；(d) pH＝8.5

Lu 等[101]利用溶液共混法制备了丝素蛋白/胶原三维支架。随着丝素蛋白体系中胶原蛋白的加入，两相间产生相互作用，共混体系黏度增加。与胶原的作用也限制了冷冻过程中丝素蛋白的聚集。当共混溶液中含有 20％胶原蛋白、4％丝素蛋白时，测得浓缩物的孔隙率大于 90％，屈服强度和模量分别达到了（354±25）kPa 和（30±0.1）MPa。通过调节孔隙的尺寸、分布和支架的含水量，可以进一步改善支架的性能。研究者将 HepG2 细胞引入到体系中，研究了支架材料的生物相容性。比较发现，丝素蛋白/胶原支架上培养细胞的数量和分散性均较单纯丝素蛋白支架的好。

王曙东等[102]将再生丝素蛋白和水溶性胶原蛋白溶解于甲酸中，进行共混静电纺丝。研究发现，在其他工艺参数相同的条件下，丝素蛋白与水溶性胶原蛋白共混静电纺丝时，随着纺丝液质量分数的提高，黏度增大，纤维直径和离散程度都呈上升趋势，纤维变得不规整、分布不均匀。纯丝素蛋白纳米纤维主要呈无规构象，含有少量 β-折叠构象。丝素蛋白与水溶性胶原蛋白之间存在氢键作用，导致丝素/胶原蛋白共混纳米纤维 β 化程度提高。

6.7.5.2　与纳米颗粒共混复合

纳米尺寸的增强物可在较宽范围内提高材料的性能，而纳米 ZnO、TiO_2 具抗菌、紫外线屏蔽、除臭、自清洁、无毒等优点，具有广阔的应用开发前景。

程友刚等[103]采用平均粒径为 53.16nm 的纳米 ZnO 分散液对桑蚕丝进行整理加工，处理后的蚕丝纤维纵向表面出现纳米 ZnO 吸附，纤维内部构象有 β 化趋势。经整理后的蚕丝织物对金黄色葡萄球菌和大肠杆菌抑菌率分别达到了 94.1％和 90.9％。对比阴性对照样和经纳米 ZnO 处理的丝织物对金黄色葡萄球菌效果，空白样的周围没有抑菌圈出现，而经过纳米 ZnO 处理后的蚕丝织物的周围有明显的抑菌圈，说明纳米 ZnO 处理的蚕丝织物对金黄色葡萄球菌有良好的抗菌效果。采用振荡法测试的经纳米 ZnO 处理后蚕丝织物的抑菌率见表 6.11。由表中的零接触时间活菌浓度 W_a 和 18h 后的空白样活菌浓度 W_b 可见，$lgW_b - lgW_a > 1.0$，说明试验菌活性较强。经纳米 ZnO 处理后，蚕丝织物对金黄色葡萄球菌和大肠杆菌的抑菌率分别为 94.1％和 90.9％，且对金黄色葡萄球菌抑菌率高于对大肠杆菌的抑菌率。这可能是因为金黄色葡萄球菌是属于革兰氏阳性菌，其等电点 pI 为 2～3，大肠杆菌是属于革兰阴性菌，其等电点 pI 为 4～5，故在近中性或弱碱性环境（营养琼脂 NA 的 pH 值为 7.4）中，细菌均带负电荷，尤以革兰氏阳性菌所带负电荷更多。而纳米 ZnO 表面是带正电荷的，它容易将带负电荷较多的革兰氏阳性菌——金黄色葡萄球菌吸附到其表面，破坏菌体的细胞结构从而使其死亡，达到抑菌的目的。

表 6.11　纳米 ZnO 处理蚕丝织物对金黄色葡萄球菌和大肠杆菌的抑菌率

项　目	振荡 18h 后活菌浓度/(cfu/mL)		项　目	振荡 18h 后活菌浓度/(cfu/mL)	
	金黄色葡萄球菌	大肠杆菌		金黄色葡萄球菌	大肠杆菌
标准空白样 W_b	2.12×10^5	2.43×10^5	抑菌率/％	94.1	90.9
纳米 ZnO 处理桑丝织物 W_c	1.26×10^4	2.21×10^4			

注：零接触时间空白样的金黄色葡萄球菌浓度为 1.93×10^4 cfu/mL，大肠杆菌浓度为 2.07×10^4 cfu/mL。

贾长兰等[104,105]用溶胶-凝胶法制备的纳米 TiO_2 改性再生蚕丝丝素蛋白复合膜，生成的纳米 TiO_2 颗粒无论成膜前后都能均匀地分散在丝素中，其粒径约为 80nm，纳米 TiO_2 颗粒紧密地包埋在丝素膜中。纳米 TiO_2 的加入使得复合丝素膜的结晶结构由 Silk Ⅰ 向 Silk Ⅱ 转化，同时随着纳米 TiO_2 的加入，复合丝素膜的热转变温度提高。陈建勇等[106]用溶胶-凝胶法制备纳米 TiO_2 改性再生蚕丝丝素蛋白膜，改性丝素膜的溶失率下降、机械强度提高和热转变温度得到改变，性能得到明显改善。

6.8　蚕丝及其改性材料的应用

蚕丝为蛋白质纤维，属多孔性物质，透气性好，吸湿性极佳，如果采用不同的组织结构，可以生产出既轻薄透凉又可厚实丰满的织物，一直作为化学纤维仿生的主要对象。随着最近几年对它的不断研究开发，应用范围也大为扩展，已涵盖食品、医药、精细化工、生物技术等诸多领域，如应用于手术后的缝合线、涂料、化妆品、药物的缓慢释放、分离膜及生物活性物的固定化和生物传感器的制作等。Kaplan 综述了蚕丝蛋白生物材料的应用，图 6.21 列出蚕丝的应用形式，图 6.22 所示为再生丝素蛋白的各种形貌[107]。

6.8.1　在服装领域的应用[14,108]

蚕丝纤维与棉、麻、毛并称为四大天然纤维。其制品质地轻柔飘逸、光泽优雅、手感柔软、外观华丽，被誉为"纤维皇后"。真丝织物不仅具有穿着舒适、手感柔软滑爽、色泽和谐、华丽高贵等特点，一直为人们所青睐[109]，而且真丝织物还具有保健功能，这是其他合成纤维不能比拟的，因此有人把蚕丝称作"保健性纤维"。

服装材料的吸湿性与透湿性的好坏，不仅影响人体的舒适度，而且影响人体的保健卫生。在这方面，真丝织物具有很大的优势。纺织材料的吸湿、透湿性的好坏，通常用"回潮率"指标来衡量，主要纤维的回潮率见表 6.12。由表可知，蚕丝的公定回潮率为 11％。真丝绸具有比纯棉还高的吸湿性和透湿性，因此，穿着真丝绸服装，人体肌肤会感到特别

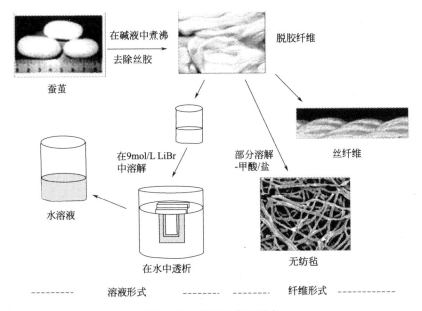

图 6.21　蚕丝的应用形式

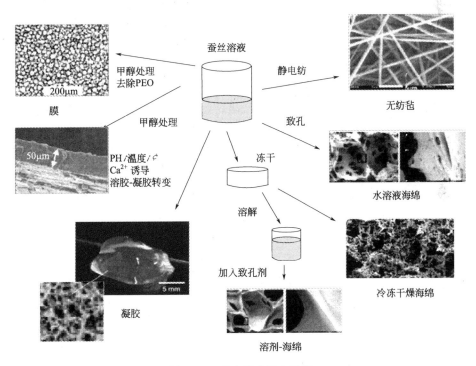

图 6.22　再生丝素蛋白形貌

舒适。

　　一些合成纤维，如涤纶，可制成仿真丝产品，在外观、手感等方面与蚕丝差不多，但是由于合成织物吸湿性和透湿性差，在高温湿热的环境下，人体的汗液难以散发，随汗排出的代谢废物逐渐积聚在人体汗孔和皮肤表面形成"湿阻"，对人体皮肤产生不良刺激，影响人体健康，甚至使人体产生皮肤过敏反应。真丝绸由于蚕丝的特殊物理构造和化学结构，许多微细单纤维的孔网和缝隙以及多肽链上的许多处于分子空间表面的亲水性基团，能把周围的 **219**

水分适当地吸收并保持，尔后又逐步向空气中散发，因此，真丝绸具有依据外界温度变化可及时对湿度进行调节的作用，使人体始终保持一定的水分，可防止皮肤干裂又能保持皮肤湿润，不产生"湿阻"现象。

表 6.12　常用纺织纤维的回潮率

纤　　维	标准状态下的回潮率/%	公定回潮率/%	纤　　维	标准状态下的回潮率/%	公定回潮率/%
蚕丝	10～12	11	锦纶66	4.2～4.5	4.5
原棉	7～8	11.1	涤纶	0.4～0.5	0.4
苎麻	12～13	12	腈纶	1.2～2.0	2.0
细羊毛	15～17	15	维纶	4.5～5.0	5.0
黏胶纤维	13～15	13	丙纶	0	0

因为蚕丝纤维很细，且由许多微细单纤维组成，在微细纤维之间的许多微小的孔网与间隙中充满了空气；还有丝素大分子的柔曲性结构等，使蚕丝具有质轻、柔软和保暖的优良特性。纤维的保暖性一般由热导率和吸湿热指标来衡量。热导率是材料厚度为1m及表面积之间的温差为1℃、每小时通过1m² 的材料传导的热量。吸湿热是1g完全干燥的纤维在吸湿时放出的热量。几种主要纤维的热导率和吸湿热如表6.13所示。蚕丝的热导率比其他纤维都小，说明散发热量的速度比较慢，所以降温慢，保暖性能好。同时，由于空气的热导率比任何纤维都低，所以，纤维的含气率越高，热导率越小，则保暖性能越好。而蚕丝则由于纤维的多孔性，使纤维的含气率比较高，所以有很好的保暖性能。而夏天穿上真丝服装，则由于体外的热量传到皮肤的速度比较慢，故人体受热也慢。所以人们穿着真丝服装有冬暖夏凉之感。再从纤维的吸湿热来看，蚕丝除低于羊毛外，比其他纤维都高。因此，当人们在高温高湿的环境中穿着真丝服装，身体的湿热会透过衣服很快地排出，使人体感到舒适而不会有闷热感。真丝服装对温度变化有很好的缓冲作用，所以，冬季可用真丝绸服装和丝绵来保暖御寒，夏季可用真丝绸服装来防暑降温。

表 6.13　几种纤维在20℃的热导率和吸湿热

纤维	热导率/[kcal/(m·℃·h)]	吸湿热/cal	纤维	热导率/[kcal/(m·℃·h)]	吸湿热/cal
蚕丝	0.043～0.047	16.5	涤纶	—	1.35
棉纱	0.061～0.063	11.0	腈纶	—	1.70
羊毛	0.045～0.047	27.0	丙纶	0.19～0.26	—
锦纶	0.18～0.29	7.6	黏胶纤维	0.047～0.061	—

注：1cal=4.2J。

含有大量紫外线的太阳光，照射到地球表面时，大部分紫外线被大气层中的臭氧层吸收，但仍有5%～10%的紫外线射向地面。过多的紫外线照射对人的肌肤极为有害，容易引起皮肤老化起皱和产生黑斑。在桑蚕丝中，乙氨酸的含量最多，高达42.8%；在柞蚕丝中，乙氨酸的含量居第二，达23.6%。乙氨酸能与紫外线进行光化反应，因此真丝绸服装具有阻挡和减少阳光中的紫外线对人体的侵害，起到保护皮肤的作用。真丝绸在使用中的泛黄现象，正是由于蚕丝中的乙氨酸与阳光中的紫外线进行光化反应的结果。真丝易泛黄，这不是真丝绸的缺点，而是真丝织物对人体皮肤起到保护作用的结果，是其他纤维无法比拟的。另外，在人体表皮层中存在一种黑素细胞，它在紫外线的促进下，能与酪氨酸酶起氧化反应生成黑色素，使人体皮肤变黑。而蚕丝不但具有阻碍和减少紫外线的作用，蚕丝蛋白质中的丝肽还能有效地抑制皮肤中黑色素的产生。当丝肽含量为25%时，对人体皮肤产生黑色素的抑制率可高达70%。所以使用丝肽防晒霜既可防晒，又可使人体皮肤白皙。

真丝绸不产生静电。涤纶仿真丝、醋酸纤维、绵纶等合成纤织物易产生静电而吸附尘埃和细菌，还会引起人体皮肤静电干扰，改变体表的电位差，从而影响心脏的电传导，导致心律失常的疾病[110]。真丝蛋白质纤维不易产生静电，所以不会导致这种病态产生。

真丝服装能治疗皮肤病。真丝服装经穿着使用后，容易产生原纤化，可起到清除人体表面细微污垢和细菌的功能，防治皮肤瘙痒症[111]。

将丝胶蛋白接枝到棉纤维上，可提高织物的表观和穿着舒适感。将棉纤维经高碘酸钠氧化后，可直接与丝胶蛋白进行化学交联反应，形成共价键，其反应式如图 6.23 所示。提高氧化棉纤维中醛基的含量有利于丝胶蛋白与氧化棉纤维的结合[112]。

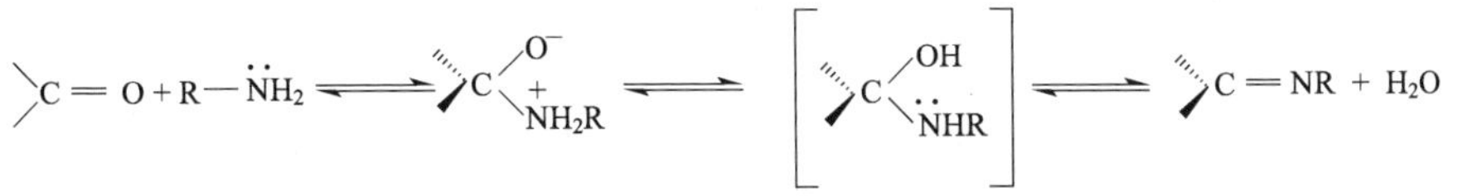

图 6.23　高碘酸钠氧化棉纤维与丝胶蛋白交联反应

6.8.2　在生物医药领域的应用[113]

蚕丝具有良好的力学性能、优异的生物相容性，在体内和体外均可生物降解[114]，因此，蚕丝在生物医用方面具有广阔的应用前景。丝胶中丝氨酸、天门冬氨酸和甘氨酸含量丰富。丝氨酸能降低血液中胆固醇的浓度，防治高血压；对结核菌病有效果，可治疗肺病。天门冬氨酸能降低血氨，对肝有保护作用；对心肌有保护作用，可治疗心绞痛，对心肌梗死等有防治效果。甘氨酸也能降低血液中的胆固醇浓度，防治高血压；能降低血液中的血糖，防治糖尿病；防治血凝、血栓；还能提高肌肉活力，防止胃酸过多；对治疗呼吸道疾病有效[33]。用含 1.5% 或 3% 丝胶的食物对鼠添食 5 星期，并在最初的 3 个星期里每周注射一次二甲肼（1,2-dimethylhydrazine），鼠结肠中异常隐性病灶的发育随丝胶添食数量的增加而逐步受到抑制。用含 3% 丝胶的食物添食 115d，并在最初的 10 个星期里每周注射一次二甲肼，鼠结肠致癌的概率及数量明显受到抑制。因此丝胶有望被开发成为结肠癌化学预防药剂[115]。将丝素、丝胶及两者混合物制得的各种膜，用于小鼠成纤细胞的培养，然后调查膜与细胞的附着状况和成纤细胞的增殖速度。由丝胶和丝素分别制作的膜均表现出良好的附着和增殖性，与常用哺乳动物细胞培养基胶原质的性能基本相同，但丝胶对增殖细胞的形状有一定影响，需要进一步改进[116]。

表 6.14 列出丝素蛋白在生物医学方面的应用形式。

表 6.14　丝素蛋白在生物医学方面的应用形式[107]

应用	形式	应用	形式
伤口敷料	膜，海绵	肝组织工程	膜
骨组织工程	海绵，膜，水凝胶，无纺	连接组织	无纺毡
血管组织工程	多孔，海绵，水凝胶	内皮和血管导管	无纺毡
韧带组织工程	纤维	抗凝血	膜
肌腱组织工程	纤维		

以下从几个方面介绍蚕丝在生物医学方面的应用。

6.8.2.1　人造皮肤[117]

人类皮肤特别是真皮层被破坏后，皮肤将无法再生，只能进行皮肤移植，但移植后皮肤一般极难生长愈合。作为一种生物材料，家蚕丝素蛋白膜无毒、无刺激、无过敏，不产生占位现象且与人类皮肤组织有很好的相容性，能使创伤面无隙结合，有优异的愈合功能[118]。家蚕丝素蛋白膜的透水、透气性介于新鲜断层猪皮与储存断层猪皮之间，透水、透气性及与创面的黏合等方面性能优越，具备制造人工皮肤的材料要求；丝素膜分子的构象及结晶度与膜的物理力学性能有关，制膜时施以适宜的交联及接枝共聚处理或高分子膜复合可制得具有接近正常皮肤的柔软性、伸缩性及润湿强度的丝素蛋白膜，加之它完全透明，覆盖于创面能看到膜下创面的变化情况与愈合过程，给临床治疗及创面愈合的研究提供了方便。

李明忠等人研制出多孔家蚕丝素蛋白膜，膜的结构和性能可控，动物试验表明毛细血管和成纤维细胞能长入膜中，多孔丝素膜能够血管化，全部或部分成活；研制的抗菌性药物丝素创面保护膜是具有抗感染、加速创面愈合作用的新型烧伤创面覆盖材料。所含的药物抗菌谱广，对烧伤局部感染常见的 G^+ 球菌和 G^- 杆菌具有杀灭作用，可用于感染创面和深Ⅱ度烧伤创面的治疗[119]。家蚕丝素蛋白膜真正作为人造皮肤在临床应用还需要进一步利用细胞工程技术，将家蚕丝素蛋白膜与真皮干细胞有机结合，形成有人类皮肤细胞活性，具有皮肤生长和体毛再生作用的真正意义上的（人造）皮肤组织。

6.8.2.2 人造血管和血管支架[117]

人造血管的研制开始于20世纪初，各国学者首先采用金属、玻璃、聚乙烯、硅橡胶等材料制成的管状物进行大量动物实验，但因其易在短期内并发腔内血栓而未能在临床上得到广泛应用。随着纤维材料和医学生物材料的不断发展，多种材料、多种加工方法生产的有孔隙的人造血管不断出现，并用于动物实验和临床。现在已经商品化的高分子材料人造血管有涤纶人造血管、家蚕丝人造血管和膨体聚四氟乙烯人造血管。家蚕丝素与人体的角蛋白、胶原蛋白的结构十分相似，具有极好的人体生物相容性。制造蚕丝人造血管时，需要添加血液凝固阻止物质，用氯磺酸对丝素进行硫酸化处理，可使丝素人造血管具有阻止血凝的作用[120]。

李茂林等[121]用生长因子 RGD 半抗原（GLY-ARG-ASP-SER-PRO-LYS）连接到卵清蛋白 O-valbumin（OVA）载体上诱发出了抗 RGD 抗体 IgG，并用丝素溶液包埋（staphylo-coccal protein A，简称 A 蛋白或 SPA）制成不溶性 SPA 丝素膜为材料，然后用诱发出的 RGD 抗体 IgG 结合到不溶性 SPA 丝素膜的表面，制成 IgG-SPA 丝素膜，再在其上结合黏附生长因子 RGD，制成 RGD-IgG-SPA 丝素膜。利用这一丝素膜培养血管内皮细胞（vascular endothelial cell，简称 EC 细胞），用四甲基偶氮唑盐比色方法（MTT 法）检测细胞的生长增殖情况。结果表明，RGD-IgG-SPA 丝素膜能有效促进 EC 细胞的生长。对不溶性 SPA 丝素膜和 IgG 以及 IgG 和 RGD 之间的生物结合力测定，表明其结合力远大于离解力。同时在细胞培养液中没有检测到丝素膜中 SPA 的渗漏。RGD-IgG-SPA 丝素膜具有的这些优良性质为血管支架打下了基础。

6.8.2.3 人工肌腱和韧带

肌腱是连接骨骼肌和骨的致密结缔组织，通过肌肉的收缩带动关节的活动，由于杠杆作用和应力集中，以及各种创伤极易造成肌腱断裂或缺损，而其治疗和修复一直是骨科的一大难题。对于家蚕丝的力学特性研究发现，其强度和刚度数值与人体肌腱非常接近[10]。蛋白纤维作为天然的细胞外基质成分，有较好的介导细胞间信号传导及相互作用的性能。玉田靖等在家蚕丝素蛋白中导入带电化合物，加速其与钙、磷酸团的凝集，进一步将带有负电荷的羟磷灰石结晶中的基团紧密凝聚，其钙的凝集量比无处理的丝素蛋白有大幅度的增加，特别是导入磷酸基的丝素蛋白中，钙的凝聚量比未处理的丝素蛋白高过 10 倍以上[127]。利用这种方法在丝素表面形成结晶物，经 X 射线透射验证含有人骨的主要成分，证明家蚕丝具有骨结合性和附着性，完全可能作为人造肌腱和人造韧带的材料。组织工程化肌腱要真正应用于临床进行产业化的生产，关键是模拟体内环境在体外成功构建肌腱组织，因而在体外利用生物反应器模拟体内环境进行组织工程化肌腱的构建将是未来的研究方向。

6.8.2.4 人造骨骼及人造牙齿

骨组织工程需要生物材料支架作为种植细胞的黏附基质，同时支架也为新的骨相关细胞外基质的形成提供物理支持，因此这种支架材料不仅要有良好的生物相容性而且要有合适的降解性能以及良好力学性能[122]。而用于骨移植的材料主要受到力学性能阻碍。由于丝素具有良好的力学性能和缓慢的降解性能可以为骨重构提供足够的时间，所以近年来在骨组织工程上受到青睐。Meinel L[123,124]将蚕丝通过一定的处理脱去丝胶制成支架，将这种支架作为骨组织工程中干细胞在骨原性的条件下培养的模板，在生物反应器内培养 5 周左右，然后将这种复合骨组织工程移植物移植到大鼠颅盖骨临界大小的缺损处，结果发现这种复合体系能诱导和加速骨形成。后来又将这种体系作为裸鼠临界大小缺损的股骨修复移植物，也成功地愈合了股骨的缺损。这些结果表明这种缓慢降解的蛋白基质有足够的时间控制羟磷石灰的沉积，最终导致骨骼的形成，同时也说明蚕丝这种天然的生物材料具有良好的生物相容性、缓慢的生物降解速率以及合适的力学性能，是一种很有潜力的骨组织工程材料。Li 等[125]将丝素蛋白与骨形态发生蛋白-2（BMP-2）、羟磷灰石微粒通过电旋转搅拌混合制备成三维支架，将这个支架用于体外骨形成。结果发现，这种支架能提高钙盐沉积量和增加骨特异性标记物的转录水平，从而表明这种支架能有效地释放 BMP-2 并且有助于磷灰石盐的形成。以丝素蛋白为基础的支架可望应用于骨组织工程材料。

在丝上引进磷酸基团时，蛋白纤维就能够吸收钙离子，形成很强的结晶。而且，这些经过修饰的丝纤维有良好的拉伸性能。Furuzono 等[126]使用交替浸泡法使得磷灰石沉淀到丝纤维上，得到了这种很有潜力的生物材料，制作人造骨骼和人造牙齿更加理想。

6.8.2.5 隐形眼镜和角膜

隐形眼镜、人工角膜材料必须是具备通气与通水性好、易消毒灭菌、透光性优良以及对人体生理适应性好的材料。Minoura 等[127]将化学处理后的家蚕丝素水溶液凝固得到的块状物质用旋盘切削研磨，或者在丝素水溶液中添加甲醛、乙烯基化合物等，制得一种优质丝素膜，在含水状态下其透氧率与现在隐形眼镜使用的羟乙基异丁烯酸酯化合物几乎相等，此种丝素膜的可见光线透过率可达 98％以上，它与人体软组织间具有良好的生物相容性。

6.8.2.6 蚕丝抗血凝剂

目前普遍使用肝素作为血液凝固阻止物质，这是从猪的小肠等材料中抽提的硫化多糖，价格非常高，其分子中的硫酸基对抗凝血活性起重要作用。孔祥东等[128]用浓硫酸处理家蚕丝胶蛋白或丝素蛋白，制成了丝蛋白抗血凝物质。高运华等[129]以丝素蛋白膜为基质，利用等离子体处理辅助的共价交联方法对 vWf 因子抗体进行固定化。利用 NH_3 等离子体处理在丝素蛋白膜表面引入活性基团—NH_2，通过戊二醛的缩合反应可以将 vWf 抗体以共价键形式接枝到丝素膜表面。用酶联免疫法和抗体过剩法对固定化效果进行了评价，固定化抗体的活性采用体外凝血时间测定进行检测，结果见表 6.15。丝素蛋白膜固定化 vWf 抗体后，保留了该抗体的生物活性，改善了处理的抗凝血性能。

表 6.15　各种材料的体外凝血时间测定

材　　料	凝血时间/s			材　　料	凝血时间/s		
	PT	APTT	TT		PT	APTT	TT
正常血浆	9.9	28.8	11.6	NH₃ 等离子体处理	12.8	27.8	11.2
丝素对照	12.4	26.8	11.8	表面固定 vWf 抗体	11.0	>150	>200

注：PT—凝血酶原时间；APTT—活化部分凝血活酶时间；TT—凝血酶时间。

6.8.2.7　蚕丝蛋白药物控释

蚕丝素蛋白可以作为药物的控释材料，增强或减缓药物在体内的作用时间和效力[130,131]。Minoura 等[127]为了获得有稳定结构、柔韧性的药物控基材，采用环氧化合物乙烯亚乙基甘油醚作为交联制剂制得多孔丝素水凝胶。用其包埋阳离子型药物水晶紫、阴离子型药物锤虫蓝和非离子型药物丝裂霉素 C，并在不同 pH 值条件下进行了药物释放实验。结果表明，当药物荷电与丝素膜荷电相同时，药物释放速度快，当两者荷电相反时释放速度慢，而非离子型药物的释放速度与溶液的 pH 值无关，仅与药物浓度有关。所以，这种交联多孔丝素水凝胶具有一定的 pH 应答功能。通过控制成孔的尺寸可以调节药物的释放速度，因此，丝素膜有望作为生物体内药物缓释基材[130,132]。

6.8.2.8　功能性细胞培养基质

家蚕丝素非结晶区有许多碱性氨基酸，对细胞有一定程度的吸附作用，具备用作组织工程生物材料的基本条件。组织工程的核心是建立由细胞和生物材料构成的三维空间复合体。Minoura 等[127]将家蚕丝蛋白膜作细胞支持体进行了各种试验，证实了家蚕丝素膜、丝胶膜用作哺乳动物细胞培养基质的可行性。吴海涛等[133]将胰蛋白酶消化后的蚕丝任意缠绕成网状，用聚乳酸或鼠尾胶进行包埋，制成三维支架，观察软骨细胞生长情况，发现蚕丝对软骨细胞具有良好的吸附作用，并能维持软骨细胞正常形态和功能，是适合软骨细胞立体培养的良好天然支架。Altmana 等[134]直接将蚕丝纤维用于人工十字韧带（anterior cruciate ligaments，ACL）的制作，方法是将 30 根单纤维丝组成一股，每 6 股成一束，再这样 3 束成一股，6 股成一束，然后直接用作 ACL 基质。经 SEM、DNA 定量以及胶原含量等测试后的结果显示，这样做成的支架能支持成人 BMSCs 细胞的生长、扩散以及分化。杨新林等[135]用 SO₂ 和 NH₃ 等离子体处理后，丝素蛋白膜表面分别被磺酸化和氨基化，均能促进 HUVEC 细胞生长，而且对细胞形态和产生 V 凝血因子的功能没有明显的不良影响。

6.8.3　在食品工业中的应用

丝素经过酶降解或酸水解后，可以成为氨基酸与低聚肽的混合物。经实验发现，水解后的丝素肽和氨基酸易被小肠吸收，并且具有多种功能，完全可以用来开发功能性食品[136]。丝胶含有 18 种氨基酸，90% 以上的氨基酸能被人体吸收，含有人体所必需的氨基酸达 17% 以上，高于一般食品。因此将丝胶添加到食品中，是一个很好的氨基酸补充途径[137]。日本已先后开发出为数众多的、添加丝素成分的机能性健康食品，如含丝素蛋白的糕点、糖果、果冻、豆腐、面条等产品，由于营养丰富、老少皆宜，在市场上备受消费者的青睐[138]。

作为食品的丝素粉经过加水分解，变成由几个氨基酸结合成的 200～300 个小肽键的形式而被利用。这种粉末有甜味、酸味和香味，具有独特的气味，另外还有很强的吸湿性[139]。放入这种粉末的点心、糖、面类、粥、豆腐、冷饮等也已在市场上销售。由于丝素蛋白具有以上的医疗和营养价值，在日本已成为新一代保健食品添加剂。在 20 世纪 80 年代初就已制成了具有柠檬味、咖啡味等多种味道的丝素果冻，从而迈出了蚕丝食品开发的第一步。至今，日本已设立了专产食用丝素粉和丝素食品的工厂，生产丝素酱油、丝素饮料、丝素饼干、丝素糖果等，特别是在老年和儿童的食品生产中广泛添加蚕丝蛋白，有效地增强了人们的体质，并且已有公司生产"丝素蛋白"推向市场。丝素蛋白在改善食品的物理形态上也有一定的作用。我国科研人员在开发丝素蛋白荞麦面的试验中，发现添加丝素蛋白的荞麦面成型性好，荞麦面成品率由普通荞麦面的不足 80% 上升到 90% 以上，色泽鲜亮，口感滑爽，品质大为提高。

丝素蛋白还可用于辅助改善食品的性能。从黑曲霉发酵液中提取 β-葡萄糖苷酶酶液，用提取自废蚕丝的丝素蛋白将其固定，可将固定化酶膜应用于果汁、果酒、茶汁等食品的增香[140]。并选取感官效果显著的柠檬汁进行色谱-质谱分析，从数据上分析证明了一些特有香气物质的增加程度。丝素固定化酶的步骤为：用 Asakura[141] 的方法将蚕茧壳经碱液处理后，获得 4% 再生丝素溶液，将其铺在聚乙烯板上，待形成载体膜后，将 β-葡萄糖苷酶、戊二醛和牛血清白蛋白按体积比为 5∶3∶2 混合，涂布于丝素蛋白载体膜上，经交联反应制成共价法酶膜备用。酶膜处理后的柠檬汁，其中香气物质的前体被作用，产生并增加了令人愉快的各种香气成分，赋予柠檬优良的感官，由此预示该酶膜改良食品风味的前景十分乐观。

6.8.4　在化妆品领域的应用[33,142]

蚕丝具有强效持久的保湿力、保温性、抗紫外线作用，能帮助皮肤调节水分，而且具有抗发炎能力，因此蚕丝蛋白是很好的化妆品基材。皮肤角质层中应保持 10%～20% 的水分，才能使皮肤丰满而富有弹性。当皮肤角质层中的水分在 10% 以下时，皮肤即呈干燥甚至开裂。丝胶具有良好的吸放湿性能，能自然成膜，加入到化妆品中，能起到类似天然保湿因子（natural moisturizing factor，NMF）的作用，防止皮肤起皱。丝胶中的酪氨酸（Tyr）、色氨酸（Trp）、苯丙氨酸（Phe）等能有效吸收紫外线，防止日光中紫外线对皮肤的损伤。丝胶具有抑制酪氨酸酶活性的特性，因此能阻止皮肤中黑色素的形成，美白肌肤。因此丝胶是一种宝贵的天然化妆品配料，可将丝胶为主要添加剂，在润肤霜、洁面乳、洗面奶、沐浴露、洗发香波、护发素等产品中加以应用[143,144]。

在化妆品方面，丝素蛋白的应用主要有两种形式：即丝素粉和丝肽。丝素粉保持了蚕丝蛋白的原始结构和化学组成，仍然具有蚕丝蛋白特有的柔和光泽和吸收紫外线抵御日光辐射的作用。丝素粉光滑、细腻、透气性好、附着力强，能随环境温湿度的变化而吸收和释放水分，对皮肤角质层水分有较好的保持作用，因此丝素粉是美容类化妆品如唇膏、粉饼、眼霜等的上乘基础材料。资料表明，采用物理方法制取的丝素经粉碎成粒径为 7～8μm 的粉末，这种微粉具有良好的肌肤触感、延展性、附着性和保湿性。

6.8.5　在生物技术领域的应用[145]

生物活性酶的固定化是几乎所有类型的生物传感器制备过程中必经的步骤。丝素膜是一种优良的酶固定剂，它的优点在于不需要任何交联剂，只需通过物理作用和化学处理就可以完成，减少了酶的失活，扩大了酶活性的范围，提高了酶的利用效率。用丝素膜作为生物传感器，利用这种诊断系统可以测定糖尿病病人的血糖值。而令人瞩目的是日本钟纺公司开发成功的癌症自动诊断系统。它利用了蚕丝蛋白膜，先将蚕丝溶解，然后干燥成膜，在这种膜上固定着只与抗原反应的单克隆抗体，在容器内加入血液和过氧化氢酶标抗体，用装有氧电极的免疫传感器，通过癌细胞所放出氧的数量来诊断是否患有癌症。固定了抗原的丝素蛋白膜能用作疾病诊断的生物传感器。丝素蛋白膜上的抗原与抗体反应形成一对固定的抗原-抗体复合物，应用电子技术监测这一反应后可用于开发特种传感器。

丝素独特的结构使人们考虑到用丝素材料固定酶和生物传感器[28,146]。酶是生物体内一类具有高效催化功能的特殊蛋白质，酶的高活性源于许多由极性基团组成的活性中心，在空间上与反应过渡状态的构象匹配。但酶对热、pH等外界条件的变化较敏感，遇到一些杂菌极易失活，因此须将酶进行固定，使一些游离蛋白固定化。固定酶的思路是寻求另一种与生命体高度适应的材料，材料表面存在与酶活性中心的极性基团能够形成键合的活性基团。丝素蛋白质包括一条分子量大的肽链（H链）和1~3条分子量小的肽链（L链），H链交替穿越结晶区和非结晶区，L链只存在于非结晶区，占L链中较大比例的天门冬氨酸（14.9%）、谷氨酸（8.7%）、酪氨酸（4.0%）丝氨酸（8.5%）含有的大量的活性基团，这四种氨基酸在H链的非结晶区也占了近20%，这些丝素蛋白的活性部位可成为酶固定的反应位置。丝素蛋白膜固定化酶与游离酶相比，热、pH值、操作及贮存稳定性均有效提高，活性可在保存中处于长时间的抑制状态，对复杂多变的外界的抵抗力也随之增加；葡萄糖和乳酸是细胞生长的主要因素，用丝素固定化葡萄糖酶膜、乳酸氧化酶膜制作的生物传感器可以准确、有效地确定细胞培养过程中的葡萄糖和乳酸的含量。此外，蚕丝素蛋白作为一种酶的固定基材，最为突出的优点在于酶的固定化基于它从水溶性的SilkⅠ结构转变为稳定的水不溶的SilkⅡ结构，而不需要任何交联剂，只要改变溶剂、温度等因素就能达到。

Fukui等[147]首次报道蚕丝用于β-葡萄糖苷酶（β-glucosidase）的固定化。随后，Asakura等[148,149]用活蚕腺体中得到的丝素蛋白固定葡萄糖氧化酶（glucose oxidase）。邵正中和于同隐等人用活蚕腺体中得到的丝素蛋白研究酶的固定化工作，制得了第一代葡萄糖生物传感器[150,151]和脲酶电极[152]。为了缩短传感器的响应时间和克服活蚕来源受季节影响的限制，邵正中等人把再生丝素蛋白应用于酶的固定化和生物传感器的制作，并用红外光谱、电子吸收光谱和扫描电镜观察酶在丝素蛋白膜中的形态，发现酶与丝素蛋白之间的相互作用很弱，它们以聚集态的形式存在，酶不均匀地分散在丝素蛋白膜中。于同隐等制得第二代生物传感器[153,154]，它具有信号响应快、检测的线性范围宽、重现性好、寿命长的良好性能，可以在较宽的pH值、温度范围下使用。用再生丝素蛋白和过氧化物酶的共混膜制得的电流型过氧化氢生物传感器还可以应用于有机体系中过氧化氢的检测，并可以同时固定葡萄糖氧化酶和过氧化物酶。

6.8.6 在智能材料中的应用

用丝素或丝胶制备的水凝胶可具有对温度、pH等响应的智能水凝胶，在生物医用等方面具有重要的应用[28,155]。

邵正中等人对壳聚糖-丝素蛋白合金膜中的壳聚糖进行交联，使之成为一种semi-IPN的结构，结果表明共混膜在不同的pH缓冲溶液和不同浓度的盐溶液（特别三价离子盐溶液，如Al^{3+}溶液）中均表现出良好的敏感性，具有智能性水凝胶的性能[156]。此外配合物膜在不同的pH缓冲溶液或不同浓度的Al^{3+}溶液中交替溶胀、收缩的行为具有良好的重复可逆性，符合作为人工肌肉的条件；而控制异丙醇-水体系中添加的Al^{3+}浓度，可以控制配合物膜的溶胀，进而控制膜的自由体积，以达到作为化学阀门控制膜的渗透蒸发通量的目的，应用前景是宽广的。

吴雯等[157]采用同步互穿网络方法制备丝胶蛋白（SS）/聚甲基丙烯酸（PMAA）为组分的互穿网络（IPN）水凝胶，研究了互穿网络水凝胶对介质 pH 的刺激响应性能。IPN 水凝胶具有强烈的 pH 刺激响应性能。在 pH＝9.2 的碱性缓冲溶液中，—COOH 解离成—COO⁻，渗透压与网络之间的静电排斥作用导致 IPN 的溶胀度增大；当 pH 减小时，溶胀度随之减小。IPN 水凝胶具有快速退溶胀速率及可逆溶胀-收缩性能，是一种潜在的药物控释的高分子载体。

参 考 文 献

[1] 吕靖．蚕丝和蜘蛛丝的结构与生物纺丝过程．现代纺丝技术，2004，12（1）：40-43．

[2] 蒋猷龙．蚕丝形成机理研究进展．蚕丝通报，1978（4）：15-20．

[3] 于同隐，邵正中．桑蚕丝素蛋白的结构、形态及其化学改性．高分子通报，1990（3）：154-161．

[4] Shen Y，Johnson M A，Martin D C. Microstructural characterization of *Bombyx mori* silk fibers．Macromolecules，1998，31（25）：8857-8864．

[5] Hakimi O，Knight D P，Vollrath F，Vadgama P. Spider and mulberry silkworm silks as compatible biomaterials. Composites Part B：Engineering，2007，38：324-337．

[6] 李维红．蚕丝的性质、特点及鉴别方法．安徽农业科学，2009，37（9）：4151-4152．

[7] 吕靖．蚕丝和蜘蛛丝的结构与生物纺丝过程．现代纺丝技术，2004，12（1）：40-43．

[8] Wu X，Liu X-Y，Du N，Xu G-Q，Li B-W. Molecular spring：from spider silk to silkworm silk. Physics Bio-Ph，2009．

[9] Altman G H，Diaz F，Jakuba C，et al. Silk-based biomaterials. Biomaterials，2003，24：401-416．

[10] 朱良均．蚕丝蛋白的氨基酸组成及其对人体的生理功能．中国蚕业，1997（1）：42-44．

[11] Kazunori Tanaka. Determination of the site of disulfide linkage between heavy and light chains of silk fibroin produced by Bombyx mori. Biochimica et Biophysica Acta，1999，1432：92-103．

[12] 张海萍，朱良均，闵思佳．丝素蛋白的结构、制备及其应用研究进展．全国桑树种质资源及育种和蚕桑综合利用学术研讨会，2005，11．

[13] Tanaka K，Kajiyama N，Ishikura K，Waga S，Kikuchi A，Ohtomo K，Takagi T，Mizuno S. Determination of the site of disulfide linkage between heavy and light chains of silk fibroin produced by *Bombyx mori*. Biochemica et Biophysica Acta，1999，1432：92-103．

[14] 汝玲，黄毅萍，陈萍，齐正旺．蚕丝素蛋白最近研究进展．化学推进剂与高分子材料，2007，5（4）：26-30．

[15] Mondal M，Trivedy K，Kumar S N. The silk proteins，sericin and fibroin in silkworm，Bombyx mori Linn，a review. Caspian Journal of Environmental Sciences，2007，5（2）：63-76．

[16] Lazo N D，Downing D T. Crystalline Regions of Bombyx mori Silk Fibroin May Exhibit β-Turn and β-Helix Conformations. Macromolecules，1999，32：4700-4705

[17] 邵正中，吴冬，李光宪，彭励吾，于同隐，郑思定．光散射学报，1995，7（1）：2-7．

[18] Perez Rigueiro J，Viney C，Llorca J，Elices M. Mechanical properties of silkworm silk in liquid media. Polymer，2000，41：8433-8439

[19] 刘永成，邵正中．蚕丝蛋白的结构与功能．高分子通报，1998（3）：17-23．

[20] Nakazawa Y，Tetsuo A. Heterogeneous exchange behavior of Samia synthia ricini silk fibroin during helix-coil transition studied with ¹³C NMR. FEBS Letters，2002，529（2-3）：188-192．

[21] Rigina V，Samuel P，Weiping Z. Trigonal crystal structure of Bombyx mori silk incorporating three fold helical chain conformation found at the air-water interface. Macromolecules，1996，29：8606-8614．

[22] Willcox P J，Gido S P，Muller W，Kaplan D L. Evidence of a Cholesteric Liquid Crystalline Phase in Natural Silk Spinning Processes. Macromolecules，1996，29：5106-5110．

[23] Valluzi R，Gido S P. Crystal Structure of Bombyx mori Silk at the Air-Water Interface. Biopolymers，1997，42：705-717．

[24] Tao W，Li M，Zhao C. Structure and properties of regenerated *Antheraea pernyi* silk fibroin in aqueous solution. Biological Macromolecules，2006，11：1-7.

[25] Valluzzi R，He S J，Gido S P，Kaplan D. Bombyx mori silk fibroin liquid crystallinity and crystallization at aqueous fibroin-organic solvent interfaces. International Journal of Biological Macromolecules，1999，24：227-236.

[26] 朱良均，姚菊明，李幼禄. 蚕丝蛋白——功能性生物材料. 中国蚕业，1996（4）：26-28.

[27] 周文，陈新，邵正中. 红外和拉曼光谱用于对丝蛋白构象的研究. 化学进展，2006，18（11）：1514-1522.

[28] 刘永成，邵正中，孙玉宇，于同隐. 蚕丝蛋白的结构与功能，高分子通报，1998（3）：17-24.

[29] Schneider J P，Kelly J W. Templates That Induce alpha-Helical，beta-Sheet，and Loop Conformations. Chemical Review，1995，95（6）：2169-2187.

[30] 李贵阳，周平，孙尧俊，姚文华，宓泳，姚惠英，邵正中，于同隐. 金属离子导致的丝素蛋白的构象转变. 高等学校化学学报，2001（5）：860-862.

[31] H Akai. The structure and ultrastructure of the silk gland. Experientia，1983，39.

[32] 王佳培，胡建恩，白雪芳，杜昱光. 蚕丝素蛋白及其应用. 精细与专用化学品，2004，12（12）：13-18.

[33] 陈华，朱良均，闵思佳，胡国梁. 蚕丝丝胶蛋白的结构、性能与利用. 功能高分子学报，2001，14（3）：345-353.

[34] Zhu L J，Arai M，Hirabayashi K. Gelation of silk sericin and physical properties of the gel. J Seric Sci Jpn，1995，64（5）：415-419.

[35] 封平. 蚕丝蛋白的结构及食用性研究. 食品研究与开发，2004，25（6）：51-54.

[36] Cao Y，Wang B. Biodegradation of silk biomaterials. International Journal of Molecular Sciences，2009，10：1514-1524.

[37] Yoshimizu H，Asakura T. The structure of Bombyx mori silk fibroin membrane swollen by water studied with ESR，^{13}C-NMR，and FT-IR spectroscopies. J Appl Polym Sci，1990，40：1745-1756.

[38] Tsukada M，Gotoh Y，Nagura M，Minoura N，Kasai N，Freddi G. Structural changes of silk fibroin membranes induced by immersion in methanol aqueous solutions. J Polym Sci Pt B：Polym Phys，1994，32：961-968.

[39] Chen X，Shao Z Z，Marinkovic N S，Miller L M，Zhou P，Chance M R. Conformation transition kinetics of regenerated Bombyx mori silk fibroin membrane monitored by time-resolved FTIR spectroscopy. Biophys Chem，2001，89：25-34.

[40] Monti P，Freddi G，Bertoluzza A，Kasai N，Tsukada M. Raman spectroscopic studies of silk fibroin from *Bombyx mori*. J Raman Spectrosc，1998，29：297-304.

[41] Um I C，Kweon H Y，Park Y H，Hudson S. Structural characteristics and properties of the regenerated silk fibroin prepared from formic acid. Int J Biol Macromol，2001，29：91-97.

[42] Ha S W，Tonelli A E，Hudson S M. Structural Studies of Bombyx mori Silk Fibroin during Regeneration from Solutions and Wet Fiber Spinning. Biomacromolecules，2005，6：1722-1731.

[43] Magoshi J，Magoshi Y，Nakamura S，Kasai N，Kakudo M. Physical properties and structure of silk. Ⅴ. Thermal behavior of silk fibroin in the random-coil conformation. J Polym Sci Part B Polym Phys，1977，15：1675-1683.

[44] Magoshi J，Mizuide M，Magoshi Y，Takahashi K，Kubo M，Nakamura S. Physical properties and structure of silk. Ⅵ. Conformational changes in silk fibroin induced by immersion in water at 2 to 130℃. J Polym Sci Part B Polym Phys，1979，17：515-520.

[45] Liang C X，Hirabayashi K. Influence of solvation temperature on the molecular features and physical properties of fibroin membrane. Polymer，1992，33：4388-4393.

[46] Ayub Z H，Arai M，Hirabayashi K. Quantitative structural analysis and physical properties of silk fibroin hydrogels. Polymer，1994，35：2197-2200.

[47] Tretinnikov O N，Tamada Y. Influence of Casting Temperature on the Near-Surface Structure and Wettability of Cast Silk Fibroin Films. Langmuir，2001，17：7406-7413.

[48] Magoshi J，Magoshi Y，Nakamura S. The mechanism of fibre formation from liquid silk of silkworm Bombyx mori. Polym Commun，1985，26：309-311.

[49] Zheng S D，Li G X，Yao W H，Yu T Y. Raman Spectroscopic Investigation of the Denaturation Process of Silk Fibroin. Appl Spectrosc，1989，43：1269-1272.

[50] Zhou L，Chen X，Shao Z Z，Zhou P，Knight D P，Copper in the silk formation process of Bombyx mori silkworm. Vollrath F FEBS Lett，2003，554：337-341.

[51] Zhou L，Chen X，Shao Z Z，Huang Y F，Knight D P. Effect of Metallic Ions on Silk Formation in the Mulberry Silkworm，Bombyx mori. J Phys Chem B，2005，109：16937-16945.

[52] McEwen I J，Viney W C. The effect of concentration on the rate of formation of liquid crystal and crystalline phases. Polymer，2001，42：6759-6764.

[53] Braun F N，Viney C. Modelling self assembly of natural silk solutions. International Journal of Biological Macromolecues，2003，32：59-6.

[54] 李光宪，于同隐. 丝蛋白纤维化机理. 科学通报，1989（21）：1656-1659.

[55] Li G，Yu T. Investigation of the liquid-crystal state in silk fibroin. Makromol Chem Rapid Commun，1989，10：387-389.

[56] Willcox P J，Gido S P. Evidence of a cholesteric liquid crystalline phase in natural silk spinning processes. Macromolecules，1996，29：5106-5110.

[57] 盛家镛. 蚕丝蛋白质的分子量与亚单位结构（一）. 丝绸，1988（9）：43-47.

[58] 周威，朱晶心，邵慧丽，胡学超. 无胶筛分毛细管电泳法测定家蚕丝丝素蛋白分子量的可行性研究. 四川丝绸，2007（4）：31-33.

[59] 王海峰，张瑞萍，高晓红，杨静新. 凝胶渗透色谱法对丝素水解分子量的研究. 针织工业，2008（12）：44-45.

[60] Yamada H，Nakao H，Takasu Y，Tsubouchi K. Preparation of undegraded native molecular fibroin solution from silkworm cocoons. Materials Science and Engineering C，2001，14：41-46.

[61] 盛家镛，林红，王磊等. 易溶性丝胶粉的微细结构及理化性能研究. 丝绸，2000，6：6-9.

[62] Fabiani C. Pizzichini M. Spadoni M. Treatment of waste water from silk degumming progress for protein recovery and water reuse. Desalination，1996，105（1）：1-9.

[63] 马骏，王学英，李群，石生林，马积彪. 蚕丝丝胶蛋白提取方法的研究. 安徽农业科学，2005，33（4）：674-675.

[64] 解芳，廖芳丽，强娜. 丝蛋白的纤维化机理及液晶纺丝特点. 惠州学院学报（自然科学版），2008，28（6）：36-40.

[65] Meyer K H，Jeanncrat J. Les propriétés des polymères en solution Ⅺ. Sur la formation du fil de soie á partir du continu liquide de la glande. Helv Chim Acta，1939，22：22-30.

[66] Iizuka E. Mechanism of Fiber Formation by the Silk-worm，Bombyx mori L. Biorheology，1966，3：141.

[67] Yamaura K. Mechanical Denaturation of High Polymers in Solutions. J Macromol Sci Phys，1982，B21：46.

[68] Viney C. Natural silks：archetypal supramolecular assembly of polymer fibres. Supramol Sci，1997，4：75-81.

[69] Braun F N，Viney C. Modelling self assembly of natural silk solutions. Int J Biol Macromol，2003，32：59-65.

[70] Magoshi J，Magoshi Y，Nakamura S. Crystallization，liquid crystal and fiber formation of silk fibroin. J Appl Polym Sci：Appl Polym Symp，1985，41：187-204.

[71] Magoshi J，Magoshi Y，Nakamura S. Mechanism of fiber formation of silkworm. ACS，1994：293-301.

[72] Iizuka E. Silk thread：mechanism of spinning and its mechanical properties. J Appl Polym Sci：Appl Polym Syrup，1985，41：173-185.

[73] Li G，Zhou P，Shao Z Z，Xie X，Chen X，Wang H，et al. The natural silk spinning process：a nucleation-dependent aggregation mechanism？ Eur J Biochem，2001，268：6600-6606.

[74] Jin H J，Kaplan L. Mechanism of silk processing in insects and spiders. Nature，2003，424：1057-1061.

[75] Ayutsede J，Gandhi M，Sukigara S，Micklus M，Chen H，Ko F. Regeneration of bombyx mori silk by electrospinning. Part 3：characterization of electrospun nonwoven mat. Polymer，2005，46：1625-1634.

[76] 牛建涛，杨吉文，谭小艳，茆永琴. 蚕丝纤维及其制品的改性研究. 山东纺织科技，2009（3）：47-49.

[77] 周岚，邵建中. 特殊热处理对蚕丝丝素结构及其性能的影响. 浙江工程学院学报，2004，21（2）：81-85.

[78] 李永强，刘金强. 桑蚕丝纤维 D4 等离子体表面改性的研究. 纺织学报，2006，27（6）：9-11.

[79] 张菁. 真丝织物等离子接枝聚合改性. 纺织学报，1996，17（4）：200-203.

[80] 何贵珍，王善元. 蚕丝蒸汽闪爆改性后的形态结构研究. 高分子学报，2004（1）：103-106.

[81] 王建南. 蚕丝纤维在钙盐微溶下形态结构与性能的研究. 蚕丝科学，2003，（29）：173-176.

[82] 赵炳心，张幼维. 蚕丝蛋白改性腈纶的研制. 合成纤维工业，2001，24（6）.

［83］周春晓，陈国强．甲基丙烯酸十二氟庚酯接枝蚕丝纤维的结构．纺织学报，2008，29（3）：56-62.

［84］周春晓，陈国强．甲基丙烯酸十二氟庚酯对真丝的接枝改性．四川丝绸，2007（4）：16-18.

［85］邢铁玲，陈国强．乙烯基硅氧烷单体接枝家蚕丝的性能研究．丝绸，2004（5）：32-34.

［86］黄晨，王红．蚕丝织物辐射接枝丙烯酰胺的改性．纺织学报，2008，29（3）：60-62.

［87］伏宏彬．真丝织物化学接枝改性后的结构和热性能．四川纺织科技，2003（3）：11-13.

［88］施芹平，关晋平．己二醇二丙烯酸酯改性蚕丝结构的研究．纺织学报，25（2）：19-20.

［89］Ayutsedea J. Gandhib M，Sukigamc S，et al. Regeneration of bombyx mori silk by electrospinning，part 3：characterization of electrospun nonwoven mat. Polymer，2005，46：1625-1634.

［90］Park W H，Jeong L，Yoo D I，Hudson S. Effect of chitosan on morphology and conformation of electrospun silk fibroin nanofibers. Polymer，2004，45：7151-7157.

［91］Jin H，Chen J，Karageorgiou V，Altman G H，Kaplan D L. Human bone marrow stromal cell responses on electrospun silk fibroin mats. Biomaterials，2004，25：1039-1047.

［92］Zhang X，Baughman C B，Kaplan D L. In vitro evaluation of electrospun silk fibroin scaffolds for vascular cell growth. Biomaterials，2008，29：2217-2227.

［93］邱芯薇，潘志娟，孙道权，张林春．静电纺丝素纤维的微细结构．纺织学报，2006，27（6）：1-6.

［94］Ayutsede J，Gandhi M，Sukigara S，Ye H，Hsu C，Gogotsi Y，Ko F. Carbon nanotube reinforced bombyx mori silk nanofibers by the electrospinning process. Biomaterials，2006，7：208-214.

［95］Yeo J，Lee K，Lee Y，Kim S Y. Simple preparation and characteristics of silk fibroin microsphere. European Polymer Journal，2003，39：1195-1199.

［96］张雨青，相入丽，阎海波，陈晓晓．丝素纳米颗粒的制备及应用于 L-天冬酰胺酶的固定化．高等学校化学学报，2008，29（3）：628-633.

［97］Zhang Y，Shen W，Xiang R，Zhuge L，Gao W，Wang W. Formation of silk fibroin nanoparticles in water-miscible organic solvent and their characterization. Journal of Nanoparticles Research，2007，9：885-900.

［98］陈宇岳，邹利云，盛家镛，林红．超低温冷冻及微波辐照后桑蚕丝微孔结构研究．丝绸，2001（10）：8-10.

［99］Wang M，Jin H，Kaplan D L，Rutledge G C. Mechanical properties of electrospun silk fibers. Macromolecules，2004，37：6856-6864.

［100］Lu Q，Feng Q L，Hu K，et al. J Mater Sci-Mater Med，2008，19（2）：629-634.

［101］Lu Q，Feng Q L，Hu K，et al. Polymer，2005，46（26）：12662-12669.

［102］王曙东，吴佳林，张幼珠．丝绸，2007，51（7）：22-24.

［103］程友刚．纳米氧化锌对蚕丝织物抗菌性能的研究．丝绸，2007（12）：31-33.

［104］Feng X，Zhang L，Chen J，Guo Y，Zhang H，Jia C L. Preparation and characterization of novel nanocomposite films formed from silk fibroin and nano-TiO_2. International Journal of Biological Macromolecules，2007，40：105-111.

［105］贾长兰．纳米 TiO_2 改性丝素复合膜的研究．蚕业科学，2006，32（4）：520-524.

［106］陈建勇，冯新星．纳米 TiO_2 改性蚕丝丝素蛋白膜的研究．高分子学报，2006（5）：649-653.

［107］Vepari C，Kaplan D L. Silk as biomaterial. Prog Polym Sci，2007，32：991-1007.

［108］孔育国．论蚕丝与真丝织物具有保健功能的科学性．四川丝绸，2006（2）：19-24.

［109］朱宋红，邹福麟，韩丽云等编，纺织材料学，北京：中国纺织出版社，1994.

［110］Wong P，Foo C，Kaplan D. Genetic engineering of fibrous proteins：Spider dragline silk and collagen. Adv Drug Deliv Rev，2002，54（8）：1111-1143.

［111］宋润霞．真丝内衣对皮肤瘙痒症的功效．国外丝绸，1995（6）：27-29.

［112］王浩，林红，陈宇岳，杨莉，杨美桂．碱预处理对棉纤维接枝丝胶蛋白的影响．丝绸，2008，（4）：22-26.

［113］刘佳佳等．新蚕丝蛋白和新生物材料．国外丝绸，2004（5）：4-7.

［114］Cao Y，Wang B. Biodegradation of silk biomaterials. International Journal of Molecular Science，2009，10：1514-1524.

［115］Sasaki M，Kato N，Watanabe H. Silk protein，sericin，suppresses colon carcinogenesis induced by 1，2-dimethylhydrazine in mice. Oncology Reports，2000，7（5）：1049-1052.

天然高分子材料

[116] Minora N, Aiba S, Gotoh Y. Attachment and growth of cultured fibroblast cells on silk protein matrices. J Biomedical Mater Research, 1995, 29 (10): 1215-1221.

[117] 王玉军, 柳学广, 徐世清. 家蚕丝蛋白生物材料新功能的开发及应用. 丝绸, 2006 (6): 44-53.

[118] Alsbjorn B. Biologic wound covering skin burn treatment. World J Surg, 1992 (16): 43-46.

[119] 李明忠. 多孔丝素膜的研制及性能研究. 丝绸, 2001 (3): 10-13.

[120] Tamada Y. Sulfation of silk fibroin by chlorosulfonic acid and the anticoagulant activity. BioTrIaterials, 2004 (25): 377-383.

[121] 李茂林, 杨新林, 范翠红, 曾任平, 朱鹤孙. SPA 用于丝素膜的生物改性研究. 高技术通讯, 2003 (4): 67-73.

[122] 戴小珍, 曹香朝, 郭志刚. 蚕丝在组织工程中的应用研究. http://www.paper.edu.cn/index.php/defo-ult/releasepaper/downPaper/200609-298.

[123] Meinel L, Fajardo R, Hofmann S, et al. Silk implants for the healing of critical size bone defects. Bone, 2005, 37: 688-698.

[124] Meinel L, Betz O, Fajardo R, et al. Silk based biomaterials to heal critical sized femur defects. Bone, 2006 (39): 922-931.

[125] Li C, Vepari C, Jin H J, et al. Electrospun silk-BMP-2 scaffolds for bone tissue engineering. Biomaterials, 2006, 7 (16): 3115-3124.

[126] Furuzono T, Taguchi T, Kishida A, et al. Preparation and characterization of apatite deposited on silk fabric using an alternate soaking process. J Biomed Mater Res, 2000, 50 (3): 344-352.

[127] Minoura N, Aiba S, Gotoh Y, et al. Attachment and growth of cultured fibroblast cells on silk protein matrices. Biomed Mater Res, 1995, 29: 1215-1221.

[128] 孔祥东, 朱良均, 闵思佳. 丝素蛋白用于生物材料的研究进展. 功能高分子学报, 2001, 14 (1): 117-121.

[129] 高运华, 杨新林, 范翠红等. 丝素蛋白膜上 vWf 抗体的固定化及其体外抗凝血性能. 高技术通讯, 2003 (3): 56-60.

[130] 张幼珠, 王朝霞. 丝素蛋白作为药物控制释放材料的研究. 蚕业科学, 1999, 25 (3): 181-185.

[131] Hofman S, Wong Po Foo C T, Rossetti F, Textor M, Vunjak-Novakovic G, Kaplan D L, Merkle H P, Meinel L. Silk fibroin as an organic polymer for controlled drug delivery. Journal of Controlled Release, 2006, 11: 219-227.

[132] 陈建勇. 丝素蛋白膜在生命科学中应用的研究进展. 丝绸, 1999 (8): 47-49.

[133] 吴海涛, 钟翠平, 顾云娣. 蚕丝在软骨细胞立体培养中的应用. 组织工程, 2000, 14 (5): 301-304.

[134] Alsbjorn B. Biologic wound covering skin burn treatment. World J Surg, 1992, 16: 43-46.

[135] 杨新林, 王俐勇, 顾晋伟等. 等离子体处理的丝素蛋白作为人内皮细胞培养基质的研究. 中国生物医学工程学报, 2002, 21 (6): 520-525.

[136] 孔祥东. 蚕丝蛋白的营养保健功能. 中国食物与营养, 2000 (5): 42-43.

[137] 陈华, 朱良均等. 蚕丝丝胶蛋白的利用研究. 东华大学学报, 2002, 28 (3): 132-136.

[138] 周耀祖. 丝素粉的简易加工法与用途开发. 蚕丝通报, 1997 (4): 51.

[139] 于同隐, 蔡再生, 黄伟达. SDS-PAGE 研究丝素蛋白的组成. 高等学校化学学报, 1996, 17 (5): 829.

[140] 李平, 宛晓春, 陶文沂等, 丝素蛋白膜固定 β-葡萄糖苷酶及其改良食品风味的研究, 菌物学报, 2004, 23 (1): 73-78.

[141] Asakura T. Immobilization of glucoseoxidase on nonwoven fabrics with Bombyx mori silk fibroin gel. J Appl Polym Sci, 1992, 46: 49-54

[142] 孙德斌, 汪琳. 蚕丝的多功能开发与利用, 江苏蚕业, 2000 (1): 1-3.

[143] 盛家镛, 林红, 王磊等. 易溶性丝胶粉的微细结构及理化性能研究. 丝绸, 2000, 6: 6-9.

[144] Daithankar A V, Padamwar M N, Pisal S S, Paradkar A R, Mahadik K R. Moisturizing efficiency of silk protein hydrolysate: silk fibroin. Indian Journal of Biotechnology, 2005, 4: 115-121.

[145] 张晓丽, 黄晨. 蚕丝的综合利用及新用途的开发. 安徽农业科学, 2000, 28 (4): 540-542.

[146] 梁列峰, 崔彪, 汪涛. 蚕丝纤维的生物相容性分析. 四川丝绸, 2006 (1): 17-23.

[147] Miyairi S, Sugiura M, Fukui S. Immobilzed of symbol 98 / f "Symbol" / s12β-glucosidase in fibroin membrane. Agric Bio l Chem, 1978, 42 (9): 1661.

[148] Kuzuhara A, Asakura T, Tommoda R, M atsunaga T. Use of silk fibroin for enzyme membrane. J Bio Tech, 1987, **231**

5：199.

[149] Asakura T，Yoshimizu H，Kakizaki M. An ESR study of spin-labeled silk fibroin membranes and spin-labeled glucose oxidase immobilized in silk fibroin membranes. Bio Technol Bioeng，1990，35 (5)：511-517.

[150] Fang Y，Shao Z，Deng J，Yu T. Immobilization of Glucose Oxidase With Bombyx Mori Silk Fibroin and the Preparation of Glucose Sensor. Chinese Science Bulletin，1992，37 (17)：436.

[151] 邵正中，方跃，于同隐，邓家祺. 用桑蚕丝素蛋白固定的葡萄糖氧化酶传感器. 高等学校化学学报，1991，12 (6)：847.

[152] 邵正中，方跃，邓家祺. 用桑蚕丝素蛋白固定脲酶的研究及脲酶电极的制备. 化学学报，1995，53：883.

[153] Qian J，Liu Y，Liu H，Yu T，Deng J. An Amperometric New Methylene Blue N-Mediating Sensor for Hydrogen Peroxide Based on Regenerated Silk Fibroin as an Immobilization Matrix for Peroxidase. Analytical Bochemistry，1996，236 (2)：208-214.

[154] Qian J，Liu Y，Liu H，Yu T，Deng J. Characteristics of regenerated silk fibroin membrane in its application to the immobilization of glucose oxidase and preparation of a p-benzoquinone mediating sensor for glucose. Fresenius' Journal of Analytical Chemistry，1996，354 (2)：173-178.

[155] Kim U，Park J，Li C，Jin H，Valluzzi R，Kaplan D L. Structure and properties of silk hydrogels. Biomacromolecules，2004，5：786-792.

[156] 陈新，李文俊，钟伟，葛昌杰，王汉夫，于同隐. 壳聚糖-丝心蛋白合金膜的研究（Ⅱ）——半互穿聚合物网络型膜对 pH 和离子的敏感性. 高等学校化学学报，1996，17 (6)：968.

[157] 吴雯，王东升，王利群. 快速 pH 响应丝胶/聚甲基丙烯酸互穿网络水凝胶的合成及表征. 高等学校化学学报，2009，30 (4)：830-834.

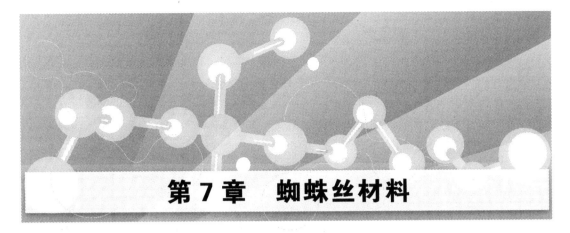

第7章 蜘蛛丝材料

蜘蛛是一种神奇的节肢动物，是材料科学领域的大师[1]。经过数亿年的进化，蜘蛛丝已成为高度功能化的一类天然高分子材料。蜘蛛丝是已知最强韧的材料之一。相同质量的蜘蛛丝不仅比钢的强度更高，而且比钢更韧。在大多数工程材料中，比如陶瓷，高强度都伴随着易脆性；而一旦改善其延展性，材料的强度便会大大降低。然而，强度与延展性在蜘蛛丝上呈现完美结合。尽管蜘蛛丝是由原本比较弱的结构单元构成的，但是天然丝却拥有高强度。这种效果能够产生是因为这些结构单元——微型的β-折叠晶体，以及连接它们的丝状物——被排列在一个看起来像一高叠煎饼的结构里，但是每个"煎饼"结构里的晶体结构都在它们自己的方向上交替。天然丝中纳米晶体的独特几何结构使得氢键能够协同工作，以抵抗外力而增强邻近的（化学键）链接，这造就了蜘蛛丝非凡的延展性与强度。例如，蜘蛛的丝具有极其优异的弹性，当昆虫入网时，蜘蛛网能承受很大的冲击力，不但能防止网破而且还能起到减缓冲击力的作用。这一科研成果可以应用到军事领域。由于蜘蛛丝具有强度大、弹性好等特点。在力学强度方面，蜘蛛丝纤维与强度最高的碳纤维及高强合成纤维 Aramid、Kevlar 等强度相接近，但它的韧性明显优于上述几种合成纤维，成为军用降落伞和防弹衣的绝好原料，并可以在许多领域里得到应用。蜘蛛丝弹性好、柔软，而且穿着舒适，使其将很快地成为全球时装展示会上最时尚的面料。

科学家们一直致力于破解蜘蛛丝的一些最深奥的秘密，这些研究可能能够引导研究者制造出能够与蜘蛛丝的非凡特性相媲美、甚至超越蜘蛛丝的合成材料。在石化资源（煤炭、石油和天然气等）日趋紧张的当今社会，开发和利用自然界丰富的可再生天然生物大分子材料就变得至关重要。蜘蛛丝以其良好生物相容性、延展性、拉伸强度等特殊力学性能，越来越受到人们的重视。蜘蛛丝的诸多优良特性，使其在材料科学、生物医用、纺织工业、军事工业以及航空航天等领域有潜在的广阔的应用价值。

7.1 蛛丝的来源

7.1.1 天然蛛丝

蜘蛛，像蚕一样，属于节肢动物。蚕是六条腿的昆虫幼体，而蜘蛛是八条腿的蛛形纲成虫。蚕丝的功能是形成保护性的蚕茧来包裹着幼虫以利于它继续成长，而蜘蛛丝的功能是提供支撑作用。因此，蜘蛛丝比蚕丝更结实，并且可长达 1mile（1mile＝1609.344m）。蜘蛛用蛛网上发亮的蛛丝来吸引并捕捉昆虫以获得食物。蛛丝既结实又有弹性，蛛网有很强的黏性，可以用来贮存食物。蜘蛛还利用蛛丝织卵袋。

大多数能够产生商用丝的昆虫，如桑蚕，在整个生命过程中仅为结茧而一次性产丝，使其在成蛹羽化过程免受伤害。而蜘蛛具有终身产丝的本领，并且蛛丝具有多样性。另一方面，当蜘蛛被固定不动时，它不可能中断正从纺丝器内抽出的细丝，所以，蜘蛛可在若干星期内日复一日地被连续抽丝。这使人们能够用同一蜘蛛个体，极为详细地探索成丝条件的变化对丝材料特性的影响。

7.1.2 蛛丝的其他来源

然而，蜘蛛是肉食性生物，领域性强且相互残杀，故大规模饲养蜘蛛是难以实现的。随着生物技术的发展，人们开始采用生物合成途径来获取蛛丝纤维，即将蜘蛛丝蛋白（简称蛛丝蛋白）基因转入其他生物体，借其生物表达丝蛋白，然后人工纺丝[2]。其过程可由图7.1所示[3]。

图 7.1　利用生物技术获取蛛丝蛋白生物材料

7.1.2.1　利用动物生产蛛丝蛋白

将蜘蛛的牵引丝基因植入山羊体内，使山羊能在乳汁里产生这种蛋白，如图7.2所示。如同其他基因元素，只有一定比率的山羊能最终获得这些基因。当这些转基因羊产崽并泌乳时，研究者们收集乳汁并提取出蛛丝蛋白。

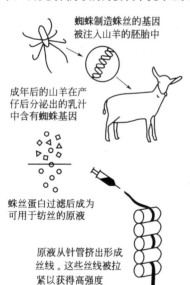

图 7.2　山羊乳产丝示意图

利用转基因技术，还可将蜘蛛丝的基因注入很小的蚕卵中，用蜘蛛丝基因替代蚕丝基因中有关强度的部分，从而在家蚕基因重链中产生部分蜘蛛丝基因。中国科学院的研究者在国际上首次实现了绿色荧光蛋白与蜘蛛丝融合基因在家蚕丝基因中的插入，获得了一种高级的绿色环保材料——荧光茧。

7.1.2.2　利用微生物生产蛛丝蛋白

将能生产蜘蛛丝蛋白的基因移植给微生物，使该种微生物在繁殖过程中大量生产类似于蜘蛛丝蛋白的蛋白质，如通过基因工程方法在大肠杆菌和毕赤酵母菌中分别表达了高分子量的蛋白质。研究发现，用大肠杆菌可有效地生产出高分子量的蜘蛛丝蛋白，其分子长度可达1000个氨基酸，但高分子量蜘蛛丝蛋白的产量和均匀性则受到限制，可能由于在末端合成中某些端基出现了错误；而用毕赤酵母菌生产的高分子量蜘蛛丝蛋白则没有不均匀的问题，这种酵母菌可分泌出与蜘蛛牵引丝相似的蜘蛛丝蛋白。下一步工作就是研究如何利用工业发酵的方法大量培养这种细菌或酵母菌，然后把这种类似于蜘蛛丝蛋白的蛋白质分离出来

天然高分子材料

作为纺丝的原料。

7.1.2.3 利用植物生产蛛丝蛋白

利用植物来生产蜘蛛丝蛋白，是将能生产蜘蛛丝蛋白的基因移植给植物，如花生、烟草和土豆等作物，使这些植物能大量生产类似于蜘蛛丝蛋白的蛋白质，然后将蛋白质提取出来作为生产仿蜘蛛丝的原料。例如，德国植物遗传与栽培研究所将能复制 *Nephila clavipes* 蜘蛛牵引丝的蜘蛛丝蛋白的合成基因移植给烟草和土豆，所培植出的转基因烟草和土豆含有数量可观的类似于蜘蛛丝蛋白的蛋白质，90％以上的蛋白质分子长度在 420～3600 个氨基酸之间，其基因编码与蜘蛛丝蛋白相似。这种经基因重组的蜘蛛丝蛋白含于烟草和土豆的叶子中，也含于土豆的块茎中。由于这种经基因重组的蛋白质有极好的耐热性，使其提纯与精制手续简单而有效。

在未来，科学家计划把产丝基因植入紫花苜蓿中，这不仅是因为紫花苜蓿分布广泛，更因为它含有更高的蛋白成分（20％～25％），是生产蛛丝蛋白的理想植物。

7.2 蜘蛛丝的结网过程与生物纺丝过程

7.2.1 蜘蛛结网过程

蜘蛛结网最困难的一步是结第 1 根丝。蜘蛛先搭一水平丝桥，网的其他部分就吊在上面。风携带一根从蜘蛛纺丝器抽出的黏性丝，丝越拖越长。如果幸运的话，丝可黏在一个合适的位置。然后蜘蛛小心地在丝桥上走，用第 2 根丝加固。蜘蛛在丝桥上往返数次，直至丝桥足够结实为止。然后，它在丝桥下方搭一根丝，形成 Y 形框架。这就是最初的 3 根辐射丝。之后，蜘蛛织出更多的辐射丝，织时很小心，以确保辐射丝之间的距离小到足以跨越。随后，蜘蛛用非黏性丝从中心处织环绕的螺旋丝，然后再从外周开始向中心之处织具有黏性的永久的螺旋丝，边织边拆除非黏性丝，网就织成了（图 7.3）[4]。

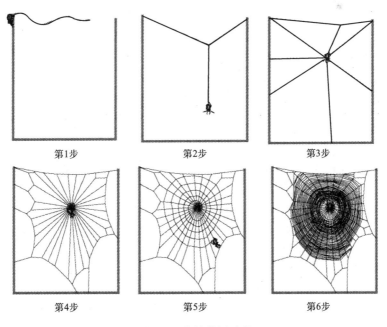

第1步　　　　　　　第2步　　　　　　　第3步

第4步　　　　　　　第5步　　　　　　　第6步

图 7.3　蜘蛛结网过程

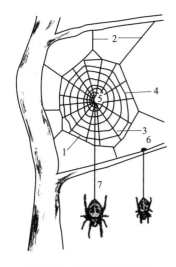

图7.4　不同功能的丝在
蜘蛛网上的分布示意图

1—框丝；2—捕获丝；

3—放射状丝；4—横丝；

5—包卵丝；6—附着盘；

7—牵引丝

与蚕不同，蜘蛛可以产生具有不同功能的丝。不同结构的蜘蛛丝，在蛛网上发挥着不同的作用[5,6]。图7.4为不同功能的丝在蜘蛛网上的分布示意图[7]。横丝是蛛网中的环形状丝，其表面附着具有黏性的黏着球，能够粘住撞在蛛网上的猎物。横丝的断裂强度是牵引丝的1/4，但是它具有惊人的弹性，它的主要作用是吸收撞入网中的飞行猎物的冲撞能量。蛛网中的纵丝，即牵引丝（dragline），是一种强度极高的丝。牵引丝的断裂能是同样的粗度的钢铁纤维的5～10倍，是碳素纤维的3.5倍。牵引丝的断裂强度和制作防弹背心的Kevlar纤维的断裂强度相当，约4×10^9Pa。Kevlar纤维的断裂伸长率约是5%，但是牵引丝的断裂伸长率却能到达35%。由于牵引丝富有弹性，其断裂能比凯夫拉尔更好，是一种很好的防弹材料。牵引丝作为一种蛋白纤维，它的氨基酸序列具有高度重复的特点，目前研究表明这些重复序列的存在是牵引丝具有卓越刚性的重要原因之一。另外，牵引丝和石油合成纤维相比是一种更轻的蛋白纤维。

7.2.2　蜘蛛的生物纺丝过程

每一种丝来源于不同的腺体。例如，圆蛛属蜘蛛共有7种腺体。这些腺体一端封闭于体腔内，另一端连接于纺丝器。大部分蜘蛛有3对纺丝器，为前纺丝器（anterior spinneret）、中纺丝器（median spinneret）和后纺丝器（posterior spinneret），也有的蜘蛛有1对或者4对纺丝器。纺丝器内有许多微管与腺体相连接，微管的数量为2～50000。图7.5给出蜘蛛腺体纺丝器的照片。

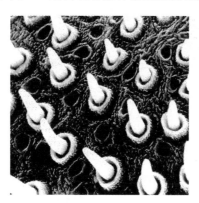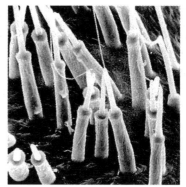

图7.5　蜘蛛腺体的纺丝器

不同的丝腺，用于制造不同结构和性能的蜘蛛丝，并构织不同的蛛网。产生牵引丝力主的大囊状腺、产生起始旋节的小囊状腺、产生捕获丝的葡萄状腺、产生附着丝的梨状腺、产生包卵丝的管状腺、产生横丝的鞭毛状腺及产生横丝表面黏性物质的集合腺，如图7.6所示。桥架丝是蜘蛛编网时产生的第1根丝，是整张网的构建骨架；黏丝（又称螺旋丝）上附有黏性的液滴，可以粘住落网的猎物；框丝是蛛网最外层的丝，它通过有黏性的附着丝与周围的树木等物体相连；牵引丝（又称命绳），当蜘蛛遇到危险时，可通过它将自己吊到空中以逃避威胁。其中牵引丝、框丝和黏丝担负着帮助蜘蛛逃生脱险和捕食充饥的责任，是蛛网中最为重要的组成部分。每种丝的合成腺体及功能见表7.1。

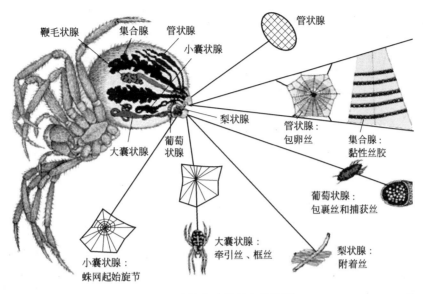

图 7.6　蜘蛛各腺体所产的丝[8]

表 7.1　不同腺体产生的蜘蛛丝及其用途[16]

丝种类	用　　途	喷丝器
大囊状腺 Major ampullate	牵引丝、蛛网框丝和辐射丝	前部
小囊状腺 Minor ampullate	蛛网起始旋节	中部
鞭毛状腺 Flagelliform	蛛网横丝的中心纤维	后部
集合腺 Aggregate	蛛网横丝表面的黏性丝胶	前部和后部
管状腺 Cylindrical	包卵丝纤维	后部
葡萄状腺 Aciniform	猎物包裹丝、捕获丝	前部
梨状腺 Pyriform	附着丝、连接丝	前部

蜘蛛的腹部有多种腺体，蜘蛛丝是从其腹部尾端的近百个纺丝器上的丝腺纺出，其纺丝器的结构比蚕的吐丝器复杂得多。蜘蛛在酸性浴中采用内部液晶的方式拉伸纺丝，然后在体外的空气中对丝实施进一步的拉伸[9~11]。图 7.7 所示为蜘蛛丝腺管切片的 TEM 照片，从中可见带宽为 250nm 的条纹结构，表明其可能是胆甾型液晶结构。

然而，也有研究认为，蜘蛛丝蛋白为向列型液晶织态[13]，并认为蜘蛛丝的织态结构与温度关系密切。蜘蛛各腺体内储存的为 α-螺旋结构的液态丝蛋白，当液态丝蛋白从腺体经纺丝管喷出时，α-螺旋构象向 β-反平行折叠结构过渡，液晶蛋白变为不溶于水的纤维。D. P. Knight 和 F. Vollrath[9]用偏光显微镜对从蜘蛛大囊状腺的丝蛋白的液晶结构及分泌丝的路径进行观察，研究表明腺体管内低剪切率的流动伸长有利于蛋白分子链沿纤维轴向取向。皮层和芯层的丝蛋白分别由图 7.8 所示的腺体

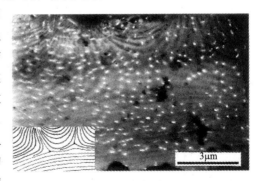

图 7.7　*Nephila clavips* 蜘蛛的丝腺管切片的亮场 TEM 照片[12]

上的 B 区和 A 区分泌。分泌芯层丝蛋白的 A 区的上皮细胞由一种长长的柱状分泌细胞组成，

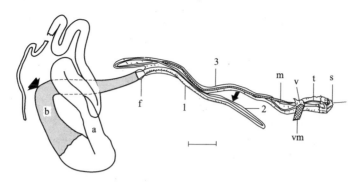

图 7.8　*N.edulis* 蜘蛛大囊状腺体解剖图

(a—A 区；b—B 区；f—漏斗；1—导管的第一环圈，2—导管的第二环圈，3—导管的第三环圈；

m—导管的提肌肌肉；v—阀门；vm—阀门伸张器；t—末端管；s—吐丝口。图中所示的标尺为 $100\mu m$)

并被腺体分泌的小粒包裹，这些细胞内含有水分并有很大的黏性，通常是含约 50% 蛋白的黄色液体，它是蜘蛛牵引丝的主要蛋白。当 A 区分泌物流向漏斗处时，被 B 区分泌的无色黏稠均匀液体包覆。随着腺体内丝蛋白的流动，

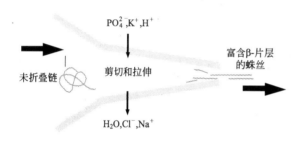

图 7.9　蜘蛛多肽链在纺丝管中的变化

经过漏斗进入锥状的 S 形导管内，在该区域，液晶状纺丝液被拉伸并取向，使水溶性丝蛋白成为具有优异力学性能的蜘蛛丝纤维。当纺丝液进入蜘蛛吐丝口前的牵引区时，因为管径的突然变小，纺丝液被快速拉伸，纺丝液分子并一步取向，形成以氢键连接的反平行 β-折叠构造。纺丝过程中，剪切和拉伸的过程十分重要（图7.9），这是使蛛丝多肽链高度取向并形成β-片层结构的重要因素。纺丝过程中溶液的 pH 从弱碱性变为弱酸性[14]。此外，磷和钾离子（盐析）被加入到纺丝管中，同时，水、钠和氯（盐溶）被上皮细胞排出纺丝管[15]。最终的蛛丝富含 β-片层二级结构。丝纤维出吐丝口后，在空气中会被进一步地拉伸，阀门夹持住已基本成纤的蛛丝，使其在空气中的拉伸效果更加显著[16]，伴随着水分的进一步蒸发，最终形成具有 β-折叠构象的不溶于水的蜘蛛丝。蜘蛛体内的纺丝拉伸加工有显著的优点[17]。蜘蛛在纺丝过程中，一边排水一边相分离，纺丝液中的大部分水分可以通过纺丝管的末梢处回收并重复利用。蜘蛛利用液晶纺丝有许多优势：①从纺丝模中产生后，进行不同分子的非受控的重新取向；②纺丝所需的力很小；③在未成丝的蛋白质胶状物种所进行的分子预排列可能会减少结构缺陷的形成。这种真正的微观生物技术能在严格控制的条件下调节聚合物链的折叠和再折叠，蜘蛛利用液晶纺丝液进行完美的内部纺丝，随后在外部空气间隙中进一步拉伸，产生高韧性和高弹性的蜘蛛丝，其纺丝工艺的高度巧妙是人类的智慧所望尘莫及的。

　　需要特别指出的是，蜘蛛体内的金属离子对蜘蛛丝构象的变化起着重要作用，并直接影响蜘蛛丝的强度。人们尝试用丝蛋白溶液进行人工模拟纺丝，但是人工丝的力学性能无法与天然丝相比。由此可见，蜘蛛的吐丝过程和一般的工艺纺丝过程有所不同，并非单纯提高丝蛋白浓度（即纺丝液浓度）、改进纺丝设备和后拉伸条件就可以获得性能与天然丝相仿的人工丝。基于蜘蛛的吐丝过程是一个与蜘蛛生命活动密切相关的复杂过程，要了解蜘蛛的吐丝机理，必须充分考虑蜘蛛的体内生物环境。陈新等[18]探讨了钾和钠对蜘蛛丝蛋白构象转变

的影响。用电感耦合等离子体质谱（ICP-MS）对蜘蛛 *Nephila* 丝腺体和丝进行测定，结果表明，钾在丝中的含量明显高于在丝腺体中的含量。同时，在蜘蛛丝蛋白溶液中加入氯化钾，溶液出现乳白色浑浊，表明有呈 β-折叠构象的微纤产生。浊度测试发现，丝蛋白微纤会逐渐聚集成较大颗粒而在溶液中形成沉淀。另外，红外光谱和拉曼光谱亦证明钾能够使蜘蛛丝蛋白膜发生从无规线团/螺旋到 β-折叠的构象转变。虽然氯化钠溶液亦能使蜘蛛丝蛋白膜发生从无规线团/螺旋到 β-折叠的构象转变，但是通过对构象转变完成后对其红外光谱中酰胺 I 谱带进行半定量分析，发现由钾离子诱导发生构象转变的丝蛋白膜中含有 22.7% 的 β-折叠结构，而由钠离子诱导的只有 17.2% 的 β-折叠结构，这又从另一方面证明了钾更有利于 β-折叠的形成。有理由认为钾在蜘蛛吐丝过程中起重要作用，钾的存在有利于丝蛋白形成 β-折叠结构。受蜘蛛生物成分启发，通过添加金属物质，可使蜘蛛丝强度大大增加。Lee 等[19] 在 Science 杂志上发表了他们的研究结果，他们利用原子层积技术，使金属离子与蜘蛛丝中的蛋白质起反应，向蜘蛛丝里添加了锌、钛或铝，结果得到了更加坚韧的蜘蛛丝。在此过程中发生的蛛丝分子结构的变化可由图 7.10 所示意。X 射线衍射结构表明，蛛丝蛋白的晶体尺寸减小，由此可推测，由于氢键的破坏和 MPI 引入的金属使部分蛋白晶体（可能是大的结晶不完善的晶体）转变为无定形结构。无定形区域的增加和晶粒的减小，使 MPI 处理后的丝纤维的 ε_{max} 和 σ_{max} 增加。利用这种技术，可能制造出非常坚韧的丝线用于外科手术。

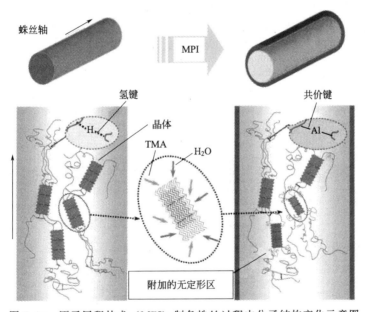

图 7.10 原子层积技术（MPI）制备蛛丝过程中分子结构变化示意图

在蜘蛛各腺体分泌的丝中，以牵引丝的产量最高、综合力学性能最好，由于其取材方便并且性能具有代表性，一直以来都是各国研究人员研究的主要素材之一。

7.3 蜘蛛丝的组成及结构

7.3.1 蜘蛛丝的基本化学组成

蜘蛛丝的主要成分是丝蛋白，其基本组成单元为氨基酸。尽管不同腺体分泌出的丝以及不同种类蜘蛛纺出的丝，氨基酸的组成存在较大的差别，但所有的蜘蛛丝最重要的组成单元均为甘氨酸（约占42%）和丙氨酸（约占25%）（其结构式如图7.11所示），其他的还有丝氨酸、谷氨酸盐、脯氨酸和酪氨酸等几种氨基酸。

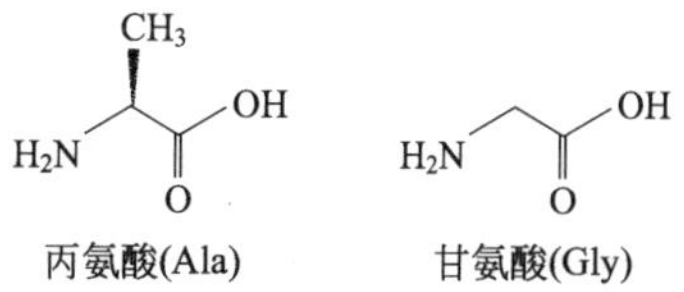

丙氨酸(Ala)　　　　甘氨酸(Gly)

图 7.11　蜘蛛丝蛋白中的主要氨基酸

氨基酸序列分析结果表明，蜘蛛丝蛋白的结构不同种类蜘蛛丝的氨基酸组成有很大的不同，使不同腺体产生的蛛丝具有不同的力学性能特征，以适应不同的生理学功能。例如牵引丝蛋白主要由甘氨酸和丙氨酸组成，其中甘氨酸占氨基酸总量的37%，丙氨酸占18%。而捕捉丝蛋白主要氨基酸是甘氨酸和脯氨酸，甘氨酸占氨基酸总量的44%，脯氨酸占21%[20]。此外其他如谷氨酸、丝氨酸、亮氨酸、酪氨酸和缬氨酸等，在这两种丝蛋白中也占有一席之地。所以，这两种蜘蛛丝蛋白的功能大不相同，拖丝主要用于构成蜘蛛网的牵丝和轮状网面，捕捉丝则用来黏附昆虫并在昆虫挣扎时提供强大的弹性，以免由于强大的动能导致反弹，将捕捉到的食物弹出去。横丝中心丝蛋白的氨基酸序列主要是由高度重复序列组成，它的重复部分含有大量连续的GPGGX重复基元。研究表明GPGGX序列将形成β-转角（β-turn）的二级结构，连续的β-转角将会形成β-螺旋结构。结构比较分析表明，横丝卓越的弹性主要可能是因为大量β-螺旋结构的存在，使得横丝像弹簧一样具有高度的伸缩性。

7.3.2　蛛丝纤维的高级结构和结构模型

蜘蛛丝中包含多种构象[21,22]，包括无规线团、α-螺旋、β-转角、平行β-折叠晶体及反平行β-折叠晶体等。一些研究人员将蛛丝描述为重复的AB嵌段共聚物，由结晶体和非结晶体组成嵌段。结晶区域呈刚性，由反平行β-片层紧密堆积。β-片层可以是聚-Ala或聚-Gly-Ala（图7.12），二者通过相邻链间的氢键连接。

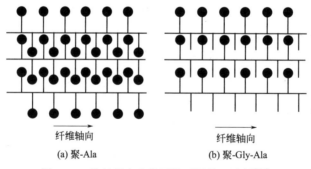

纤维轴向　　　　　　　　　纤维轴向

(a) 聚-Ala　　　　　　　　　(b) 聚-Gly-Ala

图 7.12　蛛丝蛋白中的两种不同的β-片层[23]

蛛丝多肽链之间有大量氢键连接，存在强烈的分子间相互作用。蛛丝多肽链的结构可由图7.13所示。大囊状腺、小囊状腺、管状腺产生的丝是一种微结晶区嵌入无定形区的结构。结晶区富含丙氨酸，分子的构象为β-折叠链，分子间呈反向平行排列，相互间以氢键结合，形成折曲的栅片，结晶区中一部分为完全结晶结构，另一部分为准晶态结构。完全结晶区分子链构成β-折叠栅片，沿纤维轴线方向高度取向。准晶态区域β-折叠分子链并未连接成栅片，且取向度较低，起到连接完全结晶区和无定形区的作用。无定形区富含甘氨酸，分子链为β-转角结构。在蛛丝的半结晶结构中，富含丙氨酸的蛋白分子排列成紧密的β-片层结构，呈晶体状，折叠片层相互平行排列，是造成蜘蛛丝异常坚固的原因；而富含甘氨酸的蛋白分子排列却显得杂乱无章，呈无定形结构，无定形区通过氢键交联组成网状结构，从而使得蜘蛛丝有极好的弹性和扩张性。这是蜘蛛丝既强又韧的秘密[24]。

牵引丝的基本纤维成分由包埋在以无规线团状弹簧形式存在的橡胶态基质中的β-折叠晶体构成。由横向片层组成取向纳米微纤，而在横向片层中轴向取向的β-晶体和较少富含甘氨酸结构域的晶体规律性地交替出现。显微镜和小角X射线衍射表明[26]，有直径大约为 5nm 的纳米纤维存在，这样的微纤是从蜘蛛丝蛋白胶状物的稀水溶液中组装而成的[11]。有研究者用图 7.14 所示的模型描述蜘蛛丝牵引丝的结构[27]，图

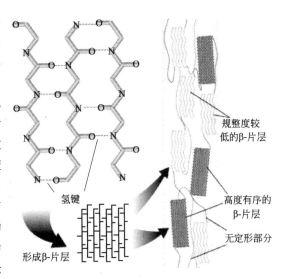

图 7.13 蛛丝多肽链结构[25]

（a）显示一根蜘蛛丝是由多根微纤组成，图（b）是每根微纤的纳米结构，大的单元和小的单元表示结晶度不同的β-晶体，二者之间的连线表示无定形基体中的螺旋结构或无规结构。

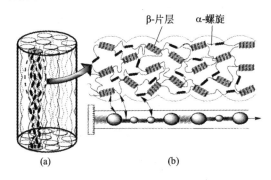

图 7.14 牵引丝的结构模型

Simmons 等[28]采用对成年雌性蜘蛛人工喂入含 10% 全氘甲基 L-丙氨酸的方法，诱使蜘蛛纺出能获得高质量氘核磁共振图谱的蜘蛛丝样本，用固态 ^{2}H-NMR 技术发现蜘蛛丝中存在着多重结晶结构。根据这一发现，Simmons 等提出蜘蛛丝的分子结构模型（图 7.15）。在该模型中，存在着两种有序结构，一种是高度取向的富含丙氨酸的β-片层晶体（图中正方形所示），另一种则是弱取向的未集结的折叠结晶片层（图中折叠链所示）。这两种有序结构分布在富含甘氨酸的无定形基质（图中曲线所示）中。谷氨酸及其他体积较大的氨基酸限制了β-片层的生长，促进无规卷曲链的生成，这些卷曲链穿梭于晶体与晶体、晶体与无定形基质之间，成为彼此的连接纽带。Simmons 等所提出的模型虽然在基因序列对蜘蛛丝宏观性能的影响等问题上仍未能做出充分的解释，但与纤维的 NMR 数据及宏观力学特性有着较好的呼应，是迄今为止较为成功的结构模型。

透射电子显微镜和 X 射线衍射表明，蜘蛛丝的结晶度很小，约为 10%～15%。蜘蛛丝优异的力学性能可能源于其微小的结晶晶粒和结构特殊的取向。蜘蛛丝是一种纳米微晶体的增强复合材料，晶粒尺寸为 2nm×5nm×7nm[29]。由于蜘蛛丝的晶粒如此之小，以至当丝在外界拉力作用下，随着橡胶态的无定形区域的取向，蜘蛛丝晶体的取向度也随之增加。当丝的拉伸度为 10% 时，丝结晶度不变，结晶取向增加。横向晶体尺寸（即垂直于纤维轴向）有所减少，这是任何合成纤维的结构随拉伸形变无法实现的特性。蜘蛛丝结构模型可以这样描述：由柔韧的蛋白质分子链组成的非晶区，通过一定硬度的棒状微粒晶体所增强，这些晶体由具疏水性的聚丙氨酸排列成氢键连接的β-折叠片层，折叠片层中分子相互平行排列。另

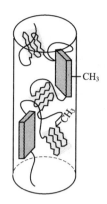

图 7.15 蜘蛛丝
蛋白的分子
结构模型

一方面，甘氨酸富集的聚肽链组成了蜘蛛丝蛋白无定形区，无定形区内的聚链间通过氢键交联，组成了似橡胶分子的网状结构。

蛛丝的平均直径为 6.9μm，大约是蚕丝的一半。蜘蛛丝呈金黄色，透明，在显微镜下看和蚕丝很相似。利用扫描电镜研究蜘蛛丝的超分子结构发现，蜘蛛丝是由一些被称为原纤的纤维束组成，而原纤又是厚度为 120nm 的微原纤的集合体，微原纤则是由蜘蛛丝蛋白构成的高分子化合物[30]。

最近，Buehler 等在前人工作的基础上，总结出一个更加具体的模型来描述蜘蛛丝的结构（图 7.16）[31]。图 7.16（a）从纳米结构到微观结构显示蜘蛛丝的结构特征。包括 Å 级（1Å＝0.1nm）电子密度、氢键、纳米 β-片层微晶、由坚硬的纳米晶体包埋在软的无定形相中形成的非均相纳米复合材料，最终形成宏观丝纤维。图 7.16（b）是从 Prtoein Data Bank 中获得的丝 β-片层纳米晶体的原子结构。图 7.16（c）为 β-片层纳米晶体的结构示意。图 7.16（d）模拟受拉伸时，纳米晶体的抗破裂能力。

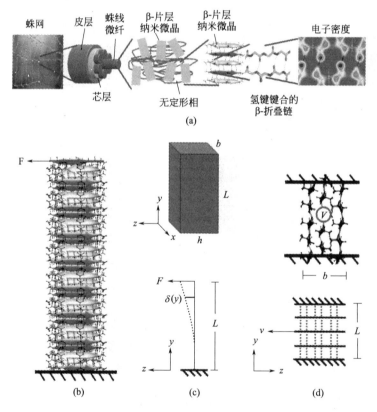

图 7.16 蜘蛛丝的多级结构[31]

7.3.3 蜘蛛丝的表观形貌和皮芯结构

蜘蛛在纺丝过程中，丝的直径和性能受多个因素的影响。纺丝时的速度以及蜘蛛腹部的温度将影响蜘蛛丝的直径。纺丝速度越快，丝的直径越细。同时，丝的直径随蜘蛛腹部温度升高而减小（图 7.17）。

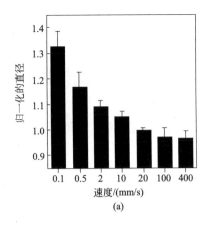
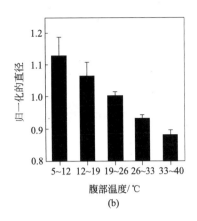

图 7.17　纺丝条件对 *Nephila* 牵引丝的影响[8]

蜘蛛丝是由 3 组喷嘴（即前纺器纺区、中纺器纺区、后纺器纺区）喷射形成，这 3 对喷嘴确保了每根蛛丝是两股丝线组成。与蚕丝的三角形不同，蜘蛛丝的横截面呈圆形，如图 7.18 所示。

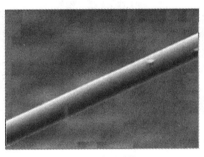

(a) 表面形貌　　　　　　　　　　(b) 断面形貌

图 7.18　蜘蛛单丝的 SEM 照片

要观察蜘蛛丝的横截面形貌很容易，可是要观察其纵向截面十分困难。如何沿纵向将直径只有几微米的蜘蛛丝切开是个棘手的问题。Trancik 等人采用了一种简单易行的方法来获取蜘蛛丝纵向截面，其过程如图 7.19 所示[32]。首先，将厚度为 175m 的硬质聚酯膜裁剪成 3cm×2cm 的矩形片，两端剪出缺口，将蜘蛛丝松散地缠绕在聚酯膜上，在蜘蛛丝与聚酯膜之间有约 0.5mm 的距离，以保证蜘蛛丝能完全被包埋树脂包围。将聚酯膜和蜘蛛丝放入乙醇浴中浸泡清洗几分钟，然后将其放入环氧树脂中固化包埋（60℃，24h）。用小锯子将包埋后的树脂锯开。由于聚酯片与环氧树脂之间的黏结很弱，可容易地将聚酯片从中取出，暴露出蜘蛛丝。用超薄切片技术可获得 60～90nm 的蜘蛛丝横向和纵向切片，切片时先用玻璃刀将环氧树脂切出平面，再用钻石刀做精细的切片，以减少环氧树脂的皱褶和样品的机械变形。对样品进行 TEM 观察，如图 7.20 所示，可清晰地观察到蜘蛛丝的内部精细结构。然而，蜘蛛丝对电子束十分敏感，即便使用低温镜台，蜘蛛丝在电子束轰击下仍然很快就会降解，通常在 1min 内蜘蛛丝蛋白结晶结构就会受到严重破坏。此外，在制样时常用水使超薄切片漂浮到铜网上，而蜘蛛丝在水中会发生超收缩现象，其直径膨胀为两倍，而长度收缩为原来的 60%，超收缩现象会影响蜘蛛丝的真实形貌。如何用 TEM 技术全面地表征蜘蛛丝的结构一直是个棘手的难题[32]。

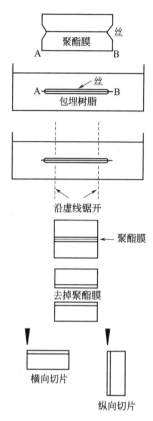

图 7.19　用包埋和切片法获取
蜘蛛丝横截面和纵截面的过程

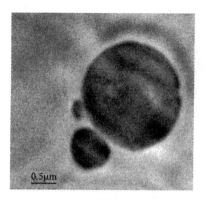

(a) 横截面

(b) 纵截面

图 7.20　*Latrodectus hesperus* 蜘蛛
牵引丝的 TEM 照片

　　研究表明，天然蜘蛛丝表面并不是光滑的，而是与其他物质相伴生。牵引丝表面附着着厚度不同的物质和球状微珠，并可观察到明显的条纹结构或沟状结构。用 ConA-Au 标记后，在牵引丝表面检测到糖蛋白，如图 7.21 所示。

　　蜘蛛丝是具有多级结构的蛋白质纤维，无论是蜘蛛牵引丝、蛛网框丝还是包卵丝都具有皮芯结构，或称鞘芯结构。皮层和芯层以蜘蛛丝蛋白微纤的单纤形式相互缠绕且紧密堆积[11,34]。皮层和芯层可能是由不同的蛋白质组成，皮、芯层的分子排列的稳定性也不同，

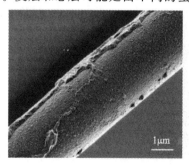

（a）*Nephila cl.* 的牵引丝表面附着
厚度不同的物质和尺寸不同的微珠

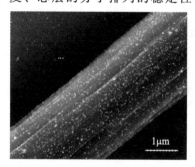

（b）用 ConA-Au 标记后在牵引丝表面
检测到糖蛋白，并观察到条纹结构

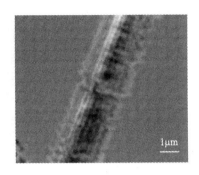
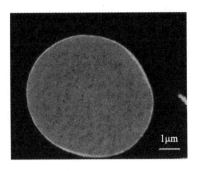

（c）90°超薄切片形貌表明，牵引丝　　　　　　（d）共聚焦激光扫描显微图像显示，丝中有200～
表面为"皮"，丝内部有许多腔和孔洞　　　　　　300nm厚的不均匀皮层和许多100～150nm的微纤

图7.21　*Nephila cl.* 的牵引丝的表面和横截面形貌[33]

皮层蛋白质的结构更加稳定。蜘蛛丝的芯层含有数量众多的微管［图7.21(d)］，这说明蜘蛛丝具有原纤化结构。这些微管对丝的力学性能有重要作用。图7.22所示为蜘蛛丝被拉断时显示出的皮芯结构。

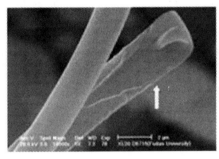
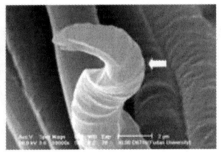

（a）蜘蛛丝被拉断时显示出的"皮"结构，　　　　（b）蜘蛛丝被拉断时显示出的"芯"结构，
也称"鞘"结构（箭头所指部分）　　　　　　　　　也称"剑"结构（箭头所指部分）

图7.22　蜘蛛丝拉断时显示出的皮芯结构

潘志娟等[35]研究发现，人工卷取蜘蛛牵引丝的纵向有明显的沟状条纹，其断面内含有大量更细的微纤维，这说明牵引丝具有原纤化结构。虽然天然牵引丝的断面是光滑均匀的，

(a)离子刻蚀　　　　　　　　　　　　(b)离子刻蚀+糜蛋白酶

图7.23　牵引丝离子刻蚀及糜蛋白酶处理后断面图

但将其截面切片先离子刻蚀，再在扫描电子显微镜下观察发现，蛛丝具有明显的皮芯层构造（图 7.23）。刻蚀掉的部分所占的比例远小于非结晶部分，而且剩余的部分呈"团簇"状。蜘蛛牵引丝的皮芯层结构中，皮层比芯层稳定，皮层分子排列的规整程度高于芯层，在外力作用下对纤维有很好的保护作用，使蜘蛛丝表现出较强的刚性。在蜘蛛丝受外力作用分子链逐渐伸直的阶段，皮层致密的结构可使纤维的断裂有一个缓冲过程，直至芯层的原纤和原纤内的分子链完成沿外力场方向的取向、重排和形成新的结合，因此皮层致密稳定的结构对提高纤维强度有重要作用。

7.4 蜘蛛丝的性质

7.4.1 蜘蛛丝的一般物理性质

蜘蛛丝表面光滑柔和，有光泽，抗紫外线能力强。密度一般为 $1.2 \sim 1.35 \mathrm{g/cm^3}$（详见表 7.2）。热分析表明，蜘蛛丝在 200℃以下表现出良好的热稳定性，300℃以上才发生黄变。蜘蛛丝有较好的耐低温性能，在 -40℃时仍有弹性。蜘蛛丝摩擦系数小，抗静电性能优于合成纤维，导湿性、悬垂性优于蚕丝。

表 7.2 蜘蛛丝的密度

试样	牵引丝	框丝	内层包卵丝	外层包卵丝
密度/(g/cm³)	1.3325	1.3546	1.3036	1.3059

7.4.2 蜘蛛丝的光泽[36]

对大腹圆蛛的内外层包卵丝、丝素纤维及牵引丝、蛛网框丝的光泽特征进行分析，用镜面光泽度和对比光泽度表示各试样的光泽特征。镜面光泽度是指最大比反射强度 I_{max}，反映纤维光泽的强弱。对比光泽度是指反射角为 0°时的比反射强度 I_0 与 I_{max} 的比值，反映光泽的均匀性。其结果如表 7.3 所示。

表 7.3 大腹圆蛛丝的光泽特征值

名 称	内包卵丝	外包卵丝	牵引丝	蛛网框丝	蚕丝丝素
镜面光泽度/%	0.44	0.31	1.27	0.98	1.29
对比光泽度	0.65	0.72	0.57	0.66	0.92

蛛网框丝的变角光度曲线与牵引丝的非常相似，这与它们的粗细、截面形状以及颜色都相近有关，并且它们的光泽强度都与丝素纤维接近，尤其是牵引丝的镜面光泽度几乎与丝素相等。两种包卵丝的光泽强度明显小于其他三种纤维，最大反射光强度只有蚕丝丝素的 $1/3 \sim 1/4$。丝素纤维 I_0 与 I_{max} 比较接近，其反射光峰值在 45 左右，而蜘蛛牵引丝、蛛网框丝及包卵丝反射光峰值的位置较丝素纤维约偏移了 90°。

由形态结构的分析知道，蜘蛛丝的断面形状基本为圆形，蚕丝丝素的断面为三角形，丝素纤维内部具有层状构造，因此，蚕丝丝素纤维具有柔和的光泽效果，并带有闪光效应。牵引丝和蛛网框丝虽然因断面形状的原因不可能形成闪光效果，但由于其颜色与蚕丝相近，并且也具有类似于蚕丝的原纤化构造，因此在光泽特征上与蚕丝比较接近。包卵丝则由于带有较深的颜色，在利用变角光度仪测试时形成了对光线的部分额外吸收，因此反射光强度较小，尤其是颜色最深的外层包卵丝，其在各方位上的光反射强度都是最小的。

7.4.3 蜘蛛丝的力学性能

　　蜘蛛丝成为关注焦点的主要原因在于其独特的既强又韧的力学性能特征[6,8]。蜘蛛丝所特有的强伸性能和环保优势预示着一旦实现商业化生产，将有可能成为现有高性能纤维材料的有力竞争者，并在一些特殊用途上发挥作用。据报道，蜘蛛丝的强度相当于相同截面积钢丝的 5～10 倍，比化学合成纤维轻 25%。表 7.4 列出蜘蛛丝与几种材料力学性能的比较。蜘蛛丝独特的皮芯结构使丝在外力作用下，由外层向内层逐渐断裂，是结构致密的皮层在赋予丝一定刚度的同时，在拉伸起始阶段承担较多的外力，一旦内层的原纤及原纤内的分子链因外力作用而沿纤维轴向方向形成新的排列结构后，纤维内层即能承担很大的负荷，并逐渐断裂，因此纤维表现出很高的拉伸强度和优异的延展性[37]。蜘蛛丝的弹性很强，图 7.24 显示出蜘蛛丝惊人的延展能力。蜘蛛丝是一根极细的螺线，看上去"像长长的浸过液态的弹簧一样"，当"弹簧"被拉长时，它会竭力返回原有的长度，但是当它缩短时液态会吸收剩余能量，同时使能量转变为热量。

表 7.4　蜘蛛丝与其他材料的性能比较[3]

材料	屈服强度/GPa	断裂伸长率/%	断裂韧性/(MJ/m³)
牵引丝	1.1	30	160
梨状腺丝	0.5	270	150
桑蚕丝	0.6	18	70
肌腱	0.15	12	7.5
橡胶	0.05	850	100
尼龙	0.95	18	80
Kevlar49 纤维	3.6	2.7	50

　　蜘蛛在其整个生命历程中因生存需要或外界因素刺激能产生多种性能不尽相同的蜘蛛丝，分别由不同的丝腺分泌，经各自的微细管道，由喷丝口排出体外。由于功能不同，蜘蛛丝具有不同的力学性能[38]。例如，蛛网框丝不仅具有较高的强度，而且其伸长率为丝素纤维的 6 倍多，也大于其他功能的大腹圆蛛丝，所以蛛网框丝作为蜘蛛网的骨架丝，能使蛛网悬空挂着，受到飞行物撞击也不至于被破坏。蛛网框丝具有优异韧性的原因可能与其内部脯氨酸含量特别高有关，框丝中脯氨酸含量为 11.44%，是大腹圆蛛包卵丝的 25.4 倍，牵引丝的 1.6 倍。脯氨酸的存在将有利于分子链段形成 β-转角结构。脯氨酸含量同样很高的十字圆蛛的大囊状腺内就含有

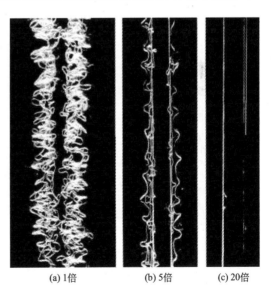

(a) 1倍　　(b) 5倍　　(c) 20倍

图 7.24　将蜘蛛丝拉伸

较多的弹性 β-转角构象的分子链段，在这种构象中，脯氨酸是拉伸变形能储存和释放的关键。当纤维被拉伸时，脯氨酸上的结合键产生扭转，形成较大的力促使纤维回复，而丝氨酸和酪氨酸将使分子间形成氢键结合，并且丝氨酸较小的侧基使氨基酸片段可以形成稳定的弹簧卷曲。当受外力作用时，蛛网框丝上弹簧状的分子逐渐伸展，赋予其很大的伸长，纤维表**247**

现出良好的韧性和弹性。当分子链伸展后，脯氨酸的环状构造增强了大分子链段的刚性，因此蛛网框丝的曲线形状呈典型的反S形，在断裂前有显著的模量增强阶段。牵引丝由于其小侧基氨基酸含量大于蛛网框丝，分子排列的规整程度比蛛网框丝好，而其脯氨酸含量小于框丝，因此最终牵引丝的强度高于蛛网框丝而伸长较小。

图 7.25 是牵引丝和黏丝的典型应力-应变曲线。牵引丝表现出较高的强度、模量和韧性，断裂强度高于 0.8GPa；而黏丝的力学性能则类似于橡胶，属于低模高伸材料[39,40]。

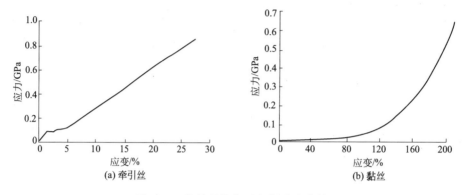

图 7.25　蜘蛛丝的典型应力-应变曲线

邵正中等详细研究了温度对蜘蛛丝力学性能的影响[41]。他们用 DMTA 法对蜘蛛丝单丝进行了力学性能分析。从图 7.26(a) 发现，当温度从 15℃升高到 150℃时，单丝的拉伸行为没有太大变化，然后，当温度降低到−60℃时，单丝的拉伸强度增大，且断裂伸长率几乎是室温的 2 倍。这说明蜘蛛单丝在低温时的力学性能远远好于最好的合成纤维。图 7.26(b)

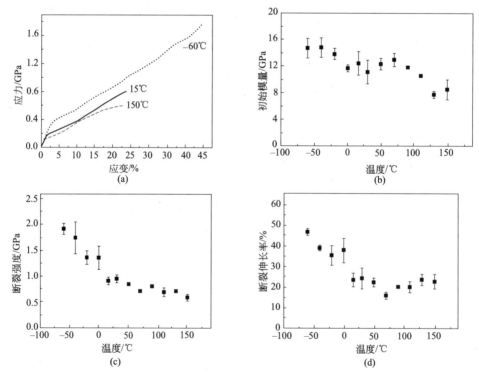

图 7.26　用 DMTA 分析 *Nephila edulis* 蜘蛛牵引丝单丝在不同温度下的力学性能

天然高分子材料

～(d) 是更详细的力学性能数据。在低于 0℃时，单丝有很高的初始模量，约为 14GPa，拉伸强度约为 1.5GPa，断裂伸长率也很高，约 40%。蜘蛛单丝的拉伸强度随温度的升高而降低。在低于 70℃时，断裂伸长率随温度升高而降低；在 70～150℃间，断裂伸长率变化不大。为了探寻温度对蜘蛛丝力学性能的影响，邵正中等人研究了蜘蛛丝的动态力学谱图（图7.27）。发现从 0～360℃间，tanδ 在 −70℃出现一个小峰，表明此时发生了结构的次级转变，这可能是碳氢-碳氢相互作用的松弛造成的。20℃时 tanδ 谱出现小的波动，可能与水的相转变有关。储能模量在 60℃时达到最大值。tanδ 曲线在 198℃和 309℃出现两个主要的峰。在 198℃出现的峰可能与蜘蛛丝中非结晶区的分子间氢键的破坏有关，此时材料进入橡胶态。*Nephila* 蜘蛛牵引丝表现出非常好的高温稳定性能。

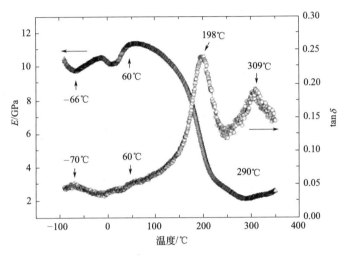

图 7.27　*Nephila edulis* 蜘蛛牵引丝的动态力学曲线

蜘蛛丝的皮芯结构也是其具有特殊力学性能的关键因素之一。由不同丝蛋白组成的皮芯层结构，使蛛丝纤维在外力作用下发生分阶段断裂，当纤维受到外力作用时，皮层和芯层先后断裂，纤维的应力-应变行为是皮层和芯层的综合作用。潘志娟等人将这种结构模式作为蜘蛛丝力学分析的基础，对蜘蛛牵引丝的拉伸力学模型进行了分析[42]。他们认为蜘蛛丝为典型的黏弹性，可用弹簧和黏壶的组合模拟其应力-应变行为。根据蛛丝具有皮芯层结构，且皮层的结构稳定性比芯层好，在拉伸过程中皮层比芯层先断裂的特点，用串联的弹簧和黏壶表示芯层的拉伸变形行为，结构参数为 E_1、η_1，皮层在外力作用瞬间产生的急弹性变形用弹簧表示，同时作为高分子材料其黏流性特征是客观存在的，因此，在外力作用下，皮层的变形用三元件模型表示，其结构参数为 E_2、E_3、η_3，如图 7.28 所示。根据皮层和芯层在蛛丝纤维中各占一定的比例，设皮层和芯层分别由 m 和 n 个单元构成。在外力作用的瞬间，主要是弹簧 E_1 和 E_2 发生弹性变形，此时发生的主要是分子间键长、键角的变化。随着应力的增加，皮层和芯层分子结构的变化都较复杂，由于分子间及分子内氢键的断裂，分子链的空间状态发生变化，同时伴随有分子间的相对移动，这一阶段的变形主要为缓弹性变形。随着外力作用时间的增加，蛛丝纤维的应变增加。在一定的外界负荷作用下，皮芯层所承担的外力的大小、应变随外力作用时间增加的速度，主要取决于皮芯层的结构力学参数以及各自所占的比例。蜘蛛丝力学性能优势的取得就在于，其丝纤维所具有的皮芯层结构为最有利于丝纤维承担大负荷和取得高伸长的状态，从蜘蛛丝的实际拉伸断裂过程来看，其拉伸变形行为系皮层和芯层的叠加，皮层断裂后，芯层承担了所有的外力，并使纤维进一步伸长，占主导地位的芯层决定了纤维的断裂强度和断裂伸长率，因此蜘蛛丝中，皮层赋予纤维高初始模量，芯层使纤维具有高断裂强度和高断裂伸长率。潘志娟等人的工作是关于蜘蛛丝拉伸力学性能的初步的理论模型，关于皮芯层比例和结构与蜘蛛丝纤维间实际的定量关系还有待于进一步研究，并在此基础上对理论模型作适当的修正，以实现蜘蛛丝力学性能的模拟和预测。

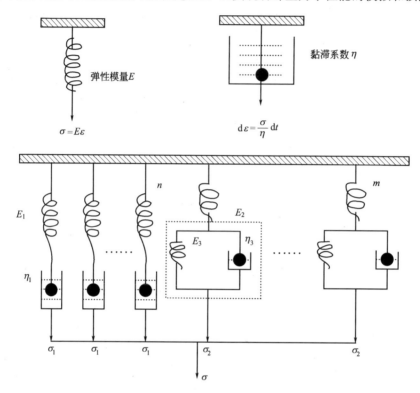

图 7.28 蜘蛛牵引丝的拉伸力学模型

7.4.4 蜘蛛丝的力学滞变性[6,8]

在对蜘蛛丝的一个"加载-卸载"周期中（图 7.29），由于蜘蛛丝所具有的黏弹性应力-应变机理，在蜘蛛丝因被拉伸而承受的机械能中，70%将以热量的形式散失。这一力学性能对于蜘蛛而言，具有重要的意义。这意味着，当飞虫撞击到蛛网上后，由于构成蛛网的蜘蛛丝具有较大的滞变性，因此不会将飞虫立刻反弹出网外，从而有足够的时间使黏丝上的黏液发挥黏附作用。同时，由于大量的冲击能在蜘蛛丝滞变的过程中都以热量的形式得到消耗，而剩余的能量又可以有较长扩散时间，能将能量分散到尽可能大的面积上，从而不至于使蜘蛛丝发生断裂。同样，对于牵引丝来说，滞变性也保证了蜘蛛在逃生的快速下落过程的安全性。由此可见，蜘蛛丝的重要力学特性之一就是其较高的力学滞变性，这一特性同时也是蜘蛛丝

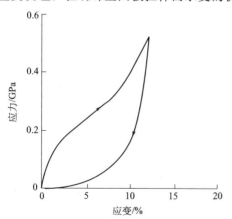

图 7.29 蜘蛛丝的力学滞变性能

具有优异的能量吸收性能的主要因素。

7.4.5　蜘蛛丝的化学性质[43]

蜘蛛丝蛋白具有良好的化学稳定性。由于其高度有序的结构、分子间较强的氢键和范德华力等因素，蜘蛛丝纤维中的β-折叠结构部分具有较强的疏水性。蜘蛛丝不溶于水、稀酸、稀碱及大多数有机溶剂。溶于某些高浓度的盐溶液，如溴化锂、硫氰酸锂、氯化钙等，另外，高浓度的甲酸、丙酸和盐酸混合物可以溶解蜘蛛丝。蜘蛛丝蛋白被溶解后，可放在变性剂溶液、水或缓冲液中透析，然而蛛丝蛋白分子又可能很快重新沉淀而不溶于水，这种现象的原因是蛛丝蛋白分子内或分子间β-折叠二级结构的形成。

蜘蛛丝所显示的橙黄色遇碱则加深，遇酸则褪色。

蜘蛛丝蛋白对蛋白水解酶具有抵抗性，但在特殊的酶的作用下，蜘蛛丝可以生物降解。

7.4.6　蜘蛛丝的超收缩性能[8,23,44~46]

一些蜘蛛丝，尤其是大囊状腺丝，当与水接触时，丝的横向会收缩到原来的1/2，而纵向会伸长到原来的2倍，这种现象就称为超收缩现象。超收缩是丝对溶剂可逆的吸收过程，导致丝纤维延展性增加，刚性减小。超收缩是氢键被破坏的结果，导致分子链明显的转动和解取向。氢键破坏得越严重，收缩率就越大，丝蛋白分子转变为无规线团。

蜘蛛丝的大分子链之间以氢键结合维持构象，当将其置于水中后，水分子首先进入无定形区域，切断无定形区呈β-转角构象分子链间的氢键结合，从而使分子链逐渐转化为无规卷曲的结构。然后，随浸润时间的增加，水分子逐渐向结晶区渗透，切断结晶区分子间的氢键和二硫键结合，分子间的作用力下降，分子链可以自由运动，向无规卷曲的空间构象转化。分子构象及结构的这些变化，导致丝线长度的缩短。同时，蜘蛛丝内部由数十根微细纤维构成的多孔结构层，使水分子较之一般的纤维更易渗透到蜘蛛丝纤维的内部，因而蜘蛛丝表现出一般纤维所没有的超收缩性能。尽管二级结构发生了变化，但整个分子链的次序并没有发生很大的变化，这是由蛛丝的亚聚集态决定的。缩水的蜘蛛丝可以通过再伸展来获得它原有的力学性能，水分子也不能渗入到结晶区。

在湿态下，蜘蛛大囊状腺分泌丝的横截面增加约60%。牵引丝在不同极性溶剂中的收缩能力有较大差异，在水中，牵引丝的收缩率达50%左右，在乙醇中的收缩率最小，其次是甲醇。同时，收缩的程度和丝纤维的原始伸长有很大关系。当给纤维一定的预伸长时，收缩率下降。牵引丝的这种超收缩性能对氨基酸成分于解决仿生蜘蛛丝的加工和蜘蛛丝的基础研究中纤维性能多变性的困扰有重要作用。通过控制牵引丝的收缩可以预测和重演丝纤维的拉伸行为。虽然天然牵引丝的力学性能有较大的分散性，但对人工卷取的牵引丝进行不同程度的收缩可以获得力学行为和各组天然丝纤维十分接近的纤维，因此通过人工卷取和控制牵引丝在水中收缩度的方法可以得到具有不同力学性能的蜘蛛丝，并且这些纤维的力学性能有良好的重现性。如果人造蜘蛛丝在水中也具有超收缩性，则可以将控制水中收缩率引入丝纤维的后加工中，从而获得具有不同力学性能的，能满足不同用途要求的蜘蛛丝纤维。

7.5　基于蜘蛛丝的人工纺丝[47,48]

虽然蜘蛛丝具有多种优异的特性，然而从大自然获取大量蜘蛛丝是很难的，而大规模养殖蜘蛛也是难以实现的。为了使天然蜘蛛丝得以实际应用，人工模拟生物纺丝可能是一个最好的选择。对于仿生人工丝纤维的研究与开发，关键要掌握丝蛋白的基因序列[49,50]、蜘蛛的体内生物环境与聚合过程，以及天然丝的结构与性能以及它们之间的关系。研究发现，动物丝的力学性能一方面与其丝蛋白的氨基酸序列，即蛋白质的一级结构有关，同时还与其蛋白质分子的聚集态结构，即蛋白质的二级结构有关。但是对于到底是哪种结构起主导作用，生物学家和材料学家有不同的看法。生物学家认为蛋白质的二级结构是由一级结构决定的，因此材料的性质取决于蛋白质的一级结构，由此许多科学家们致力于采用转基因技术获得和天然蜘蛛丝蛋白具有相同氨基酸序列的重组蜘蛛丝蛋白用来制备人工蜘蛛丝纤维。然而，研究又发现[1]，虽然蚕丝的氨基酸序列和蜘蛛丝完全不同，但是直接从蚕体抽取的蚕丝的力学性能却与蜘蛛丝相仿，其断裂强度为 0.7GPa，断裂伸长率为 32%，断裂能为 1.4×10^{-5} J/kg，其原因在于它们可以形成相似的二级结构。至于商业用的天然蚕茧丝的力学性能（分别为 0.5GPa，15% 和 0.6×10^{-5} J/kg）明显低于蜘蛛丝的原因主要在于蚕"8"字形的吐丝方式使其聚集态结构产生众多的缺陷。这项研究成果无疑给材料学家们的观点"对于天然丝材料来说，蛋白质的一级结构固然重要，但是成丝过程及其所决定的蛋白质的二级结构同样，甚至更为重要"以强有力的支持。

邵正中等[51]对人工纺织蜘蛛丝做了有益的尝试。他们将 *Nephila edulis* 牵引丝溶解于盐酸胍缓冲液，将溶液滴到载玻片上，干燥大约 5min 后，用针头从再生蜘蛛丝蛋白溶液中直接拉丝，获得人工蜘蛛丝纤维，直径约为 9μm。总体来说，这种人工蜘蛛丝纤维的 β-折叠含量较少，且分子链的规整度较差，因此力学性能不够理想，模量为 6.0GPa，断裂强度为 0.11～0.14GPa，断裂伸长率为 10%～27%。此外，丝的表面形貌亦不佳，丝纤维表面较粗糙，沿纤维轴方向有皱纹。虽然邵正中等人所采用的纺丝液为再生蜘蛛丝蛋白溶液，其氨基酸组成和天然蜘蛛丝蛋白几乎相同，但所纺出的人工蜘蛛丝纤维的力学性能却与天然蜘蛛丝相差甚远，这从一定程度上证明了纺丝过程以及相应的蛋白质二级结构对丝性能具有很大的影响。此外，纺丝液浓度过低可能也是人工蜘蛛丝纤维性能欠佳的一个原因，因此人们着眼于用基因工程的方法获得高浓度的重组蜘蛛丝蛋白作为纺丝液来进行人工蜘蛛丝纤维的纺丝尝试。

Lazaris 等[52]报道了用重组蜘蛛丝蛋白进行人工蜘蛛丝纤维的纺制，这是目前获得的性能最接近天然蜘蛛丝的人工蜘蛛丝纤维。他们在哺乳动物细胞中表达十字圆蛛（*Araneus diatamatus*）的主腺体丝蛋白 ADF-3（类似于 *N. clavipes* 的 MaSpⅡ），以该蛋白 23% 的水溶液为纺丝原液，以甲醇-水为凝固浴进行纺丝，并在甲醇-水及纯水中进行后拉伸。纺出的最佳人工蜘蛛丝纤维，其模量约 8.1GPa，断裂强度约 0.17GPa，这与 DP-1B 蛋白从 HFIP 中纺得的人工蜘蛛丝纤维相似，仍明显低于天然蜘蛛丝；但是由于其断裂伸长率可以达到 43.4%，其韧性（断裂能）仍与天然蜘蛛丝具有相当的可比性。此外，人工蜘蛛丝纤维的表面形貌有了很大改善，接近于天然蜘蛛丝。

7.6 蜘蛛丝及其改性材料的应用

作为一种高分子蛋白纤维，蜘蛛丝具有其他纤维不可比拟的强度大、弹性好、柔软、质轻、抗断裂、耐紫外线等优点，被誉为"生物钢"。蜘蛛丝具有良好的生物相容性和生物降解性，在生物医用方面具有广阔的前景。蜘蛛丝可再生，绿色环保，是生产绿色织物优异的纺织材料。与蚕丝相比，蜘蛛丝的理化性质具有非常明显的优势，在强度方面，蜘蛛丝纤维与目前应用最广泛的对强度要求最高的碳质纤维以及其他化学合成纤维（如 Aramid、Kelver 等）的强度接近，但其韧性却要明显优于上述纤维。因此，除了临床应用以外，蛛丝纤维在国防、建筑等重要应用领域均有着广阔的应用前景。由于蜘蛛丝蛋白分子高度重复的一级结构、特殊的溶解特性和分子折叠行为以及具有形成非凡力学特性丝纤维的能力而引人注目。

7.6.1 在纺织工业中的应用

蜘蛛丝被用于纺织品可上溯至 18 世纪，最具代表性的是当时由巴黎科学院展出的织成于 1710 年的蜘蛛丝长筒袜和手套，这是人类历史上有记载的第一双用蜘蛛丝织成的长筒袜和手套；1864 年美国制作了另外一双薄蛛丝长筒袜，所用的蛛丝是从 500 个蜘蛛的喷丝头中抽取出来的；1900 年的巴黎世界博览会上，展示了一块由 2.5 万只蜘蛛生产的 91400m 的丝织成的长 16.46m 宽 0.46m 的布[53]。然而，获取大量天然蜘蛛丝十分困难，直接用蜘蛛丝作为纺织原料成本极高。

7.6.2 在军事、民用等防御体系中的应用

蜘蛛丝具有强度大、弹性好、柔软、质轻等优良性能，是目前人类已知强度最大的材料，尤其是具有吸收巨大能量的能力，因此，许多科学家乐观地认为，蜘蛛丝是制造防弹衣的绝佳材料。然而，用蜘蛛丝制造防弹衣依旧任重道远[6]。防弹衣是用于保护人体免受子弹或弹药破片伤害的个体防护用品，其防弹机理主要是通过防弹层在受侵袭过程中的变形、破坏，消耗弹丸或弹药破片动能，达到阻隔弹丸或弹药破片对人体的贯穿性伤害，并同时避免子弹冲击波对人体严重非贯穿性损伤的目的。用于防弹衣等防弹装备的纤维材料通常具有下述基本要求。首先，应具有足够高的拉伸断裂强度，以抵御弹丸的冲击力、防止弹丸贯穿。目前认为用于防弹衣、防弹头盔等装备的纤维强度应高于 2.2GPa。军用和警用防弹衣实际应用的芳纶 1313 纤维强度通常为 3.38GPa 以上；而采用的超高分子量聚乙烯纤维的强度通常为 2.7GPa。其次，应具有适当的变形能力，即比较高的模量和比较低的拉伸断裂伸长率。如果防弹材料的模量过高、拉伸断裂伸长率过小，则断裂功过小，无法有效吸收弹丸和破片的动能（故碳纤维虽强度高，但不能用作防弹材料）；如果模量过低，拉伸断裂伸长率过高，则受弹击后防弹材料容易变形，即使弹丸未贯穿防弹材料，也可发生非贯穿性损伤，弹着点的凹陷变形使人体受到伤害。此外，纤维应具有良好的冲击波传递能力，以便将冲击能量及时地扩散到防弹靶板上弹着点附近的较大面积，以分散冲击能分布，避免集中受力。最后，防弹材料的力学性能不应该对湿度、含水率敏感，以避免在落水后发生性能变化。蜘蛛丝具有较高的强度和很大的断裂伸长率，其力学滞变性具有良好的能量吸收作用。但与芳纶 1313 对比，其强度仅为 Kevlarl29 的 10%～55%；与超高分子量聚乙烯纤维相比，强度仅为 Dynemma sK76 的 8%～50%，不符合作为防弹材料的强度要求；而蜘蛛丝的断裂伸长率要比典型的防弹纤维高 3～10 倍，不符合作为防弹材料的变形要求。可以认为，蜘蛛丝的高吸能功能是以大变形为前提的，如果将蜘蛛丝用于制作防弹衣，则在可以接受的整衣重量下，弹丸对人体的贯穿性损伤和非贯穿性损伤均无法防御。而且蜘蛛丝对湿度敏感。因此，如果要将蜘蛛丝应用于防弹衣等弹道防护产品，则至少应与其他高强高模纤维合理搭配，形成合理的结构，方可达到防弹要求。目前看来，蜘蛛丝尚不可能大量应用于防弹衣等

防弹装备。相比之下，蜘蛛丝的轻质、高强、高韧特性可在体育运动器材、降落伞、航空航天材料以及要求生物相容性的医疗卫生领域施展特长。

7.6.3 在生物医药领域的应用[29,54,55]

蜘蛛丝在医学和保健方面用途尤其广泛。蜘蛛丝具有强度大、韧性好、可降解、与人体的相容性良好等现有材料不可比拟的优点，因而可用作高性能的生物材料，制成伤口封闭材料和生理组织工程材料，如人工关节、人造肌腱、韧带、假肢、组织修复、神经外科及眼科等手术中的可降解超细伤口缝线等产品。这些产品最大的优点在于和人体组织几乎不会产生排斥反应。

作为自然界最优良的纤维，蛛丝蛋白在医学尤其是组织工程方面具有十分诱人的应用前景。一般来说，作为令人满意的生物材料必须具备以下几个条件：①具有三维网状空间骨架结构，以提供机械稳定性和足够的孔穴，促进营养物质的流动和吸收；②具有非凝血酶解性质，以免激活淋巴细胞和血小板；③具可湿性、电荷分布和亲水性等表面性质，以诱导种子细胞正确的细胞应答。作为一种组织工程的新材料，蛛丝在这几个方面都具有得天独厚的条件。可通过转基因技术制成伤口封闭材料和生理组织工程材料，如人工关节、韧带、人类使用的假肢、人造肌腱、组织修复、神经外科及眼科等手术中的超细伤口缝线等产品，具有韧性好、可降解等特性。

目前蛛丝在组织工程中的应用主要是作为缝合线来使用的。经过特殊处理的蛛丝因能与人体组织有机地结合在一起，无感染、排斥等副作用而备受青睐。并且在完成其使命后就会被机体降解吸收。蛛丝蛋白在用来替代人体的其他组织方面也有不可估量的前景。由于蛛丝具有强度高、韧性大的优点，其拖丝的断裂压力可达 1500MPa。其抗张力强度大大超过钢材，所以可用蛛丝来替代缺损的韧带、肌腱等软组织。而且因蛛丝蛋白有很好的三维空间结构，在替代人体组织时并不影响组织之间的物质交换以及免疫反应的进行，因而可以很好地与人体组织融为一体。此外蛛丝蛋白具有自装配行为，在器官移植和组织修复时它可用来介导细胞与组织或者它们相互之间的连接，以促进器官组织的复原，也可利用蛛丝蛋白的这种特点来进行人工生物膜以及细胞表面科学的研究，以了解细胞之间的相互作用和大量潜在的生物膜信息。外科医生在处理骨折、骨碎等急症时，目前一般采用小钢丝或小螺钉进行固定。但是由于钢丝等不能自动降解，当骨组织愈合后它就成为一种多余的累赘，甚至隐患必须通过手术取出。如果采用蛛丝来作材料则可使手术更精细，修复更完整。手术后通过一定的方法待其降解，就可吸收，因而无须再进行一次痛苦的手术。此外蛛丝还可用来介导药物对特殊的细胞组织和器官进行治疗，尤其是在神经细胞、神经组织和脑组织的修复时可望得以应用。

将牵引丝植入老鼠体内发现，丝纤维对老鼠的纤维状巨细胞线没有毒性反应，丝纤维植入皮下及肌肉内后，只有很小的外体反应，纤维表面仍然是光滑的，没有结构的畸形，说明有良好的阻止血栓形成的作用。将纤维浸入老鼠血浆中 90d 后，纤维强度没有显著的变化，表面也没有血栓形成。该纤维对病原体和细胞有很大的阻抗作用，但没发现有抗生素作用。蜘蛛牵引丝植入猪的皮下后，研究也表明，在植入区周围没有异样的反应，不同种类的蜘蛛间也没什么差异。经过 13d 后伤口痊愈，表面完全被上皮细胞覆盖，没有发炎，这明显优于蚕丝，因为蚕丝的丝素纤维表面残留的丝胶会引起皮肤严重发炎。

蜘蛛牵引丝促进伤口痊愈和凝血的功能，将使其在伤口包覆材料方面获得广泛的应用，如脉管伤口修复材料，止血敷料，止血片，止血胶和缝合线等。蜘蛛丝无与伦比的韧性也是一种很有价值的性能，可以减少丝线突然断裂的可能性，同时细度小的蜘蛛丝可以改善缝合线等的使用性能，特别适合于眼科、神经科等精细的手术。

近年来，蜘蛛丝在基因识别、人工合成以及基因表达上取得的成果引发了研究者模拟天然蜘蛛丝优秀性能的兴趣。薛永峰等[56]采用静电纺丝技术制备了漏斗网蛛丝再生纤维膜，在体外与猪动脉内皮细胞供培养，采用MTT法（四甲基偶氮唑盐比色法）检测对纤维膜细胞的增殖活性，观察细胞的形态变化。结果表明，通过静电纺技术得到的纳米尺寸的多孔蛛丝再生纤维膜，尺寸上具有与天然细胞外基质相近的微观结构，极高的比表面积为活性因子释放提供了理想平台。再生蛛丝纤维膜热分解起始温度为279℃。在单轴拉伸时断裂强度和断裂伸长率分别为（3.61±0.18）MPa和（33.20±4.86）%。内皮细胞能够在纤维表面黏附并显示良好的生长形态。MTT结果显示内皮细胞在材料上增殖活跃，培养7天后，纤维膜上的细胞增殖为对照组的两倍多。说明细胞能够很好地在材料上生长，具有良好的生物相容性。所制备的再生纤维膜的力学性能可以满足某些特定部位组织对材料的要求，并且经过4周的降解，从形态上看出材料只是出现了微细纤维和较粗纤维的分支断开，较粗的纤维没有发现断裂，材料能够满足组织支架材料支撑细胞生长时间的需要，提供较长时间的机械支撑力，保证替代物在体内承受周围组织压力时，再生细胞有足够的时间以长入再生。这些研究表明漏斗网蜘蛛丝再生纤维膜显示出稳定的热性能和高的延展性，并能有效促进内皮细胞的黏附和增殖，具有良好的生物相容性，可以作为组织工程和生物医学应用的需要。

Gellynck等[57]将蜘蛛丝溶解于LiBr溶液中，混合盐粒及甲醇处理制成多孔海绵状支架，体外研究表明该支架能支持软骨细胞生长并诱导关节软骨形成。Hermanson等[58]利用重组蛛丝蛋白ADF-4制成壁厚50nm、直径1~30μm、富含β-折叠结构力学性能稳定的微胶囊，其形貌如图7.30所示。该微胶囊在体内对抗特定组织酶的降解性是可调控的，因此有望应用于药物运输及微型反应器等领域。

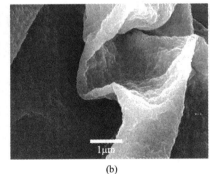

(a)   (b)

图7.30 干燥后的微胶囊

图（b）为图（a）所选区域的高倍数图像

7.6.4 智能材料及功能性材料

为了制造纳米级直径的超细中空光纤，Yan等人利用天然的蜘蛛丝作工具，得到了中空的玻璃质纤维，其内径仅仅2nm。具体的工艺过程是：取一段1cm长的蜘蛛丝，两端粘到钢丝刷上，然后反复地把蜘蛛丝在原硅酸四乙酯溶液中浸渍，使蜘蛛丝粘上一层均匀的涂层，待涂层干燥后，再在 420℃的炉子中烘烤，烧掉里面的蜘蛛丝，而涂层在烘烤炉中发生分解反应变成二氧化硅，并收缩到原来直径的 1/5，于是就得到了中空的石英管。试验用的蜘蛛丝是马达加斯加的一种学名为 *Nephila madagascariensis* 的大圆盘结网蜘蛛产生的。这种蜘蛛生产的丝比较粗。为了生产出更细的光学纤维，就得利用直径更细的蜘蛛丝。现在知道，在中东和南非的一种学名为 *Stegodyphus pacificus* 的蜘蛛，产生的丝直径只有 10nm。用这种蜘蛛丝生产的二氧化硅玻璃纤维，考虑到制造工艺过程中的收缩，最终的直径仅约 2nm；而用传统的工艺生产中空纤维，最细的直径仍有 25nm 左右。

如果将其他材料与蜘蛛丝纤维复合，可以制成功能性复合材料，以增加丝纤维的用途。如将牵引丝浸入含有纳米级的超顺磁性微粒的溶液中，可以制成具有磁性效果的微细纤维。这种纤维可以制成功能性织物。利用静电纺丝方法将各种纳米级微粒加入聚合物溶液中，可以制得各种具有不同功能的人造蜘蛛丝纤维，进一步扩大其应用领域。

7.6.5 在高强度材料方面的应用

在建筑方面，蜘蛛丝可用做结构材料和复合材料，代替混凝土中的钢筋，应用于桥梁、高层建筑和民用建筑等，可大大减轻建筑物自身的重量。

用蜘蛛丝编织成具有一定厚度的材料进行实验，可发现其强度比同样厚度的钢材高 9 倍，弹性比具有弹性的其他材料高 2 倍。科学家正在积极研究利用超强度的蜘蛛丝纤维来制造高强度材料，进行进一步加工，可用于制造高强度防护服、体育器械、车轮外胎、高强度渔网等。

7.6.6 在航天航空领域中的应用

蜘蛛丝的强度高，韧性大和一定的热稳定性，在较高温度下才会分解，可以作为制造结构材料、复合材料和宇航服装等高强度材料的绝佳材料。蜘蛛丝可制成战斗飞行器、坦克、雷达、卫星等装备以及军事建筑物等的防护罩，还可用于织造降落伞，这种降落伞重量轻、防缠绕、展开力强大、抗风性能好，并且坚牢耐用。

参 考 文 献

[1] Shao Z Z, Vollrath F. Materials：surprising strength of silkworm silk. Nature，2002，418：741.

[2] Lazaris A，Arcidiacono S，Huang Y，et al. Spider silk fibers spun from soluble recombinant silk produced in mammalian cells. Science，2002，295 (5554)：472-476.

[3] Vendrely C，Scheibel T. Biotechnological production of spider-silk proteins enables new application. Macromolecular Bioscience，2007，7：401-409.

[4] Kharagpur I，Asai R G. 蜘蛛丝研究与应用概述. 纺织导报，2006 (7)：26-30.

[5] Tso I-M，Wu H-C，Hwang I-R. Giant wood spider *Nephila pilipes* alters silk protein in response to prey variation. The Journal of Experimental Biology，2005，208：1053-1061.

[6] 黄献聪，施楣梧. 蜘蛛丝的力学性能及其应用取向. 纺织导报，2004 (3)：33-36.

[7] 大崎茂芳. 蜘蛛丝的秘密. 化学的领域，1982，36：62-68.

[8] Vollrath F. Strength and structure of spiders' silks. Review in Molecular Biotechnology，2000，74：67-83.

[9] Knight D P，Vollrath F. Liquid crystals and flow elongation in a spider's silk production line. Proc R Soc Land B，1999，266：519-523.

[10] Vollrath F，Knight D P. Liquid crystalline spinning of spider silk. Nature，2001，410：541-548.

[11] [美] S. R. 法内斯托克，[德] A. 斯泰因比歇尔主编. 生物高分子（第 8 卷）. 邵正中，杨新林主译. 北京：化学

工业出版社，2005.

［12］ Willcox P J, Gido S P. Evidence of a cholesteric liquid crystalline phase in natural silk spinning processes. Macromolecules，1996，29：5106-5110.

［13］ Braun F N, Viney C. Self-assembly in the major ampullate gland of Nephila clavipes. Physics Bio-Ph，2002.

［14］ Askarieh G, Hedhammar M, Nordling K, Saenz A, Casals C, Rising A, Johansson J, Knight S D. Self-assembly of spider silk proteins is controlled by a pH-sensitive relay. Nature，2010，465：236-238.

［15］ Rammensee S, Slotta U, Scheibel T, Bausch A R. Assembly mechanism of recombinant spider silk proteins. PNAS，2008，105（18）：6590-6595.

［16］赵爱春，夏庆友，鲁成，向仲怀. 超级纤维蜘蛛丝的研究动向. 蚕学通讯，2007，27（2）：28-34.

［17］吕靖. 蚕丝和蜘蛛丝的结构与生物纺丝过程. 现代纺织技术，2004，12（1）：40-42.

［18］陈新，黄郁芳，邵正中，黄曜，周平. 蜘蛛吐丝过程中钾的作用. 高等学校化学学报，2004（6）：1160-1163.

［19］ Lee S-M, Pippel E, Gosele U, Dresbach C, Qin Y, Chandran C V, Brauniger T, Hause G, Knez M. Greatly increased toughness of infiltrated spider silk. Science，2009，324：488-492.

［20］ Kaplan D. Fibrous proteins silk as a model system. Polymer Degradation and Stability，1998，59：25-32.

［21］ Trancik J E, Czernuszka J T, Bell F I, Viney C. Nanostructural features of a spider dragline silk as revealed by electron and X-ray diffraction studies. Polymer，2006，47：5633-5642.

［22］ Trancik J E, Czernuszka J T, Cockayne D J H, Viney C. Nanostructural physical and chemical information derived from the unit cell scattering amplitudes of a spider dragline silk. Polymer，2005，46：5225-5231.

［23］ Hakimi O, Knight D P, Vollrath F, Vadgama P. Spider and mulberry silkworm silks as compatible biomaterials. Composites：Part B：Engineering，2007，38：423-337.

［24］ Fahnestock S R, Bedzyk L A. Production of synthetic spider dragline silk protein in Pichia pastoris. Appl Microbiol Biotech，1997，47：33-37.

［25］ Kennedy S. Biomimicry/bimimetics：general principles and practical examples. The Science Creative Quarterly，2009（4）.

［26］ Ulrich S, Glisovic A, Salditt T, Zippelius A. Diffraction from the β-sheet crystallites in spider silk. The European Physical Journal E，2008，27：229-242.

［27］ Wu X, Liu X-Y, Du N, Xu G-Q, Li B-W. Molecular spring：from spider silk to silkworm silk. Physics Bio-Ph，2009.

［28］ Simmons A H, Michal C A, Jelinski L W. Molecular orientation and twocomponent nature of the crystalline fraction of spider dragline silk. Science，1996，271：84-87.

［29］ Yang Z, Grubb D T, Jelinsky L W. Small angle X-ray scattering of spider dragline silk. Macromolecules，1997，30：8254-8261.

［30］王伟霞. 纺织新材料——蜘蛛丝. 纤维技术，2004（1）：28-31.

［31］ Keten S, Xu Z, Ihle B, Buehler M J. Nanoconfinement controls stiffness, strength and mechanical toughness of β-sheet crystals in silk. Nature Materials，2010，9：359-367.

［32］ Trancik J E, Czernuszka J T, Merriman C, Viney C. A simple method for orienting silk and other flexible fibres in transmission electron microscopy specimens. Journal of Microscopy，2001，203（3）：235-238.

［33］ Augsten K, Herrmann M C. Glycopropteins and skin-core strcuture in *Nephila clavipes* spider silk observed by light and electron microscopy. Scanning，2000，22：12-15.

［34］贾玉梅，段亚峰. 大腹圆蜘蛛丝的结构和性能. 广西纺织科技，2006，35（2）：39-41.

［35］潘志娟. 蜘蛛丝的皮芯层及原纤化构造. 纺织学报，2002，24（4）：298-300.

［36］潘志娟，邱芯薇. 蜘蛛丝的物理性能研究. 苏州大学学报（工科版），2003，23（1）：18-22.

［37］赵博. 新一代高性能纤维——蜘蛛丝纤维. 针织工业，2005（1）：29-31.

［38］李春萍，潘志娟，刘敏. 大腹圆蛛丝的拉伸力学性能. 丝绸，2002（9）：46-49.

［39］ Köhler T, Vollrath F. Thread biomechanics in the two orb weaving spiders *Araneus diadematus*（Araneae, Araneidae）and *Uloborus walckenaerius*（Araneae, Uloboridae）. J Exp Zool，1995，271：1-17.

［40］ Shao Z Z, Wen H X, Frische S, Vollrath F. Heterogeneous morphology in spider silk and its function for mechanical properties. Polymers, 1999, 40: 4709-4711.

[41] Yang Y, Chen X, Shao Z Z, Zhou P, Porter D, Knight D P, Vollrath F. Toughness of spider silk a high and low temperatures. Advanced Materials, 2005, 17 (1): 84-88.

[42] 潘志娟, 李栋高. 蜘蛛丝拉伸变形行为的力学模型. 东华大学学报 (自然科学版), 2003, 29 (5): 21-25.

[43] 潘鸿春, 宋大祥, 周开亚. 蜘蛛丝蛋白研究进展. 蛛形学报, 2006, 15 (1): 52-59.

[44] Bell F I, McEwen I J, Viney C. Fibre science: supercontraction stress in wet spider dragline. Nature, 2002, 416: 37.

[45] 潘志娟, 李春萍, 盛家镛. 高性能蛋白质纤维蜘蛛丝的研究与应用 (1). 丝绸, 2004 (10): 40-43.

[46] 黄智华, 李敏. 蜘蛛丝的分子结构与力学性能研究. 中国生物工程杂志. 2003, 23 (7): 84-88.

[47] 周官强, 陈新, 邵正中. 基于动物丝蛋白的人工纺丝. 化学进展, 2006, 28 (7, 8): 933-938.

[48] Liu Y, Shao Z Z, Vollrath F. Extended wet-spinning can modify spider silk properties. Chem Commun, 2005: 2489-2491.

[49] Xu M, Lewis R V. Structure of a protein superfiber: spider dragline silk. Proc Natl Acad Sci USA, 1990, 87L: 7120-7124.

[50] Rising A. Spider dragline silk: molecular properties and recombinant expression [PhD thesis]. Uppsala: Swedish University of Agricultural Sciences, 2007.

[51] Shao Z Z, Vollrath F, Yang Y, Thgersen H C. Structure and behavior of regenerated spider silk. Macromolecules, 2003, 36: 1157-1161.

[52] Lazaris A, Arcidiacono S, Huang Y, Zhou J F, Duguay F, Chretien N, Welsh E A, Soares J W, Karatzas C N. Science, 2002, 295: 472-476

[53] M. L. Ryder, 朱红, 平建明. 蜘蛛丝在纺织品种的应用探讨. 国外纺织技术. 2000, 12.

[54] 张前军, 李敏. 蛛丝蛋白的研究进展及应用前景. 生物工程进展, 2001, 21 (6): 19-21.

[55] 潘志娟, 李春萍, 盛家镛. 高性能蛋白质纤维蜘蛛丝的研究与应用 (2). 丝绸, 2004 (11): 44-46.

[56] 薛永峰, 何创龙, 张磊, 莫秀梅, 李廷辉. 电纺漏斗网蜘蛛丝纤维性能及体外细胞生物学性能. 中国组织工程研究与临床康复, 2008, 12 (6): 1067-1071.

[57] Gellynck K, et al. Chondrocyte growth in porous spider silk 3Dseaffolds. Eur Cell Mater, 2005, 10 (2): 45.

[58] Hermanson K D, Huemmerich D, Scheibel T, Bausch A R. Engineered microcapsules fabricated from reconstituted spider silk. Advanced Material, 2007, 19: 1810-1815.